国家双高专业群建设配套教材

塑料注射成型技术

(第二版)

刘青山　陈金伟　主编

刘青山　陈金伟　李建钢　编

王玫瑰　主审

中国轻工业出版社

图书在版编目（CIP）数据

塑料注射成型技术/刘青山，陈金伟主编. —2版. —北京：中国轻工业出版社，2021.8

ISBN 978-7-5184-3527-2

Ⅰ.①塑… Ⅱ.①刘…②陈… Ⅲ.①注塑-塑料成型-职业教育-教材 Ⅳ.①TQ320.66

中国版本图书馆CIP数据核字（2021）第109413号

责任编辑：杜宇芳
策划编辑：杜宇芳　责任终审：李建华　封面设计：锋尚设计
版式设计：霸州　责任校对：吴大朋　责任监印：张　可

出版发行：中国轻工业出版社（北京东长安街6号，邮编：100740）
印　　刷：三河市国英印务有限公司
经　　销：各地新华书店
版　　次：2021年8月第2版第1次印刷
开　　本：787×1092　1/16　印张：19.5
字　　数：420千字
书　　号：ISBN 978-7-5184-3527-2　定价：59.80元
邮购电话：010-65241695
发行电话：010-85119835　传真：85113293
网　　址：http://www.chlip.com.cn
Email：club@chlip.com.cn
如发现图书残缺请与我社邮购联系调换
200090J2X201ZBW

前　言

扫码观看注射成型过程

注射成型亦称注塑或注射模塑，是使热塑性或热固性模塑料先在料筒中均匀塑化之后，由螺杆或柱塞将其推挤到闭合的模具中，从而成型为模具所赋予的形状，最后经过固化而得到产品的一种产品生产过程。其主要特点是能在较短时间内一次成型出形状复杂、尺寸精度高和带有金属嵌件的制品，生产效率高、适应性强、易实现自动化，因而广泛用于塑料制品的生产。 2018 年有统计发现，中国注射成型制品产量已达到塑料制品总产量的 37.2%，制品生产所用注射机产值约占塑料制品成型设备总产值的 32%。近年来，注射成型技术发展迅猛，新的设备、模具和工艺技术层出不穷；结合机械手等自动化设备的大量应用、模流分析技术的不断成熟以及物联网、大数据、云计算、智能化等信息化手段的助力，相关产业产生了很大的发展和变革。其最终目的，是为了最大限度地发挥塑料特性并提高塑料制品性能，满足塑料制品向高度集成化、高度精密化、高产量等方面的发展要求。

《塑料注射成型技术》 2010 年版首次采用项目化教学改革的理念，根据学习过程循序渐进的原则，设置了塑料注射成型初级、塑料注射成型中级和塑料注射成型高级三个模块，共 6 个项目。 6 个项目从注射成型简单的标准试样开始，然后逐渐提高难度，完成透明产品、结晶性产品、薄壁产品的成型，最后生产热敏性塑料产品和试模，使学习者逐步完成从模仿、消化吸收到熟悉与提高的过程。每一个项目包括项目描述、项目资讯、项目分析、项目实施、项目评价与总结提高五个部分。学习者通过完成这些学习活动，逐步完成项目中的各项任务，充分体现了项目导向、任务驱动的特点。学习者在学习过程中全面接触到塑料注射成型的原料、设备、模具等实际生产条件，而且教学过程以学习者为主体，融“教、学、做”为一体，全面培养学习者在塑料注射成型方面的知识、能力和素养。

本书在 2010 年版《塑料注射成型技术》的基础之上，进一步修订，试图反映最新的技术发展，如电动注射机、自动化机械手、模流分析等技术在注射成型中的应用，实用性强。

本书是为高职高专学习者学习高分子材料类专业而编写的教学用书，也可作为塑料注射成型的培训教材或者供从事塑料注射成型生产的专业技术人员参考。

本书由广东轻工职业技术学院组织编写，刘青山与陈金伟为主编。其中，模块一及注射成型机械方面的知识由李建钢编写，模块二及注射成型工艺方面的知识由刘青山编写，模块三及注射成型模具方面的知识由陈金伟编写。同时，感谢广东东亚电器有限公司陈妃聪、日丰企业集团彭晓翊等企业合作伙伴提供素材和编写建议。

本书作为模块化、项目化的“塑料注射成型技术”课程教材，包括了许多实践性很强的技能和技术，涉及多方面知识和技能的综合应用。但是，由于编者水平有限，虽然在修订过程中力求完善，但肯定还存在着一些局限和不足，再次恳请各位读者不吝赐教。

编者

2021 年 5 月

目　录

模块一

塑料注射成型初级

模块一是本课程学习的基础，通过一个项目使学习者对于注射成型的场地、设备、维护、基本操作等有一个基本的认知，学会基本的注射机维护保养和生产操作技能。

本模块包括 1 个项目：项目 1 注射成型塑料标准试样。

项目 1　注射成型塑料标准试样

本项目中成型的塑料标准试样用于塑料的拉伸试验，可以测试其拉伸强度、断裂伸长率、弹性模量等性能参数，在实际的科研、生产活动中应用非常广泛。本项目以注射成型塑料标准试样为载体，学习注射成型的场地、设备、维护、基本操作等相关知识，学会基本的注射机维护保养和生产操作技能。

1.1　学习目标

本项目的学习目标如表 1-1 所示：

表 1-1　　注射成型塑料标准试样的学习目标

编号	类别	目　　标
1	知识目标	① 注射车间的布置 ② 注射成型生产工艺流程、设备 ③ 注射机的总体结构和技术参数 ④ 注塑机的操作规程 ⑤ 注射机维护保养的知识 ⑥ 注塑机注射系统、合模系统的知识 ⑦ 专用注射机的特点、结构、原理与应用 ⑧ 注射生产辅助设备的结构、原理和应用
2	能力目标	① 能够进行注射车间布置及配套水、电、气 ② 能够确定注射生产工艺流程 ③ 能够识别注射生产设备 ④ 能够进行注射机的开关机操作与面板操作 ⑤ 能够进行注射机的日常维护保养 ⑥ 能够进行注射机的定期维护保养 ⑦ 能够安装及拆卸模具 ⑧ 能够操作注射机成型塑料标准试样

续表

编号	类别	目　标
3	素质目标	① 团队协作精神 ② 认真观察、勤于思考、自主学习的意识 ③ 吃苦耐劳、百折不回的精神 ④ 质量、成本、安全、环境意识

1.2 工作任务

本项目的工作任务如表 1-2 所示：

表 1-2　　注射成型塑料标准试样的工作任务

编号	任务内容	要　求
1	参观注射车间	①熟悉注射成型工艺流程 ②熟悉注射车间设备 ③熟悉注射车间的组织结构
2	启动、停止注射机	①开机前检查、加料 ②开水、电，开机 ③开机后检查 ④关机，关水、电
3	熟悉注射机操作面板	①查看每一个功能界面，熟悉其作用 ②熟悉机器上的每一个按钮、开关 ③按照要求设置相关工艺参数
4	维护保养注射机	①进行注射机的日常维护保养 ②进行注射机的定期维护保养
5	安装及拆卸模具	①安装模具 ②拆卸模具
6	操作注射机成型塑料标准试样	①熟悉注射机的操作规程和工艺流程 ②练习注射机的手动、半自动、全自动操作

1.3 项目资讯——注射机

注射机全称为注射成型机，也称为注塑机，是塑料机械的主要品种之一，在国内占塑料机械总产值的 37%以上，有接近 1/3 的塑料制品是由注塑机生产的，在工程塑料业中， 80%采用了注射成型。

塑料加工是随着合成树脂的发展而发展起来的，不少塑料加工技术，借鉴了橡胶、金属和陶瓷加工。塑料加工历史可追溯到 19 世纪 70 年代，赛璐珞诞生之后，因其易燃，只能用模压法制成块状物，再经机械加工成片材，片材可用热成型法加工。这是最早的塑料加工。

注射成型始于 1878 年，用于加工醋酸纤维素和聚苯乙烯； 20 世纪 30 年代中期，软聚氯乙烯挤出成型研制成功，塑料专用的单螺杆挤出机相应问世； 1938 年双螺杆挤出机也投入生产。 20 世纪 40 年代初，制出了聚氨酯泡沫塑料，吹塑技术用于生产聚乙烯中空制品。 1952 年往复螺杆式注射机问世，使注射成型技术进入到一个新的阶段。 20 世纪 60~70 年代，新发展起来的塑料加工技术有：各种增强塑料新成型方法，如缠绕、拉挤、片材模塑成型、反应注射成型、结构泡沫成型、异型材挤出成型、片材固相成型以及共挤出、共注塑等。进入 20 世纪 80 年代，塑料加工向着高效、高速、高精度、节能、大型化或超小、超薄等方向发展，计算机技术进入这一领域，把整个塑料加工技术提高到一个新水平。

从 20 世纪 50 年代技术创新推出了螺杆式塑料注射机至今已有 50 多年的历史。普通卧式注塑机仍是注塑机发展的主导方向，其基本结构几乎没有大的变化，发展方向主要集中在提高其控制及自动化水平、降低能耗。此外，生产厂家根据市场的变化正在向组合系列化方向发展，如同一型号的注塑机配置大、中、小三种注射装置，组合成标准型和组合型，增加了灵活性，扩大了使用范围，提高了经济效益。

近几年来，世界上工业发达国家的注塑机生产厂家都在不断提高普通注塑机的功能、质量、辅助设备的配套能力，以及自动化水平。同时大力开发大型注塑机、专用注塑机、反应注塑机、精密注塑机、电动注塑机等，以满足生产塑料合金、磁性塑料、带嵌件的塑料制品的更高需求。同时，模流分析越来越成熟，物联网、大数据、云计算和智能化等信息技术手段在注射生产及其管理过程中的应用也已经开始了，必将为注射成型技术的进一步发展起到催化作用。

1.3.1　注射机的结构组成

一台通用型注射机（如图 1-1 所示）主要由下列几个系统组成：

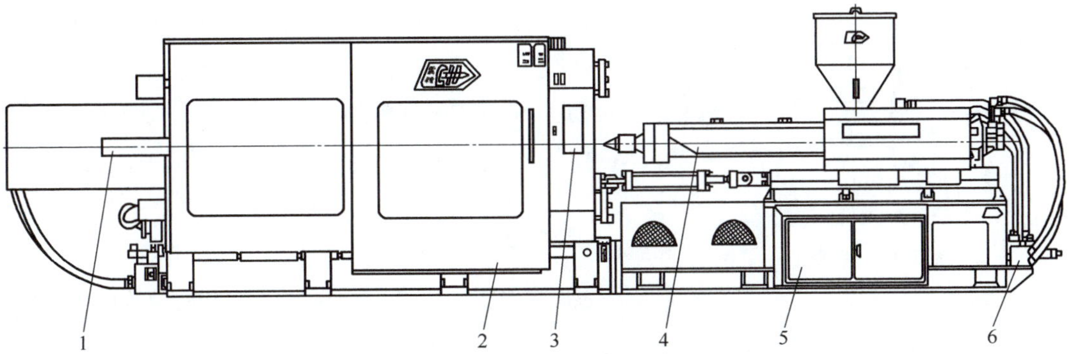

图 1-1　注射机的结构组成

1—合模系统　2—安全门　3—控制电脑　4—注射成型系统　5—电控箱　6—液压系统

（1）注射成型系统　注射成型系统的作用是使塑料均匀地塑化成熔融状态，并以足够的速度和压力将一定量的熔料注射入模腔内，其主要由料斗、螺杆、料筒、喷嘴、螺杆传动装置、注射座移动油缸、注射油缸和计量装置等组成。

（2）合模系统　合模系统亦称锁模装置，其主要作用是保证成型模具的可靠闭合，实现模具的开、合动作以及顶出制品。通常由合模机构、拉杆、模板、安全门、制品顶出装置、调模装置等组成。

（3）液压与电气控制系统　液压与电气控制系统是保证注射机按工艺过程预定的要求（如压力、温度、速度及时间）和动作程序，使其准确、有效地工作。液压传动系统主要由各种阀件、管路、动力油泵及　其他附属装置组成；电气系统主要由各种电器仪表等组成。液压与电气系统有机地组合在一起，对注射机提供动力和实施控制。

1.3.2 注射机的分类

塑料注射机有以下几种常见的分类方法：

（1）按机器加工能力分类　按机器加工能力（指机器的注射量和锁模力）分为超小型（锁模力在 160kN 以下、注射成型量在 16cm³ 以下）；小型（锁模力为 160~2000kN、注射成型量为 16~630cm³）；中型（锁模力为 2000~4000kN、注射成型量为 800~3150cm³）；大型（锁模力为 4000~12500kN、注射成型量为 3150~10000cm³）；超大型（锁模力在 12500kN 以上、注射成型量在 10000cm³ 以上）。

（2）按机器的传动方式分类　按机器的传动方式分为全电动式注射机、全液压式注射机、液压-机械式注射机。

（3）按塑化和注射成型方式分类　按塑化和注射成型方式可分为柱塞式注射机和螺杆式注射机。其中，螺杆式注射机其物料的熔融塑化和注射成型全部都由螺杆来完成的，是目前生产量最大，应用最广泛的注射机。

（4）按机器外形特征分类　按机器外形特征分为立式、卧式、角式、多模和多物料注射机。

① 立式注射机。注射成型装置与合模装置的轴线呈垂直排列。优点是：易于安放嵌件、占地面积小；模具拆装方便。缺点是：机身较高加料不便；重心不稳易倾伏；制品不能自动脱落，需人工取出，难于实现自动化操作。因此，立式注塑机主要用于生产注塑量在 60cm³ 以下、多嵌件的制品。

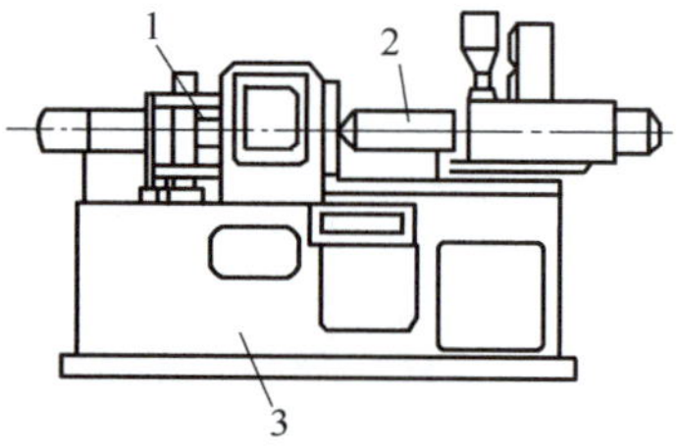

图 1-2　卧式注射机
1—合模系统　2—注射成型系统　3—机身

② 卧式注射机。其注射成型装置与合模装置的轴线呈水平排列，如图 1-2 所示。与立式注射机相比具有机身低、便于操作；制品依自重脱落，可实现自动化操作等优点。但也有模具安装麻烦，嵌件易倾伏落下，机器占地面积大等不足。目前，该形式的注射机使用最广、产量最大，是国内外注射机的最基本形式。

③ 角式注射机。其注射成型装置与合模装置的轴线相互成垂直排列，注射时，熔料从模具分型面进入型腔。该类注射机适用于成型中心不允许留有浇口痕迹的制品。目前，国内许多小型机械传动的注射机，多属于这一类，而大、中型注射机一般不采用这一形式。

④ 多模注射机。这是一种多工位操作的特殊注射机。该类注射机充分发挥了塑化装置的

塑化能力，可缩短成型周期，适用于冷却定型时间长、安放嵌件需要较多生产辅助时间、具有两种或两种以上颜色的塑料制品生产。多模注射机又分单注射成型头多模位式（用一个注射成型装置供多模注射成型）、多注射成型头单模位式和多注射成型头多模位式。

⑤ 多物料注塑机。由两个或两个以上注射装置向一个合模装置中的模具进行注射，所得塑料产品含有两种或两种以上的材料或颜色。根据注射装置中辅助注射装置的布置方式，可以分类为 V 型、 L 型、 P 型及 W 型。

1.3.3　注射机的注射系统

注射系统的作用是使塑料塑化和均化，并在很高的压力和较快的速度下，通过螺杆或柱塞的推挤将熔料注射入模具。

1.3.3.1　柱塞式注射系统

（1）结构组成　柱塞式注射系统主要由塑化部件（包括喷嘴、螺杆、料筒、分流梭）、定量加料装置、注射油缸、注射座整体移动油缸等组成，如图 1-3 所示。

（2）工作原理　加入料斗中的颗粒料，经过定量加料装置，使每次注射所需的塑料落入料筒加料室。当注射油缸活塞推动柱塞前进时，将加料室中的塑料推向料筒前端熔融塑化。熔融塑料在柱塞向前移动时，经过喷嘴注入模具型腔。

根据需要，注射座移动油缸可以驱动注射座做往复移动，使喷嘴与模具接触或分离。

（3）性能特点

① 物料塑化不均匀　料筒内塑料加热熔融塑化的热量来自料筒的外部加热，由于塑料的导热性差，加上塑料在料筒内的运动呈“层流”状态，因此，靠近料筒外壁的塑料温度高、塑化快，料筒中心的塑料温度低、塑化慢。料筒直径越大，则温差越大，塑化越不均匀，有时甚至会出现内层塑料尚未塑化好，表层塑料已过热降解的现象。塑化过程中剪切小，物料缺乏交流，混合性能差。通常，热敏性塑料不采用

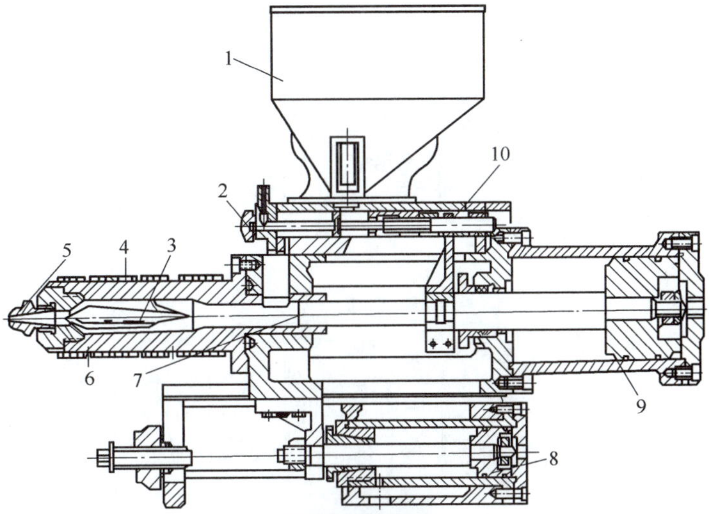

扫码观看柱塞式注射系统工作原理

图 1-3　柱塞式注射成型机

1—料斗　2—计量供料　3—分流梭　4—加热器　5—喷嘴　6—料筒　7—柱塞　8—移动油缸　9—注射成型油缸　10—控制活塞

柱塞式注射成型。

② 注射压力损失大　由于注射压力不能直接作用于熔料，需经未塑化的塑料传递后，熔融塑料才能经分流梭与料筒内壁的狭缝进入喷嘴，最后注入模腔，因此，该过程会造成很大的压力损失。据统计，采用分流梭的柱塞式注射机，模腔压力仅为注射压力的25%~50%。

③ 工艺条件不稳定　柱塞在注射时，首先对加入料筒加料区的塑料进行预压缩，然后才将压力传递给塑化好的熔料，并将头部的熔料注入模腔。由此可见，即使柱塞等速移动，但熔料的充模速度却是先慢后快，直接影响熔料在模内的流动状态。另外，每次加料量的不精确性，对工艺条件的稳定性和制品的质量也会有影响。

④ 注射量提高受限制　由于注射量的大小主要取决于柱塞面积和柱塞行程，因此，提高塑化能力主要依靠增大柱塞直径和柱塞行程。根据传热原理，对于热的长筒体，单位时间内从料筒壁传给物料的热量与料筒温度和物料温度之差及传热面积（即料筒内径和长度和乘积）成正比，而与料层厚度成反比，但加大料筒内径和长度都会加剧物料塑化和温度的不均匀。因此柱塞式注射成型系统的塑化能力低，从而限制了注射量的提高。柱塞式注射系统的注射量一般在250 cm^3 以下。

⑤ 料筒的清洗也较困难。

但是，由于柱塞式注射机的结构简单，因此，如果注射量较小、制品质量要求不太严格、附加价值低时，它还是有使用价值的。

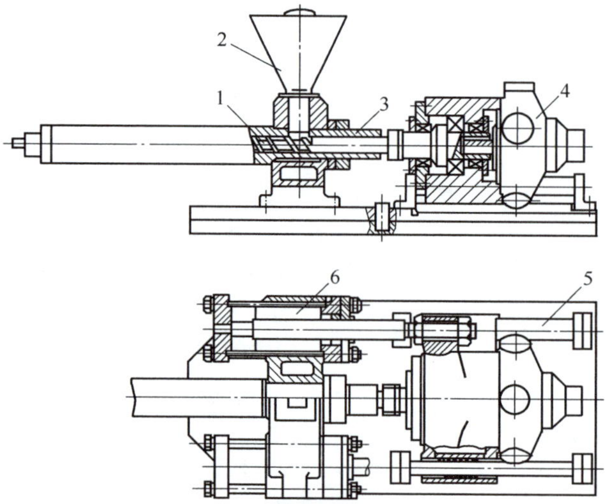

扫码观看螺杆式注射系统工作原理

图1-4　螺杆式注射成型机

1—螺杆　2—料斗　3—料筒　4—液压马达
5—导柱　6—注射成型油缸

1.3.3.2　螺杆式注射系统

（1）结构组成　螺杆式注射系统是目前应用最为广泛的一种形式，由塑化部件、料斗、螺杆传动装置、注射油缸、注射座以及注射座移动油缸等组成，如图1-4所示。

（2）工作原理　螺杆式注射成型机中，物料的熔融塑化和注射成型全部都由螺杆来完成的。液压马达驱动螺杆旋转，使得塑料向前移动。在此过程中，因为外加热以及摩擦发热，塑料逐步熔融并且最终完全熔融，汇入料筒头部。料筒头部熔融塑料压迫螺杆，使其边塑化边后退，直到完成下次注射所需的塑化量。注射时，注射成型油缸推动螺杆，将熔融塑料经过喷嘴注入模具型腔。

（3）性能特点　与柱塞式注射系统相比，螺杆式注射系统具有以下特点：

① 螺杆式注射系统不仅有外部加热器的加热，而且螺杆还有对物料进行剪切摩擦加热，因而塑化效率和塑化质量较高；而柱塞式注射系统主要依靠外部加热器加热，并以热传导的方式使物料塑化，塑化效率和塑化质量较低。

② 由于螺杆式注射系统在注射时，螺杆前端的物料已塑化成熔融状态，而且料筒内也没有分流梭，因此压力损失小。在相同模腔压力下，用螺杆式注射系统可以降低注射压力。

③ 由于螺杆式注射系统的塑化效果好，从而可以降低料筒温度，这样，不仅可以减小物料因过热和滞流而产生的分解现象，而且还可以缩短制品的冷却时间，提高生产效率。

④ 由于螺杆有刮料作用，可以减小熔料的滞流和分解，所以可用于成型热敏性物料。

⑤ 可以对物料直接进行染色，而且清理料筒方便。

螺杆式注射系统虽然有以上许多优点，但是它的结构比柱塞注射系统复杂，螺杆的设计和制造都比较困难。此外，还需要增设螺杆传动装置和相应的液压传动和电气控制系统。因此，目前仅有一些小型注射机仍采用柱塞式注射系统，用于加工熔料流动性好、热稳定性好的物料，已经趋于淘汰，而一般大中小型注射机则普遍采用螺杆式注射系统，是目前生产量最大、应用最广泛的注射成型机。

1.3.3.3　注射成型机的塑化装置

塑化装置是注射系统的重要组成部分。由于柱塞式塑化装置已经趋于淘汰，因此不作详细介绍。下面介绍螺杆式注射机的塑化装置。

螺杆式注射机的主要塑化装置包括螺杆、料筒、注射喷嘴等。

1.3.3.3.1　螺杆

（1）螺杆的类型　注射螺杆可以根据所用材料分为普通螺杆（38CrMoAl）、不锈钢螺杆、双金属螺杆（带耐磨金属）等，也可以根据其结构形式分为结晶型和非结晶型螺杆两种：

非结晶型螺杆是指螺槽深度由加料段较深螺槽向均化段较浅螺槽过渡的过程，是在一个较长的轴向距离内完成的，如图 1-5（a）所示。该类螺杆主要用于加工具有较宽的熔融温度范围、高黏度的非结晶性物料，如 PVC 等。

结晶型螺杆指螺槽深度由深变浅的过程，是在一个较短的距离内完成的，如图 1-5（b）所示。该类螺杆主要用于加工低黏度、熔点温度范围较窄的结晶性物料，如 PE、 PP 等。

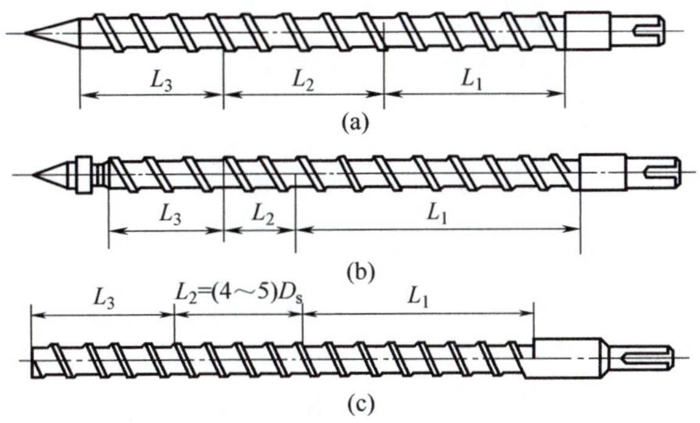

图 1-5　注射成型螺杆类型

（a）非结晶型　（b）结晶型　（c）通用型

为了增加注射螺杆的适应性，在注射机中还使用一种通用型螺杆，如图 1-5（c）所示。这是因为在注射成型中，由于经常更换塑料品种，拆螺杆也就比较频繁，既花劳力又影响生产，因此，虽备有多根螺杆，但在一般情况下不予更换，而通过调整工艺条件（温度、螺杆转数、背压）来满足不同物料的要求。通用螺杆的特点是其压缩段长度介于结晶型螺杆、非晶型螺杆之间，以适应结晶型塑料和非结晶型塑料的加工需要，适用于大多数塑料品种，如 PE、PP、 PS、 ABS、 POM 等。虽然螺杆的适应性扩大了，但其塑化效率低，单耗大，使用性能比不上专用螺杆。专用螺杆主要包括 UPVC 专用螺杆、 PA 专用螺杆、 PC 专用螺杆、 PET 专用螺杆、 PBT 专用螺杆、 PMMA 专用螺杆、混色螺杆等，结构上各有不同，以适应其所加工塑料材料的特点。

（2）注射螺杆的主要特征　注射螺杆与挤出螺杆很相似，但由于它们在生产中的使用要求不同，所以，相互之间有差异。

① 作用原理方面。挤出螺杆是在连续推物料的过程中将物料塑化，并在机头处建立起相当高的压力，通过成型机头获得连续挤出的制品。挤出机的生产能力、稳定的挤出量和塑化均匀性是挤出螺杆应该充分考虑的主要问题，这将关系到挤出制品的质量和产量。而注射螺杆按注射工艺过程的要求完成对固体物料的预塑和对熔料的注射这两个任务，并无稳定挤出的特殊要求，注射螺杆的预塑也仅仅是注射成型过程的一个前道工序，与挤出螺杆相比不是主要问题。

② 物料受热方面。物料在注射机料筒中，除了受到在塑化时类似于挤出螺杆的剪切作用而产生的热量外，预塑后的物料因在料筒内有较长的停留时间，受到较多外部加热器的加热作用。另外，在注射成型时，物料以高速流经喷嘴而受到强烈剪切产生大量剪切热。

③ 塑化压力调节方面。在生产过程中，挤出螺杆很难对塑化压力进行调节，而注射螺杆对物料的塑化压力可以方便地通过背压来进行调节，从而容易对物料的塑化质量进行控制。

④ 螺杆长度变化方面。注射螺杆在预塑时，螺杆边旋转边后退，使得有效工作长度发生变化。而挤出螺杆要求定温、定压、定量、连续挤出，挤出时必须是定位旋转，螺杆有效工作长度不能发生变化。

⑤ 塑化能力对生产能力的影响方面。挤出螺杆的塑化能力直接影响生产能力，而注射螺杆的预塑化时间比制品在模腔内的冷却时间短，因此注射螺杆的塑化能力不是影响生产能力的主要因素。

⑥ 螺杆头结构形式方面。注射螺杆头与挤出螺杆头不同，挤出螺杆头多为圆头或钝头，注射螺杆头多为尖头，且头部具有特殊结构。尖形或头部带有螺纹的螺杆头如图 1-6（a）所示。该类螺杆头主要用于加工黏度高、热稳定性差的物料，可以防止在注射时因排料不干净而造成滞料分解现象。

止逆环螺杆头如图 1-6（b）所示。对于中、低黏度的物料，为防止在注射时螺杆前端压力过高，使部分熔料在压力下沿螺槽回流，造成生产能力下降、注射压力损失增加、保压困难及制品质量降低等，通常使用带止逆环的螺杆头。止逆环螺杆头的工作原理是：当螺杆旋转塑化时，沿螺槽前进的熔料具有一定的压力，将止逆环推向前方，熔料通过止逆环与螺杆头间的通道进入螺杆头前面；注射时，在注射压力的反作用下使止逆环向后退，与环座紧密贴合，压力越高贴合越紧密，从而防止了熔料的回流。

注射机配置的螺杆一般只有一根，且必备基本型式的螺杆头。为扩大注射螺杆的使用范围，降低生产成本，可通过更换螺杆头的办法来适应不同物料的加工，如图 1-6（c）和图 1-6

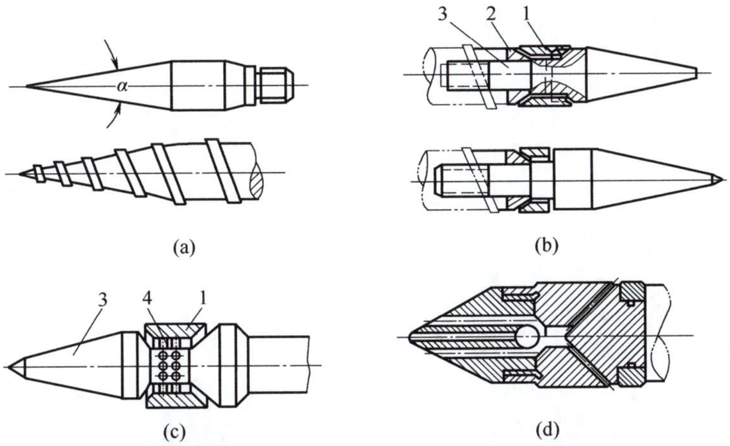

扫码观看止逆环螺杆头工作原理　　扫码观看止逆球螺杆头工作原理

图 1-6　注射用螺杆头结构

（a）锥形螺杆头　（b）止逆环螺杆头　（c）销钉形螺杆头　（d）止逆球螺杆头

1—止逆环　2—环座　3—螺杆头　4—销钉

（d）所示。

综上所述，注射螺杆和挤出螺杆在结构上有下列几个主要差别：

a. 注射螺杆长径比和压缩比比挤出螺杆小。

b. 注射螺杆均化段螺槽深度比挤出螺杆深。

c. 注射螺杆加料段长度比挤出螺杆长，而均化段长度比挤出螺杆短。

d. 注射螺杆头多为尖头并带有特殊止逆结构。

（3）新型注射螺杆　在注射过程中，注射螺杆既要作旋转运动又要作轴向移动，而且是间歇动作的，因而注射螺杆中物料的塑化过程是非稳定的。其次，螺杆在注射时螺槽中产生较大的横流和倒流，这是造成固体床破碎比挤出机更早的原因。由挤出过程可知，破碎后的固体碎片被熔料包围，不利于熔融。根据注射过程的特点，注射螺杆的均化段不像挤出螺杆那样要求获得稳定的熔体输送，而是对破碎后的固体碎片进行混炼、剪切，促进其熔融。普通注射螺杆难以完成这一任务。

近年来，由于注射机合模力的下降，普遍要求对原来注射机的加工能力作相应提高，即在不改变合模力的情况下提高螺杆的注射量和塑化能力。为此，在研制新型挤出螺杆的基础上，经过移植，研制出了很多适应加工各种物料特殊形式的注射螺杆，如波状型、销钉型、 DIS 型、屏障型的混炼螺杆、组合螺杆等。它们是在普通螺杆的均化段上增设一些混炼剪切元件，对物料能提供较大的剪切力，而获得熔料温度均匀的低温熔体，这样不仅可制得表面质量较高的制品，同时节省能耗，得到较大的经济效益。图 1-7 中所示的是用于注射螺杆上的几种混炼剪切元件。

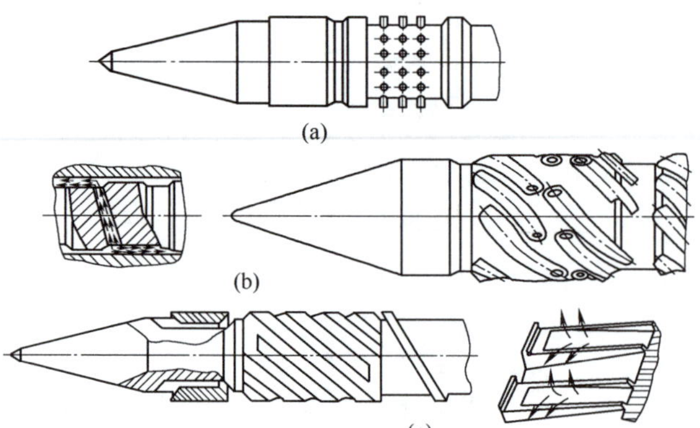

图 1-7 注射成型螺杆上常用的混炼剪切元件

（a）销钉混炼型 （b） DIS 混炼型 （c）屏障剪切型

1.3.3.3.2 料筒

料筒是注射机塑化装置的另一个重要零件。其结构型式与挤出机的料筒相同，大多采用整体式结构。

（1）料筒加料口的断面形状 由于注射机多数采用重力加料，加料口的断面形状必须保证重力加料时的输送能力。为了加大输送能力，加料口应尽量增加螺杆的吸料面积和螺杆与料筒的接触面积。加料口的断面形状可以是对称型的，也可以是偏置形的，基本形式如图 1-8 所示。图 1-8（a）为对称型加料口，加料口偏小，制造容易、输送能力低。图 1-8（b）、图 1-8（c）为非对称型加料口，适合于螺杆高速喂料，有较好输送能力，但制造较困难。当采用螺旋强制加料装置时，加料口的府视形状应采用对称圆形为宜。

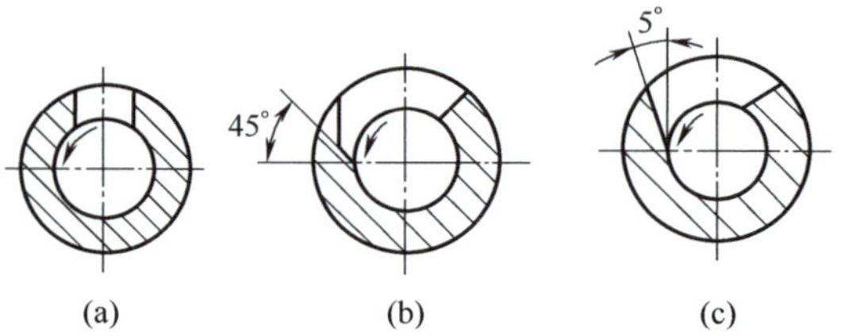

图 1-8 料筒加料口的断面形状

（a）对称型加料口 （b）、（c）非对称型加料口

（2）料筒的壁厚 料筒壁厚要保证在压力下有足够的强度，同时还要具有一定热惯性，以维持温度的稳定。薄的料筒壁厚虽然升温快，重量轻，节省材料，但容易受周围环境温度变化的影响，工艺温度稳定性差。厚的料筒壁厚不仅结构笨重，升温慢，热惯性大，在温度调节过程中易产生比较严重的滞后现象。一般料筒外径与内径之比为 2~2.5，我国生产的注射机料筒壁厚如表 1-3 所示。

表 1-3 注射机料筒壁厚

螺杆直径/mm	35	42	50	65	85	110	130	150
料筒壁厚/mm	25	29	35	47.5	47	75	75	90
外径与内径比	2.46	2.5	2.4	2.46	2.1	2.35	2.15	2.2

（3）料筒的加热与冷却 注射机料筒的加热方式大多采用的是电阻加热（带状加热器、铸铝加热器、陶瓷加热器），这是由于电阻加热器具有体积小，制造和维修方便等特点，价格便宜。

为了满足加工工艺对温度的要求，需要对料筒的加热分段进行控制。一般，料筒加热分为 3~5 段，每段长 3~5*D*（*D* 为螺杆直径）。温控精度一般不超过 5℃，对热敏性物料最好不大于 2℃。料筒加热功率的确定，除了要满足塑料塑化所需要的功率以外，还要保证有足够快的升温速度。为使料筒升温速度加快，加热器功率的配备可适当大些，但从减少温度波动的角度出发加热功率又不宜过大，因为一般电阻加热器都采用开关式控制线路，其热惯性较大。加热功率的大小可根据升温时间确定，即小型机器升温时间一般不超过 0. 5h，大、中型机器约为 1h，过长的升温时间会影响机器的生产效率。

根据注射螺杆塑化物料时产生的剪切热比挤出螺杆小的特点，一般对注射料筒和注射螺杆不设冷却装置，而是靠自然冷却。为了保持良好的加料和输送作用，防止料筒热量传递到传动部分，在加料口处应设冷却水套。

1. 3. 3. 3. 3　螺杆与料筒的强度校核

（1）螺杆与料筒的选材　注射螺杆与料筒所处的工作环境和挤出螺杆与料筒相同，不仅受到高温、高压的作用，同时还受到较严重的腐蚀和磨损（特别是加工玻璃纤维增强塑料）。因此，注射螺杆与料筒的材料选择也类似于挤出螺杆与料筒，必须选择耐高温、耐磨损、耐腐蚀、高强度的材料，以满足其使用要求。因此，注射螺杆与料筒常采用含铬、钼、铝的特殊合金钢制造，经氮化处理（氮化层深约 0. 5mm），表面硬度较高。常用的氮化钢为 38CrMoAl。

注射机料筒也可以不用氮化钢，而用碳钢，内层浇铸 Xaloy 合金衬里。

（2）注射螺杆的强度校核　注射螺杆的工作条件比挤出螺杆恶劣，它不仅要承受预塑时的扭矩，还要经受带负载的频繁启动，以及承受注射时的高压，如图 1-9 所示。螺杆主要承受螺杆头部的轴向压力和扭矩，危险断面在螺杆加料段最小根径处，所以要对其进行强度校核才能放心使用。

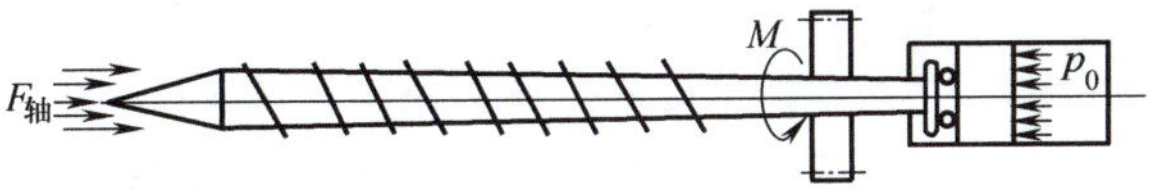

图 1-9　注射螺杆的受力

（3）注射料筒的强度校核　由于注射料筒的壁厚也往往大于按强度条件计算出来的值，因此，正如挤出料筒那样，可省略其强度校核。

（4）螺杆与料筒的径向间隙　螺杆与料筒的径向间隙，即螺杆外径与料筒内径之差，称为径向间隙。如果这个值较大，则物料的塑化质量和塑化能力降低，注射成型时熔料的回流量增加，影响注射成型量的准确性。如果径向间隙太小，会给螺杆和料筒的机械加工和装配带来较大的难度。我国部颁标准 JB/T 7267—1994 对此曾经做出了规定，如表 1-4 所示。

表 1-4　　螺杆与料筒最大径向间隙值（JB/T 7267—1994）

螺杆直径/mm	12~25	25~50	50~80	80~110	110~150	150~200	200~240	>240
最大径向间隙/mm	≤0. 12	≤0. 20	≤0. 30	≤0. 35	≤0. 45	≤0. 50	≤0. 60	≤0. 70

1. 3. 3. 3. 4　喷嘴

喷嘴起连接注射系统和成型模具的桥梁作用。注射时，料筒内的熔料在螺杆或柱塞的作用下以高压、高速通过喷嘴注入模具的型腔。当熔料高速流经喷嘴时有压力损失，产生的压力降转变为热能，同时，熔料还受到较大的剪切，产生的剪切热使熔料温度升高。此外，还有部分压力能转变为速度能，使熔料高速注入模具型腔。在保压时，还需少量的熔料通过喷嘴向模具型腔内补缩。因此，喷嘴的结构形式、喷孔大小和制造精度将直接影响熔料的压力损失，熔体温度的高低、补缩作用的大小、射程的远近以及产生“流涎”与否等。

喷嘴的类型很多，按结构可分为直通式喷嘴、锁闭式喷嘴和特殊用途喷嘴三种。

（1）直通式喷嘴　直通式喷嘴是指熔料从料筒内到喷嘴口的通道始终是敞开的。根据使用要求的不同有以下几种结构：

① 短式直通式喷嘴。其结构如图 1-10（a）所示。这种喷嘴结构简单，制造容易，压力损失小。但当喷嘴离开模具时，低黏度的物料易从喷嘴口流出，产生“流涎”现象（即预塑时熔料自喷嘴口流出）。另外，因喷嘴长度有限，不能安装加热器，熔料容易冷却。因此，这种喷嘴主要用于加工厚壁制品和热稳定性差的高黏度物料。

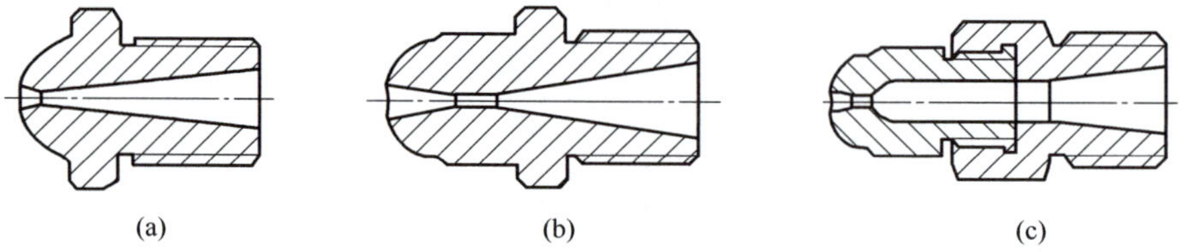

图 1-10　各种结构的直通式喷嘴

（a）短式直通式喷嘴　（b）延长型直通式喷嘴　（c）远射程直通式喷嘴

② 延长型直通式喷嘴。其结构如图 1-10（b）所示。它是短式喷嘴的改型，其结构简单，制造容易。由于加长了喷嘴体的长度，可安装加热器，熔料不易冷却，补缩作用大，射程较远，但“流涎”现象仍未克服。主要用于加工厚壁制品和高黏度的物料。

③ 远射程直通式喷嘴。其结构如图 1-10（c）所示。它除了设有加热器外，还扩大了喷嘴的储料室以防止熔料冷却。这种喷嘴的口径小，射程远，“流涎”现象有所克服。主要用于加工形状复杂的薄壁制品。

（2）锁闭式喷嘴　锁闭式喷嘴是指在注射、保压动作完成以后，为克服熔料的“流涎”现象，对喷嘴通道实行暂时关闭的一种喷嘴，主要有以下几种结构：

① 弹簧针阀式喷嘴。图 1-11、图 1-12 为内弹簧针阀式和外弹簧针阀式喷嘴，它们是依靠弹簧力通过挡圈和导杆压合针阀芯实现喷嘴锁闭的，是目前应用较广的一种喷嘴。其工作原理为：在注射前，喷嘴内熔料的压力较低，针阀芯在弹簧的张力的作用将喷嘴口堵死。注射时，螺杆前进，喷嘴内熔料压力增高，作用于针阀芯前端的压力增大，当其作用力大于弹簧的张力时，针阀芯便压缩弹簧而后退，喷嘴口打开，熔料则经过喷嘴而注入模腔。在保压阶段，喷嘴口一直保持打开状态。保压结束，螺杆后退，喷嘴内熔料压力降低，针阀芯在弹簧力作用下前

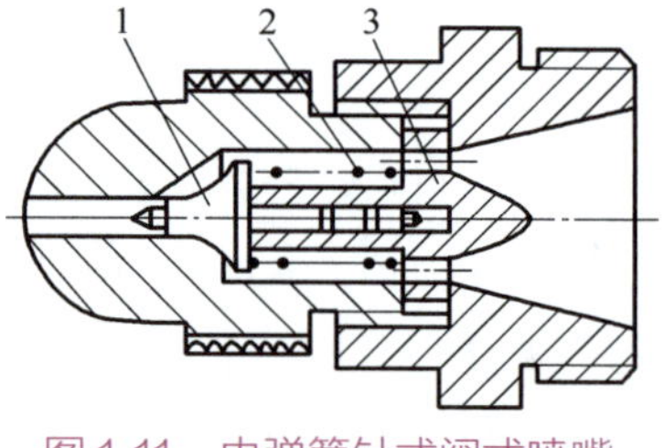

图 1-11　内弹簧针式阀式喷嘴

1—针阀芯　2—弹簧　3—阀体

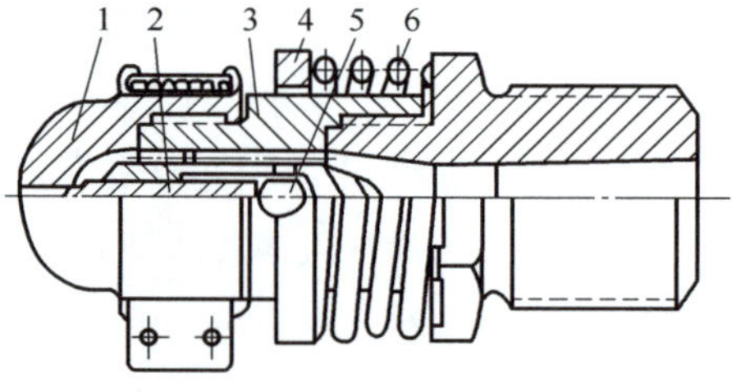

图 1-12　外弹簧针阀式喷嘴

1—喷嘴头　2—针阀芯　3—阀体

4—挡圈　5—导杆　6—弹簧

进，又将喷嘴口关闭。这种型式的喷嘴结构比较复杂，注射压力损失大，补缩作用小，射程较短，对弹簧的要求高。

② 液控锁闭式喷嘴。它是依靠液压控制的小油缸通过杠杆联动机构来控制阀芯启闭的，如图 1-13 所示。这种喷嘴使用方便，锁闭可靠，压力损失小，计量准确，但增加了液压系统的复杂性。

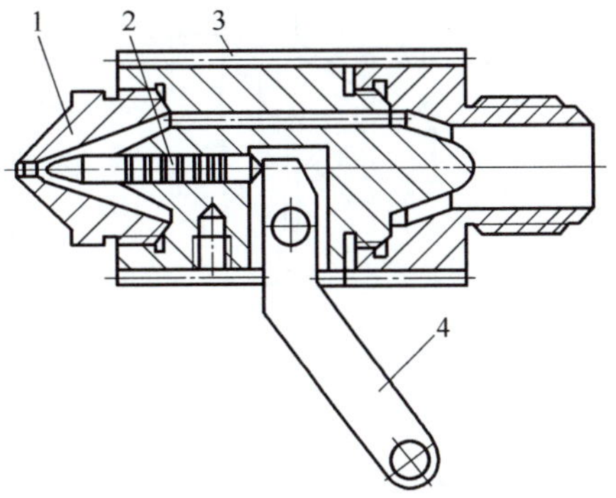

图 1-13　液控锁闭式喷嘴

1—喷嘴头　2—针阀芯　3—加热器　4—操纵杆

与直通式喷嘴相比，锁闭式喷嘴结构复杂，制造困难，压力损失大，补缩作用小，有时可能会引起熔料的滞流分解。主要用于加工低黏度的物料。

（3）特殊用途喷嘴　除上述常用的喷嘴之外，还有适于特殊场合下使用的喷嘴。其结构型式主要有以下几种：

① 混色喷嘴。图 1-14 所示的是混色喷嘴，这是为提高混色效果而设计的专用喷嘴。该喷嘴的熔料流道较长，而且在流道中还设置了双过滤板，以增加剪切混合作用。主要用于加工热稳定性好的混色物料。

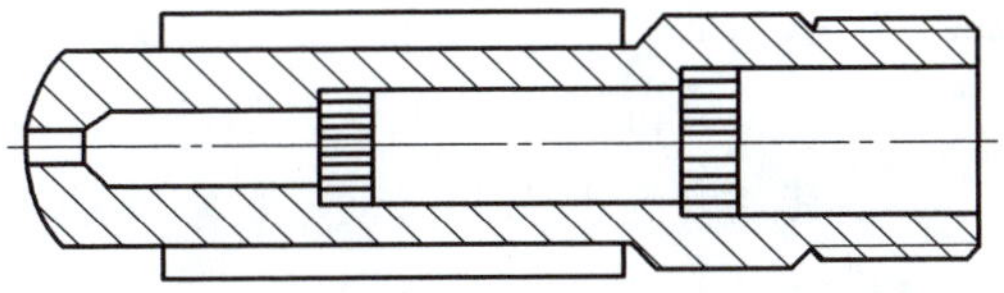
图 1-14　混色喷嘴

② 双流道喷嘴。图 1-15 所示为双流道喷嘴，可用在夹芯发泡注射成型机上，注射两种材料的复合制品。

③ 热流道喷嘴。图 1-16（a）所示为热流道喷嘴，由于喷嘴体短，喷嘴直接与成型模腔接触，压力损失小，主要用来加工热稳定性好、熔融温度范围宽的物料。保温式热流道喷嘴如图 1-16（b）所示，它是热流道喷嘴的另一种形式，保温头伸入热流道模具的主浇套中，形成保温室，利用模具内熔料自身的温度进行保温，防止喷嘴流道内熔料过早冷凝，适用于某些高黏度物料的加工。

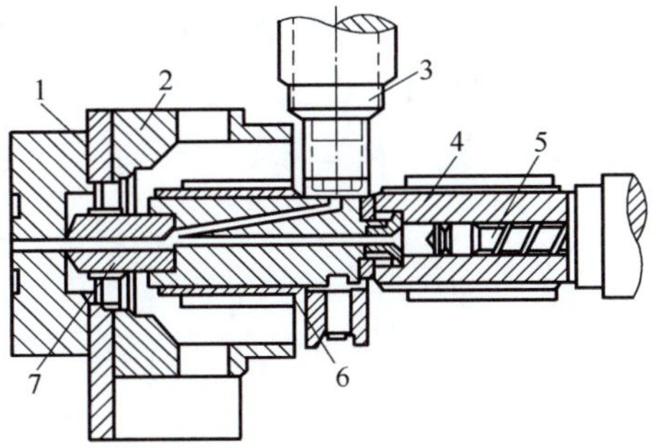

图 1-15　双流道喷嘴

1—模具　2—模板　3、4—注射成型料筒

5—螺杆　6—分配喷嘴　7—喷嘴头

喷嘴型式主要由物料性能、制品特点和用途决定。对于黏度高、热稳定性差的物料，适宜用流道阻力小，剪切作用小，较大口径的直通式喷嘴；对于低黏度结晶型物料宜用带有加热装置的锁闭式喷嘴；对形状复杂的薄壁制品，要用小口径、远射程的喷嘴；对于厚壁制品最好采用较大口径、补缩性能好的喷嘴。

喷嘴口径与螺杆直径有关。对于高黏度物料，喷嘴口径为螺杆直径的 1/15~1/10；对于中、低黏度的物料，则为 1/20~1/15。喷嘴口径一定要比主浇道口直径略小（小 0.5~1.0mm），且两孔应在同一中心线上，避免产生死角和防止漏料现象，同时也便于将两次注射之间积存在喷孔处的冷料连同主浇道赘物一同拉出。

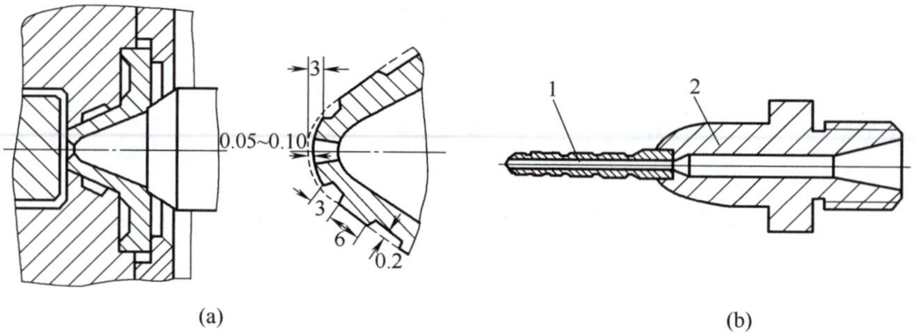

图 1-16　热流道喷嘴

（a）热流道喷嘴　（b）保温式热流道喷嘴

1—保温头　2—喷嘴体

喷嘴头部一般都是球形，很少有平面的。为使喷嘴头与模具主浇道保持良好的接触，模具主浇道衬套的凹面圆弧直径应比喷嘴头球面圆弧直径稍大。喷嘴头与模具注浇道之间的装配关系如图 1-17 所示。

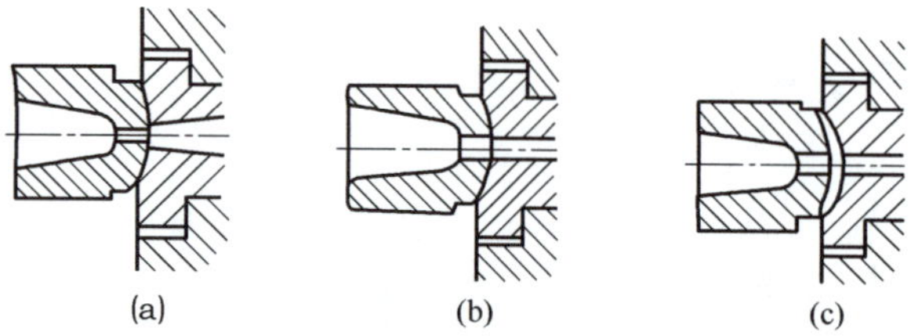

扫码观看喷嘴与模具进料口的配合关系

图 1-17　喷嘴与模具的配合关系

（a）正确　（b）不正确　（c）不正确

喷嘴材料常用中碳钢制造，经淬火使其硬度高于模具，以延长喷嘴的使用寿命。喷嘴若需进行加热，其加热功率一般为 100～300W。喷嘴温度应单独控制。

1.3.3.4　注射螺杆传动装置

注射螺杆传动装置是为提供螺杆预塑时所需要的扭矩与速度而设置的。

（1）对传动装置的要求　注射机螺杆传动装置的特点为：螺杆的“预塑”是间歇式工作，因此启动频繁并带有负载；螺杆转动时为塑化供料，与制品的成型无直接联系，塑料的塑化状况可以通过背压等进行调节，因而对螺杆转数调整的要求并不十分严格；由于传动装置放在注射座上，工作时随着注射座作往复移动，故传动装置要求结构简单紧凑。

作为注射机的传动装置应满足：能适应多种物料的加工和带负载的频繁启动；转速能够方便地调节，并有较大的调节范围；传动装置的各部件应有足够的强度，结构力求简单、紧凑；传动装置具有过载保护功能；启动、停止要及时可靠，并保证计量准确。

（2）螺杆传动的形式　注射螺杆传动的形式一般可分为有级调速和无级调速两大类。为满足注射成型工艺的要求，目前注射螺杆传动主要采用无级调速。

注射螺杆常见的传动形式如图 1-18 所示。图 1-18（a）所示为双注射油缸的形式，其螺杆直接与螺杆轴承箱连接，注射油缸设在注射座加料口的两旁，采用液压马达直接驱动，无须齿轮箱，不仅结构简单、紧凑，而且体积小、重量轻，此外对螺杆还有过载保护作用，故常用；图 1-18（b）所示为高速小扭矩液压马达经减速箱的传动，由于最后一级与螺杆同轴固定，减

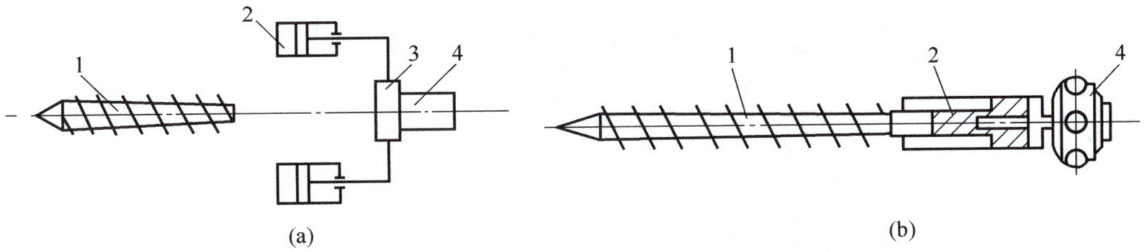

图 1-18 注射螺杆常见的传动形式

（a）双注射成型油缸-液压马达直接传动螺杆 （b）高转速小扭矩液压马达直接传动

1—注射成型螺杆 2—注射成型油缸 3—联轴节、轴承箱 4—液压马达

速箱必须随螺杆作轴向移动，这种结构的注射座制作比较简单，但螺杆传动部分是随动的，必须考虑螺杆传动部分的重量支承，故常用在小型注射成型机上。

（3）螺杆的转速 在注射成型过程中，为适应不同物料的塑化要求和平衡成型循环周期中的预塑时间，经常要对螺杆转速进行调整。通常，加工热敏性或高黏度物料，螺杆最高线速度在 15~20m/min 以下；加工一般物料，螺杆线速度在 30~45m/min。对于大型注射机，螺杆一般采用较低转速，而小型注射机则常用较高的转速。随着注射机控制性能的提高，注射螺杆的转速也开始提高，有些注射机的螺杆转速已达到 50~60m/min。

（4）螺杆的驱动功率 注射螺杆塑化时的功率—转速（*N—n*）特性曲线与挤出机螺杆类似，基本呈线性关系，可近似看作恒扭矩传动。

目前，注射螺杆的驱动功率是参照挤出螺杆驱动功率并结合实际使用情况而确定，无成熟的计算方法。通常，注射螺杆的驱动功率比同规格的挤出螺杆小些，原因是注射螺杆在预塑时，塑料在料筒内已经过一定时间的加热，另外，两种螺杆的结构参数有区别。

1.3.3.5 注射座及其转动装置

注射座是用来连接和固定塑化装置、注射油缸和移动油缸等的重要部件，是注射系统的安装基准。注射座与 其他零件相比，形状较复杂，加工制造精度要求较高。

在更换或检修螺杆时，经常需要拆卸螺杆。由于料筒前端有模板，给装拆带来不便，因此许多注射机都将注射系统做成可转动结构或从塑化装置后部拆卸螺杆，如图 1-19（a）所示。

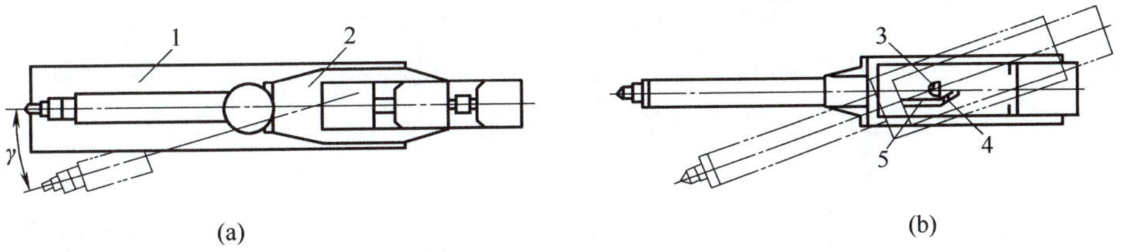

图 1-19 注射座转动装置

（a）转动式 （b）沿滑槽移动过程

1—机架 2—注射系统 3—转动轴 4—滑动销 5—滑槽

小型注射机的注射座靠手动搬转，较大和大型注射机则需单独设有传动装置（如液压缸之类）自动搬转，也可用移动油缸兼作注射座转动的动力油缸。注射座回转时，可将滑动销插入

滑槽，在注射座退回的过程中，使落下的滑动销沿滑槽运动，从而迫使注射座在轴向后移中同时作转动，如图 1-19（b），这样无须另设动力系统。

1.3.4 注射机合模系统

合模系统是注射成型机的重要组成部分之一。其主要任务是提供足够的合模力，使其在注射时，保证成型模具可靠锁紧；在规定时间内以一定的速度闭合和打开模具；顶出模内制件。它的结构和性能直接影响到注射机的生产能力和制品的质量。

1.3.4.1 对合模系统的要求

为了保证合模系统作用的发挥，注射机合模系统应能达到以下要求：

① 合模系统必须有足够大的合模力和系统刚度，保证成型模具在注射过程中不致被熔料压力（模腔压力）胀开，以满足制品精度的要求。

② 应有足够大的模板面积、模板行程和模板间距，以适应不同形状和尺寸的成型模具的安装要求。

③ 应有较高的启、闭模速度，并能实现变速，在闭模时应先快后慢，开模时应先慢后快再慢，既能实现制品的平稳顶出，又能使模板安全运行和生产效率高。

④ 应有制品顶出、调节模板间距和侧面抽芯等附属装置。

⑤ 合模系统还应设有调模装置、安全保护装置等。其结构应力求简单紧凑，易于维护和保养。

合模系统主要由固定模板、活动模板、拉杆、油缸、连杆以及模具调整机构、制品顶出机构等组成。

合模系统的种类较多，若按实现锁模力的方式分类，则有机械式、液压式和液压-机械组合式三大类。下面简要介绍这三种合模系统。

1.3.4.2 机械式合模系统

机械式合模系统在早期出现过，它是依靠齿轮传动和机械肘杆机构的作用，实现启闭模具运动的。因该合模系统调整复杂，惯性冲击大，目前已被其他合模装置取代。但是随着机电工业和现代控制技术的发展，又出现了伺服电动机驱动的螺旋—曲肘式合模装置。它具有 CNC 控制，液晶显示、 AC 伺服电动机驱动，自动化程度高的特点，但是驱动功率有限，只适合于中小型，特别是小型注射机，而且成本高，应用有限。

1.3.4.3 液压式合模系统

液压式合模系统是依靠液体的压力实现模具的启闭和锁紧作用的。这种合模装置的优点是：固定模板和移动模板间的开距大，能够加工制品的高度范围较大；移动模板可以在行程范围内任意位置停留，因此，调节模板间的距离十分简便；调节油压，就能调节锁模力的大小；锁模力的大小可以直接读出，给操作带来方便；零件能自润滑，磨损小；在液压系统中增设各种调节回路，就能方便地实现注射成型压力、注射成型速度、合模速度以及锁模力等的调节，以更好地适应加工工艺的要求。

液压合模装置的不足之处主要有：液压系统管路甚多，保证没有任何渗漏是困难的，所以锁模力的稳定性差，从而影响制品质量；管路、阀件等的维修工作量大；此外，液压合模装置应有防止超行程和只有模具完全合紧的情况下方能进行注射等方面的安全装置。

尽管液压合模装置有不足，但由于其优点突出，因此被广泛使用。

（1）直压式合模装置　如图 1-20 所示，模具的启闭和锁紧都是在一个油缸的作用下完成的，这是最简单的液压合模装置。

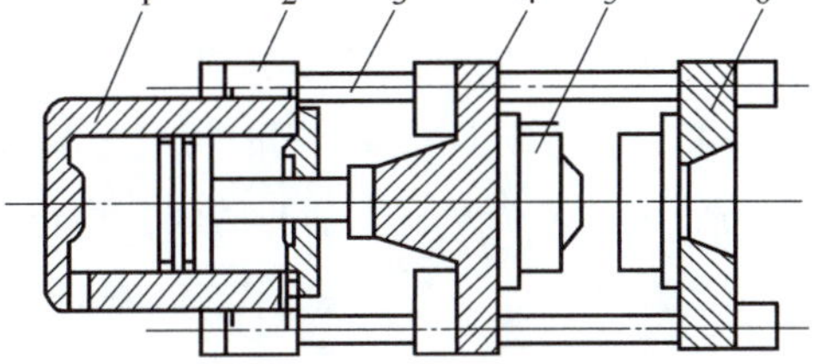

图 1-20　单缸直压式合模装置

1—合模油缸　2—后模板　3—拉杆
4—动模板　5—模具　6—前模板

这种合模装置存在一些问题，并不十分符合注射机对合模装置的要求。

$$v=Q/A \quad (1\text{-}1)$$

$$F=p\times A \quad (1\text{-}2)$$

式中　v——合模速度，m/s

Q——液压油的流量，m^3/s

A——油缸活塞断面的面积，m^2

F——锁模力，N

p——液压油压强，单位是 N/m^2

A——油缸活塞断面的面积，m^2

合模系统的两个基本性能参数合模速度 v 与锁模力 F，它们一个要求油缸活塞的面积 A 小，一个要求面积 A 大，这一对矛盾是单缸直压式合模装置难以解决的。正是这个原因，促使液压合模装置在单缸直压式的基础上发展成其他形式。

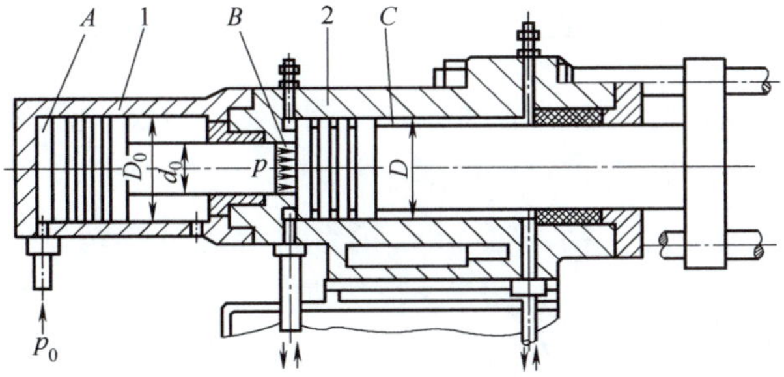

图 1-21　增压式合模装置

1—增压油缸　2—合模油缸

（2）增压式合模装置　如图 1-21 所示。压力油先进入合模油缸，因为油缸直径较小，其推力虽小，但却能增大移模速度。当模具闭合后，压力油换向进入增压油缸。

由于增压活塞两端的直径不一样（即所谓差动活塞），利用增压活塞面积差的作用，提高合模油缸内的液体压力，以此满足锁模力的要求。采用差动活塞的优点是，在不用高压油泵的情况下提高锁模力。

由于油压的增高对液压系统和密封有更高的要求，故增压是有限度的。目前一般增压到达 20 ~32MPa，最高可达 50 MPa。

增压式合模装置一般用在中小型注射机上，由于合模油缸直径较大，故合模速度不很高。

（3）二次动作稳压式合模装置　为了解决合模速度 v、锁模力 F 对油缸活塞面积 A 大小不一这一对矛盾，目前在大型注塑机上多采用二次动作稳压式合模装置。它是利用小直径快速移模油缸来满足移模速度的要求，利用机械定位方法，采用大直径短行程的锁模（稳压）油缸，来满足大合模力的要求。

① 液压-闸板式合模装置。图1-22为液压-闸板式合模装置的工作原理图，它采用了两个不同直径的油缸，分别满足移模速度和合模力的要求。合模时，压力油从C口进入小直径的移模油缸的右端，由于活塞固定在后支承座上不能移动，压力油便推动移模油缸6前移进行合模，当模板运行到一定位置时，压力油进入齿条油缸，齿条按箭头方向移动推动扇形齿轮和齿轮7，带动左闸板1右移，同时，通过扇形齿轮和齿轮8~11带动右闸板2左移将移模油缸抱合定位，卡在移模油缸上的凹槽内，防止在锁模时移模油缸后退，然后压力油进入稳压油缸，由于其油缸直径大，行程短，可迅速达到合模力的要求。

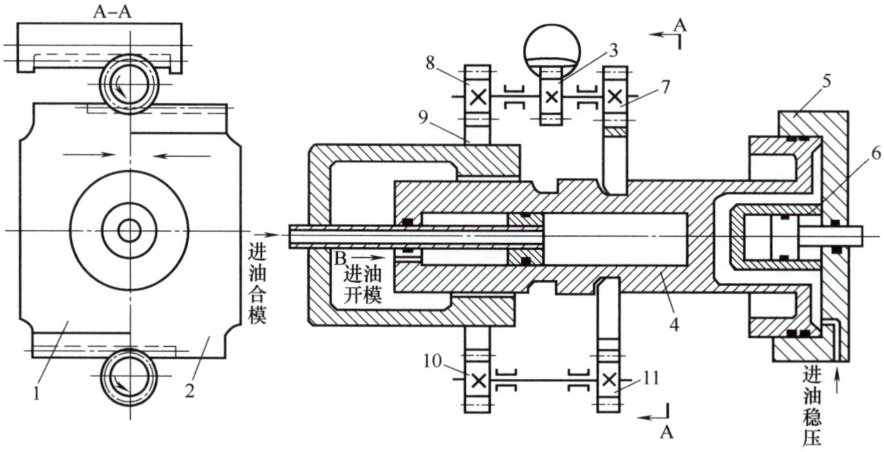

图1-22　液压-闸板式合模装置工作原理

1—左闸板　2—右闸板　3—扇形齿轮　4—移模油缸　5—稳压油缸　6—顶出装置　7~11—齿轮

开模时，稳压油缸先卸压，合模力随之消失，其次齿条油缸的油流换向，闸板松开脱离移模油缸，压力油由B口进入移模油缸左腔，使动模板后退，模具打开。

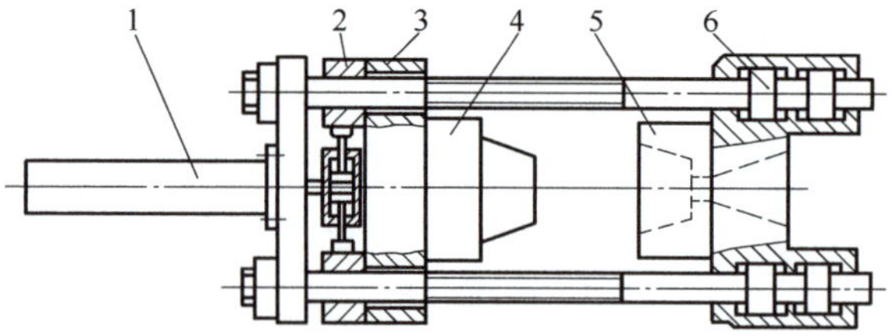

图1-23　液压-抱合螺母式合模装置

1—移模油缸　2—抱合螺母　3—移动模板

4—阳模　5—阴模　6—锁紧油缸

② 液压-抱合螺母式合模装置。图1-23所示为液压-抱合螺母式合模装置。其结构是由快速移模油缸，螺旋拉杆，抱杆螺母和锁模稳压油缸组成。合模时，压力油进入快速移模油缸1内，推动移动模板3快速移模，当确认两半模具闭合后，抱杆机构的两个抱合螺母2分别抱住四根拉杆上的螺旋槽，使其定位。然后向位于定模板前端拉杆头上的4个油缸组6（稳压缸）通入压力油，紧拉四根拉杆使模具锁紧。

抱合螺母式合模装置制造容易，维修方便，油缸直径不受模板尺寸的限制。但锁模油缸多，液压系统比较复杂，主要用在合模力超过10000kN的大型注射成型机上。

二次动作稳压式合模装置的形式很多，它们均采用了相同的原理实现模具的启闭动作。但在油缸布置、定位机构和调模方式上有所不同。

1.3.4.4 液压-机械式合模装置

液压-机械式合模装置是利用连杆机构，在油压作用下，使合模系统内产生内应力实现对模具的锁紧，其特点是自锁、省能、速度快。

为了提高注射机合模力和使注射机受力均匀，以便能成型较大尺寸的制品，在国内生产的多种型号的注射机上普遍采用了双曲肘合模装置，如图 1-24 所示。合模时，压力油进入移模油缸左腔，活塞向右移动，曲肘绕后模板上的铰链旋转，调距螺母作平面运动。将移动模板向前推移，使曲肘伸直将模具合紧。开模时，压力油进入移模油缸右腔，活塞向左运动，带动曲肘向内卷，调距螺母回缩，移动模板后退将模具打开。这种合模装置结构紧凑，合模力大，增力倍数大（一般为 20~40 倍），机构刚度大，有自锁作用，合模速度分布合理，节省能源。但机构易磨损，构件多，调模较麻烦。这种结构在国内外中小型注射成型机上应用广泛，有些大型注射成型机也用此结构。图中中心线上部分为合模锁紧状态，下部分为开模状态。

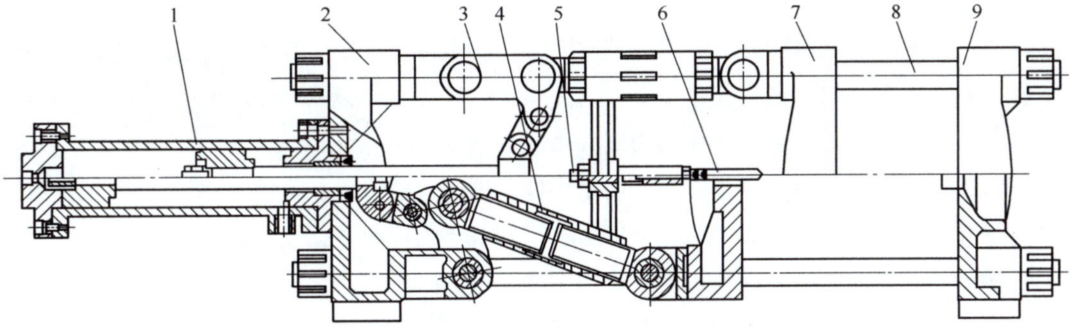

图 1-24 液压双曲肘合模装置

1—移模油缸 2—后固定模板 3—曲肘连杆 4—调距装置 5—顶出装置
6—顶出杆 7—移动模板 8—拉杆 9—前固定模板

从上述液压-机械式合模装置介绍中可知，这种形式的合模装置有以下特点：

① 有机械增力作用。锁模力的大小与合模油缸作用力无直接关系，锁模力来自于肘杆、模板等产生弹性变形的预应力，因此可以采用较小的合模液压油缸，产生较大的锁模力。增力倍数与肘杆的结构形式和肘杆的长度等有关，增力倍数可达 20~40 倍。

② 有自锁作用。合模机构进入锁模状态以后，合模液压油缸即使卸压，合模装置仍处于锁紧状态，锁模可靠，也不受油压波动影响。

③ 模板运动速度和合模力是变化的，其变化规律基本符合工艺要求。移模速度从合模开始，速度从零很快升到最高速度以后又逐渐减速到零；锁模力到模具闭合后才升到最大值。开模过程与上相反。

④ 模板间距、锁模力和合模速度必须设置专门调节机构进行调节。

⑤ 肘杆、销轴等零部件的制造和安装调整要求较高。

1.3.4.5 合模装置的比较

液压式与液压-机械式合模装置各具特点，为便于了解两类合模装置的性能特点，对其做一比较，归纳如表 1-5 所示。

表 1-5 液压式和液压-机械式合模装置比较

液压式合模装置	液压-机械式合模装置
①模板行程大，模具厚度在规定范围内可随意采用，一般无需调整机构	①模板行程小，需设置调整模板间距的机构
②锁模力易调节，数值直观，但锁模有时不可靠	②锁模力调节比较麻烦，数值不能直观，锁模可靠
③模具容易安装	③模具安装空间小，不方便
④有自动润滑作用，无须专门润滑系统	④需设置润滑系统
⑤模板运动速度比较慢	⑤模板运动速度较快，可自动变速
⑥动力消耗大	⑥动力消耗小
⑦循环周期长	⑦循环周期短

1.3.4.6 调模装置

（1）调模装置的作用与要求　在液压-机械式合模式注射机合模系统的技术参数中，有最大模厚和最小模厚，模厚的调整是用调节模板距离的装置来实现实现对不同厚度模具的要求的。此外，该装置还可用来调整合模力的大小。

对调模装置的要求是：调整方便，便于操作；轴向位移准确、灵活，保证同步性；受力均匀；对合模系统有防松、预紧作用；安全可靠；调节行程应有限位及过载保护。

在液压式合模系统中，动模板的行程由工作油缸的行程决定，调模装置是利用合模油缸实现模厚调整，由于调模行程是动模板行程的一部分，因此无须再另设调模装置。对液压-机械式合模装置，必须单独设置调模装置。这是因为肘杆机构的工作位置固定不变，即由固定的尺寸链组成，因此动模板行程不能调节。为了适应安装不同厚度模具的要求，扩大注射机加工制品的范围，必须单独设置调模装置。

（2）拉杆螺母式调模装置　拉杆螺母式调模装置是常见的调模方式，如图 1-25（a）所示的大齿轮调模形式。当调模时，主动齿轮 2 驱动下，大齿轮带动四只带有齿轮的拉杆螺母在同步移动，推动后模板及整个合模机构沿轴向位置发生位移，调节动模板与前模板间的距离，从而调节整个模具厚度和合模力。

图 1-25（b）为链轮式调模形式，调模时，四只带有链轮的拉杆螺母在链条 3 的驱动下同步转动，推动后模板及整个合横机构沿轴向位置发生位移，完成调模动作，由于链条传动刚性差，同步性较大齿轮式差，其他与大齿轮式相似。

拉杆螺母式调模装置结构紧凑，减少了轴向尺寸链长度，提高了系统刚性，安装、调整比较方便。但结构比较复杂，要求同步精度较高，在调整过程中，四个螺母的调节量必须一致，否则模板会发生歪斜。小型注射机可用手轮驱动，中、大型注射机上用普通电动或液压马达或伺服电机驱动。

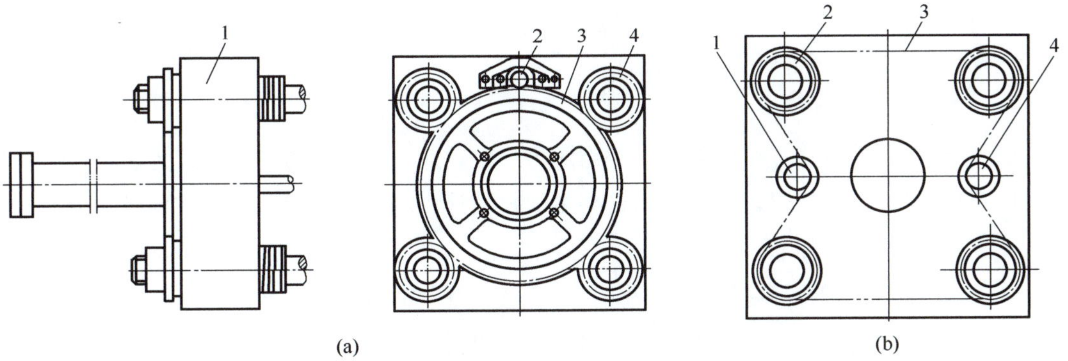

图 1-25　拉杆螺母式调模装置

（a）大齿轮调模形式

1—后模板　2—主动齿轮　3—大齿轮　4—拉杆螺母齿轮

（b）链轮调模形式

1—张紧轮　2—拉杆螺母链轮　3—链条　4—主动链轮

1.3.4.7　顶出装置

顶出装置是为顶出模内制品而设置的，它是注射机不可缺少的组成部分。

（1）顶出装置的作用与要求　顶出装置的作用是准确而可靠地顶出制品。为保证制品能顺利脱模，要求注射机的顶出装置具有以下特点：运动平稳可靠；提供足够的顶出距离及顶出力；顶出装置应能准确、及时复位。

对顶出装置的要求是：具有足够的顶出力和可控的顶出次数及顶出速度；具有足够的顶出行程和行程限位调节机构；顶出力应均匀而且便于调节，工作应安全可靠；操作方便。

（2）顶出装置的形式　顶出装置一般有机械顶出、液压顶出、气动顶出三种。

① 机械顶出装置。机械顶出是利用固定在后模板或　其他非移动件上的顶出杆，在开模时，动模板后退，顶出杆穿过动模板上的孔，与其形成相对运动，从而推动模具中设置的脱模机构而顶出制品。

此种形式的特点是结构简单，但是顶出力和顶出速度都取决于合模装置的开模力和移模速度，也不方便多次顶出，对加工要求复位后才能安放嵌件的模具不方便。现在使用较少。

② 液压顶出装置。液压顶出是利用专门设置在动模板上的顶出油缸进行制品的顶出，如图 1-26 所示。由于顶出力、顶出速度、顶出位置、顶出行程和顶出次数都可根据需要进行调节，使用方便，是最为常见的顶出装置。

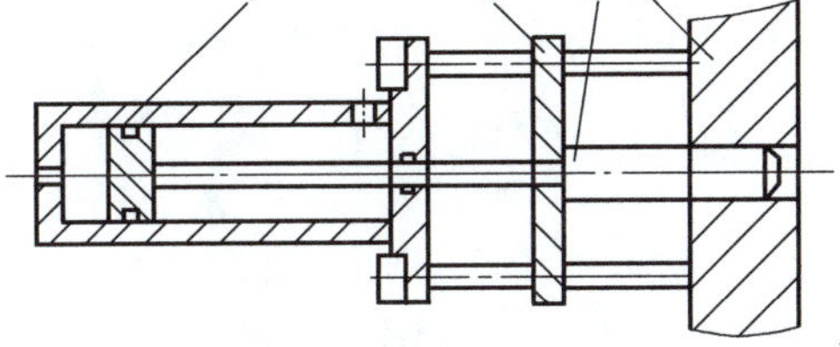

图 1-26　液压式顶出装置

1—顶出油缸　2—顶板　3—顶杆　4—移动模板

③ 气动顶出装置。气动顶出是利用压缩空气，通过模具上设置的气道和微小的顶出气孔，直接从模具型腔中吹出制品。此装置结构简单，顶出方便，特别适合不留顶出痕迹的盆形、薄壁制品的快速脱模，但需增设气源和气路，使用范围有限，运用较少。

1.3.5 注塑机的参数与规格型号

注射机的主要技术参数有注射量、注射压力、注射速率、塑化能力、锁模力、合模装置基本尺寸、开合模速度、空循环时间等。这些参数是设计、制造、购置和使用注射机的依据。

1.3.5.1 注射系统的基本参数

（1）注射量　注射量是指在对空注射条件下，注射螺杆或柱塞作一次最大注射行程时，注射成型系统所能达到的最大注出量。该参数在一定程度上反映了注射机的加工能力，标志着该注射机能成型塑料制品的最大重量，是注射机的一个重要参数。注射量一般有两种表示方法，一种以PS为标准（密度 $\rho=1.05g/cm^3$）用注出熔料的质量（g）表示；另一种是用注出熔料的容积（cm^3）来表示。我国1994年部颁标准中注射机系列采用后一种表示方法。标准规定的系列中有16、25、40、63、100、160、200、250、320、400、500、630、800、1000、1250、1600、2000、2500、3200、4000、5000、6300、8000、10000、16000、25000、40000cm^3等。但在2004年的新标准中则已经放弃了这一规定。

根据注射量的定义可知，注射螺杆一次所能注出的最大注射量的理论值为螺杆头部在其垂直于轴线方向的最大投影面积与注射螺杆行程的乘积，我们把它称为理论注射量。

注射机的规格型号也可以用注射容量法来表示，就是以注射机标准螺杆的80%理论注射容量（cm^3）为注射机的注射容量。但由于此容量是随设计注射机时所取的注射压力即螺杆直径而改变，同时，注射容量与加工物料的性能和状态有密切的关系。因此，采用注射容量表示法，并不能直接判断出两台注射机的规格大小。我国以前生产的注射机就是用此法表示的，如XS-ZY-250，即表示注射机的注射容量为250cm^3的预塑式（Y）塑料（S）注射（Z）成型（X）机。

由于注射时，有部分熔料在压力作用下产生回流，为保证塑化质量和在注射完毕后保压时的补缩需要，实际注射量要小于理论注射量。我们用一个射出系数 α 乘以理论注射量来进行修正，　α 一般为0.7~0.9，通常取 α 为0.8。

通常，注射制品与浇注系统的总用料量为实际注射量的25%~70%，最低不小于10%。如果总用料量太少，则注射机不能充分发挥效能，而且熔料也会因在料筒中停留时间过长而分解；若总用料量大于注射量的70%，则制品成型时易出现缺陷。

（2）注射压力　注射压力是指螺杆或柱塞端面处作用于熔料单位面积上的力。在注射成型时，为了克服熔料流经喷嘴、流道和型腔时的流动阻力，螺杆或柱塞对熔料必须施加足够的压力。

在实际生产中，注射压力应能在注射机允许的范围内调节。若注射压力过大，则制品上可能会产生飞边；制品在模腔内因镶嵌过紧造成脱模困难；制品内应力增大，强制顶出会损伤制品；影响注射系统及传动装置的设计。若注射压力过低，易产生缺料和缩痕，甚至根本不能成型等现象。

注射螺杆是由注射油缸推动的，所以在一些工厂企业，常常把注射时油缸的液压油的压力称作注射压力。实际上，它们是需要通过换算的。

（3）注射速率（注射速度、注射时间）　注射时，为了使熔料及时充满型腔，除了必须有足够的注射压力外，熔料还必须有一定的流动速度。描述这一性质的参数有注射速率、注射速度和注射时间。

注射速率是将已塑化好的达到一定注射量的熔料在注射时间内注射出去，单位时间内所达到的体积流率；注射速度是指螺杆或柱塞的移动速度；而注射时间，即螺杆（或柱塞）射出一次注射量所需要的时间。它们是相互关联的。

注射速率（注射速度、注射时间）的选定很重要。若注射速率过低（即注射时间过长），制品易形成冷接缝，不易充满复杂的模腔。合理地提高注射速率，能缩短生产周期，减少制品的尺寸公差，能在较低的模温下顺利地获得优良的制品，特别是在成型薄壁、长流程制品及低发泡制品时采用高的注射速率，能获得优良的制品。通常，1000cm^3 以下的中小型螺杆式注射机注射时间为 3~5s，大型或超大型注射机也很少超过 10s。表 1-6 列出了注射速率的数值，供参考。但是，注射速率也不能过高，否则塑料高速流经喷嘴时，易产生大量的摩擦热，使物料发生热降解和变色，模腔中的空气由于被急剧压缩产生热量，在排气口处有可能出现制品烧伤的现象。注射速率应根据工艺要求、塑料性能、制品形状及壁厚、浇口设计以及模具冷却情况来选定。

表 1-6　常用的注射速率

注射量/cm^3	125	250	500	1000	2000	4000	6000	10000
注射速率/（cm^3/s）	125	200	333	570	890	1330	1600	2000
注射时间/s	1	1.25	1.5	1.75	2.25	3	3.75	5

此外，为了提高注射制品的质量，尤其对形状复杂制品的成型，已经发展了变速注射，即注射速度是变化的，其变化规律根据制品的结构形状和塑料的性能决定。

（4）塑化能力　塑化能力是指塑化装置在单位时间内所能塑化的物料量。塑化能力与螺杆转速、驱动功率、螺杆结构、物料的性能有关。

注射机的塑化装置应能在规定的时间内保证能够提供足够量的塑化均匀的熔料。塑化能力应与注射机整个成型周期配合协调，若塑化能力低而导致注射机循环时间长，则可采用提高螺杆转速、增大驱动功率、改进螺杆结构型式等方法提高塑化能力和改进塑化质量。

（5）其他参数

① 开合模速度　为使模具闭合时平稳以及开模、顶出制品时不使塑料制件损坏，要求模板慢行，但模板又不能在全行程中慢速运行，这样会降低生产率。因此，在每一个成型周期中，模板的运行速度是变化的。即在合模时从快到慢，开模时则由慢到快再慢。速度的变化由液压与电气控制系统来完成。

② 空循环时间　空循环时间是指在没有塑化、注射保压、冷却、取出制品等动作的情况下，完成一次循环所需要的时间。它由合模、注射座前进和后退、开模以及动作间的切换时间所组成。空循环时间是表征机器综合性能的参数，它反映了注射机机械结构的好坏、动作灵敏

度，液压系统以及电气系统性能的优劣（如灵敏度、重复性、稳定性等），也是衡量注射机生产能力的指标。近年来，由于注射、移模速度的提高和采用了先进的液压电气控制系统，空循环时间已大为缩短。

1.3.5.2 合模系统的基本参数

（1）锁模力 锁模力是指注射机合模机构施于模具上的最大夹紧力。在此力作用下，模具不应被熔料所顶开。它在一定程度上反映出注射机所能加工制品的大小，是一个重要的技术参数。有些国家采用最大锁模力作为注射机的规格标称。锁模力如图 1-27 所示，当熔料以一定速度和压力注入模腔前，需克服流经喷嘴、流道、浇口等处的阻力，会损失一部分压力。但熔料在充模时还具有相当高的压力，此压力称为模腔内的熔料压力，简称模腔压力 p_m。模腔压力在注射时形成的胀模力将会使模具顶开。为保证制品符合精度要求，合模系统必须有足够的锁模力来锁紧模具。

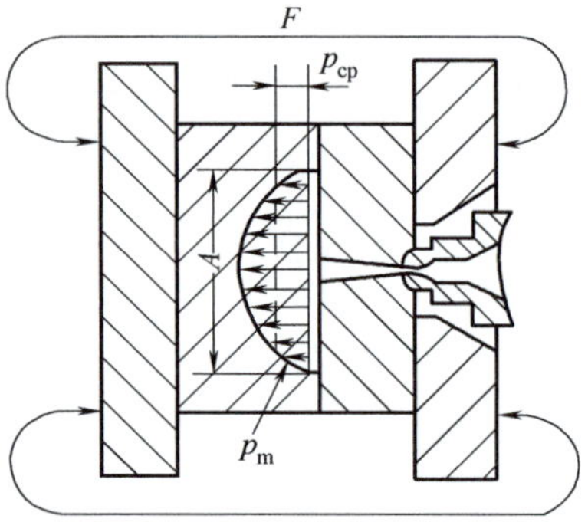

图 1-27 注射时动模板的受力平衡

在注射成型时为了使模具不能被模腔压力所形成的胀模力顶开，锁模力应满足下式：

$$F \geqslant K p_{cp} A \times 10^{-3} \qquad (1\text{-}3)$$

式中 F——合模力，kN

K——安全系数，一般取 1~2

p_{cp}——模腔内平均压力，MPa

A——成型制品和浇注系统在模具分型面上的最大投影面积，mm^2

锁模力的选取很重要。若选用注射机的锁模力不够，在成型时易使制品产生飞边，不能成型薄壁制品；若锁模力选用过大，容易压坏模具，制品内应力增大和造成不必要的浪费。因此，锁模力是保证塑料制品质量的重要条件。近年来，由于改善了塑化机构的效能，改进了合模机构，提高了注射速度并实现其过程控制，注射机的锁模力有明显的下降。

注射机的规格也可用注射机的锁模力（单位为 kN）来表示。由于锁模力不会受到其他取值的影响而改变，可直接反映出注射机成型制品面积的大小，因此采用锁模力表示法直观、简单。但由于锁模力并不能直接反映出注射成型制品体积的大小，所以此法不能表示出注射机在加工制品时的全部能力及规格的大小，使用起来还不够方便。所以，注射机的型号也有用注射容量与锁模力结合的表示法，这是注射机的国际规格表示法。该法是以理论注射量作分子，合模力作分母（即注射容量/合模力）。具体表示为 SZ—□/□，S 表示塑料机械，Z 表示注射机。如 SZ—200/1000，表示塑料注射机（SZ），理论注射量为 200cm^3，合模力为 1000kN。

我国注射机的规格是按国家标准 GB/T 12783—2000 编制的。注射机规格表示的第一项是类别代号，用 S 表示塑料机械；第二项是组别代号，用 Z 表示注射；第三项是品种代号，用英文字母表示；第四项是规格参数，用阿拉伯数字表示。第三项与第四项之间一般用短横线隔开，其表示方法为：

S	Z	□	—□
类别代号	组别代号	品种代号	规格参数

注射机品种代号、规格参数的表示如表 1-7 所示。

表 1-7　　注射机品种代号、规格参数（GB/T 12783—2000）

品种名称	代号	规格参数	备　注
塑料注射机	不标	合模力/kN	卧式螺杆式预塑为基本型不标品种代号
立式塑料注射机	L（立）		
角式塑料注射机	J（角）		
柱塞式塑料注射机	Z（柱）		
塑料低发泡注射机	F（发）		
塑料排气式注射机	P（排）		
塑料反应式注射机	A（反）		
热固性塑料注射机	G（固）		
塑料鞋用注射机	E（鞋）	工位数×注射装置数	注射装置数为 1 不标注
聚氨酯鞋用注射机	EJ（鞋聚）		
全塑鞋用注射机	EQ（鞋全）		
塑料雨鞋、靴注射机	EY（鞋雨）		
塑料鞋底注射机	ED（鞋底）		
聚氨酯鞋底注射机	EDJ（鞋底聚）		
塑料双色注射机	S（双）	合模力（kN）	卧式螺杆式预塑为基本型不标品种代号
塑料混色注射机	H（混）		

（2）合模装置的基本尺寸　合模装置的基本尺寸直接关系到所能加工制品的范围和模具的安装、定位等。主要包括有：模板尺寸与拉杆间距，模板间最大开距与动模板行程，模具厚度、调模行程等。

① 模板尺寸与拉杆间距。如图 1-28 所示，模板尺寸为（$H \times V$），拉杆间距指水平方向两拉杆之间的距离与垂直方向两拉杆距离的乘积，即拉杆内侧尺寸为（$H_0 \times V_0$），模板尺寸和拉杆间距均表示模具安装面积的主要参数。注射机的模板尺寸决定注射模具的长度和宽度，它应能安装上制品重量不超过注射机注射量的一般制品的模具，模板面积大约是注射机最大成型面积的 4~10 倍，并能用常规方法将模具安装到模板上。可以说模板尺寸限制了注射机的最

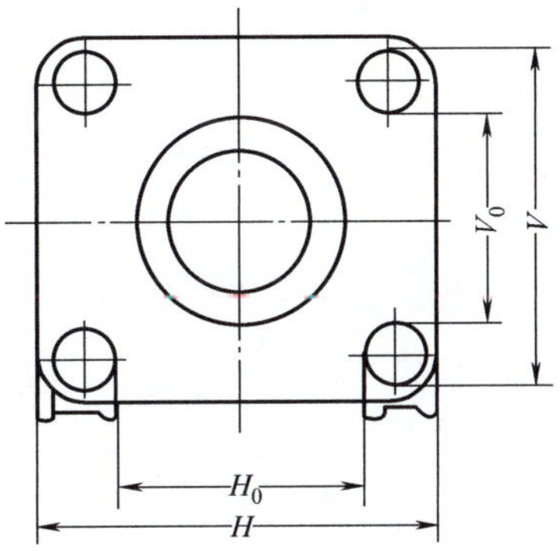

图 1-28　模具与模板尺寸

大成型面积，拉杆间距限制了模具的尺寸。

我国 1994 年的注射机标准曾经规定了模板上定位孔直径、注射成型喷嘴球半径尺寸，如表 1-8 所示，供参考。

表 1-8 注射机模板定位孔直径、喷嘴球半径尺寸（JB/T 7267—1994） 单位 mm

拉杆有效间距（$H_0 \times V_0$）	模具定位孔直径		注射成型喷嘴球半径
	基本尺寸	极限偏差（H8）	
200~223 224~279	80 100	+0. 054 0	10
280~449 450~709	125 160	+0. 063 0	15 20
710~899 900~1399	200 250	+0. 072 0	25 30
1400~2239 ≥2240	315	+0. 081 0	35

近年来，由于模具结构的复杂化、低压成型方法的使用、注射机塑化能力的提高以及合模力的下降，模板尺寸有增大的趋势。

② 模板间最大开距。模板间最大开距是用来表示注射机所能加工制品最大高度的特征参数。它是指开模时，固定模板与动模板之间，包括调模行程在内所能达到的最大距离，如图 1-29 所示。

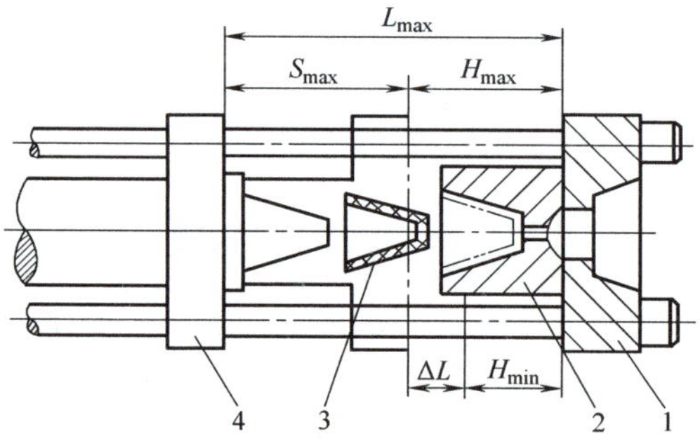

图 1-29 模板间的尺寸

1—固定模板 2—模具 3—制品 4—移动模板

为使成型后制品能方便地取出，模板间最大开距一般为成型制品最大高度的 3~4 倍。

$$L_{max}=(3\sim4)\ h_{max} \tag{1-4}$$

式中 L_{max}——模板间最大开距， mm

h_{max}——成型制品最大高度， mm

对液压式合模系统模板间最大开距为：

$$L_{max}=S_{max}+H_{max} \tag{1-5}$$

式中 S_{max}——动模板行程， mm

H_{max}——模具最大厚度， mm

对液压-机械式合模系统模板间最大开距为：

$$L_{max}=S_{max}+H_{min}+\Delta L \tag{1-6}$$

式中 H_{min}——模具最小厚度， mm

ΔL——调模行程

③ 动模板行程。动模板行程是指动模板移动距离的最大值。对于肘杆式合模装置，动模板行程不会随模具厚度的变化而变化；对于液压式合模装置，动模板行程随安装模具厚度的变化而变化。一般，动模板行程要大于制品最大高度 2 倍，以便于取出制品。为了减少机械磨损

的动力损耗，成型时应尽量使用最短的动模板行程。

④ 模具最大厚度与最小高度。模具最大厚度 H_{max} 与最小厚度 H_{min} 是指动模板闭合后，达到规定合模力时，动模板与固定模板间的最大（小）距离。如果所成型制品的模具厚度小于模具最小厚度，应加垫块（板），否则不能形成合模力，使注射机不能正常生产。反之，也不能形成合模力。

⑤ 调模行程。为了成型不同高度的制品，模板间距应能调节。调节范围是最大模具厚度的 30%~50%。模具最大厚度 H_{max} 与最小厚度 H_{min} 之差为调模行程。

以上简要地介绍了注射机的基本参数。注射机的其他技术参数，如注射机的功率、开模力、注射座推力、液压马达最大扭矩等，就不一一介绍了。

1.3.6　注射机的操作

1.3.6.1　注射成型机的操作规程

（1）开车前的准备工作　为了制得合格的产品，开车前必须做好下列检查。

① 检查电源电压是否与电器设备额定的电压相符，否则应调整，使两者相同。

② 检查各按钮、电器线路、操作手柄、手轮等有无损坏或失灵现象。各开关手柄应在“断开”的位置。

③ 检查安全门在导轨上滑动是否灵活，开关能否触动限位开关，是否灵敏可靠。

④ 检查各冷却水管接头是否可靠，试通水，杜绝渗漏现象。

⑤ 打开润滑开关，或将润滑油注入各润滑点。油箱油位应在油标中线以上。

⑥ 检查料斗有无异物，各电热圈松动与否，热电偶与料筒接触是否良好，并及时处理。对料筒进行预热，达到塑料塑化温度后，恒温半小时，使各点温度均匀一致。冬季应适当延长预热时间。

⑦ 检查喷嘴是否堵塞，并调整喷嘴、模具的位置。

⑧ 检查设备运转情况是否正常，有无异音、振动、或漏油等。

⑨ 检查各紧固件是否松动，将模具用螺栓固定好后进行试模，注射成型过程中应逐渐升高压力和速度。

（2）开车及注意事项　注射机设备运转应按下列顺序依次进行：

① 接通电源，起动电动机，油泵开始工作后，应打开油冷却器冷却水阀门，对回油进行冷却，以防止油温过高；

② 油泵进行短时间空车运转，待正常后关闭安全门，先采用手动闭模，并打开压力表，观察压力是否上升；

③ 空车时，手动操作机器空运转动作几次，检查安全门的动作是否正常，指示灯是否及时亮熄，各控制阀、电磁阀动作是否正确，调速阀、节流阀的控制是否灵敏；

④ 将转换开关转至调整位置，检查各动作反应是否灵敏；

⑤ 调节时间继电器和限位开关，并检查其动作是否灵敏、正常；

⑥ 进行半自动操作试车，空车运转几次；

⑦ 进行自动操作试车，检查运转是否正常；

⑧ 检查注射制品计数装置及报警装置是否正常、可靠。

（3）停车及注意事项

① 停车前首先停止加料，关闭料斗闸板，注空料筒中的余料，注射成型座退回，关闭冷却水。

② 用压力空气冲干模具冷却水道，对模具成型部分进行清洁，喷防锈剂，手动合模。

③ 关油泵电机，切断所有的电源开关。

④ 做好机台的清洁和周围的环境卫生工作。

（4）注射机安全操作条例　对注射机操作者的职责、注射机安全操作条例及设备安全检查如下：

① 注射机操作者的职责。注射机购进后，除认真检查设备为安全提供的条件是否完善外，作为操作者，还须掌握维护注射机安全工作，并将已有的防止可预告的人为失误的积累工作继续下去。对于操作者而言，实现安全生产的职责如下：

a. 认真阅读注射成型机使用说明书，按照设备安全使用要求维护和操作注射成型机；

b. 严格注射成型机的日常维护，保证注射成型机在整个寿命期间的可靠性能和处于良好的工作条件；

c. 操作人员有必要接受设备使用的培训，这往往是防止因意外或未知情况发生时，避免事故的根本保证；

d. 不允许不熟悉设备使用及日常维护保养的人员单独开机，以防患于未然，减少事故发生的可能性，并保持注射成型机完好，随时处以工作状态；

e. 能根据注射成型机噪声的出现或消失、速度的变化或最终产品质量的变化，估计和判断注射成型机出现故障或事故发生的可能性，使之能在发生前得到防范。注射成型机上一些故障是明显的，如模具不能正常启闭等。还有一些事故（如杂质造成阀件损坏）则可能是不明显的，甚至是没有先兆的。因此，警惕潜在事故应成为每个操作者的一项职责；

f. 尽量采用具有安全保障的生产方式来操作注射成型机，对安全措施不利的生产方式应能指出隐患所在并提出改进意见。例如，对于在具有极大动力作用启闭的模具内，实行人工取件和人工安装嵌件，这伴随可预知的人为失误而导致严重伤害的可能性。

若有时不能排除这一带有事故隐患的生产方式，则操作者应探求别的替代方法来创造安全，如采用机械手等附加装置来取出工件和安装嵌件，使用自动的取件及嵌件装载器，使人员避免在危险区域内的生产操作，可有效地防范严重伤害的发生。操作者应具有自我安全保护的强烈意识，把人身安全和设备安全放在实现优质高产的首位。

② 注射成型机安全使用规程。避免事故发生的一个有效措施就是建立并强化注射成型机安全操作规程，操作者应严格遵守该操作规程，其具体条例如下：

a. 未经过操作培训和安全培训的人员不得操作注射成型机。

b. 整个工作时间内都应穿安全鞋、戴安全眼镜。

c. 领会所有的危险标志和注射成型机故障警告符号，熟悉总停机按钮的位置。

d. 注射成型机开动前，应确定所有的安全装置都完好有效。如果任一安全装置发生缺损、损坏或不能动作时，应立即停机并通知管理人员，未处置前不得开机。

e. 应使用设备所提供的安全装置，不得擅自改装或用其他方法使设备安全装置失效。

f. 任何事故隐患和已发生的事故，不管事故有多小，都应作记载并报告管理人员。

g. 任何断开的插座、接线箱、裸线、漏油或漏水、都应及时报告和排除。

h. 操作者经常保持工作台和作业区的清洁，必须不让油和水流到注射成型机周围的地面上。

i. 车间生产场地内，严禁喧嚷或恶作剧。

j. 千万不能堵塞防火或其他应急设备的通道。

k. 只使用处于完好状态的模具及设备。

l. 随时观察并保持正确的液压油温和油位。

m. 注射成型前应查看注射成型喷嘴头是否与模具主浇道匹配和贴紧。

n. 在对空注射时，所有人员应远离并避免正对注射成型方向。

o. 注射成型机运转时切勿爬到机器上。

p. 无论何时离开注射成型机，应确保注射成型机已关闭。

q. 如果必须停机，应注尽料筒中的熔料。

r. 停机前应取出模腔中的塑件和流道中的残料，不可将物料残留在型腔或浇道中。

s. 在注射机上工作时，一定要遵循正确的安全防护程序，尽量避免人工取件和手工安装嵌件。

t. 生产场地应严禁吸烟并杜绝明火。

1.3.6.2　注射生产的工艺流程

注射过程包括原料准备及处理、注射成型、制品后处理。具体的注射生产流程如图 1-30 所示。

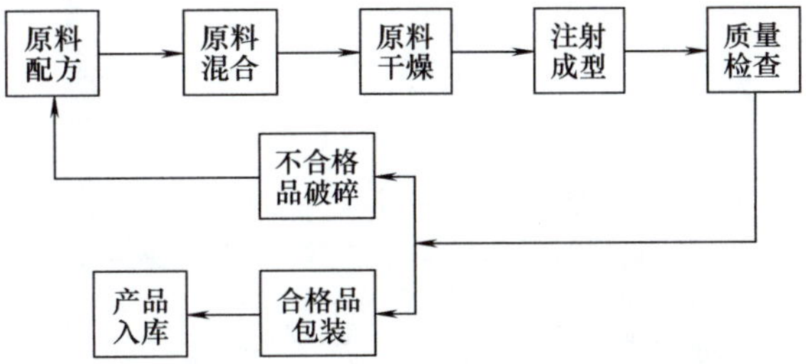

图 1-30　注射生产过程流程

其中，注射成型过程又可进一步按照如图 1-31 所示。

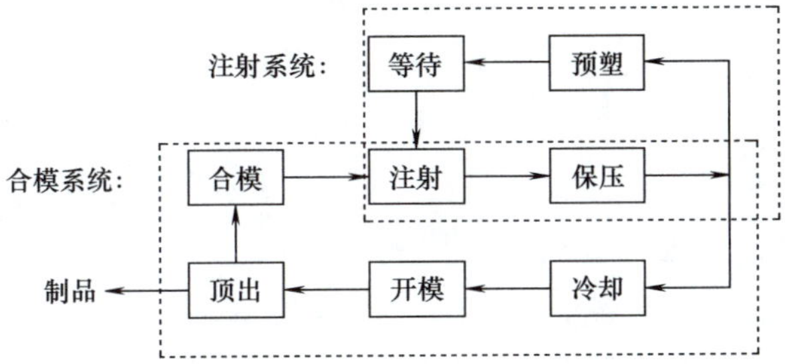

图 1-31　注射成型过程流程

1.3.6.3　注射机的操作方式

注射机通常设有可供选择使用的 4 种操作方式，即：调整、手动、半自动和全自动。

（1）调整操作　指注射机所有动作，都必须在按住相应按钮开关的情况下慢速进行。放开按钮，动作即停止，故又称之为点动。这种操作方式适合于装拆模具、螺杆或检修、调整注射机时用。

（2）手动操作　指按动按钮后，相应的动作便进行，直至动作完成。这种操作方式多用在试模或开始生产阶段或自动生产有困难的一些制品上使用。

（3）半自动操作　指将安全门关闭以后，工艺过程中的各个动作按照一定的顺序自动进行，直到打开安全门取出制件为止。该操作主要用于不具备自动化生产条件的塑料注射制品的生产，如人工取出制品或放入嵌件等，是一种最常用的操作方式。采用半自动操作，可减轻体力劳动和避免因操作错误而造成事故。

（4）全自动操作　指注射机全部动作由电器控制，自动地往复循环进行。由于模具顶出并非完全可靠以及其他附属装置的限制，目前在实际生产中的使用还较少。但采用这种操作方式可以减轻劳动强度，是实现一人多机或全车间机台集中管理，进行自动化生产的必备条件。

1.3.6.4　注射机的面板操作

目前主流的注射机，控制系统采用 PLC 或者单片机为主控制单元的数字式控制系统，机器的操作方式设定、注射工艺调节等都集中在操作面板上进行。轻触式数据输入系统，液晶显示人机对话界面，加上完善的提示信息，使得人机对话显得轻松自如，学习也很容易上手；菜单键、数字键、方向键、动作键分区排布，让人一目了然；菜单结构合理，方便了人们的使用。

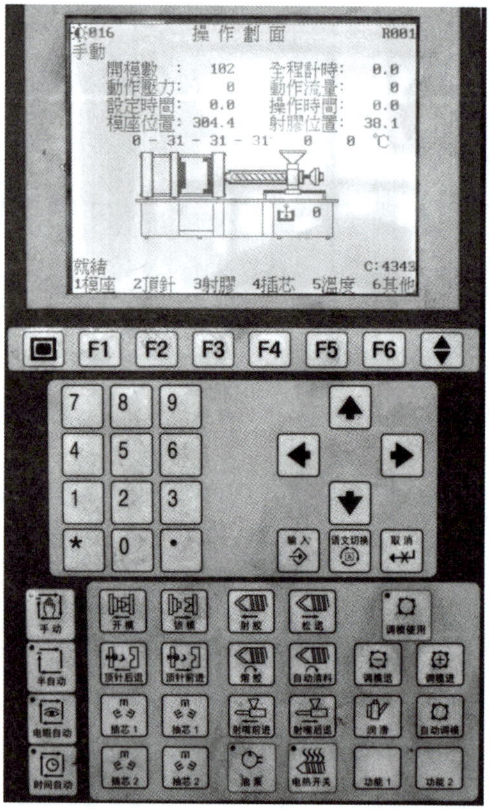

图 1-32　注射机操作面板

图 1-32 是注射机操作面板图，由上至下分别是显示屏、功能键、数字方向键、操作方式、动作按钮、调模按钮。

图 1-33 的显示屏上显示的是主操作画面，显示注射机的当前状态（当前操作方式、当前动作、主要工艺参数、信息提示等），显示屏最下面一行信息，结合 F1~F6 等功能键，可以显示相应数字指示的菜单。

图 1-34 所示为模座菜单，可在此进行开合模参数的设定；图 1-35 所示为顶针菜单，可进行顶针/射台/吹气/调模参数设定；图 1-36 所示为注射菜单，可进行注射参数设定；图 1-37 所示为熔胶菜单，可进行塑化/抽胶/冷却参数设定；图 1-38 所示为插芯菜单，可进行液压侧抽芯参数设定；图 1-39 所示为温度菜单，可进行温度参数设定；图 1-40 所示为其他菜单，能进行如时间、功能等设定。

各个菜单的设计简明、清晰，具有一定注射成型知识的人，都可以比较快地学会使用。但也需要指出，不同厂家设计的控制面板与操作界面会有一些不同之处，在操作中需要留意。

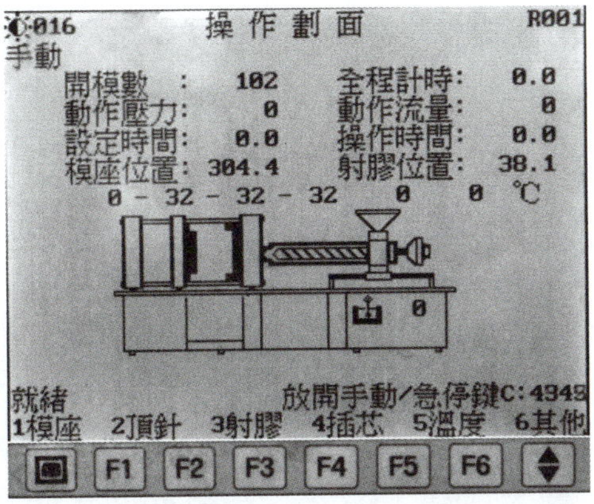

图 1-33　主操作画面

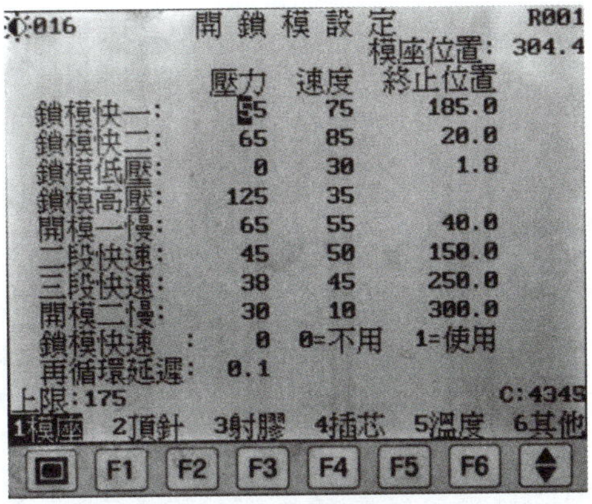

图 1-34　开合模参数设定

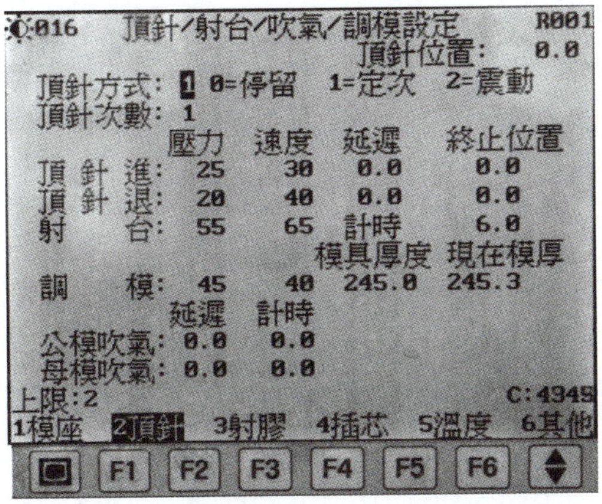

图 1-35　顶针/射台/吹气/调模设定

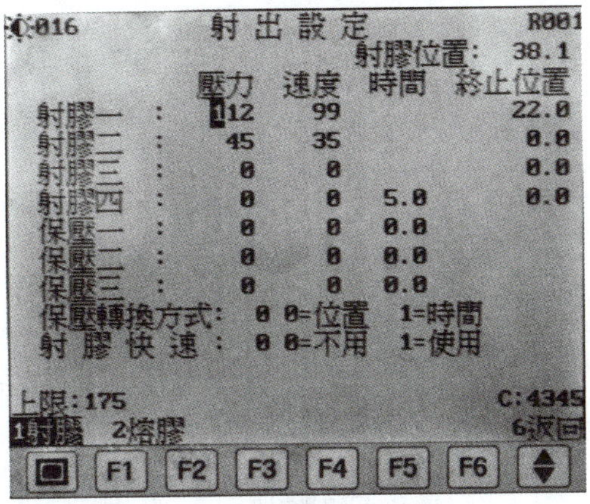

图 1-36　注射参数设定

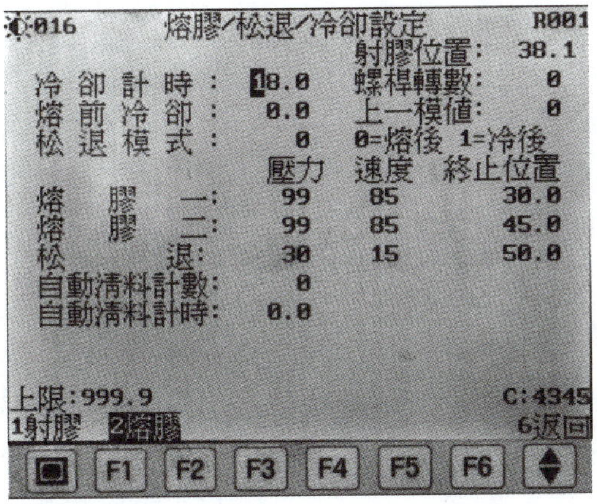

图 1-37　塑化/抽胶/冷却参数设定

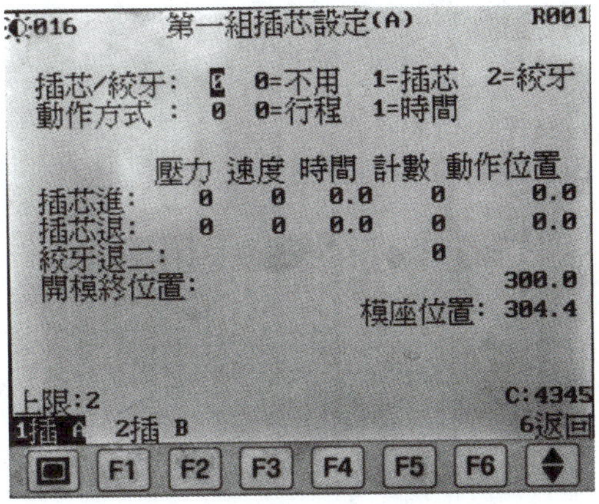

图 1-38　液压侧抽芯参数设定

1.3.7　生产中的安全与保护措施

注射机是在高压高速下工作的，自动化水平最高，为了保证注射成型机安全可靠地运转，

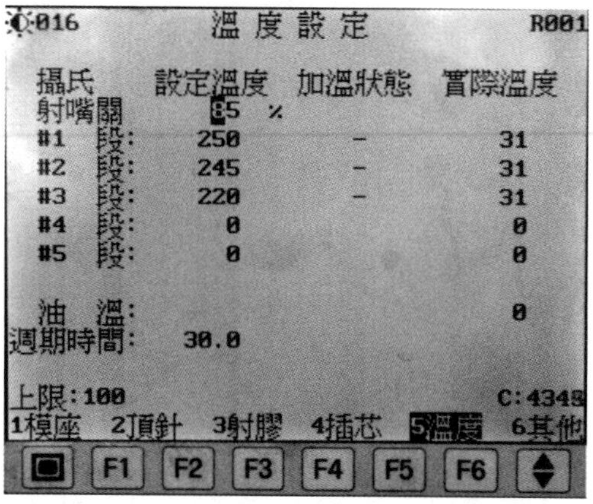

图 1-39　温度参数设定

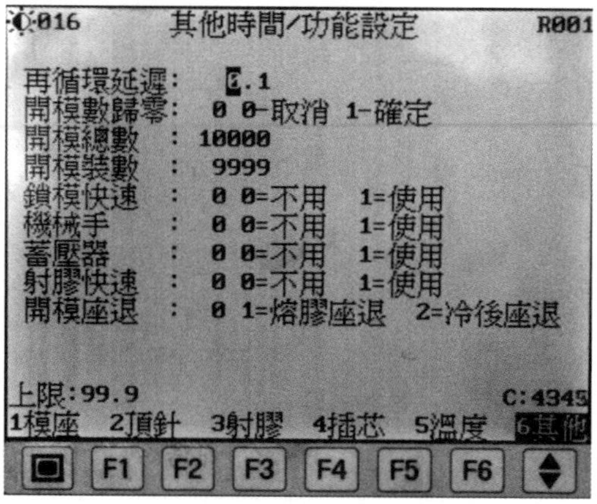

图 1-40　其他时间/功能设定

保护电器、模具和人身安全，在注射成型机上设置了一些安全保护措施。

（1）人身安全与保护措施　在注射机的操作过程中，保证操作人员的人身安全是十分重要的。造成人身不安全的主要因素有：安装模具、取出制品及放置嵌件时的压伤；加热料筒的灼伤；对空注射时被熔料烫伤；合模机构运动中的挤伤等。

为了保证操作人员的安全，设置了安全门。安全门的保护措施有机械、液压、电气三种形式。若安全门未关上，合模机构不能实现合模动作。

另外，在合模系统的曲肘运动部分，还设有防护罩，在靠近操作人员的显著部位设有红色紧急停机按钮，以备紧急事故发生时能迅速停机。

（2）模具安全与保护措施　模具是注射制品的主要部件，其结构形状和制造工艺都很复杂，精度高，价格也相当昂贵。随着自动化和精密注射机的发展，模具的安全保护也得到了很大的重视。

现代注射机通常都可进行全自动生产，模具在开、闭过程中，不仅速度要有变化，而且当模内留有制品或残留物以及嵌件的安放位置不正确时，模具是不允许在闭合中升压锁紧的，以免损伤模具。目前对模具的安全保护措施是采用低压试合模，即采用将合模压力分为二级控制，在移模时为低压，其推力仅能推动动模板运动。当模具完全贴合后，才能升压锁紧达到所需的合模力。

（3）设备安全与保护措施　注射机在成型过程中往往会出现一些非正常的情况，而造成故障，甚至损坏注射机，因此必须设置一些相应的防护措施。如液压式合模系统的超行程保护；螺杆式注射系统对螺杆过载保护；液压系统和润滑系统故障指示和报警；注射机动作程序的联锁和保护等。

在生产过程中，注射机常发生的事故主要是电器或液压方面的，或者由电器与液压故障导致的其他事故。因此现代注射机一般在控制屏上加有电器和液压故障指示和报警装置。

（4）液压、电气部分安全与保护措施　液压、电气部分是对注射机进行控制并为其提供动力的。注射机在工作时，它们发生故障就会使操作失灵或产生误动作。因此，在注射机上设有故障指示和报警装置。如过载继电器，联锁式电路，电路中的过流继电器，过热继电器，液压油温上、下限报警装置，液压安全阀等。

1.3.8 注射机的维护保养

1.3.8.1 注射成型机的日常维护与保养

（1）润滑系统的维护与保养 在操作前，应按照注射机润滑部位的分布图对规定的润滑点补加润滑油，如果注射机有集中润滑系统，应每天检查油位，并在油耗用到规定下限前及时给予补充；滑动面、导轨应保持清洁，滑动面须经常注油；注射机在首次运转前，应从黄油嘴加入黄油，以后每3个月补加一次。

每天应检查油箱油位是否在油标尺中线，如果不到，应及时补充油量使其达到中线。要注意保持工作油的清洁，严禁水、铁屑、棉纱等杂物混入工作油液，以免造成阀件阻塞或油质劣化。

（2）加热装置的维护与保养 接班后，首先应检查加热器装置是否工作正常，热电偶接触是否良好。

（3）安全装置的维护与保养 每班应检查各电器开关，尤其是安全门及其限位开关是否工作正常。接班前，应用手动操作方式，在安全门打开时执行合模动作，模具应不闭合。此外还应检查限位开关是否固定好，位置是否正确，安全门能否平稳地开、关。若无异常方可将操作方式换为半自动或全自动操作，以确保人身安全。

通常，每日每班应至少检查一次紧急停机按钮，按下此按钮，油泵电机必须立即停止，注射成型机所有动作将中止。

（4）合模装置的维护与保养 合模装置工作时处于反复受力、高速运动的状态，故合理的调节使用及定时经常的维护和保养，对延长注射机寿命是十分必要的。

① 对具有相对运动零部件的润滑保养。动模板处于高速运动状态，因此对导杆、拉杆要保证润滑。对于肘杆式合模机构，肘杆之间连接处在运动中应始终处于良好润滑状态，以防止出现咬死或损伤。

在加工停顿或加工结束后，不要长时间使模具处于闭合锁紧状态，以免造成肘杆连接处断油而导致模具难以再打开。

② 动、定模板安装面的保养。注射机动模板和定模板均具有较高的加工精度及表面光洁要求。对其进行保养是保证注射成型机良好工作性能的重要环节。未装模具时，应对模板安装面涂一层薄油，防止表面氧化锈蚀。对所安装的模具，必须仔细检查安装面是否光洁，前后模板的平行度，以提高锁模性能和防止损伤模板。

此外，还应注意安装模具时，应严格检查所用连接紧固模具与注射成型机动、定模板上的螺钉是否相适应，杜绝使用已滑牙或尺寸不适的螺钉，避免拉伤或损坏模板上的安装螺孔。

1.3.8.2 定期维护与保养

注射机是按照7×24工作方式设计的机器，可以不停的全天工作。一般情况工作一年，机器需要进行一次年度的维护保养，以保持注射机的工作状态。生产任务饱满的时候，可以安排机器轮流维护保养。

1.3.8.2.1 注射机机械部分的维护与保养

（1）塑化部件维护与保养 塑化装置是注射机的关键装置之一。塑化装置保养得当，不仅有利于塑化质量而且与注射机的使用寿命有关。下面对塑化装置的拆卸与维修保养加以说明：

① 喷嘴的拆卸与维修保养。注射机塑化装置一般设有整体转动机构。在装拆喷嘴、螺杆和料筒时，首先应将注射座定位螺杆拧松，使其与原来位置偏转一定角度，使注射座料筒轴线避开合模装置的轴线，以利于螺杆、料筒的拆装和维修。

a. 拆卸喷嘴。如果料筒内有剩料，应先加热到塑化温度，采用热稳定性高的聚烯烃树脂或料筒专用清洗料，充分地进行高速的清洗，尽量将剩余熔料排出，才可进入拆卸工作，由于喷嘴部位的残余料总是不可能全部排出，故应加热喷嘴或料筒头部，喷嘴升温后，用专用锤敲击使之松动，螺栓不宜全部松脱，在松至 2/3 时轻轻敲击，待内部气体放出后，再将喷嘴卸下。之后，应在高温下趁热清理喷嘴内部，以便从喷嘴孔取出流道中残余熔料。做法是自喷嘴向内部注入脱模剂，即从喷嘴螺纹一侧向物料和内壁壁面间滴渗脱模剂，从而使物料与内壁脱离，由此从喷嘴中取出物料。

b. 保养维修喷嘴。喷嘴与模具定位套接触部分在生产中若出现单侧接触或接触不良时，前端球形 R 部分会出现变形，形成熔体逃逸的沟槽，从而产生喷嘴处溢料，并且口径部分也会出现变形。所以，出现溢料应及时检查修理。此外，应定时检查喷嘴的螺纹部分完好情况和料筒一侧的密封面情况，若发现磨损或腐蚀严重，应及时更换。

c. 检查喷嘴内部通道。由对空注射可以观察射出熔料条的表面质量，而从喷嘴内卸出的残余熔料更能准确地再现喷嘴内的流道状况。由此可分析熔料在喷嘴内的残留量及温度分布的情况。

② 螺杆和料筒的拆卸与维护保养。目前，一般螺杆头部均带有止逆环。因螺杆种类的不同，螺杆头应能与所配用的螺杆与喷嘴数据相匹配。

用清洗料将料筒内的物料替换结束后，趁热拧下喷嘴和料筒的联接头，然后着手拆卸螺杆。拆卸螺杆顺序是先将螺杆尾部与驱动轴相分离。卸下对开法兰，拨动螺杆前移，然后在驱动轴前面垫加木片，将螺杆向前顶。当螺杆头完全暴露在料筒之外后，趁热松开螺杆头连接螺栓，要注意通常此处螺纹旋向为左旋。在发生咬紧时，不可硬扳，应施加对称力矩使之转动，或采用专用扳手敲击使之松动后卸除。

当螺杆头拆下后，应趁热用铜刷迅速清除残留的物料。必须注意，如果残余料冷却前来不及清理干净，不可用火烧烤零件，以免破裂损坏，而应采用烘箱使其加热到物料软化后，取出清理。

螺杆头卸下后，还应卸下止逆环及密封环。要仔细检查止逆环和密封环有无划伤，必要时应重新研磨或更换，以保证密封良好。在重新组装螺杆头元件时，螺纹连接部分均需涂耐热脂（红丹或二硫化钼）。

螺杆头卸除后，顶出螺杆或采用专用拆卸螺杆工具拔出螺杆。然后用铜丝刷清除附着的物料，可配合使用脱模剂或矿物油，使清理更为快捷和彻底。擦去残留熔料后，观察螺棱表面的磨损情况。对于小伤痕可用细砂布或油石等打磨光滑，大的伤痕则应查明原因，防止再出现，必要时可拍照保存资料。

螺杆温度降至常温后，用非易燃溶剂擦去螺杆上的油迹。然后用千分尺测量外径，分析磨损情况，如果局部磨损严重，可采用堆焊补救。

螺杆的维护内容、料筒内孔清洁及刮伤检查方法如表1-9供参考。

表1-9　螺杆维护内容、料筒内孔清洁及刮伤检查方法

项目	维护和检查内容	注意事项及检查方法
螺杆	止逆环与密封环是否损坏 螺棱表面磨损状况 螺槽表面质量(若为镀铬应检查剥落情况)	①不能剥离螺杆上已冷凝的物料,否则易损伤螺纹表面 ②螺杆敲打只能用木槌或铜棒,螺槽及止逆环等元件清理只能用铜丝刷 ③清洗螺杆使用溶剂应采用必要防护措施,应避免溶剂与皮肤接触 ④安装螺杆头之前,螺纹部分涂的红丹或二硫化钼不可太多,否则,在生产中会导致制品带上污迹
料筒	清理料筒并测伤	①料筒升温后卸下喷嘴、料筒头部连接体,取出螺杆。用铜网刷沾脱模剂刷洗料筒内壁,再用布条绑在长木棒上擦净料筒内孔,用光照法检查内壁清洁及损伤
	测定料筒内径	②除检查料筒内壁是否清洁和有无刮伤外,还应检查磨损情况。其方法是将料筒降至室温,采用料筒测定仪表,从料筒前端到料斗口周围进行多点测量,距离可取为内径的3~5倍。当磨损严重时,可考虑料筒重膛并相应增大螺杆的尺寸

（2）传动装置的维护与保养　注射机止推轴承箱中的轴承和润滑部分应定时注油和清洗，出现了微小伤痕也应迅速处理。传动装置的保养需注意以下几点：

① 检查液压马达的排出量。

② 检查注射活塞与止推轴承箱连接部分及止推轴承箱各个部位的紧固情况。

③ 检查液压通路的各个配管、接头连接紧固情况及螺杆连接部分的紧固情况。

1.3.8.2.2　液压系统的维护与保养

注射机液压系统是为注射机提供动力和实现各循环动作的顺序和速度而设置的，也是注射机易产生故障的部分，因此必须正确地加以维护，以保证动作的准确及延长系统工作寿命。

（1）液压油的维护与保养　注射成型机液压系统的工作介质通常用L-AN32或L-AN46全损耗系统油或液压系统油。夏季一般采用黏度稍高的油液，冬季则可用黏度稍低的油液。液压系统维护的一个最重要的方面，就是保持油液的清洁，从而延长油液及液压元器件的使用寿命。实践表明：液压油若能被细心保养，则液压系统就很少发生故障。而液压系统一旦出现故障，必然需停机检修，其耗费是较大的。据估计，液压系统有70%以上的故障源于液压油状况不佳所致。因为油被沾污将会导致阀件工作不正常而影响成型及产品质量。

液压油的污染主要是由于液压油本身降解变质造成污垢，但也有可能是其他外来杂物生成的污垢（如塑料、水、填料及金属微粒等）。液压油的保养必须做到：杜绝污染源；保持油液的清洁；油量符合要求；同时注意油液在工作过程中的温度变化及控制。为此，我们应该定期清洁并过滤油液或更换全部液压油。另外，油液除了采用过滤器过滤外，还可将抽出的油放入沉淀槽内静置24h，使其再生，反复澄清直至静止时无沉淀物为止。

（2）密封件的维护与保养　密封件的良好维护对保持液压系统的工作平稳性有直接的影响。密封件除了在工作中的正常磨损外，还由于密封面的伤痕而加速磨损失效，当液压系统压力不稳或波动大时，应检查密封件是否失效或密封面是否有损伤。

（3）油泵的维护与保养　油泵是液压系统中的动力机构，它将电机输入的机械能转变为液体的压力能。油泵的维护主要是保持液压油的清洁。油泵由于依靠工作油液的润滑，其正常的磨耗可经小修或更换轴承和活动部件得到解决。下面是针对油泵常见问题的保养措施：

① 油泵不出油。一般仅需打开泵压力一侧上的出油接头就可查明，其原因可能是有下列之一或同时几个情况出现所致：其一是油箱中油量不足；其二是进油管路或滤油器堵塞；其三是空气进入吸油管路中，可从不正常的噪声查出；其四是泵轴旋转方向错误，可能因修理时疏忽使三相电机的接线错位；其五是油泵轴转速太低，可能因三相电机接成单相或连接松弛所致；其六是机械故障。这通常会伴随泵的噪声出现，一般的机械故障为轴承磨损、轴破裂或损坏、活塞或叶片断裂等。

② 油泵输出非全压及全流量。在一定时间间隔内收集泵的自由流量可以判明这个问题。在油泵输出口上放置一只节流阀和压力表，于规定压力下测定油泵排量，将此数据与泵的额定值相比较，如果数值接近，则问题是出在系统的后续部分，其原因可能是下列情况之一或同时几种情况出现所致。其一是油泵的内安全阀调定值（如果有的话）太低或动作不正常；其二是使用的液压油黏度偏低而发生过多的内泄漏，或是温度太高而降低了液压油的黏度；其三是油泵内部件破裂、磨损及密封失效。

③ 油泵有异常噪声。这个问题可能由下列情况之一所致。其一是系统有漏气；其二是泵中油量不足所引起的空化作用；其三是轴密封件损坏导致的漏气；其四是油泵旋向与电机旋向不符，应检查油进入滤油器的系统；其五是油泵中安全阀振动，须拆开检查紧固情况。

④ 油过热。液压油在循环中可能由以下原因引起过热。其一是换热器不清洁、冷却水不够或进入水温过高；其二是油的黏度过高；其三是油箱中油位太低，油在冷却器内滞留时间不足也会降低系统的散热性；其四是系统中内泄漏太高，当泵的工作压力超过系统设计条件时，可导致阀件动作不正常或活塞环磨损造成系统较大的泄漏，当高压高教度油通过系统内小孔或间隙产生内泄漏流动时，油温上升剧烈。

1.3.8.2.3　温控系统的维护与保养

注射机的加热控制部分是设备控制部分的一个重要方面。因此，为使其能可靠地工作并延长加热元件的使用寿命，其保养和维修是必须充分重视的。

（1）料筒加热装置和保养　塑化装置的加热常采用带状加热器。虽然注射机出厂或调整时已装紧。但在使用过程中，因加热膨胀，可能会松动，影响加热效果，因此需经常检查。

检查加热器的电流值，可采用操作方便的外测式夹头电流表（或称潜行电流表）。

关闭电源后，检查加热器外观及配线，紧固螺丝及接线柱。然后通电检查热电偶前端感热部分接触是否良好。

（2）喷嘴加热器的检查　喷嘴加热器部分比较狭小，配线多，常有物料和气体从喷嘴外漏，环境比较苛刻，所以必须认真检查。

主要检查配线引出部分有无物料黏挂，引线有无被夹住现象。其次应检查加热器的安装是否正确，表面有无颜色变化的斑点，如果有则说明存在接触不良，应及时检修或更换。

（3）喷嘴延长部分的温度控制　喷嘴部分的温度对制品质量的影响很大。在使用延长喷嘴时，由于热电偶的位置变化，使温度范围也发生变化，对此可采用环形热电偶加以解决。

（4）加热器检修注意事项　加热器和热电偶是配套使用的，所以更换时需选用相同的规格。加热料筒表面要用砂布打磨干净，使加热器的接触良好。加热器外罩螺栓部分应涂以耐热油脂，但涂层不能厚，否则易滴落。在升温后，应将加热器外罩螺栓再紧一次。

1.4　项目分析

1.4.1　注射车间布置分析

注射车间是注射成型的生产现场，设备的种类、配套、布置位置的合理性对于生产的顺利进行很重要。水电气的配套、原料及产品的存放、运输通道的设置、通风排气、室内温度的控制等都是重要的影响因素。

1.4.2　原材料特点分析

ABS 为丙烯腈-丁二烯-苯乙烯三元共聚物，具有较高的机械强度和良好“坚、韧、钢”的综合性能。它是无定型聚合物， ABS 是一种通用型工程塑料，其品种多样，用途广泛，也称“通用塑料”（MBS 称为透明 ABS）。 ABS 易吸湿，比重为 1.05g/cm^3（比水略重），收缩率低（0.60%），尺寸稳定，易于成型加工。 ABS 的注射成型工艺特点如下：

① ABS 的吸湿性和湿敏性都较大，在成型加工前必须进行充分干燥和预热，将水分含量控制在 0.03%以下。

② ABS 树脂的熔融黏度对温度的敏感性较低。 ABS 的注射温度虽然比 PS 稍高，但不能像 PS 那样有宽松的升温范围，不能用盲目升温的办法来除低其黏度，可用增加螺杆转速或注射压力的办法来提高其流动性。一般加工温度在 190~235℃为宜。

③ ABS 的熔融黏度属中等，比 PS、 HIPS、 AS 均较高，需采用较高的注射压力进行注射成型。

④ ABS 料采用中等注射速度进行注射效果较好。除非形状复杂、薄壁制件需用较高的注射速度。产品水口位易产生气纹。

⑤ ABS 成型温度较高，其模温一般调节在 45~80℃。生产较大产品时，定模温度一般比动模略高 5℃左右为宜。

⑥ ABS 不宜在高温料筒内停留时间过长，一般应小于 30min，否则易分解发黄。

1.4.3 模具特点分析

① 采用单分型面结构。

② 一模两腔，侧浇口。

③ 根据制品特点，为了防止出现大的收缩痕，浇口较大，以充分补缩。

④ 采用顶针顶出，为了防止制品上出现顶出痕迹，在分流道末端设置扣位。

1.4.4 注射机特点分析

① 卧式注射成型机。

② 往复螺杆式塑化系统。

③ 液压-机械组合式合模机构。

④ 调模机构特点。

⑤ 顶出机构特点。

⑥ 最大注射量。

⑦ 注射压力。

⑧ 注射机的其他技术参数。

1.5 项目实施

1.5.1 参观注射车间

参观注射生产车间，记录注射成型主要和辅助设备的型号、数量、布局位置、水电配套情况；记录注射生产过程。

参观注射机，记录注射机主要结构部件，及其功能作用。熟悉注射机主要性能参数。

1.5.2 面板操作

1.5.2.1 准备工具

工具准备按表 1-10 进行。

表 1-10　　注射成型用工具

序号	工具名称	规格	数量	备注
1	紧扳手		1 套	
2	手锤		1 只	
3	活动扳手		2 把	
4	模脚码铁		8 套	
5	铜刀		1 把	
6	铜针		1 根	
7	铜棒	ϕ60	1 根	
8	手套		5 双	

1.5.2.2　开机与停机

（1）开机

① 开电源、开冷却水、启动油泵；设定好料筒温度，开电加热开关。

② 检查开合模、顶针进退、射座进退功能完好性。

③ 检查安全门、急停开关的功能完好性。

④ 润滑各个润滑点，查看润滑油储量。

⑤ 检查电加热圈及热电偶是否正常。

⑥ 料筒温度到达要求后，保温 10min，塑化，对空注射，查看物料塑化情况。

（2）停机

① 后退射座，清除料筒中余料。

② 开模，顶出制品、浇注系统，喷防锈油；合模至开模 2~5mm 的位置。

③ 关油泵、关电加热开关、关冷却水、关电源。

④ 清洁注射机、地面。

1.5.2.3　熟悉面板操作

① 开机。

② 熟悉操作面板按键分区。

③ 熟悉各个功能菜单。

1.5.3　维护保养注射机

① 日常维护保养。维护保养润滑系统、加热装置、安全装置、合模装置。

② 定期维护保养。维护保养注射机的机械部分、液压部分、温控系统。

1.5.4　拆卸并安装注射机模具

① 拆卸模具。合模，然后准备好吊装设备。将吊环装上模具，然后在吊钩钩紧模具的情

况下松开压紧板。扶住模具后开模、起吊模具到指定位置。

② 安装模具。将模具整体吊装到注射机的固定模板和移动模板之间，当模具定位圈装入注射机的定位圈后，用极慢的速度闭模，使动模板将模具轻轻压紧，然后上压紧板。检查模具平行度、垂直度，托架的牢固程度，调整料筒和模具中心孔的同心度。然后调节顶出距离和顶出次数，调节锁紧的松紧度和低压保护，并进行初步试运行，以检查模具安装得是否牢固可靠，顶出行程是否合适，顶出杆（板）能否反退复位。冷却水管、加热体等均应在使用前安装好。

扫码观看模具在注射机上的安装形式

1.5.5 注射成型塑料标准试样

1.5.5.1 准备原料

根据各种塑料的特性，成型前应对原材料进行如下预处理：

（1）原材料检验 原材料的检验包括三个方面：一是检验所用原材料是否正确（品种、规格、牌号等）；二是进行外观检验（色泽、颗粒形状及均匀性，有无杂质等）；三是进行物理性能检验（包括熔体流动速率、流动性、热稳定性、含水量指标及收缩率等）。

（2）原材料的造粒与染色 如果原材料是粉料，有时还需进行造粒；如果制品要求带某种颜色，则要对原料进行染色。染色一般是加入适量的有机颜料或无机颜料。常用方法有两种：一种是浮染法，即将原材料和颜色按一定比例拌匀或直接加入注射机料斗。该法简单实用，但仅适用于混炼、搅拌效果好的螺杆式注射机的成型，若使用柱塞式注射机，则会因塑化、混料不均，而引起制品色斑或色纹；二是造粒染色，即把浮染料或加入颜色母料先经过挤出造粒，获得颜色均一的颗粒料。对于原料为粉料的注射成型，采用普通注射成型设备时多取此法。由于本项目生产的是保鲜盒，不需要进行染色。

（3）粒料的干燥及预热 各种塑料颗粒常含有不同程度的水分及其他易挥发的低分子化合物，它们的存在往往会使塑料在高温下产生交联和降解，造成制品的性能及外观质量下降。因此，在成型前对多数塑料进行预热及干燥处理。如聚酰胺、聚碳酸酯、聚砜、聚甲基丙烯酸甲酪、聚苯醚等塑料。因其大分子含有亲水基团，容易吸湿，使其含有不同程度的水分。当水分超过规定量时，会使产品表面出现银纹、气泡等缺陷，严重时还会引起高分子的降解，影响产品的外观和内在质量。聚苯乙烯及 ABS 等塑料，虽亲水能力不强，但一般也要干燥处理。对一些不吸湿的塑料，如聚乙烯、聚丙烯、聚甲醛等，若贮存运输良好，包装严密，一般可不予干燥处理。干燥的方法很多，应根据塑料性能、生产批量和具体干燥设备条件进行选择：热风循环烘箱和红外线加热烘箱干燥，适用于小批量生产用塑料；真空烘箱干燥适用于易高温氧化变色的塑料，如聚酰胺；沸腾干燥和气流干燥适用于大批量生产用的塑料。干燥温度和时间以及干燥料层的厚度是影响干燥效果的主要因素。温度越高，低分子物及水分挥发越快，但是干燥温度不能超过塑料的热变形温度或熔点，否则，粒料变软粘结成团，造成加料困难。较长的干燥时间有利于提高干燥效果，但过长的干燥时间不太经济，而且对热稳定性差的塑料还会引起分解变色。若干燥的目的是除去水分，温度应选择在100℃左右。注于塑料导热性差，若料层过厚，在同样的干燥条件下，表层与中心层干燥效果不同，因此，料层厚度一般以20~50mm为宜。必须指出，已干燥的粒料，应妥善密封保存，以防止塑料再从空气中吸湿而失去干燥效果。有些在成型温度下对水分特别敏感的塑料，在成型过程中，料斗还应考虑密封或加热。

1.5.5.2　开机并设定工艺参数

① 开机。按照指定的步骤进行开机操作。

② 设定工艺参数。按照所制定的注射成型工艺卡将各参数输入。

1.5.5.3　脱模剂的使用

脱模剂是使塑料制品容易从模具中脱出而涂在模具表面上的一种助剂。一般注射制品的脱模，主要依赖于合理的工艺条件与正确的模具设计。但有时为了使制品顺利脱模，也常采用脱膜剂。常用的脱模剂有3种：一种是硬脂酸锌，除聚酰胺塑料外，一般塑料均可使用；另一种是液体石蜡（俗称白油），作为聚酰胺类塑料的脱模剂，效果较好；第三种是硅油，润滑效果良好，但价格昂贵，使用较麻烦，需先配制成甲苯溶液，涂抹在型腔表面，经加热干燥后方能显示优良的效果，所以使用上受到限制。为克服手工涂抹不匀的问题，现在已广泛使用雾化脱模剂，具有喷涂均匀、涂层较薄、脱模效果较好的优点。雾化脱模剂的适用性也较强，各种塑料的注射制品均可使用。雾化脱模剂的种类和性能见表1-11。

表1-11　雾化脱模剂的种类及性能

雾化脱模剂品种	脱模效果	制品表面处理的适应性
甲基硅油（TG系列）	优	差
液体石蜡（TB系列）	良	良
蓖麻油（TBM系列）	良	优

无论使用哪种脱模剂都应适量，过少达不到应有的效果；过多或涂抹不匀则会影响制品外观，使制品表面出现油斑或混浊现象，尤其对透明制品更为严重。

1.5.5.4　对空注射

① 按下马达开动按钮；

② 按［熔胶］键（注：温控仪温度未达到时，严禁执行“注射”“熔胶”等动作），同时通过调节螺杆熔胶位置来调整熔胶量；

③ 按［射胶］键，将熔料对空射出，观察射出的料（注意注射压力不要过高，以免熔胶飞溅伤人）。

1.5.5.5　注射成型

（1）手动操作　手动操可单独进行各个动作，供用户检查动作状态，调整参数以达到最佳状态（如温度、时间、行程限位开关的位置等），一切校妥后可转为半自动或全自动操作。

① 按 ［射台进］ 键，使射嘴接触模嘴，并调节射台前后行程限位开关。

② 拉上安全门，按 ［锁模］ 键锁紧模具。

③ 按 ［熔胶］ 键进行预塑。

④ 按 ［射胶］ 键进行注射。

⑤ 拉开安全门，按 ［开模］ 键，将模具打开到规定位置。

⑥ 按 ［顶针进］ 键，将制品顶出并取出。

⑦ 分析制品质量，调节锁模力、射胶量和注射压力等，重复（2）到（6）步，直至制出合格的产品。

（2）半自动操作　在选择半自动操作之前，应检查：

① 包括射台行程开关等在内的所有行程开关位置是否已经调妥；

② 所有时间值是否已设定好；

③ 确定熔胶方式；

④ 安全门是否拉上。

按 ［半自动］ 键后，机器开始运行，先锁模，锁模终止后进行射胶、保压，接着便是熔胶，同时冷却开始计时，冷却时间到后开模，开模终止后则由顶针顶出制品，当预定时间到后，一个半自动周期便停止了。这时只要拉开安全门，再关上，则下一个半自动周期便开始了。

（3）全自动操作　经半自动操作后，其他操作程序不变，把循环时间调好，按 ［全自动］ 键，关上安全门即可。全自动方式适合容易脱模的制品。

1.6 项目评价与总结提高

1.6.1 项目评价

项目评价按照表 1-12 进行。

表 1-12　　注射成型塑料标准试样的评价表（占总成绩比例：25%）

序号	考评点	分值	建议考核方式	评价标准		
				优	良	及格
1	注射机的选择	20	教师评价(50%)+互评(50%)	能根据产品、模具，正确熟练地选择注射机	能根据产品、模具，正确地选择注射机	能根据产品、模具，基本正确地选择注射机
2	开机、停机(含机器日常和定期维护保养)	15	教师评价(50%)+互评(50%)	能正确熟练地完成开机、停机(含机器日常维护保养)	能正确地完成开机、停机(含机器日常维护保养)	能基本正确地完成开机、停机(含机器日常维护保养)

续表

序号	考评点	分值	建议考核方式	评价标准		
				优	良	及格
3	面板操作	15	教师评价(50%)+互评(50%)	能正确熟练地进行面板操作,非常熟悉功能菜单,能够熟练地输入参数	能正确地进行面板操作,熟悉功能菜单,能够输入参数	能基本正确地进行面板操作,一般熟悉功能菜单,能够输入参数
4	注射生产(包括装拆模具)	20	教师评价(50%)+互评(50%)	能正确熟练地进行生产操作,能够熟练地拆装模具	能正确地进行生产操作,能够正确地拆装模具	能基本正确地进行生产操作,能够基本正确地拆装模具
5	项目总结	10	教师评价(100%)	总结报告格式标准,有完整、详细的任务分析、实施和总结过程记录,能提出一些新的合理化建议	总结报告格式标准,有完整的任务分析、实施和总结过程记录,能提出合理化建议	总结报告格式标准,有完整的任务分析、实施和总结过程记录
6	素质养成	20	教师评价(60%)+自评(20%)+互评(20%)	工作积极主动、精益求精,不辞辛劳、不畏艰难,严格遵守工作纪律,服从工作安排。能虚心请教并热心帮助同学,能主动、大方、准确地表达自己的观点与认识。严格遵守安全操作规程,爱惜工具与设备,节约原料,不乱扔垃圾,积极主动打扫卫生	工作积极主动,不辞辛劳、不畏艰难,遵守工作纪律,服从工作安排。能虚心请教并热心帮助同学,能大方、准确地表达自己的观点与认识。严格遵守安全操作规程,爱惜工具与设备,节约原料,不乱扔垃圾,积极主动打扫卫生	工作认真,不辞辛劳、不畏艰难,遵守工作纪律,服从工作安排。能准确地表达自己的观点与认识。遵守安全操作规程,爱惜工具与设备,节约原料,不乱扔垃圾并打扫卫生

1.6.2 项目总结

① 注射成型生产之前应该做好各种准备，包括工具、原材料、模具、注塑机、工艺条件等。

② 注射操作过程前应牢记安全操作规程，操作过程中应该胆大心细，严谨而又灵活。

③ 熟能生巧。

④ 理论是行动的指导。在项目实施之前应该先学习相关的理论知识，然后制定计划和方案，最后才能进入实施阶段。

1.6.3 相关资讯——专用注射机及注射生产的辅助设备

1.6.3.1 专用注射机

随着塑料工业的发展，注射技术以及与其相适应的注射设备逐渐有所革新或增长。就注射机来说，一方面逐渐向着精密、自动、大型和微型等方向发展；另一方面为适应新的注射技术，发展专门用途的注射机，以便各自发挥更大的效能。

专用注射机有热固性塑料注射机、精密注射机、排气式注射机、发泡注射机、双色或多色注射机、注射吹塑机等，下面一一进行简单介绍。

1.6.3.1.1 热固性塑料注射机

（1）工作原理 热固性塑料注射机是专门用于生产热固性塑料制品的注射成型设备。该技术是在60年代以后，成功地将热塑性塑料注射成型方法移植到热固性塑料的加工方面而形成，其后得到普遍应用，发展很快。

热固性塑料注射成型原理是将热固性塑料粉状原料加入机器料筒内首先预塑化（温度在90℃左右），使之发生物理变化和缓慢的化学变化，而呈黏稠状，然后用螺杆（或柱塞）在120~200MPa的压力下，将其注入到热的模腔内（模温170~180℃），经过一定时间的固化即可开模取出制品。

热固性塑料注射机有螺杆式和柱塞式两种，比较起来螺杆式在逐年增多。但是，对于玻璃纤维增强的塑料宜用柱塞式，因为柱塞式不易损伤玻璃纤维。

（2）注射机的结构特征 热固性塑料注射机与热塑性塑料注射机相比，在外形结构上具有很多相似之处，但根据两种注射成型工艺要求的不同，热固性塑料注射机主要在塑化部件等方面有所不同。图1-41所示为螺杆式热固性塑化部件。

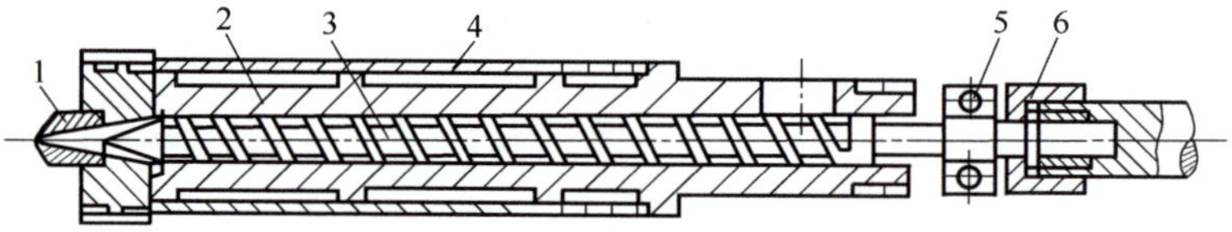

图1-41 螺杆式热固性塑化部件

1—喷嘴 2—夹套式料筒 3—螺杆 4—加热夹套 5—旋转接头 6—连接套

① 螺杆。螺杆的长径比（螺杆工作部分有效长度L与直径D之比）比较小，一般$L/D=14\sim16$；压缩比（螺杆加料段最初一个螺槽容积与均化段最后一个螺槽容积之比，表示塑料通过螺杆全长范围时被压缩的倍数）比较小，通常为0.8~1.2；螺槽较深。这样，可以减少对塑料的剪切作用，防止塑料过热而产生交联反应过早硬化。

根据压缩比的大小，大致可分为如图1-42所示的三种形式。

a. 压缩型 ［图1-42（a）］。此型的压缩比在1.05~1.20范围内。其摩擦剪切热量较大，而输送能力较小，所以此型主要用于不易发生交联作用的塑料。

b. 无压缩型 ［图1-42（b）］。此型压缩比在1.00~1.05范围内。其剪切塑化和输送能力良好，使用于一般情况。

c. 变深型图［1-42（c）］。此螺杆的压缩比在 0. 80~1. 00 之间。因摩擦剪切作用随螺槽深度的增大而越来越小，所以适用于加工易于发生交联作用或玻璃纤维增强的塑料。这种螺杆剪切塑化能力较差，但输送能较强。

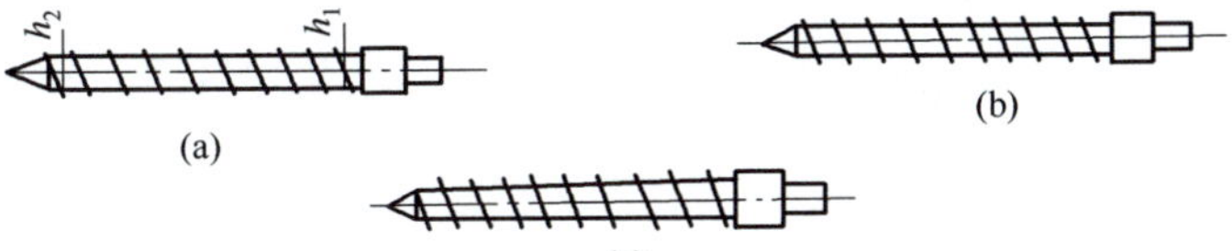

图 1-42　热固性螺杆类型

（a）压缩型　（b）无压缩型　（c）变深型

热固性螺杆头呈锥角形，不宜采用带止逆环的结构，以避免在加工热固性塑料时产生滞料现象。螺杆与料筒的间隙要小，一般要求在 0. 012~0. 037mm 左右，以减小注射过程中的漏流，防止塑料在料筒内停留时间过长而固化。

② 喷嘴。喷嘴一般采用敞开式的，孔口直径较小，约为 2. 0~2. 5mm，并做成外大内小的锥孔，以便拉出喷嘴孔处硬料。喷嘴要便于装拆，以便发现有硬化物时，能及时打开清理。喷嘴内表面应精加工，防止滞料引起硬化。

③ 料筒。注射成型时，为了防止塑料在料筒内发生大量的化学变化而硬化，必须严格控制料筒温度。目前广泛采用热水加热，水温由电加热器自动控制， 图 1-43 所示为水加热循环系统。它是由泵、电加热器和一些阀组成的。

冷水经充水阀 7、滤清器 6、泵 5 进入电加热器 4，加热到需要的温度经排水阀 1 送入料筒夹套（参见图 1-41）对塑料进行加热。回水通过回水阀 11、单向阀 8 进入泵和电加热器循环使用。加热系统的温度由热敏电阻构成的温控元件，通过电器系统做出反应，控制电加热器中的电热丝通电或断电。如断电时，温度继续上升，排水阀 10 就自动打开排出部分热水，同时自动补入等量冷水。当温度下降到下限时，由热敏元件发出信号，立即关闭阀门并接通电加热器，从而保证水温恒定。其加热温度误差为 1℃。

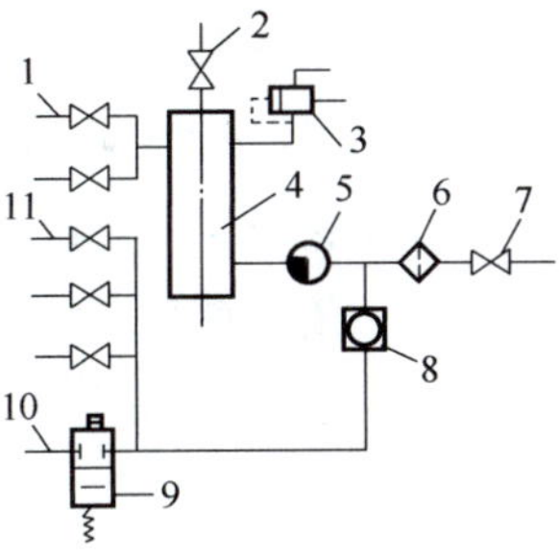

图 1-43　水加热循环系统

1—排水阀　2—放水阀　3—安全阀　4—电加热器　5—泵　6—滤清器　7—充水阀　8—单向阀　9—电磁阀　10—排水阀　11—回水阀

此外，注射机的锁模机构应能满足放气操作的要求，也就是必须具有能迅速降低锁模力的机构。这一般是采用增压油缸对快速合模和开模的动作进行控制实现的。增压油缸卸油，可使压力突然减小而打开模具，又可对增压油缸瞬时增压而闭合模具，从而达到开小缝放气的目的。

目前国内所用的热固性塑料注射机主要有 30、 100、 125、 200、 250、 500、 1000 cm^3 等规格型号。

1.6.3.1.2 精密注射成型机

随着塑料加工采用工程塑料生产精度高的塑料零件（如塑料齿轮、仪表零件等），用在精密仪表、家用电器，汽车、钟表等行业，为满足降低成本的需要，发展了精密注射成型机。主要用于成型对尺寸精度、外观质量要求较高的制品。

（1）工作原理 精密注射成型机的工作原理与普通注射成型机相同。通过螺杆的转动、料筒的加热完成对物料的熔融塑化，并以相当高的注射压力将熔料注入密闭的型腔中，经固化定型后顶出制品。

（2）结构特点

① 注射成型装置。注射成型装置具有相当高的注射压力和注射速度，注射压力一般在216~243MPa，甚至高达400MPa。使用高压高速成型，塑料的收缩率几乎为零（有利于控制制品的精度，提高制品的机械性能、抗冲击性能等），保证熔料快速充模，增加熔料的流动长度，但制品易产生内应力。因此在结构上为确保上述要求，多选择塑化效率、质量、均化程度好的螺杆。螺杆的转速可无级调速；螺杆头部设有止逆机构，为防止高压下熔料回泄，精确计量。

② 合模装置。精密注射成型机一般采用全液压式合模装置，易于安放模具，保证在高的注射压力作用下不会产生溢料。动模板、定模板、4根拉杆需耐高压、耐冲击，并具有较高的精度和刚性。并且安装低压模具保护装置，保护高精度模具。

③ 液压部分。在精密注射成型机上通常是由一个电机带动两个油泵，分别控制注射和合模油路，目的在于减少油路间的干扰，油流的速度与压力稳定，提高液压系统的刚性，保证产品质量。其液压系统普遍使用了带有比例压力阀，比例流量阀，伺服变量泵的比例系统，节省能源，提高控制精度与灵敏度。选用高质量的滤油器，保证油的清洁程度。

④ 控制部分。采用计算机系统或微机处理器闭环控制系统，保证工艺参数稳定的再现性，实现对工艺参数多级反馈控制与调节。

设置油温控制器，对料筒、喷嘴的温度采用PID控制，使温控精度保持在±0.5℃。

1.6.3.1.3 排气式注射机

塑料在料筒内塑化计量过程中进行排气是注射成型中的新成就。对于具有亲水性和含有挥发物的热塑性塑料，如聚碳酸酯、尼龙、有机玻璃、醋酸纤维素、ABS等易吸湿的塑料，采用一般注射机加工成型时，通常在加工前要进行干燥处理，而采用排气式注射机可不经干燥处理，直接成型加工这些易吸湿的塑料也能保证制品质量。

排气式注射机和普通注射机相比，区别主要在塑化部件上，其结构和工作原理如图1-44所示，有如下特点：

（1）在注射机料筒中部开有排气口，并与真空系统相连接。当塑料塑化时，由塑料发出的水气、单体、挥发性物质和空气等，均可由真空泵从排气口抽走，从而增大塑化效率，有利于制品质量和产率的提高。由于排气式注射机能使注塑的塑料塑化均匀，因此注射压力和保压压力均可适当低些，而无损于制品的质量。

（2）典型的排气式注射机一般采用一种双阶四段螺杆。第一阶段是加料区和压缩区，第二阶段为减压区（即排气段）和均化区。塑料从料斗进入料筒后，由加料区经压缩输送到压缩区并受热熔融。进入减压区时，因螺槽深度突然变大而减压，熔料中的水分及挥发性物质气化，并由真空泵从排气口抽走。塑料再进入均化区进一步塑化后被送至螺杆头部，并维持压力平衡所需的压力值。当螺杆头部熔料积聚至一定数量时（即螺杆退回计量），螺杆停止转动。为了防止螺杆前端熔料漏流而由排气口向外推出，螺杆前端都要设置带止逆结构的螺杆头。

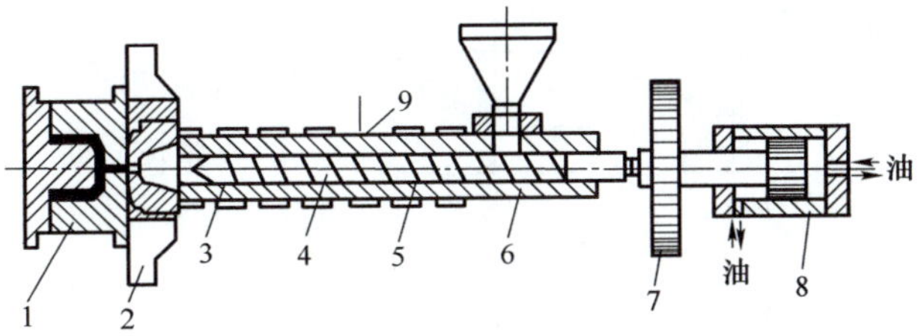

图 1-44　排气式注射机塑化部件

1—模具　2—固定模板　3—计量段　4—排气段　5—熔化段　6—加料段　7—传动齿轮　8—注射油缸　9—排气孔

（3）排气式螺杆较长。因为在塑化时，螺杆除旋转运动外，还要作轴向移动。所以排气段的长度应在螺杆作轴向移动时始终对准排气口，一般应大于塑化（注射）行程。通常排气段的螺槽较深，其中并不完全为熔料充满，从而防止螺杆转动时物料从排气口推出。

近年来新出现的一种异径螺杆，螺杆前端为大直径，另一端为小直径。它是利用小直径端进行塑化，大直径端完成混炼及注射。注射时，原小直径部分的螺槽内熔料将进入大直径前料筒处，此时将形成负压，使气体从熔料中逸出，并通过排气口被抽走。前料筒直径加大的另一个作用，是加大排气室的容积，防止注射时熔料漏流而从排气口溢出。

1. 6. 3. 1. 4　发泡注射机

泡沫塑料是以气体为填料，在树脂中形成无数均匀微孔的轻质材料。泡沫塑料的注射成型是在塑料内混入分解性或挥发性的发泡剂（即化学发泡或物理发泡剂），经过预塑精确计量，注射入模腔，经发泡并充满模腔而硬化定型，获得发泡制品。根据成型方法有低压法（不完全注满法）和高压法（注满法或移模法）两种，目前普遍使用低发泡成型法。

（1）低发泡注射机特点　低发泡是将 80%左右的制品体积的熔料注入模腔，由其本身的发泡压力使熔料发泡并填充满模腔。低发泡注射机的基本形式有往复螺杆式和螺杆-柱塞式两种，但由于螺杆-柱塞式发泡机易于满足计量精确（误差一般不超过 1%）、塑化均匀、机器功率小等方面的要求，所以使用较多。

低发泡注射机与普通注射机相比，具有如下特点：

① 物料中的发泡剂在料筒内受热产生气体，压力升高，为防止熔料从喷嘴处流出，必须采用自锁式喷嘴。同时，为防止螺杆后退，保持计量准确，螺杆背压应较大。

② 熔料一进入模腔，立即因压力降低而发泡。为使发泡均匀，注射速度要高，一般要求在 1 秒钟内完成。为达到高速注射，可采用储压器或高压大流量油泵对注射油缸直接供油。

③ 发泡用的注射螺杆的长径比（L/D）一般在 16~20 范围内，压缩比为 2. 0~2. 8（聚氯乙烯为 1. 8），螺杆全长为三段均分。

④ 泡沫注射的模腔压力很低，约为 1~3MPa，因此，所需锁模力小。所以这类专用注射机与普通注射机相比，在合模力相同的情况下，具有更大的注射量以及更大的模板尺寸和模板间距。

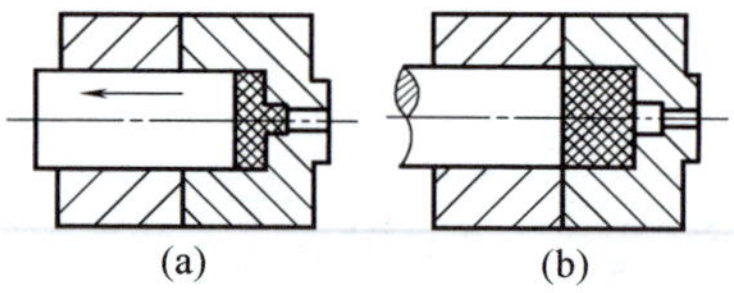

图 1-45 高发泡成型原理（移模法）

（a）注射入模 （b）移模发泡

（2）高发泡注射机的特点 高发泡成型是将塑化后含有发泡剂的熔料注满模腔，当模内制品表面温度低于软化点形成结皮层时，稍许打开模具（故又称移模法），利用模内熔料自行发泡膨胀而充满模腔（如图 1-45 所示）。此法可以得到表面比较精细、发泡倍率较高（发泡倍率在 5 以上）并且均匀的塑料制品。

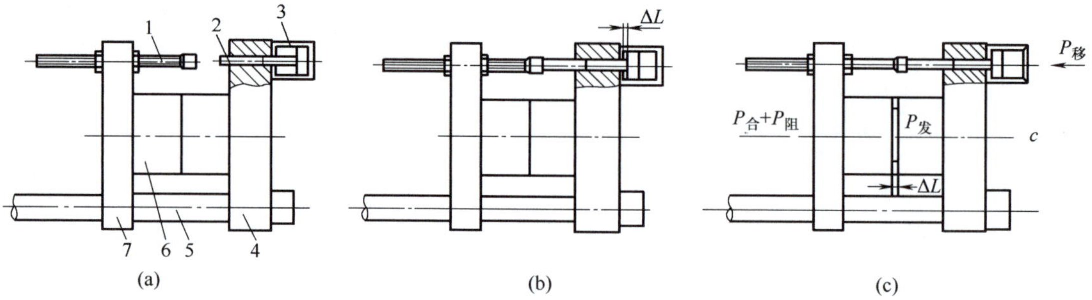

图 1-46 移模发泡机构

（a）合模注射 （b）控制油缸待移模发泡 （c）移模发泡

1—调节杆 2—活塞 3—移模控制油缸 4—固定模板 5—拉杆 6—模具 7—移动模板

高发泡使用的注射机类似于低发泡注射机，但为了在发泡时能移模，在合模装置上增设了距离可调的移模发泡机构，如图 1-46 所示。

这种结构是在固定模板 4 上设置了移模控制油缸 3，在移动模板 7 上设置了调节杆 1，如图 1-46（a）所示。使用前，按发泡倍率调整移模量 ΔL，即移模控制油缸活塞余下 ΔL 的行程，如图 1-46（b）所示。在移模发泡时，如控制各力之间的关系如图 1-46（c）所示。

$$p_{发} < p_{合} + p_{阻} < p_{发} + p_{移} \tag{1-7}$$

式中 $p_{发}$——发泡时模内总压力

$p_{合}$——机器合模力

$p_{阻}$——移动模板运动阻力

$p_{移}$——二次移模控制油缸推力

则模具将被打开 ΔL。发泡移模速度要慢，以 1~2mm/s 为宜，否则会给制品表面留下较大孔眼，从而影响到制的表面质量。

若在普通注射机上增设高速注射油路和将模具设计成具有二次移模的功能结构，也能进行泡沫塑料产品的成型加工。

1.6.3.1.5 双色（或多色）注射机

为了生产两种或两种以上颜色（或塑料）的复合制品，发展了双色或多色注射机。双色或多色注射机又分清色和混色两种。

图 1-47 所示的双色注射机是具备两套注射装置和一个公用合模装置的结构形式，主要用来加工双清色塑料制品。模具的一半装在回转板上， 另一半装在固定模板上。当第一种颜色的塑料注射完毕并定型后模具局部打开，回转板带着模具的一半和制件一同回转 180°，到达

第二种颜色塑料的注射位置上，进行第二次合模、注射，即可得到具有明显分清色的双色制品。

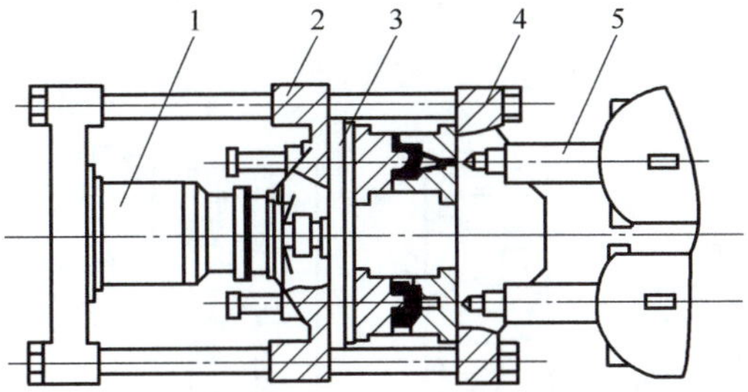

图 1-47　双色注射机

1—合模油缸　2—移动模板　3—模具回转板　4—固定模板　5—料筒

近些年来，随着汽车部件和台式计算机部件对多色花纹制品需要量的增加，又出现了新型的双色（混色）注射机，其结构如图 1-48 所示。该机具有两个轴向平行设置的料筒，公用一个喷嘴，喷嘴通路中还装有启闭机构，调整启闭阀的换向时间，就能制得各种花纹的制品。也可采用图 1-49 所示的特殊的喷嘴，只要旋转喷嘴的通路即可得到从中心向四周辐射形式的不同颜色和花纹的制品。

混色用的注射装置，也有用两套柱塞式塑化装置公用一个喷嘴结构的。该装置通过液压系统可调整两个推料柱塞注射时的先后次序和注射塑料的比率，这样可得到不同混色情况、具有自然过渡色彩的双色塑料制品。

1. 6. 3. 1. 6　注射吹塑机

注射吹塑是一种用注射法首先将熔料注入胚模形成管胚，然后乘热再经吹塑而制成中空制品的复合工艺，生产步骤如图 1-50 所示。

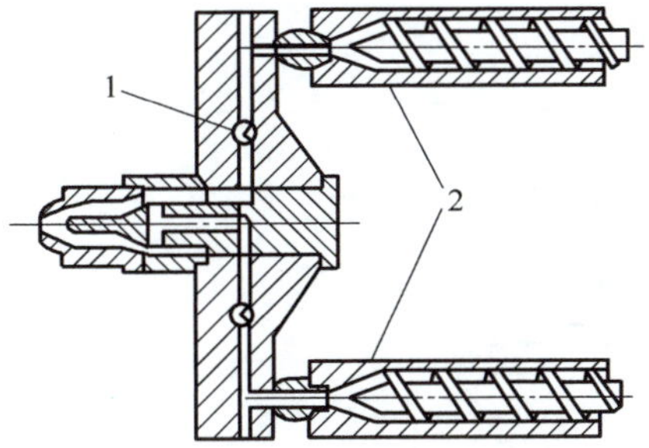

图 1-48　双色（混色）注射机

1—启闭阀　2—加热料筒

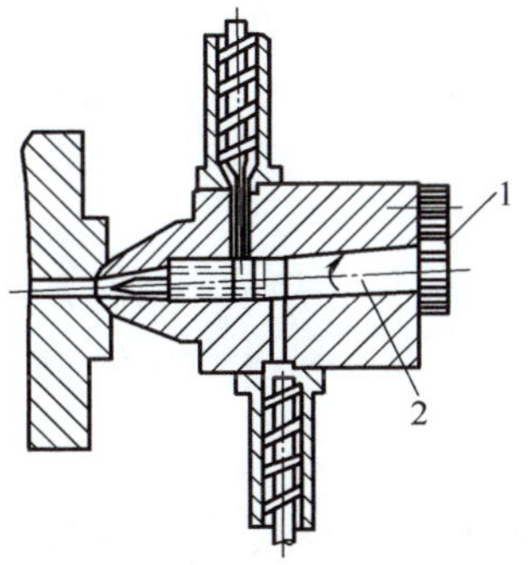

图 1-49　成型花纹用的喷嘴

1—齿轮　2—回转轴

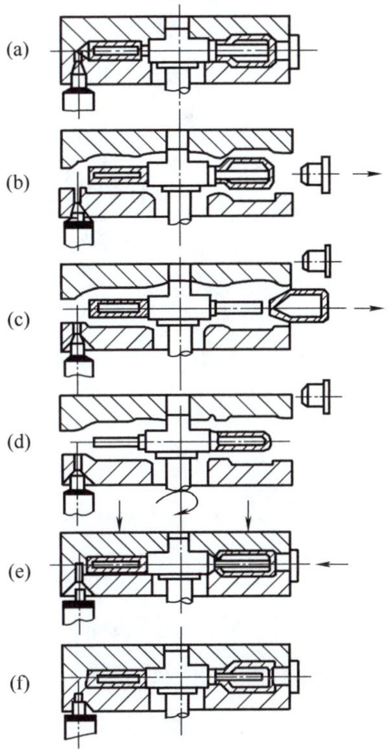

图 1-50　注射吹塑工艺过程

（a）冷却　（b）开模　（c）取出
（d）转动芯子　（e）合模　（f）注射、吹塑注射吹塑机与一般注射机的主要区别是在模芯运动机构上，即在合模装置上增设了模芯运动机构。模芯运动方式如图 1-51 所示。图 1-51（a）所示为模芯运动以直线运动方式而设置，这种方式的特点是制品取出比较方便；图 1-51（b）所示为模芯运动是 180° 回转式，这种方式的特点是模板开距小，利于高速成型。

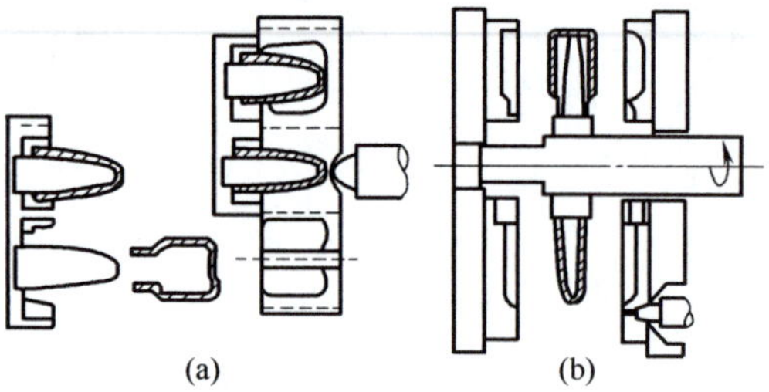

图 1-51　模芯运动方式

（a）模芯直线运动　（b）模芯回转运动

注射吹塑与双色注射原理相结合，也可用来制作双色（附不同衬里材料）的高级包装容器。其机器工作原理如图 1-52 所示。第一注射装置 2 首先往第一注射模 4 注入内衬材料，当内衬料外侧硬化，而内侧半硬化时，开模后回转轴 5 逆时针旋转 90°，即使带着内衬料的芯模 12 转至第二注射模 6 处，合模后由第二注射装置 7 注射入表层料。此时模具是由模温调节器控制，使料温控制到最适宜的吹塑温度。逆时针再旋转 90°，进入吹塑工位（即吹塑模 11），经吹塑、冷却定型再进入制品取出工位。

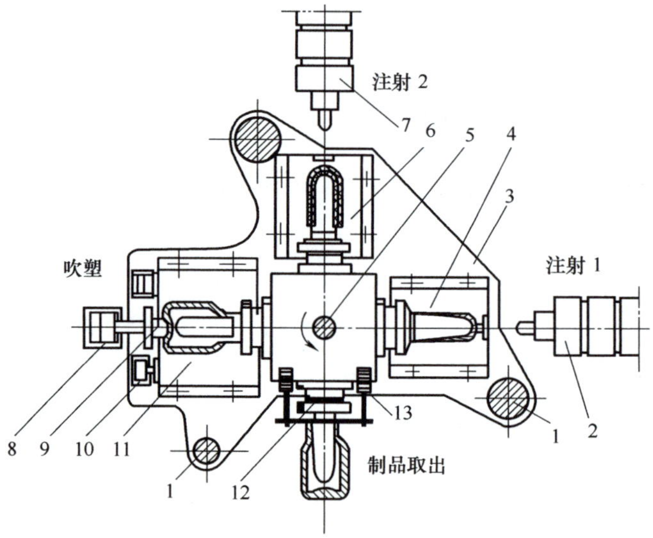

图 1-52　双色注射吹塑机构

1—拉杆　2—第一注射装置　3—模板　4—第一注射模　5—回转轴　6—第二注射模　7—第二注射装置　8—移动瓶底模油缸　9—瓶底油缸　10—吹塑模移动油缸　11—吹塑模　12—芯模　13—制品脱模油缸

1.6.3.2　注射生产的辅助设备

注射成型设备除了主要设备注射机以外，还有一些辅助设备。常用的设备有：原料混合设备、原料干燥设备、供料设备等。

1.6.3.2.1　原料混合设备

塑料原料除了塑料树脂以外，很多时候还有一些辅助添加物，在成型前，需要把它们进行充分混合均匀。

（1）螺带式混合机　螺带式混合机如图 1-53 所示。其中两根螺带各以一定方向将混合室内的物料推动，以使物料各部分的位移，从而达到混合的目的。

螺带式混合机是开放间歇式的，搅拌器转速低，搅拌效率低，但也逐渐从开放、间歇、手动、低速向着密闭、连续、自动、高速的方向发展，其中比较理想的有高速混合机等。

（2）高速混合机　高速混合机如图 1-54 所示。它由回转盖、混合锅、折流板、搅拌装置、排料装置、驱动电动机、机座等组成。

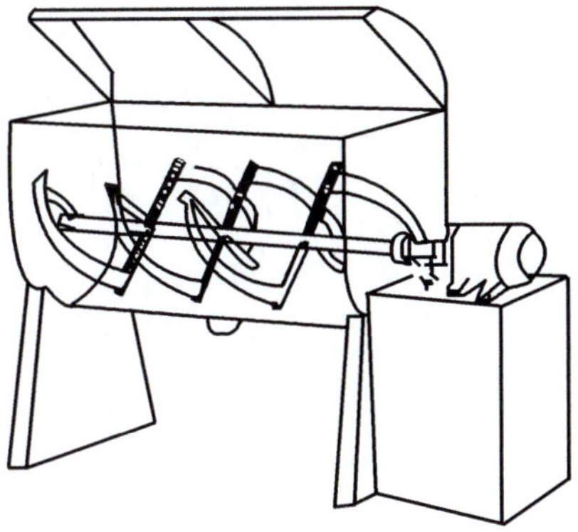

图 1-53　螺带式混合机

驱动电动机带动传动轴、搅拌装置高速旋转，将混合物料抛到混合锅壁，螺旋上升至回转盖，再下降，中途遇到折流板，可以打乱料流，使得混合效果更好。一般混合 10~15min，或者物料升温至预设温度，就可以用压缩空气将混合料从排料装置排出。混合锅由三层构成，形成加热夹套层，可以对混合物加热。

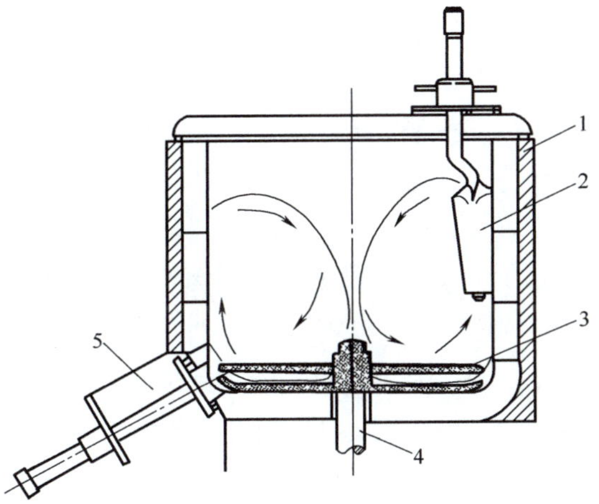

图 1-54　高速混合机工作原理

1—混合锅　2—折流板　3—搅拌装置　4—传动轴　5—排料装置

1.6.3.2.2　供料设备

由于注射机螺杆的塑化能力有限，因此在加工中，一般采用粒料。若是回收料，须先破碎造粒，经筛选后再供注射机使用；若是粉料，也须先经造粒后再使用。

中小型注塑机一般采用人工上料，而大型注塑机由于机身较高且注射量大，用人工上料的劳动强度大，因此须备有自动上料系统。常见的自动上料系统有以下几种。

（1）弹簧自动上料　它是用钢丝制成螺旋管置于橡胶管中，用电机驱动钢丝高速旋转产生轴向力和离心力，物料在这些力的作用下被提升，当塑料达到送料口时，由于离心力的作用而进入料斗。

（2）鼓风上料　它是利用风力将塑料吹入输送管道，再经设在料斗上的旋风分离器后进入料斗内。

（3）真空上料　这是使用最多的一种上料装置。工作时，真空泵接通过滤器而使小料斗形成真空，这时物料会通过进料管而进入小料斗中，当小料斗中的物料储存至一定数量时，真空泵即停止进料，这时密封锥体打开，塑料进到大料斗中。当进完料后，由于重锤的作用，使密封锥体向上抬而将小料斗封闭，同时触动微动开关，使真空泵又开始工作，如此循环工作。

真空上料还有保持物料干燥的作用。

1.6.3.2.3　干燥设备

对于易吸湿的物料，如 ABS、PC、PA 等，以及制品性能要求较高时，须于注射前对物料进行干燥处理。

常用的干燥方式有热风干燥、远红外线加热干燥、真空干燥和沸腾床干燥等。

（1）热风干燥

① 箱形热风循环式干燥机。箱形热风循环式干燥机是应用较广的一种干燥机。这种干燥设备的箱体内装有电热器，由电风扇吹动箱内空气形成热风循环。物料一般平铺在盘里面，料层的厚度一般不能超过2.5cm。干燥烘箱的温度可在40~230℃内任意调节。干燥热塑性物料时，烘箱温度控制在95~110℃，时间为1~3h；对于热固性物料，温度在50~120℃或更高（根据物料而定）。这种干燥设备多用于小批量需表面除湿粒料的处理，也可用于物料的预热。

② 料斗式干燥器。料斗式干燥器是热风干燥的另一种形式，其工作原理是将物料装于料斗，鼓风机将加热风管中热空气吹入料斗，经过物料存积区域后从排气口排出。由于流动空气的温度高出物料温度几十度，借温差的作用促使物料除湿。除湿后物料可进入注射机或挤出机的料筒中。

（2）远红外线干燥。远红外线干燥是利用物料对一定波长的红外线吸收率高的特点，以特定波长的红外线，作用于被干燥物料，实现连续干燥。据资料介绍，远红外线加热的最高温度可达130℃。

（3）真空干燥。真空干燥是将待干燥的物料置于减压的环境中进行干燥处理，这种方法有利于附着在物料表面水分的挥发。

（4）沸腾床干燥　对大批量吸湿性物料的干燥，可采有沸腾床干燥。其工作原理是利用热空气气流与物料剧烈地混合接触、循环搅动，使物料颗粒的水蒸气不断扩散实现干燥。

除上述干燥方式外，还有带式、搅拌式、振动式、喷雾式等多种形式，分别用于大批量、粉料甚至液体料的干燥处理。

一般要求干燥后的塑料水分含量在0.05%~0.2%，对吸湿后在加工温度下易降解的物料，如PC等，则要求其含水量应在0.03%以下。

常用物料的干燥条件及吸水率见表1-13。

表1-13　　常用物料的干燥条件及吸水率

树脂名称	吸水率ASTM方法/%	干燥温度/℃	干燥时间/h
聚苯乙烯(通用)	0.10~0.30	75~85	2以上
AS树脂	0.20~0.30	75~85	2~4
ABS树脂	0.10~0.30	80~100	2~4
丙烯酸酯树脂	0.20~0.40	80~100	2~6
聚乙烯	0.01以下	70~80	1以上
聚丙烯	0.01以下	70~80	1以上
改性PPO(Noryl)	0.14	105~120	2~4
改性PPO(Noryl SE-100)	0.37	85~95	2~4
聚酰胺	1.5~3.5	80	2~10

续表

树脂名称	吸水率 ASTM 方法/%	干燥温度/℃	干燥时间/h
聚甲醛	0. 12~0. 25	80~90	2~4
聚碳酸酯	0. 10~0. 30	100~120	2~10
硬质聚氯乙烯树脂	0. 10~0. 40	60~80	1 以上
PBT 树脂	0. 30	130~140	4~5
FR-PET	0. 10	130~140	4~5

1. 6. 3. 2. 4　机械手的应用

在注射机中有时应用机械手来辅助上料、装卸模具、顶出制品等工作，以减轻劳动强度，提高生产率。目前，最广泛使用的是帮助取出注射产品的机械手，下面主要介绍这一类机械手。

扫码观看注塑机械手的应用

（1）注塑机专用机械手的分类

① 按智能化程度进行分类。按照注塑机械手的智能化程度不同，可以将注塑机械手分为简易型注塑机械手、记忆再现型注塑机械手和智能型注塑机械手三类。

a. 简易型注塑机械手。简易型注塑机械手可分为固定模式程序型和可变程序型两种。固定程序型注塑机机械手不能改变其工作程序，它具有可伸缩、移动的手臂，利用自动控制装置做简单、规格和重复的动作；可变程序型注塑机机械手的工作程序可以改变，一般多为气动或液动，其结构简单，比较容易改变程序，多用于点位控制，近年来普遍采用可编程序控制器或者微型电脑来组成控制系统，扩展了其应用范围。

b. 记忆再现型注塑机械手。这种机械手具有记忆及可变程序的能力，多为电液伺服驱动，有较多的自由度，能够造行比较复杂的操作。

c. 智能型注塑机械手。这种机械手由电脑通过各种传感器进行控制，具有视觉、触觉和热觉功能，可执行各种操作，是能力最强的一种机械手，目前国内使用较少。

② 根据注塑机械手动力源进行分类。根据注塑机械手动力源的不同可分为四类：机械驱动、气压驱动、液压驱动和电力驱动机械手,驱动方式直接影响着机械手的响应速度、定位精度和动态性能等指标。

a. 机械驱动型机械手。其动力是由凸轮、齿轮等机械传动机构来提供的。该类机械手的运动平稳、工作效率高，但其动作程序固定且结构庞大。

b. 气压驱动型机械手。其动力获取极为方便，而且这类机械手的结构简单、输出力小、动作迅速、成本较低，但是由于空气的可压缩性且气源压力较低等，导致机械手的工作速度稳定性差且冲击较大，一般用于环境较恶劣和机械手准确性要求较低的场合。

c. 液压驱动型机械手。机械结构紧凑、驱动力大、定位精度较高，但是此类机械手需要配备压力源，其性能会受油温高低的影响，而且极易发生漏油的现象，对机械手的密封性要求较高。

d. 电力驱动型机械手。其应用最广，电源获取方便，且响应较快、信号检测和处理相当方便、驱动力较大，控制方案可根据工作要求灵活组合。这类机械手直接通过电机来驱动机械手的传动机构，因此其响应较快、维护和使用较方便而且结构可以从简。与其他三类机械手相比，全伺服电控机械手在精度、控制性、噪声、环保等方面都有很大的改善。

根据这四类机械手的特点，目前应用最多的是电力驱动型机械手和气压驱动型机械手。

③ 根据注塑机械手的动作方式进行分类。据注塑机械手的动作方式不同，注塑机械手可分为斜臂式和横走式注塑机械手两类。

a. 斜臂式注塑机械手如图 1-55 所示。斜臂式机械手可以绕着一个旋转轴进行回转，所以也称为回转式机械手，其旋转方向和旋转角度的调整都很简单方便，是经济实惠型机械手。

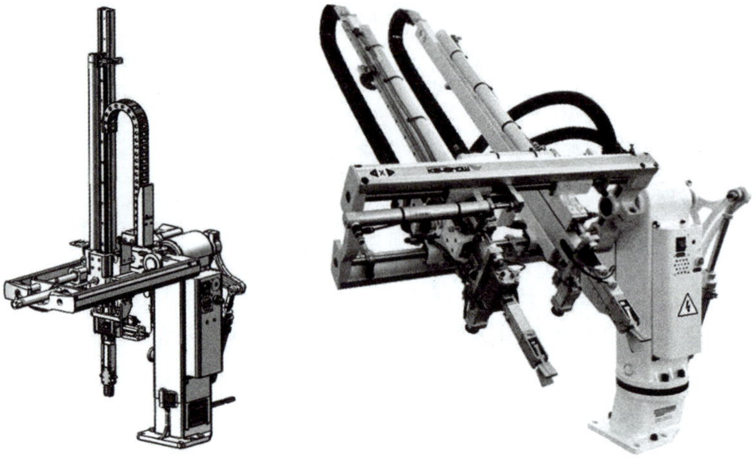

(a) (b)

图 1-55 斜臂式机械手

（a）单臂回旋式机械手 （b）双臂回旋式机械手

其取件程序如图 1-56 所示， 0 位待机，第 1 步是开模完成后机械手下行，第 2 步是引拔前进，第 3 步是机械手夹住或吸住产品，第 4 步是引拔后退，第 5 步是机械手上行，第 6 步是机械手旋转，第 7 步是机械手下行，第 8 步是机械手放开产品，第 9 步是机械手上行，第 10 步是机械手旋转回到原待机位。

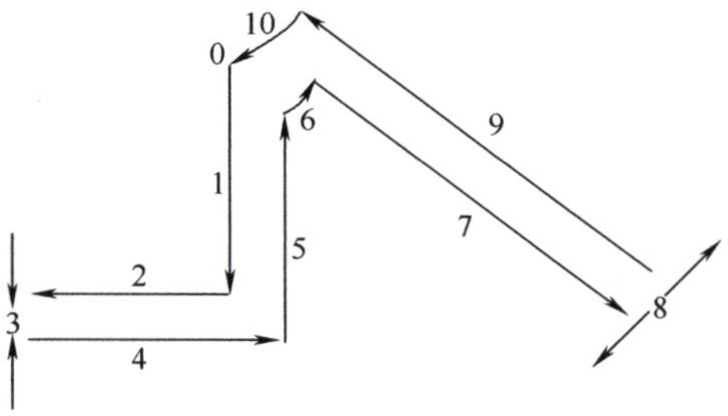

扫码观看斜臂式机械手的工作方式

图 1-56 斜臂式机械手的工作程序

由于斜臂式机械手必须靠旋转来取出制件，不能夹持着制件进行移动，其使用范围较小，主要应用在小型注塑机的生产中。

b. 横走式注塑机械手如图 1-57 所示。横走式机械手主要用于实现 X、 Y、 Z 三个方向的

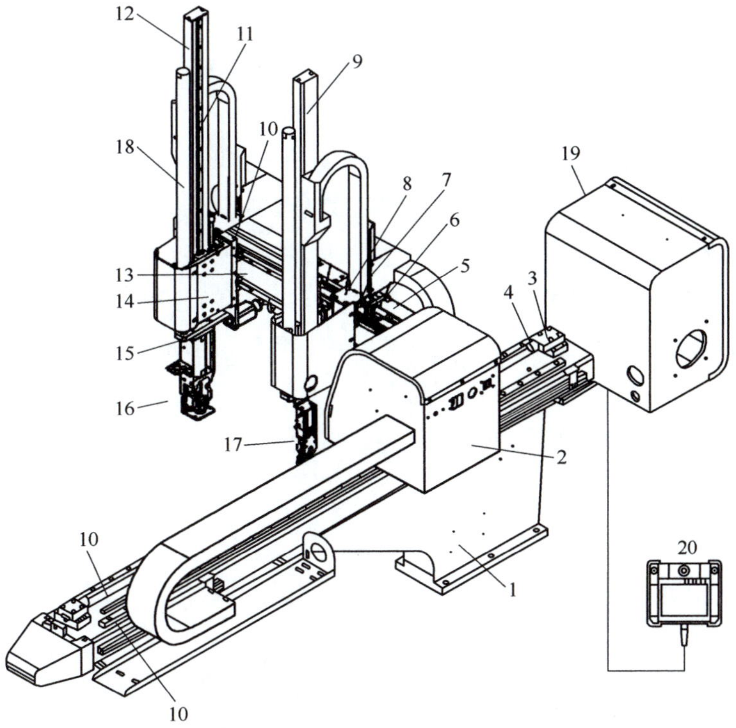

图 1-57　双臂横走式机械手

1—基座　2—滑座　3—定位板　4—缓冲块　5—平移气缸　6—气缸定位架　7—第二滑台
8—定位台　9—副臂　10—第一滑台　11—竖直导轨　12—主臂　13—引拔臂　14—导向板
15—下板　16—侧姿组　17—夹具组　18—升降气缸　19—电控箱　20—控制器

直线运动，不仅可以夹吸着制件移动，甚至可以完成有序的排列装箱任务，大大提高了工作效率。横走式注塑机械手又分为单轴、三轴和五轴横走式机械手。仅在横行方向采用伺服电机驱动，而其他方向采用气压驱动的机械手称为单轴伺服机械手；在横行和上下行方向均采用伺服电机驱动，而引拔方向采用气压驱动的机械手称为三轴伺服机械手；三个方向均采用伺服电机驱动的机械手称为五轴伺服机械手。单轴伺服机械手虽然价格低廉，但由于引拔和上下方向均使用气动装置来驱动，使得运行噪声较大；同时，气管接头部位容易受损、老化，经常出现漏气现象，使得维护保养工作变得艰难。全伺服注塑机械手能够克服上述这些缺点，具有结构紧凑、稳定性高、抗震效果好、维护保养容易、可操作性强等优点，能够满足注塑行业的高效生产和安全环保的基本要求，以及国内注塑产品企业的自动化和柔性化的生产要求，同时也符合注塑行业产品多样化、精密化和批量化的发展趋势。

④ 根据注塑机械手的取物臂数量进行分类。无论是斜臂机械手还是横走式机械手，都可以根据注塑机械手的取物臂数量不同，将其分为单臂机械手和双臂机械手两类。

单臂机械手只有一只取物臂，一般适用于单分型面的模具开模取件，取件时将浇注系统凝料与制品作为一个整体一起取出。而双臂机械手则有两只取物臂：一只作为主臂，一般用来取制件；另外一只则作为副臂，用于取浇注系统凝料。所以，双臂机械手可用于三板式模具的开模取件。需要指出，两只手臂分开控制，可以只使用其中一只手臂，也可以同时使用主臂和副臂。

（2）注塑机专用机械手的结构组成　注塑机专用机械手的组成一般由执行系统、驱动系统、控制系统等组成。

① 执行系统。执行系统是机械手抓取或释放制品、实现各种操作运动的系统，由臂部、腕部和手部等部件组成。其中手部是用来直接抓取注塑制品的部件。由于注塑制品的形状、大小、重量及表面特征等方面存在着差异，因此注塑机械手的手部有多种形式，一般可分为夹持式和吸附式两种。夹持式手部的主要形式为夹钳式，常用于抓取不易破碎或变形的制品，它对所抓取的制品的形状有较大的适应性。夹持式手部由手指，传动机构和驱动装置组成。对于夹持式手部，进行设计选用时主要考虑以下几点：

a. 手部应具有适应的夹紧力和驱动。

b. 手指应具有足够的开关范围。

c. 手指对制品应具有一定的夹持精度。

d. 手部对制品应具有一定的适应能力，且要求手部能耐受注塑制品刚从模腔中取出时的高温及腐蚀性。

② 驱动系统。驱动系统为执行系统的各部件提供动力的系统，有气动、电动及机械等形式。目前比较常用的是气动和电动两种形式，气动式速度快、结构简单、成本低、有较高的重复定位精度；电动式速度快、可实现连续控制、定位精度高、但成本较高。

选择驱动系统时应注意以下几点：

a. 根据机械手的负载量来确定驱动系统的类型，重负载的一般选择电力驱动系统，轻负载的一般选择气压驱动系统。

b. 对于作点位控制的注塑机械手多采用气压驱动系统。

c. 对于需要采用伺服控制的机械手多采用电力驱动系统。

③ 控制系统。控制系统通过对驱动系统进行控制，使执行系统按照预定的工作要求进行操作，并对执行系统的动作进行修正的系统，一般包括位置检测装置和程序控制部分，通常采用点位控制和连续轨迹控制两种方式。注塑用机械手的所有动作都在控制系统的指挥下完成，尤其是机械手与注塑机的协调工作关系，更是要依赖控制系统来达到。在控制系统的指挥下，机械手按照预定的工作程序完成各个动作，从而将注塑生产出的制品从模具中取出并传送到指定地点或下一个生产工序中，并向模腔中喷洒脱模剂。

控制系统根据注塑机的性能，机械手的作业条件和要求，制品的形状和重量等的不用而有所不同。一般来说，选用控制系统应遵循以下一些要点：

a. 应确保机械手有足够的定位精度。

b. 应注意机械手与注塑机的动作配合协调，确保机械手抓取制品离开模具后，注塑机和机械手能够各自继续进行动作，从而减少时间浪费。

c. 应注意控制机械手的运行速度，即要使机械手能够满足注塑成型最短周期的要求，有要考虑是否会产生惯性冲击和振动。

d. 应考虑控制系统的费用与实际工作要求之前的平衡关系。

（3）操作安全注意事项

① 操作前，请先确认是否有人员或者障碍物处于手臂行程范围。机械手的行程范围内如果有人或障碍物，绝不能启动系统或者手臂的相关动作。

② 机器异常状况发生后，在未排除异常状况时，决不可启动系统。

③ 在感到有危险状况需停止机械手动作时，必须立即用紧急停止按钮停止机械手。

④ 机械手在横出或横入时，若按压紧急停止开关，将会给整个装置带来很大的负荷，也容易引发故障和事故。因此，除了紧急状态外，请勿在机械手动作时使用紧急停止开关。

⑤系统开启中，若发生异常，要立即切断电源。

（4）动作程序设定

斜臂式机械手应用逐渐减少，因此，下面以双臂横走式机械手为例介绍机械手的操作程序。双臂机械手的主臂或副臂在取出注射产品并将其放置在指定位置的整个周期中，除在原始的“0”位待机之外，一般包括顺序如图 1-58 所示的 12 步“L 型”操作程序。

每一步执行的动作及其是否到位的确定方法如表 1-14 所示。

如果要取出的塑料制件比较大，也可能需要在第 6 步平姿之前再多加一步，即让机械手先前进。如果有加入这一步，在第 11 步横入之后，就需要再往后退才能回到原始待机位置。

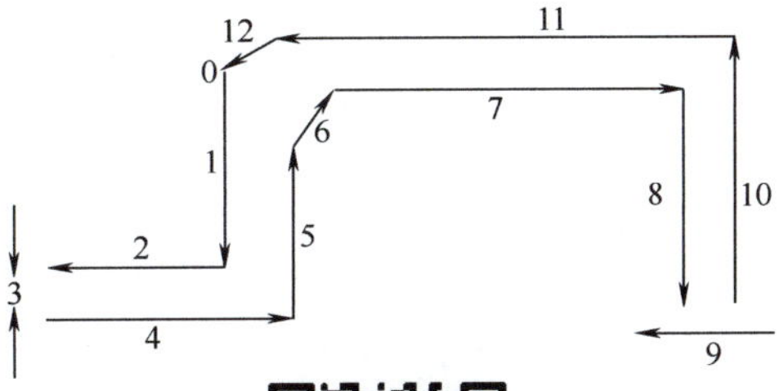

扫码观看横走式机械手取件过程

图 1-58 L 型操作步骤

表 1-14 机械手主臂或副臂每一步执行的动作及其是否到位的确定方法

步骤号	执行动作	位置固定确认方法
0	机械手在原始位置待机	铁片感应电眼感应灯亮
1	下行(开模终止确认后)	螺丝限位,电眼感应灯亮
2	引拔前进	螺丝限位
3	真空吸着夹具闭合	真空确认,电眼感应灯亮
4	引拔后退	螺丝限位
5	上行	电眼感应灯亮
6	平姿	电眼感应灯亮
7	横行出	电眼感应灯亮
8	下行	螺丝限位,电眼感应灯亮
9	真空放夹具开	真空确认,电眼感应灯灭
10	上行	电眼感应灯亮
11	横行入,机械手回到原始位置	电眼感应灯亮
12	侧姿	电眼感应灯亮

每一步动作的速度及两个相邻步骤之间的切换时间可在一定范围内进行适当的调节。

除此之外，“U 型”取物方式也很常用，其动作顺序如下：

1 机械手前进

↓

2 机械手下降

↓

3 真空吸或夹

↓

4 机械手后退

↓

5 机械手上升

↓

6 平姿

↓

7 横出

↓

8 机械手下降

↓

9 真空放

↓

10 机械手上升

↓

11 侧姿

↓

12 横入

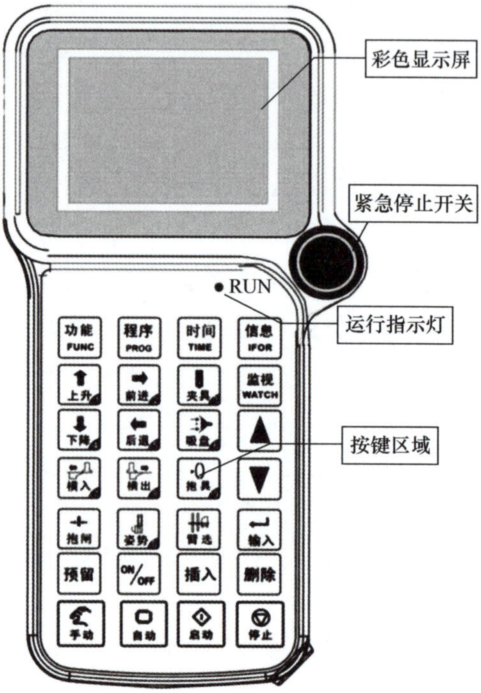

图 1-59 机械手控制器

同样的原因，也可以在第 6 步姿势水平之后多加一部机械手前进，然后在 12 步横入之后后退到原始待机位。

（5）程序执行

图 1-59 所示为某厂一个型号机械手的控制器。

① 停止状态。开机后，手动控制器进入自动检测功能页面，而后进入如图 1-60 所示的主页面。在其他状态下，按停止键

亦可进入此页面。

在停止页面下，按

键进入图 1-61 所示的基本功能选择页面，可按上或下光标键移至各功能设定项，按

键可更改选项。

② 教导模式。在停止状态下，按

键即进入图 1-62 所示的动作程序选择页面。选择程序

图 1-60　机械手控制器主页面

编号之后，可以编辑和设定程序，包括增设和删除动作步骤及设定每一个步骤的速度以及动作之前切换的延迟时间。如果是伺服电机驱动，在此模式下还可以设定动作步骤的速度；但如果是气动，就不能设定动作的速度。在此模式下，一般是先按键选择机械臂主臂或者副臂，然后按相应的方向键选择动作方向，并设定动作速度和切换过程中的延迟时间。在编辑过程中，可以按键删除一步已经设置好的动作步骤，也可以按键在两个步骤之间插入一个新的步骤。

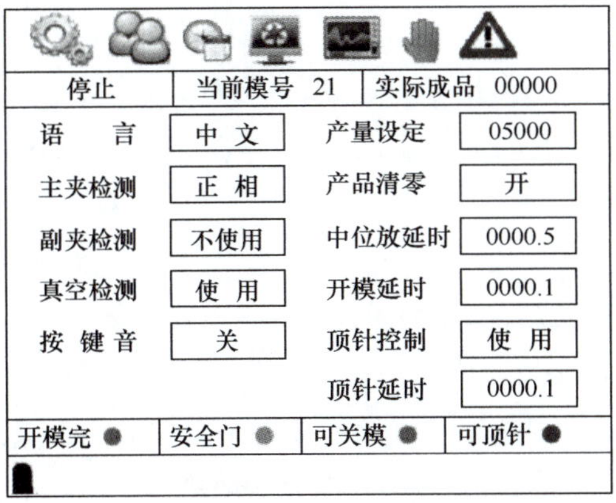

图 1-61　机械手控制器基本功能选择页面

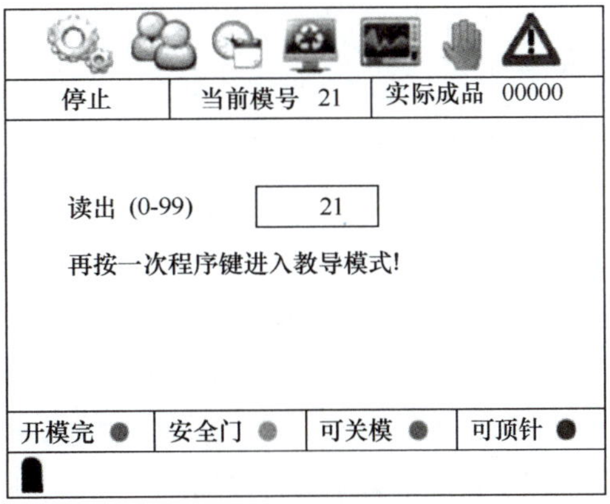

图 1-62　机械手控制器动作程序选择页面

③ 程序选择。在停止页面下，按键，即进入动作程序选择画面。

此时，输入已存储的程序号（0-99），再按键，即载入了该程序。之后，自动模式下就会运行该组程序。

④ 自动模式：按键进入自动模式，显示自动画面，机械手进入自动准备状态。在自动准备状态下，按启动键后，即可运行自动动作。

⑤ 手动模式：按键进入手动模式，显示手动画面。在手动模式下，可进行手动操作，操作机械手各单一动作，及调整各部分位置或姿态。

（6）技术参数　注塑用机械手的技术参数确定机械手的规格和工作性能，主要的技术参数有以下几项：

① 抓重：机械手抓取制品的额定重量或载荷。

② 手臂的运动参数包括手臂的伸缩、升降、回转等运动速度和范围。

③ 手部的抓取范围及抓取力的大小。

④ 定位精度：位置的设定精度和重复定位精度。

⑤ 定位方式：点位控制或连续轨迹控制方式。

⑥ 驱动系统参数：控制系统参数。

⑦ 机械手的工作循环时间、自由度大小和坐标形式等。

（7）发展趋势　由于注塑机专用机械手能够大幅度的提高生产率和降低生产成本，能够稳定和提高注塑产品的质量，避免因人为的操作失误而造成的损失。因此，注塑机械手在注塑生产中的作用变得越来越重要。目前国内的机械手类型比较简单，且大都用于取件。随着自动化技术的发展，目前全伺服马达驱动的注塑机械手，可以实现除取件外得其他功能，比如模内贴标、模内镶嵌、装箱、码货等更多功能；或许以后，还有更多的机械手用于上料、混合、自动装卸模具、回收废料等各个工序上，而且将朝着智能化方向发展。

1.6.4 练习与提高

① 合模装置一般由哪几部分组成？

② 在当今的液压式合模装置中，常常采用二次动作稳压式合模装置，它有什么优点？

③ 液压式合模装置与液压-机械式合模装置的合模原理有何不同？

④ 液压-机械式合模装置如何调试合模力？

⑤ 顶出装置有哪几种形式？其特点是什么？

⑥ 调模装置的作用和要求是什么？常见的调模装置有哪几种形式？其特点是什么？

⑦ 注射成型机上哪些部位安装有冷却系统？为什么？

⑧ 讨论注射成型的发展。要求在学校图书馆、上网超星图书馆、读秀学术搜索、中国学术期刊网、重庆维普中文科技期刊全文数据库等查阅注射机、注射成型发展的历史、现状及趋势。展示结果。

⑨ 自己应该怎样在理论和实践方面学习《塑料注射成型技术》课程？

⑩ 总结注射机的开机过程。

⑪ 优化自己的实施方案。

⑫ 查阅各大注塑机生产企业网站，收集其注塑机型号及相关技术参数。

⑬ 查阅各大注塑机生产企业网站，收集其注塑机维护保养知识和要求。

模块二

塑料注射成型中级

模块二是在学习了模块一的基础之上，通过完成本模块中的3个项目，使学习者对于注射成型的模具、工艺、操作等有更进一步的认识，能够熟练地进行注射生产操作。

本模块包括3个项目：项目2 注射成型保鲜盒；项目3 注射成型DVD盒；项目4 注射成型手机镜片。

项目2　注射成型保鲜盒

保鲜盒主要用于食品保鲜，不仅方便实用，而且可以将食物分门别类地存放。保鲜盒既可以放在冰箱里用于食物冷藏，也可以放在微波炉里进行加热或是使用洗碗机清洗。本项目以注射成型保鲜盒为载体，学习塑料注射成型模具、注射成型工艺过程和参数的相关知识，掌握产品设定之后，从选择产品所用原料、机器设备开始，到设定工艺参数并进行成型的整个工作过程。

2.1　学习目标

本项目的学习目标如表2-1所示：

表2-1　　注射成型保鲜盒的学习目标

编号	类别	目　标
1	知识目标	①保鲜盒产品的使用性能及成型加工性能要求，结晶型塑料原材料的结构与性能特点 ②注射成型模具的总体结构 ③浇注系统、合模导向机构和脱模机构的结构、作用、设计要领 ④注射成型工艺过程，工艺参数及其制定原则 ⑤常用塑料材料注射成型特点
2	能力目标	①能针对指定产品选择原材料 ②能设计模具的浇注系统、合模导向机构和脱模机构 ③能针对所用保鲜盒产品模具和原料选择适当的注射机 ④能针对所用保鲜盒产品、模具、原料和注射机制定适当的工艺参数 ⑤能较为熟练地操作注射机完成保鲜盒产品的生产
3	素质目标	①团队协作精神 ②认真观察、勤于思考、自主学习的意识 ③吃苦耐劳、百折不回的精神 ④质量、成本、安全、环境意识

2.2 工作任务

本项目的工作任务如表 2-2 所示：

表 2-2　　注射成型保鲜盒的工作任务

编号	任务内容	要　求
1	选择保鲜盒产品材料	根据保鲜盒产品的特点，选择注射成型用原材料并进行配方
2	选择保鲜盒产品用注射机	根据模具外形尺寸、产品重量和注射机参数选择注射机
3	制定保鲜盒注射成型工艺	制定如表 2-3 所示的保鲜盒注射成型工艺卡
4	成型保鲜盒产品	操作注射机，根据制定的保鲜盒注射成型工艺卡设定参数，成型保鲜盒产品

2.3 项目资讯

2.3.1 模具——浇注系统、合模导向机构、脱模机构

2.3.1.1 注射模的总体结构

注射模的分类方法很多，按其所用注射机的类型，可分为卧式注射机用注射模、立式注射机用注射模和角式注射机用注射模；按模具的型腔数目，可分为单型腔和多型腔注射模；按分型面的数量，可分为单分型面和双分型面或多分型面注射模；按浇注系统的形式，可分为普通浇注系统和热流道浇注系统注射模。

（1）单分型面注射模　单分型面注射模也称为两板式注射模，是注射模中最基本的一种结构形式，如图 2-1 所示。单分型面注射模的工作原理是：开模时，动模后退，模具从分型面分开，塑件包紧在型芯 7 上随动模部分一起向左移动而脱离凹模 2，同时，浇注系统凝料在拉料杆 15 的作用下，和塑料制件一起向左移动。移动一定距离后，当注射机的顶杆顶到推板 13 时，脱模机构开始动作，推杆 18 推动塑件从型芯 7 上脱下来，浇注系统凝料同时被拉料杆 15 推出。然后人工将塑料制件及浇注系统凝料从分型面取出。闭模时，在导柱 8 和导套 9 的导向定位作用下，动定模闭合。在闭合过程中，定模板 2 推动复位杆 19 使脱模机构复位。

（2）双分型面注射模　双分型面注射模有两个分型面，如图 2-2 所示。*A*—*A* 分型面是定模边的一个分型面，设该分型面是为了取出浇注系统凝料；*B*—*B* 分型面为动、定模之间的分型面，从该分型面取出塑件。与单分型面模具相比较，双分型面注射模在定模部分增加了一块可移动的中间板，所以也叫三板式注射模。此类模具常用于针点浇口进料的单腔或多腔模具。

表 2-3

注射成型工艺卡

××××××公司	注射成型工艺	产品型号			零件图号		编号：	
		产品名称		零件名称		共　页	第　页	第　版
材料名称		材料牌号		材料颜色			零件颜色	
设备型号		模具编号		型腔数量			零件净重/g	

嵌件	图号	名称	数量

原材料干燥		
	干燥方法	烘箱或加热料斗
	干燥温度/℃	
	干燥时间/h	
	加料刻度	
	余料刻度	

零件成型后处理		
	热处理方式	
	加热温度/℃	
	保温温度/℃	
	加热时间/s	
	保温时间/s	
	冷却方式	
色母配比		
回料配比		
脱模剂		

注射成型工艺

料筒喷嘴温度/℃	第一段		注射时间/s	注射	
	第二段			保压 1	
	第三段			保压 2	
	第四段			保压 3	
	第五段			冷却	
	第六段				
模具温度/℃				总时间	
螺杆位置/mm	注射 1		螺杆位置/mm	保压 3	
	注射 2			前抽胶	
	注射 3			储料 1	
	注射 4			储料 2	
	保压 1			储料 3	
	保压 2			后抽胶	

注射成型压力/MPa			注射成型速度/%		
	注射 1			注射 1	
	注射 2			注射 2	
	注射 3			注射 3	
	注射 4			注射 4	
	保压 1			保压 1	
	保压 2			保压 2	
	保压 3			保压 3	
	抽胶			抽胶	
	储料			储料	

工艺装备				备注
气辅参数				
	气压	时间	斜率	
1				
2				
3				
4				
5				
气压公差				
时间公差				
斜率公差				

序号	工序及内容
1	烘料
2	混料
3	注射成型
4	整修
5	冷模产品
6	水口
7	自检

										编制（日期）	校对（日期）	标准化（日期）	会签（日期）	批准（日期）
标记	处数	更改文件号	签字	日期	标记	处数	更改文件号	签字	日期					

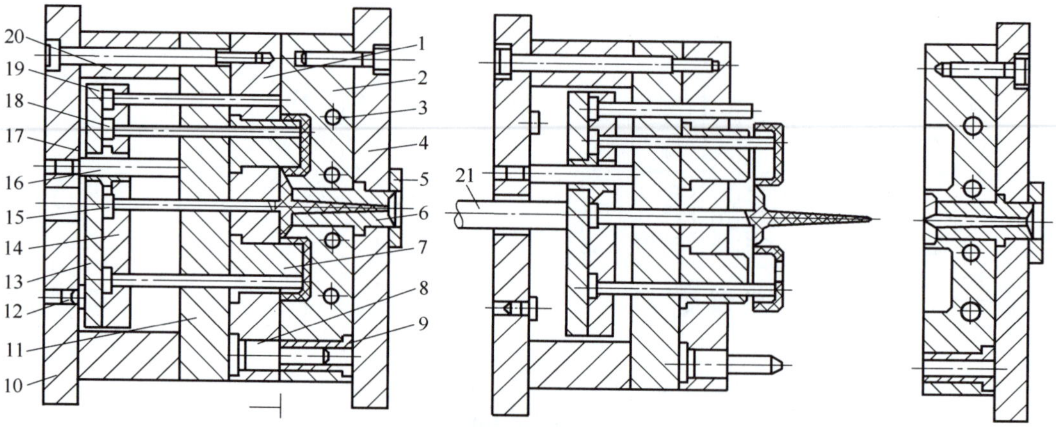

扫码观看单分型面注射模工作原理

图 2-1 单分型面注射模

1—动模板 2—凹模 3—冷却水孔 4—定模座板 5—定位圈 6—主流道衬套 7—型芯 8—导柱 9—导套 10—动模座板 11—支承板 12—限位钉 13—推板 14—推杆固定板 15—拉料杆 16—推板导柱 17—推板导套 18—推杆 19—复位杆 20—垫块 21—注射机顶杆

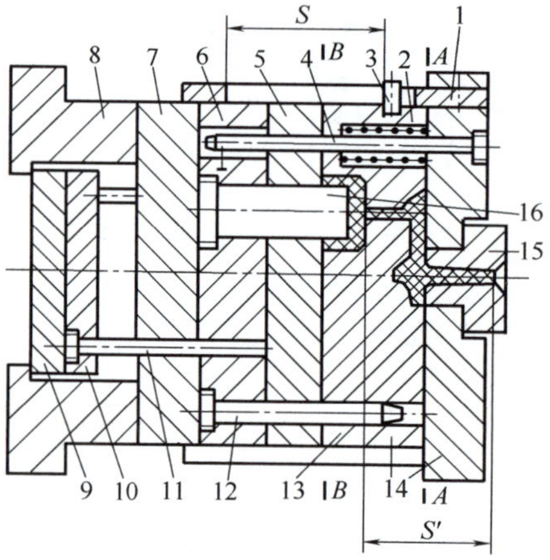

扫码观看双分型面注射模工作原理

图 2-2 双分型面注射模

1—定距拉板 2—弹簧 3—限位销 4—导柱 5—推件板 6—型芯固定板 7—支承板 8—支架 9—推板 10—推杆固定板 11—推杆 12—导柱 13—凹模 14—定模座板 15—主流道衬套 16—型芯

模具的工作原理：开模时，动模部分后退，在弹簧 2 的作用下，中间板（凹模）13 也同时向左移动，模具从 *A*—*A* 分型面分开。当 *A*—*A* 分型面分开一定距离后，定距拉板 1 通过固定在中间板 13 上的限位销 3 将中间板拉住，使其停止运动；动模继续后退，此时 *B*—*B* 分型面分开；因塑料制件包紧在型芯 16 上，将浇口自行拉断；动模部分继续后退，注射机的推杆接触推板 9 时，脱模机构开始工作，由推杆 11 推动推件板 5 将塑件从型芯 16 上脱下；从 *A*—*A* 分型面将浇注系统凝料手工取出。

（3）带侧向分型抽芯机构的注射模　当塑件有侧孔或侧凹时，模具应设有侧向分型抽芯机构。图 2-3 所示为采用斜导柱侧向抽芯机构的模具。其工作原理如下：开模时，动模部分左移。滑块 3 可在型芯固定板 5 上开设的导滑槽中滑动。动模左移时，在导滑槽的作用下，侧型芯滑块 3 在斜导柱 2 的作用下沿着斜导柱轴线方向移动，相对动模向模具外侧移动，进行抽芯动作。当斜导柱和滑块脱开的时候，滑块被定位，相对动模不再移动。动模继续左移，由推杆 11、拉料杆 12 将塑件连同浇注系统凝料一起从动模边顶出。合模时，在斜导柱的作用下使滑块复位，为防止成型时滑块在料的压力作用下移位，由楔紧块对其锁紧。脱模机构由复位杆复位。

注射模的结构是由注射机的形式和塑件的复杂程度等因素决定的。无论其复杂程度如何，注射模均由动、定模两大部分构成。根据模具上各部件所起的作用，可将注射模分为以下几个部分：

① 成型零件。是构成模具型腔的零件。通常由型芯、凹模、镶件等组成。

② 浇注系统。是将熔融塑料由注射机喷嘴引向型腔的流道。一般由主流道、分流道、浇口、冷料井组成。

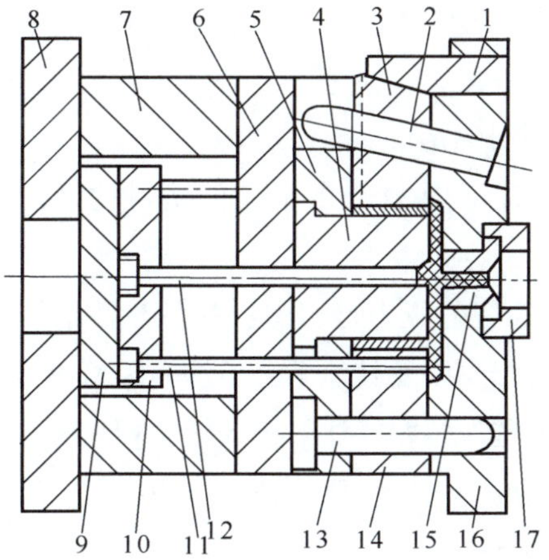

扫码观看带侧向分型抽芯机构注射模工作原理

图 2-3　带侧向分型抽芯机构的注射模

1—楔紧块　2—斜导柱　3—滑块　4—型芯　5—型芯固定板　6—支承板　7—垫块　8—动模座板　9—推板　10—推杆固定板　11—推杆　12—拉料杆　13—导柱　14—动模板　15—主流道衬套　16—定模座板　17—定位圈

③ 导向机构。通常由导柱和导套组成，用于引导动、定模正确闭合，保证动、定模合模后的相对准确位置。有时可在动、定模两边分别设置互相吻合的内外锥（斜）面，用来承受侧向力和实现动、定模的精确定位。

④ 侧向分型抽芯机构。塑件上如有侧孔或侧凹，需要在塑件被推出前，先抽出侧向型芯。使侧向型芯抽出和复位的机构称为侧向抽芯机构。

⑤ 脱模机构。将塑件和浇注系统凝料从模具中脱出的机构。一般情况下，由推杆、复位杆、推杆固定板、推板等组成。

⑥ 温度调节系统。为满足注射成型工艺对模具温度的要求，模具设有温度调节系统。模

具需冷却时，常在模内开设冷却水道通冷水冷却，需辅助加热时则通热水或热油、或在模内或模具周围设置电加热元件加热。

⑦ 排气系统。在充模过程中，为排出模腔中的气体，常在分型面上开设排气槽。小型塑件排气量不大，可直接利用分型面上的间隙排气。许多模具的推杆或其他活动零件之间的间隙也可起排气作用。

⑧ 其他结构零件。其他结构零件是为了满足模具结构上的要求而设置的，如固定板、动、定模座板、支承板、连接螺钉等。

2.3.1.2 注射机的选择和校核

每副模具都只能安装在与其相适应的注射机上方能进行生产。因此，模具设计时应了解模具和注射机之间的关系，了解注射机的技术规范，使模具和注射机相互匹配。

2.3.1.2.1 注射机的基本参数

设计模具时，首先应了解的注射机的参数有：最大注射量、最大注射压力、最大锁模力或最大成型面积、模具最大厚度和最小厚度、最大开模行程、注射机模板上安装模具的螺钉孔的位置和尺寸、顶出机构的形式、位置及顶出行程等。

2.3.1.2.2 注射机基本参数的校核

（1）最大注射量的校核

$$V_{实} \leqslant V_{实max} \tag{2-1}$$

式中 $V_{实}$——实际注射量，即充满模具所需塑料的量

$V_{实max}$——最大实际注射量，即注射机能往模具中注入的最大的塑料的量，一般可取理论注射量的75%左右

（2）注射压力的校核 塑件成型所需要的注射压力是由塑料品种、注射机类型、喷嘴形式、塑件的结构形状及尺寸、浇注系统的压力损失以及其他工艺条件等因素决定的。对黏度大的塑料，壁薄、流程长的塑件，注射压力需大些。柱塞式注射机的压力损失较螺杆式大，注射压力也需大些。注射机的额定注射压力要大于成型时所需要的注射压力，即

$$p_{额} \geqslant p_{注} \tag{2-2}$$

式中 $p_{额}$——注射机的额定注射压力

$p_{注}$——成型所需的注射压力

（3）锁模力的校核 高压塑料熔体产生的使模具分型面涨开的力，这个力的大小等于塑件和浇注系统在分型面上的投影面积之和乘以型腔内的最大平均压力，它应小于注射机的锁模力，从而保证分型面的锁紧，即

$$F_{涨} = pA \leqslant F_{锁} \tag{2-3}$$

式中 $F_{涨}$——塑料熔体产生的使模具分型面涨开的力

$F_{锁}$——注射机的额定锁模力

p——熔融塑料在型腔内的最大平均压力，约为注射压力的1/3～2/3，通常可取20～40MPa

A——塑件和浇注系统在分型面上的投影面积之和

（4）注射机安装模具部分的尺寸校核　设计模具时，注射机安装模具部分应校核的主要项目包括喷嘴尺寸、定位孔尺寸、拉杆间距、最大及最小模厚、模板上安装螺钉孔的位置及尺寸等。

注射机喷嘴头的球面半径同与其相接触的模具主流道进口处的球面凹坑的球面半径必须吻合，使前者稍小于后者。主流道进口处的孔径应稍大于喷嘴的孔径。

为了模具在注射机上准确的安装定位，注射机固定模板上设有定位孔，模具定模座板上设计有凸出的定位圈，定位孔与定位圈之间间隙配合，定位圈高度应略小于定位孔深度。

各种规格的注射机，可安装模具的最大厚度和最小厚度均有限制。模具的实际厚度应在最大模厚与最小模厚之间。模具的外形尺寸也不能太大，以保证能顺利地安装和固定在注射机模板上。

动模与定模的模脚尺寸应与注射机移动模板和固定模板上的螺钉孔的大小及位置相适应，以便紧固在相应的模板上。模具常用的安装固定方法有用螺钉直接固定和用螺钉、压板固定两种。当用螺钉直接固定时，模脚上的孔或槽的位置和尺寸应与注射机模板上的螺钉孔相吻合；而用螺钉、压板固定时，只要模脚附近有螺钉孔即可，因而具有更大的灵活性。

（5）开模行程的校核　为了顺利取出塑件和浇注系统凝料，模具需要有足够的开模距离，而注射机的开模行程是有限制的。

$$S_{max} \geqslant S \tag{2-4}$$

式中　S_{max}——注射机的最大开模行程

S——模具所需的开模距离

（6）顶出装置的校核　模具设计时需根据注射机顶出装置的形式、顶杆的直径、位置和顶出距离，校核其与模具的脱模机构是否相适应。

2.3.1.3　浇注系统设计

普通浇注系统一般由主流道、分流道、浇口和冷料井等部分组成如图 2-4 所示。

2.3.1.3.1　主流道的设计

（1）为便于将凝料从主流道中拉出，主流道通常设计成圆锥形，其锥角 $\alpha=3°\sim6°$，表面粗糙度一般为 $Ra0.8$。

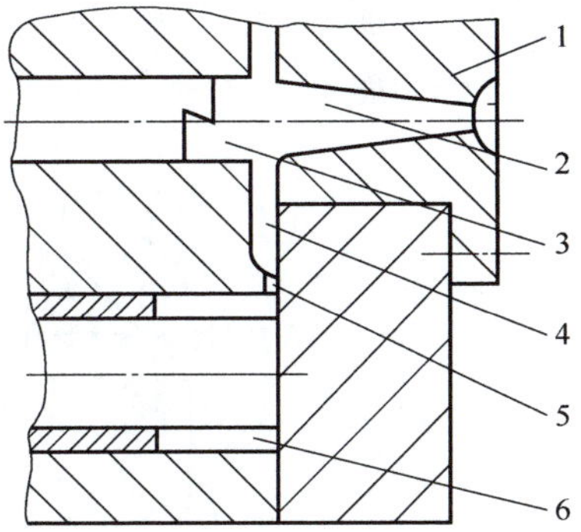

图 2-4　卧式注射机用模具的浇注系统

1—主流道衬套　2—主流道　3—冷料井　4—分流道　5—浇口　6—型腔

（2）为防止主流道与喷嘴处溢料及便于将主流道凝料拉出，主流道与喷嘴应紧密对接，主流道进口处应制成球面凹坑，其球面半径应比喷嘴头的球面半径大 1～2mm，凹入深度 3～5mm，进口处直径应比喷嘴孔径大 0.5～1mm。

（3）为减小物料的流动阻力，主流道末端与分流道连接处用圆角过渡，圆角半径r=1～3mm。

（4）因主流道与塑料熔体反复接触，进口处与喷嘴反复碰撞，因此，常将主流道设计成

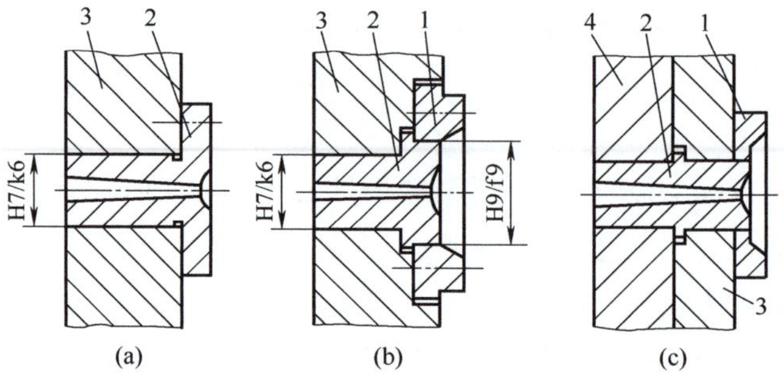

图 2-5 主流道衬套与定位圈

（a）整体式主流道衬套 （b）定位圈压住主流道衬套 （c）定模底板压住主流道衬套

1—定位圈 2—主流道衬套 3—定模板 4—定模底板

可拆卸的主流道衬套，用较好的钢材制造并进行热处理，一般选用 T8、T10 制造，热处理硬度为 52~56HRC。主流道衬套与模板之间的配合可采用 H7/k6。小型模具可将主流道衬套与定位圈设计成一体。定位圈和注射机模板上的定位孔呈较松动的间隙配合，定位圈高度应略小于定位孔深度。主流道衬套和定位圈的结构如图 2-5 所示。图 2-5（a）是主流道衬套和定位圈合为一体的结构，图 2-5（b）、图 2-5（c）均为主流道和定位圈分开的结构，当定模边有两块模板时，可采用（c）所示的结构。

2. 3. 1. 3. 2 冷料井的设计

冷料井也称为冷料穴，一般开设在主流道末端。冷料井中常设有拉料结构，以便开模时将主流道凝料拉出。

（1）带 Z 形头拉料杆的冷料井，如图 2-6（a）所示。

（2）带推杆的倒锥形或圆环槽形冷料井，如图 2-6（b）、图 2-6（c）所示。

（3）带球形头（或菌形头）拉料杆的冷料井，如图 2-7 所示。

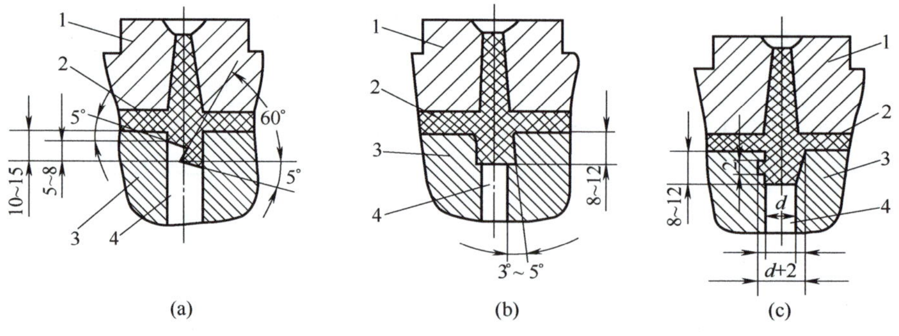

图 2-6 冷料井的结构

（a）带 Z 形头拉料杆的冷料井 （b）带推杆的倒锥形冷料井 （c）带推杆的圆环槽形冷料井

1—定模板 2—冷料井 3—动模板 4—拉料杆（推杆）

2. 3. 1. 3. 3 分流道设计

（1）断面形状 选择分流道的断面形状时，应使其比表面积（流道表面积与其体积之比）尽量小，以减小热量损失和压力损失。

圆形断面分流道的比表面积最小，但需开设在分型面两侧，且对应两半部分须吻合，加工不便；梯形及U形断面分流道加工容易，比表面积较小，热量损失和流动阻力均不大，为常用形式；半圆形和矩形断面分流道则因比表面积较大而较少采用。

（2）表面粗糙度　分流道表面粗糙度值不能过大，以免增大料流阻力，常取 $Ra0.8$。

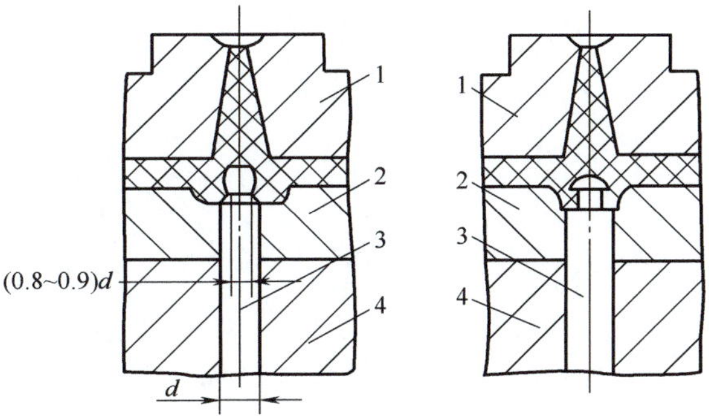

图 2-7　带球形头或菌形头拉料杆的冷料井

1—定模板　2—推件板　3—拉料杆　4—型芯固定板

（3）浇口的连接形式　分流道与浇口通常采用斜面和圆弧连接，这样有利于塑料流动和填充，减小流动阻力。

（4）布置形式　在多型腔模具中，分流道的布置分平衡式和非平衡式两类。平衡式布置是指从主流道开始到各型腔的流道的形状、尺寸都对应相同。采用非平衡式布置，塑料进入各型腔有先有后，各型腔充满的时间也不相同，各型腔成型出的塑件差异较大。但对于型腔数量较多的模具，采用非平衡式布置，可使型腔排列较为紧凑，模板尺寸减小，流道总长度缩短。采用非平衡式布置时，为了达到同时充满各型腔的目的，可将浇口设计成不同的尺寸。

2.3.1.3.4　浇口的设计

浇口是浇注系统中最关键的部分，浇口的形状、尺寸和位置对塑件质量影响很大，浇口在多数情况下，系整个流道中断面尺寸最小的部分（除直接浇口外）。断面形状常见为矩形或圆形，浇口台阶长1~1.5mm左右。虽然浇口长度比分流道短得多，但因其断面积较小，浇口处的阻力与其他部分流道的阻力相比，仍然是主要的，故在加工浇口时，更应注意尺寸的准确性。

减小浇口长度可有效地降低流动阻力，因此在任何场合缩短浇口长度尺寸都是恰当的，浇口长度一般以不超过2mm为宜。

（1）常用浇口的形式

① 直接浇口。直接浇口又叫中心浇口、主流道型浇口。由于其尺寸大，固化时间长，延长了补料时间。

② 点浇口。如图2-8所示。点浇口是一种尺寸很小的浇口。适用于黏度低及黏度对剪切速率敏感的塑料，其直径为0.3~2mm（常见为0.5~1.8mm），视塑料性质和制件质量大小而定。浇口长度为0.5~2mm（常见为0.8~1.2mm），半径R1.5mm。

③ 潜伏浇口。如图2-9所示。潜伏浇口是点浇口的一种变异形式，具有点浇口的优点。此外，其进料口一般设在制件侧面较隐蔽处，不影响制件的外观。浇口潜入分型面的下面，沿斜向进入型腔。顶出时，浇口被自动切断。

④ 侧浇口。如图2-10所示。侧浇口一般开设在分型面上，从制件边缘进料，可以一点进料，也可多点同时进料。其断面一般为矩形或近似矩形。浇口的深度决定着整个浇口的封闭时

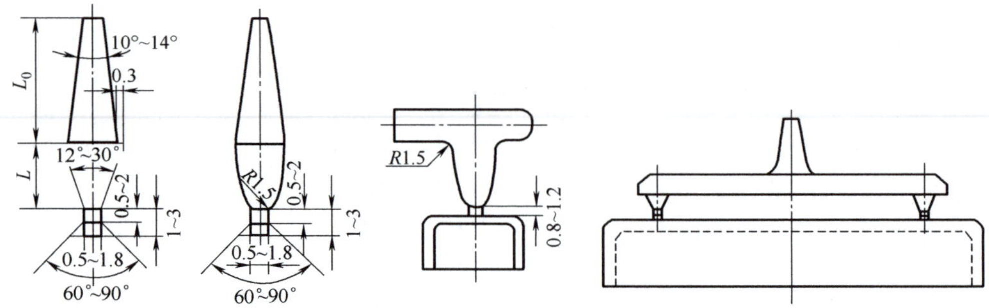

图 2-8　点浇口

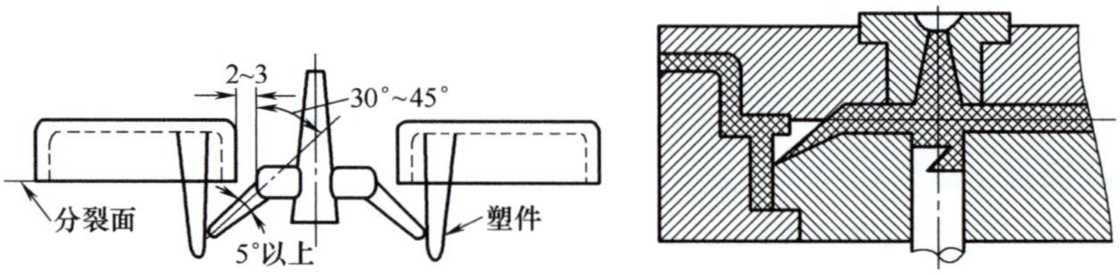

图 2-9　潜伏浇口

间即补料时间，浇口深度确定后，再根据塑料的流动性、流速要求及制品的质量确定浇口的宽度。矩形浇口在工艺上可以做到更为合理，被广泛应用。

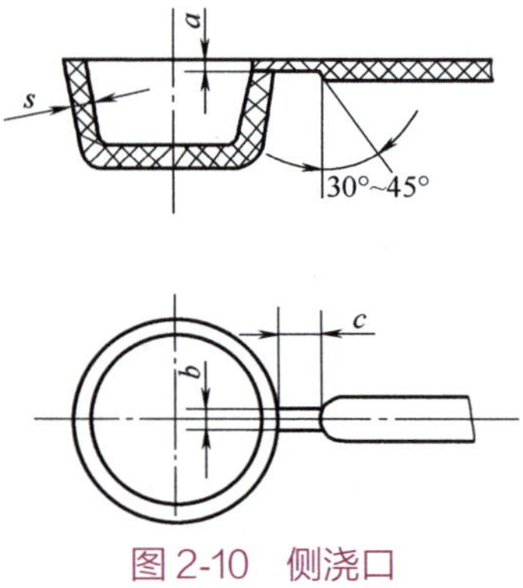

图 2-10　侧浇口

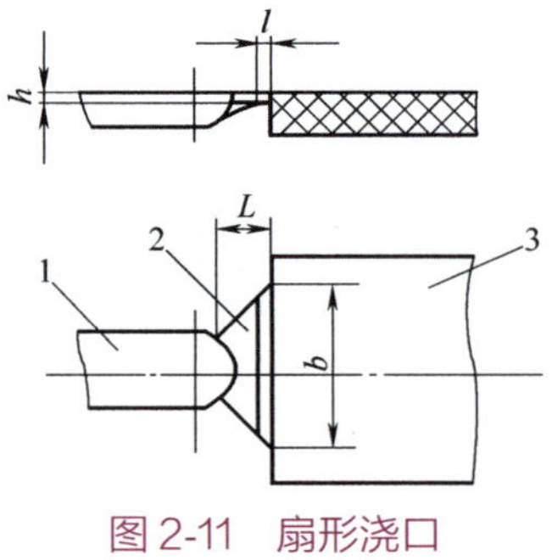

图 2-11　扇形浇口

1—分流道　2—扇形浇口　3—塑件

⑤ 扇形浇口。如图 2-11 所示。扇形浇口是边缘浇口的一种变异形式，常用来成型宽度（横向尺寸）较大的薄片状制品。浇口沿进料方向逐渐变宽，深度逐渐减小，塑料通过长约 1mm 的浇口台阶进入型腔。塑料通过扇形浇口，在横向得到更均匀的分配，可降低制品的内应力和带入空气的可能性。

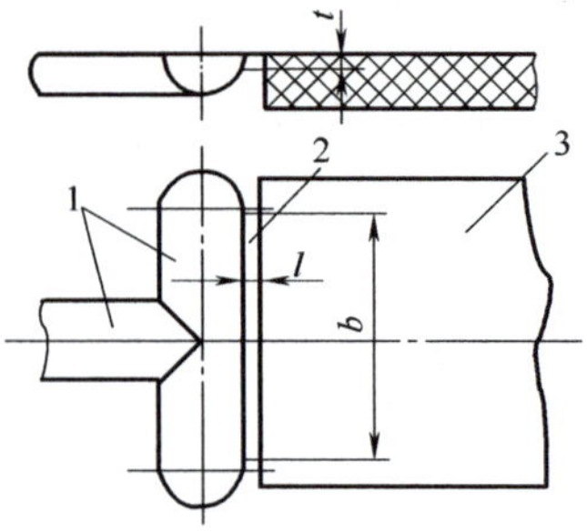

图 2-12　平缝浇口

1—分流道　2—平缝浇口　3—塑件

⑥ 平缝浇口。如图 2-12 所示。成型大面积的扁平制件（如片状物），可采用平缝浇口。平缝式浇口深度为 0. 25~0. 65mm，宽度为浇口侧型腔宽的 1/4 至此边的全宽，浇口台阶长约 0. 65mm。

⑦ 圆环形浇口。如图 2-13 所示。圆环形浇口也是沿塑件的整个圆周而扩展进料的浇口，成型塑件内孔的型芯可采用一端固定，一端导向支撑的方式固定，四周进料均匀，没有熔接缝。

⑧ 盘形浇口。如图 2-14 所示。盘形浇口主要用于中间带孔的圆筒形制件，沿塑件内侧四周扩展进料。这类浇口可均匀进料，物料在整过圆周上流速大致相等，空气易顺序排出，没有熔接缝。此类浇口仍可被当作矩形浇口看待，其典型尺寸为深 0. 25~1. 6mm，台阶长约 1mm。

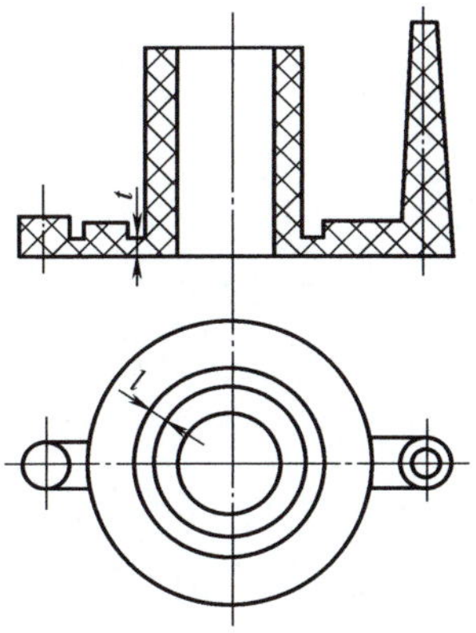

图 2-13　圆环形浇口

（2）浇口开设位置的选择　浇口开设位置对塑件质量影响很大，确定浇口位置时，应对物料的流动情况、填充顺序和冷却、补料等因素进行全面考虑。在选择浇口开设位置时，应注意以下几方面问题：

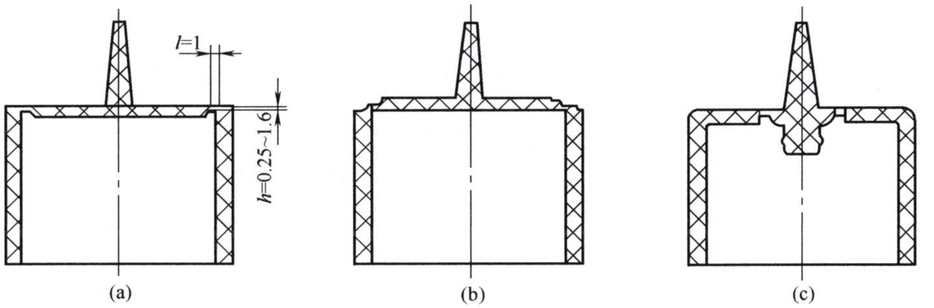

图 2-14　盘形浇口

（a）内侧进料的盘形浇口　（b）端面进料的搭接式盘形浇口　（c）带冷料井的盘形浇口

① 避免熔体破裂现象在制件上产生缺陷。浇口的截面如果较小，且正对宽度和厚度较大的型腔，则高速熔体流经浇口时，由于受到较高的剪切应力作用，会产生喷射和蠕动等熔体破裂现象，在制件上形成波纹状痕迹；或在高剪切速率下喷出的高度定向的细丝和断裂物，很快冷却变硬，与后来的塑料不能很好地熔合，造成塑件的缺陷或表面疵点；喷射还会使型腔内的空气难以顺序排出，形成焦斑和气泡。

② 有利于流动、排气和补料。当塑件各处壁厚相差较大时，在避免喷射的前提下，为减小流动阻力，保证压力有效地传递到塑件厚壁部位以避免缩孔、缩痕，应把浇口开设在塑件壁厚最大处，以有利于填充、补料。如果塑件上有加强筋，有时可利用加强筋作为流动通道以改善流动条件。同时，浇口位置应有利于排气，通常浇口位置应远离排气部位，否则进入型腔的塑料熔体会过早地封闭排气系统，致使型腔内气体不能顺利排出，影响制件质量。

③ 考虑定向方位对塑件性能的影响。

④ 减少熔接痕、增加熔接牢度。

⑤ 校核流动距离比。在确定浇口位置时，对于大型塑件必须考虑流动比问题。因为当塑件壁厚较小而流动距离过长时，会因料温降低、流动阻力过大而造成填充不足，这时须采用增

大塑件壁厚或增加浇口数量及改变浇口位置等措施减小流动距离比。流动距离比是流动通道的最大流动长度和其厚度之比。浇注系统和型腔截面尺寸各处不同时，流动比可按下式计算：

$$流动比 = \sum_{i=1}^{n} \frac{L_i}{t_i} \tag{2-5}$$

式中　L_i——各段流道的长度

t_i——各段流道的厚度

成型同一塑件，浇口的形式、尺寸、数量、位置等不同时，其流动比也不相同。

⑥ 防止料流将型芯或嵌件挤歪变形。在选择浇口开设位置时，应避免使细长型芯或嵌件受料的侧压力作用而变形或移位。

⑦ 不影响制件外观。在选择浇口开设位置时，应注意浇口痕迹对制件外观的影响。浇口应尽量开设在制件外观要求不高的部位。如开设在塑件的边缘、底部和内侧等部位。

2.3.1.4　合模导向机构

导向机构是塑料模具中的一个重要组成部分，它设在相对运动的各类机构中，在工作过程中起到定位、导向的作用。

合模导向机构可分为导柱导向机构和锥面定位机构。导柱导向机构定位精度不高，不能承受大的侧压力；锥面定位机构定位精度高，能承受大的侧压力，但导向作用不大。这里，我们仅介绍导柱导向机构的设计。

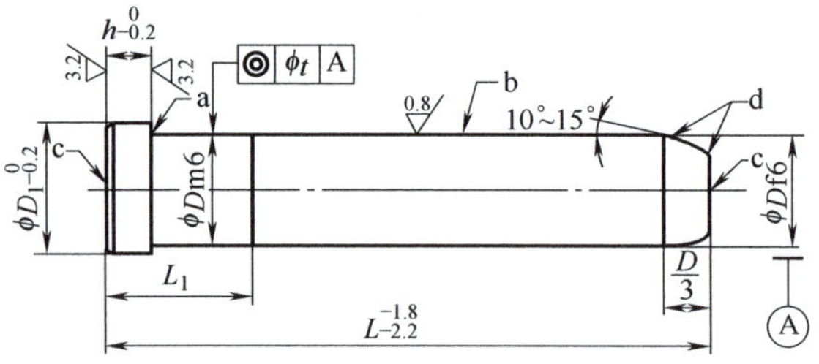

图 2-15　带头导柱

（1）导柱的结构及对导柱的要求

图 2-15 所示为带头导柱，图 2-16 所示为有肩导柱。

对导柱的要求如下：

① 长度。导柱的有效长度一般应高出凸模端面 6~8mm，以保证凸模进入凹模之前导柱先进入导向孔以避免凸凹模碰撞而损坏模具。

② 形状。导柱的前端部应做成锥形或半球形的先导部分，锥角为 20°~30°，以引导导柱顺利地进入导向孔。

③ 材料。导柱应具有坚硬耐磨的表面，坚韧而不易折断的内芯。可采用 T8A 淬火，硬度 52~56HRC，或 20 钢渗碳淬火，渗碳层深 0.5~0.8mm，硬度 56~60HRC。

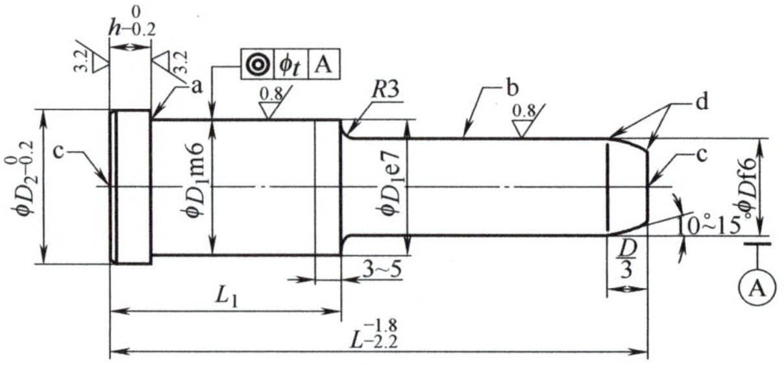

图 2-16　有肩导柱

④ 配合。导柱和模板固定孔之间的配合为 H7/k6，导柱和导向孔之间的配合为 H7/f7。

⑤ 表面粗糙度。固定配合部分的表面粗糙度为 *Ra*0.8，滑动配合部分的表面粗糙度为

Ra0.4。非配合处的表面粗糙度为 Ra3.2。

（2）导向孔的结构及对导套的要求

导向孔的结构有不带导套和带导套两种形式。不带导套的结构简单，但导向孔磨损后修复麻烦，只能适用于小批量生产的简单模具。带导套的结构可适用于精度要求高、生产批量大的模具。导向孔磨损后修复更换方便。导套按结构又可分为直导套（图2-17）和带头导套（图2-18）。

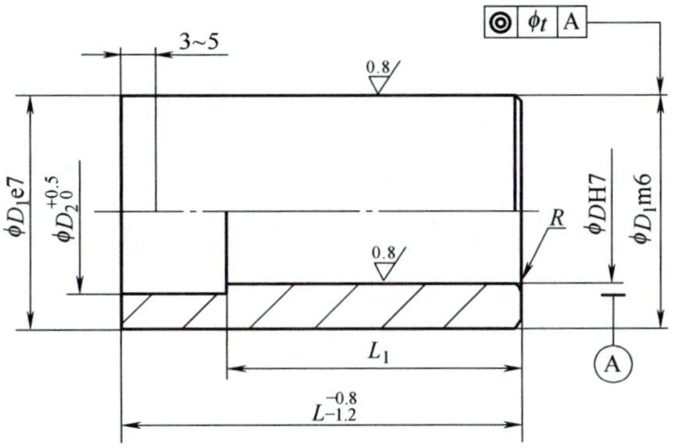

图 2-17 直导套

对导套的要求如下：

① 形状。为了使导柱进入导向孔比较顺利，在导套内孔的前端需倒一圆角 R。

② 材料。和导柱材料相同。

③ 配合。直导套和模板固定孔之间的配合为 H7/n6，带头导套和模板固定孔之间的配合为 H7/k6。

④ 表面粗糙度。固定配合和滑动配合部分的表面粗糙度为 Ra 0.8，其余非配合面 Ra 3.2。

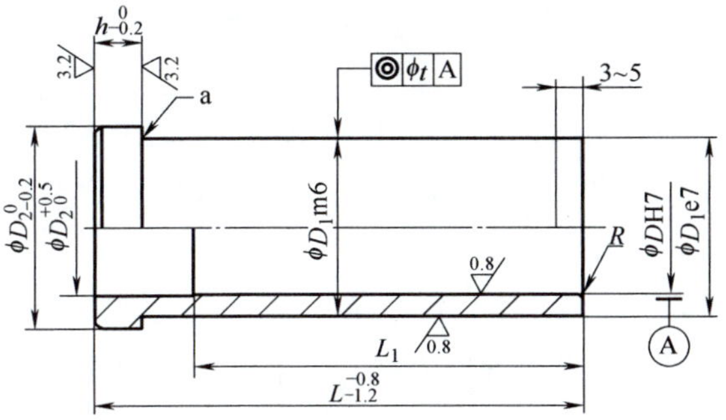

图 2-18 带头导套

⑤ 对于在模板上直接加工出的导向孔，对其要求可参照对导套内孔的要求设计。

（3）导柱的布置

为防止在装配时将动定模的方位搞错，导柱的布置可采用等径不对称布置或不等径对称布置，也可采用等径对称布置、并在模板外侧做上记号的方法。

在布置导柱时，应尽量使导柱相互之间的距离大些，以提高定位精度。导柱与模板边缘之间应留一定的距离，以保证导柱和导套固定孔周围的强度。导柱可设在定模边，也可设在动模边。当定模边设有分型面时，定模边应设有导柱。当采用推件板脱模时，有推件板的一边应设有导柱。

2.3.1.5 脱模机构

2.3.1.5.1 概述

在注射成型的每一周期中，必须将塑件从模具型腔中脱出，这种把塑件从型腔中脱出的机构称为脱模机构，也可称为顶出机构或推出机构。

（1）对脱模机构的要求

① 保证塑件不变形损坏。要正确分析塑件与模腔各部件之间附着力的大小，以便选择适当的脱模方式和顶出部位，使脱模力分布合理。由于塑件在模腔中冷却收缩时包紧型芯，因此脱模力作用点应尽可能设在塑件对型芯包紧力大的地方，同时脱模力应作用在塑件强度、刚度高的部位，如凸缘、加强筋等处，作用面积也应尽量大一些，以免损坏制品。

② 塑件外观良好。不同的脱模机构，不同的顶出位置，对塑件外观的影响是不同的，为满足塑件的外观要求，设计脱模机构时，应根据塑件的外观要求，选择合适的脱模机构形式及顶出位置。

③ 结构可靠。脱模机构应工作可靠，具有足够强度、刚度、运动灵活，加工、更换方便。

（2）脱模机构分类

脱模机构的分类方法很多，可以按动力来源分类，也可以按模具的结构形式分类。

① 按动力来源分类。按照这种方式可将其分为手动脱模机构、机动脱模机构、液压脱模机构、气压脱模机构等四类。

a. 手动脱模机构　开模后，用人工操纵脱模机构动作，脱出塑件，或直接由人工将塑件从模具中脱出。

b. 机动脱模机构　利用注射机的开模力（开模动作）驱动脱模机构脱出制品。

c. 液压脱模机构　利用注射机上设有的液压顶出油缸，驱动脱模机构脱出制品。

d. 气压脱模机构　利用压缩空气将塑件脱出。

② 按模具结构形式分类。按照模具的结构形式，可将其分为一次脱模机构、双脱模机构、顺序脱模机构、二次脱模机构、浇注系统凝料脱模机构、带螺纹塑件的脱模机构六类。

2.3.1.5.2　一次脱模机构

一次脱模机构是指脱模机构一次动作，完成塑件脱模的机构。它是脱模机构的基本结构形式，有推杆脱模机构、推管脱模机构、推件板脱模机构、气压脱模机构、多元件综合脱模机构等。

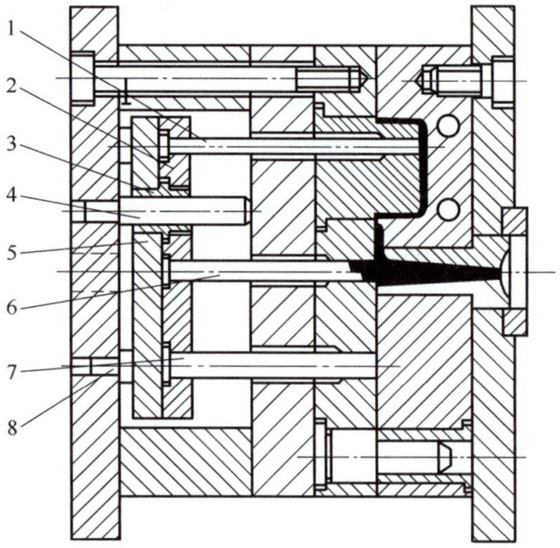

图 2-19　推杆脱模结构

1—推杆　2—推杆固定板　3—推板导套　4—推板导柱　5—推板　6—拉料杆　7—复位杆　8—限位钉

（1）推杆脱模机构　推杆脱模机构结构简单、制造和更换方便、滑动阻力小、脱模位置灵活，是脱模机构中最常用的一种结构形式。但因推杆与塑件的接触面积小，脱模过程中，易使塑件变形或开裂，因此推杆脱模机构不适合于脱模阻力大的塑件。同时还应注意在塑件上留下的推杆痕迹对塑件外观的影响。

① 推杆脱模机构的结构。推杆脱模机构的结构如图 2-19 所示，主要由推杆、推板、推杆固定板、推板导柱、推板导套和复位杆等零件组成。

开模时，靠注射机的机械推杆或脱模油缸使脱模机构运动，推动塑件脱落。合模时，靠复位杆使脱模机构复位。

②推杆脱模机构设计注意事项

a. 推杆的位置。由于推杆与塑件接触面积小，易使塑件变形、开裂，并在塑件上留下推杆痕迹，故推出位置应设在塑件强度较好的部位，外观质量要求不高的表面，推杆应设在脱模阻力大或靠近脱模阻力大的部位，但应注意推杆孔周围的强度，同时应注意避开冷却水道和侧抽芯机构，以免发生干涉。

b. 推杆的长度。推杆的长度由模具结构和推出距离而定。推杆端面与型腔表面平齐或略高。

c. 推杆的配合。推杆与推杆孔之间一般采用 H7/f6 的配合，配合长度取（1.8~2.0）d，在配合长度以外可扩孔 0.5~1mm。

d. 推杆的数量。在保证塑件质量与脱模顺利的前提下，推杆数量不宜过多，以简化模具和减小其对塑件表面质量的影响。

（2）推管脱模机构　推管脱模机构用于塑件直径较小、深度较大的圆筒形部分的脱模，其脱模的运动方式与推杆脱模机构相同，推管脱模机构的结构如图 2-20 所示。

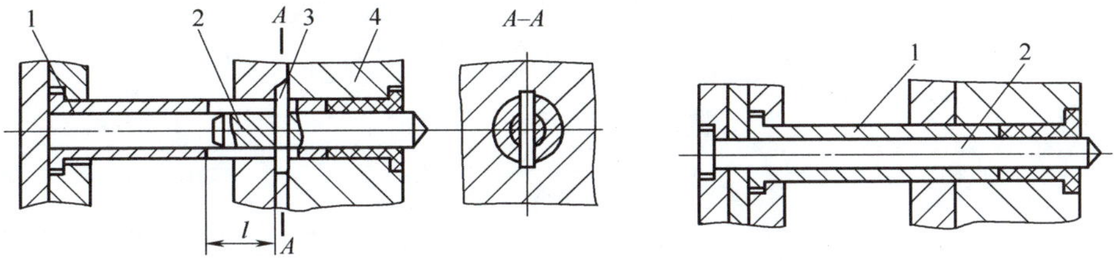

图 2-20　推管脱模机构

1—推管　2—型芯　3—销钉　4—动模板

推管脱模机构的推出面呈圆环形，推出力均匀，无推出痕。

（3）推件板脱模机构　对一些深腔薄壁和不允许留有推杆痕迹的塑件，可采用推件板脱模机构。推件板脱模机构结构简单、推动塑件平稳，推出力均匀、推出面积大，也是一种最常用的脱模机构形式。但当型芯周边形状复杂时，推件板的型孔加工困难。

推件板脱模机构的结构形式如图 2-21 所示。图 2-21（a）、图 2-21（b）用连接推杆将推板和推件板固定连接在一起，目的是在脱模过程中防止推件板由于向前运动的惯性而从导柱或型芯上滑落。图 2-21（c）是直接利用注射机的两侧推杆顶推件板的结构，推件板由定距螺钉

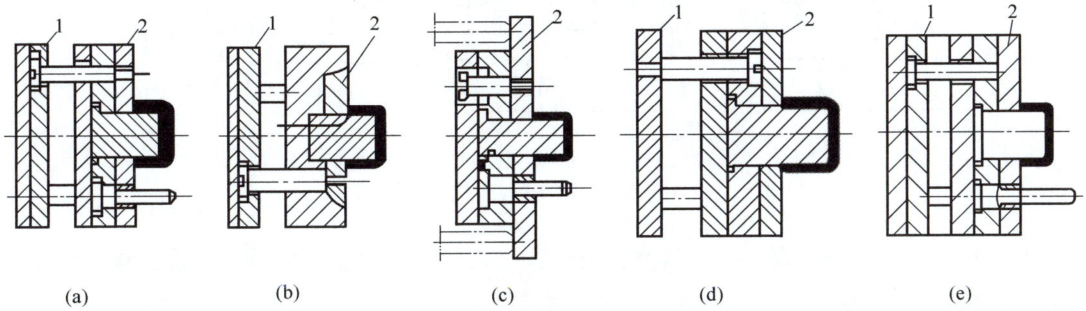

图 2-21　推件板脱模机构的结构形式

（a）推杆连接整体式推件板　（b）推杆连接嵌入式推件板　（c）注射机推杆直接顶推件板

（d）螺钉作为顶杆，螺钉头顶推件板　（e）顶杆与推件板无连接

1—推板　2—推件板

限位。图（d）、图（e）为推件板无限位的结构形式，顶出时，须严格控制推件板的行程。为防止推件板在顶出过程中和型芯摩擦，对推件板一般应设有导柱导向，如图 2-21（a）、（c）、（e）所示。

当推件板顶出不带通孔的深腔、小脱模斜度的壳类塑件时，为防止顶出时塑件内部形成真空，应考虑采用进气装置。图 2-22 为利用大气压力使中间进气阀进气的结构。

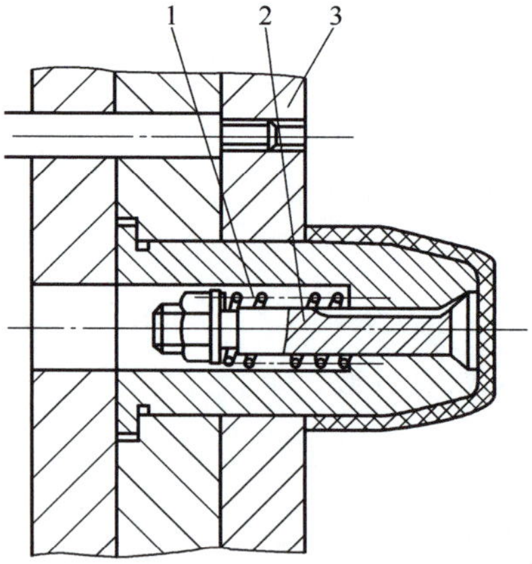

图 2-22 进气装置

1—弹簧 2—阀杆 3—推件板

扫码观看进气装置工作原理

（4）脱模机构的辅助零件

为保证塑件顺利脱模，保证脱模机构动作的灵活性，以及脱模机构的可靠复位，脱模机构需有下列辅助零件配合使用。

① 导向零件。脱模机构在模具中做往复运动，为了使其动作灵活可靠，为了防止推板在顶出过程中发生歪斜，造成推杆或复位杆变形、折断，并且减小推杆和推杆孔之间摩擦，在脱模机构中一般应设专门的导向机构，称为脱模导向机构。

脱模导向机构如图 2-23 所示，其中图 2-23（a）和图 2-23（b）中的导柱均有支撑动模垫板的作用，它们不同的是图 2-23（a）没有导套，而图 2-23（b）有导套，更适合长期使用。图 2-23（c）中的导柱也带有导套，但导柱没有支撑动模垫板的作用。

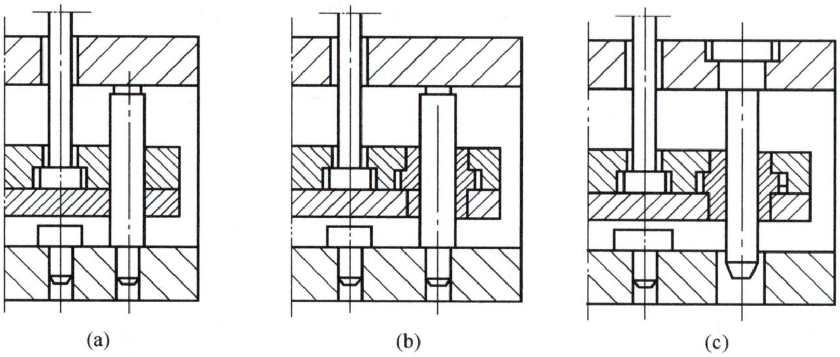

图 2-23 脱模导向机构

② 复位零件。脱模机构在完成塑件脱模后，必须使其回到初始位置，除推件板脱模机构外，其他脱模机构均需设复位零件使其复位。常见的复位形式有：复位杆复位（图 2-24）、推杆兼复位杆复位（图 2-25）和弹簧复位（图 2-26）。利用复位杆复位时，复位动作在合模的后阶段进行，利用弹簧复位时，复位动作在合模的前阶段进行。采用弹簧复位，复位时间较早，在复位过程中，弹簧弹力逐渐减小，故其复位的可靠性要差些。

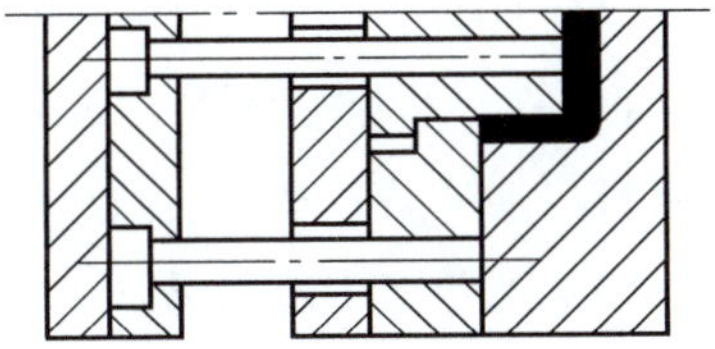
图 2-24　复位杆复位

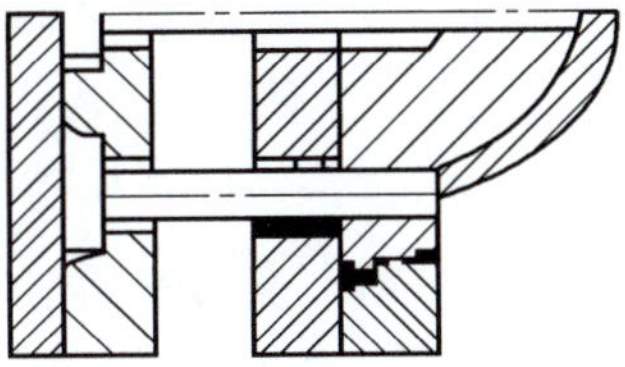
图 2-25　推杆兼复位杆复位

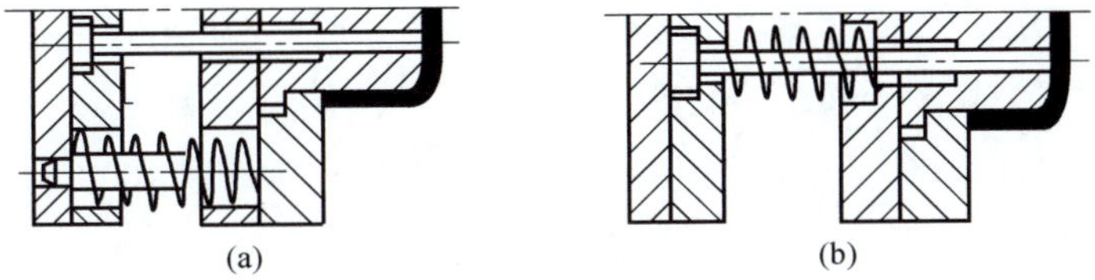

图 2-26　弹簧复位
（a）弹簧装在推板导柱上　（b）弹簧装在推杆上

2.3.2　工艺——注塑过程及工艺条件分析

注射成型过程是一个高度非线性、时变性的多参数作用过程。由于过程具有多个参数相互作用并随时间变化的特性，所以每个参数对最后制件质量的优劣都具有不同程度的影响。为了减少最终制件的质量缺陷、提高制品质量，需要对整个成型周期中工艺参数的值进行检测控制，使对最终制件质量影响较大的工艺参数值能保持在最佳的工艺窗口内，从而确保最终制件质量达到最优。

塑料注射成型是将粒状或粉状的塑料原料加入注射机机筒，原料在热和机械剪切力的作用下熔体快速进入温度较低的模具内，冷却固化而得到塑料制品。

注射成型的优点，一是能一次成型外形复杂、尺寸精确、可带有各种金属嵌件的塑料制品，制品可小到钟表齿轮，大到汽车保险杠，生产的塑料制品的种类之多、形状之繁是其他任何塑料成型方法都无法比拟的；二是可加工的塑料种类多，除聚四氟乙烯和超高分子量聚乙烯等极少数塑料处，几乎所有的热塑性塑料、热固性塑料和弹性体都能用这种方法加工制品；三是成型过程自动化程度，成型过程的合模、加料、塑化、注射、开模和制品顶出等全部操作均可由注射机自动完成。因此，注射成型是塑料加工中重要的成型方法之一。目前，注射制品的产量占塑料制品总量的 30% 以上。

注塑制品的生产过程由物料准备、注射成型和成型制品的热处理与调湿处理等三个阶段组成。

2.3.2.1　成型前的准备过程

成型前的准备包括物料的准备、注射机的准备和注射模具的准备。

（1）物料的准备　物料的准备包括原料的预热或干燥、塑料的着色和嵌件的预热等。

① 原料的预热或干燥。有的塑料原辅材料分子结构中含有一些亲水的极性基团，如酰胺

基、酯基、醚基、腈基等，致使材料具有一定的吸水性，材料因而含有一定量的水分（参见1.6.3.2.3部分）。当水分超过一定的含量之后，可能会导致称量和配料不准，注射成型所得制品容易产生银纹、收缩孔、气泡等缺陷，有的也会引起材料的降解，从而导致产品的外观或者内在质量出现下降。易吸湿的塑料品种包括聚酰胺、聚碳酸酯、聚甲基丙烯酸甲酯、聚对苯二甲酸乙二酯、聚对苯二甲酸丁二酯、聚砜、聚醚、 ABS等，加工之前一般需要干燥。

塑料的干燥方法不一而足，应根据其性能和具体条件进行选择。小批量生产用的塑料，大多采用热风循环烘箱或红外线加热烘箱进行干燥；高温下受热时间长就容易氧化变色的塑料，如聚酰胺，宜采用真空烘箱干燥；大批量生产用的塑料，宜采用沸腾床干燥或气流干燥，因为其干燥效率较高又能连续化。干燥所采用的温度，在常压时应选在100℃以上；如果塑料的玻璃化温度低于100℃，则干燥温度就应控制在玻璃化温度以下。一般地，延长干燥时间有利于提高干燥效果，但对于每种塑料在干燥温度下都有一最佳干燥时间，干燥时间过度延长对提高干燥效果作用不大。干燥时料层厚度不宜过大，一般为20~50mm。

值得指出的是，应当重视已干燥塑料的防潮。最好是干燥完成的原料要立即使用，如果暂时不用，要密封保存，以免再吸湿。长时间不用的已干燥好的原料，使用前应重新进行干燥。

有些塑料不易吸湿，如聚烯烃、聚苯乙烯、聚氯乙烯、聚甲醛等，如果包装严密、储存运输条件良好，加工之前可不必干燥。

② 塑料的着色。塑料的着色包括染色造粒法、干混着色法和色母粒着色法三种：

a. 染色造粒法。染色造粒法是将着色剂和塑料原料在搅拌机内充分混合后，再经挤出机挤出造粒成为带色的塑料粒子供注射成型使用。这种方法的优点是着色剂分散性好、无粉尘污染、易成型加工，缺点是多一道生产工序，而且塑料增加了一次受热过程，增加成本的同时也带来了降解的可能性。

b. 干混着色法。干混着色法是将热塑性塑料原料与分散剂、颜料均匀混合成着色颗粒后直接注射成型。其中，分散剂一般用白油，也可以用松节油、酒精或者一些酯类。具体的操作过程是：在高速混合机中加入塑料原料和分散剂混合搅拌，之后加入颜料进行混合。借助搅拌桨的高速旋转，使颗粒间相互摩擦而产生热量，分散剂使颜料粉末牢固地黏附在塑料粒子的表面。

参考配方：塑料原料25kg，白油20~50ml，着色剂0.1%~5%。

干混着色法工艺简单、成本低，但有一定的污染，而且需要混合设备。如果采用手工混合，则不仅增加劳动强度，而且不易混合均匀，容易影响着色质量。

c. 色母粒着色法。色母粒着色法是将热塑性塑料原料与色母粒按一定比例简单混合后便用于注射成型。该方法操作简单方便、着色均匀、无污染，但成本比干混着色高一些。该法目前已被广泛使用。

塑料原料在着色过程中，着色剂的选用是关键。用于塑料原料的着色剂应具备的条件为：与树脂的相容性好，分散均匀；具有一定的耐热性，能经受塑料加工温度不发生分解变色；具有良好的光和化学稳定性，耐酸性、耐溶剂性良好；具有鲜明色彩和高度的着色力；在加工机械表面无黏附现象等。

③ 嵌件的预热。为了装配和使用强度的要求，塑料制件内经常需要嵌入金属制的嵌件。注射前，金属嵌件应预先放进模具内的预定位置，而后才能在成型后与注入的塑料一起成为一个整体件。有嵌件的塑料制品。在嵌件的周围出现裂纹或导致制品强度下降，这是由于金属嵌件与塑料的热性能和收缩率差别较大的缘故。因此，除在设计制件时加大嵌件周围的壁厚，借以克服这种困难外，成型中对金属嵌件进行预热是一项有效的措施。因为预热后可减少熔料与嵌件的温度差，从而在成型中可以使嵌件周围的熔料冷却较慢，收缩比较均匀，发生一定的热料补缩作用，以防止嵌件周围产生过大的内应力。

嵌件的预热须视加工塑料的性质和金属嵌件的大小而定。对具有刚性分子链的塑料，如聚碳酸酯、聚砜和聚苯醚等，因为它们的制件在成型中容易产生应力开裂，因此采用的金属嵌件一般都应进行预热。对容易为塑料熔体在模内加热的小型嵌件，则可不必预热。预热的温度以不损伤金属嵌件表面所镀得锌层或铬层为限，一般为 110~130℃。对表面无镀层的铝合金或铜质迁建，预热温度可适当提高到 150℃左右。

（2）注射机的准备

① 预热。在设定好注射机的料筒温度、喷嘴温度之后，需要打开加热开关进行预热。一般而言，温度表上的实测温度达到设定温度之后，还需要 30min 以上的时间，确保料筒中的物料达到所需成型温度。

② 洗机换料。生产中需要转产别的产品、更换原料、调换颜色或者发现塑料分解现象时，都需要对注射机料筒进行清洗或拆换。

柱塞式注射机料筒的清洗比较困难，因为其中存料量大、分流梭不易拆卸，所以清洗时必须采用拆卸清理。

传统的料筒清洗，通常采用直接换料的方式，或者选用低密度聚乙烯作为清洗料，造成较大的浪费。螺杆式注射机料筒多采用料筒清洗剂进行清洗。料筒清洗剂是利用聚甲基丙烯酸甲酯在较高温度下产生的化学和物理两方面的变化，形成具有十分粗糙的表面，同时伴有少量降解所产生的低分子物和单体气体，从而对料筒壁和螺杆表面及黏附物料产生刷洗和裹挟作用，再加适量助剂配制而成。料筒清洗剂具有无毒、节能、高效、简便等特点，可节省原材料 90%、节能 30%，提高工效 2 倍以上，并能显著地降低因染色、混料造成的废品率。

料筒清洗剂的使用方法：首先将正常生产条件下的料筒温度提高 10~20℃，注净料筒内残余物料，然后加入清洗剂，随后加入所要更换的正常用料，或者清洗剂已注到螺杆前端后再加入正常用料，然后用预塑–注射方式清洗一段时间即可。若一次尚不满意，可采重复一次上述清洗过程。例如在 $60cm^3$ 注射机注射黑色 ABS，要换成白色 ABS 料，现将黑料注净，加入 100g 清洗剂，再加入白色 ABS，既的白色 ABS 制品。该清洗剂也可用于挤出成型的料筒清洗。

料筒清洗剂的主要型号、用量和使用范围见表 2-4。

（3）注射模具的准备　注射模具的准备包括模具的安装、调模以及脱模剂的应用等。

① 安装。要注射成型一种产品，必须使用其相应的注射模具。在把模具安装到合适的注射机上之前，必须先确保闭合模具的完好状态并做好清理工作，而注射机则须将其安全门打开，将移动模板和固定模板表面清理干净并且使其相互之间有足够的距离。

表 2-4　　料筒清洗剂品种、适用温度及用量

	适用温度℃	用量/g
LQ-1 型	180～200	注射机型号，清洗剂
LQ-2 型	200～220	XS-ZY-60，50～100
LQ-3 型	220～240	XS-ZY-125，100～150
LQ-4 型	240～260	XS-ZY-250，150～200
LQ-5 型	260～280	XS-ZY-500 以上，适当增加

在闭合的模具上装好吊环，然后用适当的起重机吊起模具并移动到注射机拉杆之间，对准位置后慢速合模，将模具用移动模板夹紧在两块模板之间。之后，用若干压板将定模和动模分别牢固地固定在注射机的固定模板与移动模板之上。最后，将冷却水管与模具上的冷却水道接通，水路连接方式必须按要求的水路顺序进行连接。

② 调模。通过注射机控制面板上的“调模进”或“调模退”按钮调节锁模力到符合要求的位置。

然后设定好开模、锁模的位置、速度、压力。一般而言，锁模过程包括慢速锁模、快速锁模、锁模低压和锁模高压四个阶段，而开模过程则包括开模一慢、二段快速、三段快速和开模二慢四个阶段。开合模过程的基本要求是平稳、快速、无冲击。

最后根据模具和制品的特点与要求设定顶出和顶退。顶出长度比制品厚度略大即可，顶定出压力能够确保顶出产品即可，顶出速度不能过快，确保塑料制件不被顶坏或变形。顶退的速度可适当加快，压力则可减小。

③ 脱模剂的使用。脱模剂是使塑料制件容易从模具中脱出而涂敷在模具表面上的一种助剂。一般注射制件的脱模，主要依赖于合理的工艺条件与正确的模具设计，但在生产上为了顺利脱模，采用脱模剂的也不少。常用的脱模剂有三种：一种是硬脂酸锌，除聚酰胺塑料外，一般塑料均可使用；第二种是液体石蜡（又称为白油），作为聚酰胺类塑料的脱模剂效果较好，除具有润滑作用外，还有防止制件内部产生空隙的作用；第三种是硅油，润滑效果良好，但价格昂贵，使用较麻烦，需要配制成甲苯溶液后涂抹在模腔表面，经加热干燥后方能显示优良的效果，所以使用上受到限制。现在一般使用喷雾型的脱模剂，它是将主要的脱模剂组分加以适量溶剂，然后再辅以适量雾化剂罐装而成。在使用的时候先将其摇匀，然后将其对准模具动定模模面喷出适量的脱模剂即可。雾化脱模剂适应性较强，喷涂均匀，涂层较薄，脱模效果较好。一般喷涂一次可脱模 15 模左右。

需要说明，无论使用哪种脱模剂都应该适量，过少起不到应有的效果，过多或涂抹不均匀则会影响制件外观及其强度。其中，对透明制件的影响更为明显，用量过多时会出现毛斑或浑浊现象。

2. 3. 2. 2　成型周期

注射成型制品是周期性过程，主要由合模、锁模、注射座前移、注射、保压、预塑、制品冷却、开模、顶出制品等程序组成。在一个注射成型周期内，注射座、合模装置、螺杆的动作时间顺序及熔体所经历的过程如图 2-27 所示。

在一个成型周期中，时间可划分为成型时间和辅助操作时间。成型时间是指熔体充模，保压和模腔内冷却定型所需的时间；辅助操作时间是指除成型时间外的其余时间，通常包括合模、注射座前移、开模、顶出的动作时间及安放嵌件、涂脱模剂、取出制品等。由于制品成型都是在闭合的模腔中进行的，因此成型时间实际上包括在模具锁紧的时间范围内。

图 2-28 为成型时间内塑料熔体所受的温度和压力变化，一般可将此过程分为六个阶段。

（1）螺杆或柱塞空载阶段　从 t_0 时刻螺杆开始快速向前移动，熔体通过喷嘴和浇口，但熔体尚未进入模腔，螺杆处于空载状态。当熔体高速通过喷嘴和浇口时，受到很大的阻力并产生大量的剪切摩擦热，故在这一阶段结束时熔体温度明显升高，而作用在螺杆上和喷嘴处的压力迅速升高。

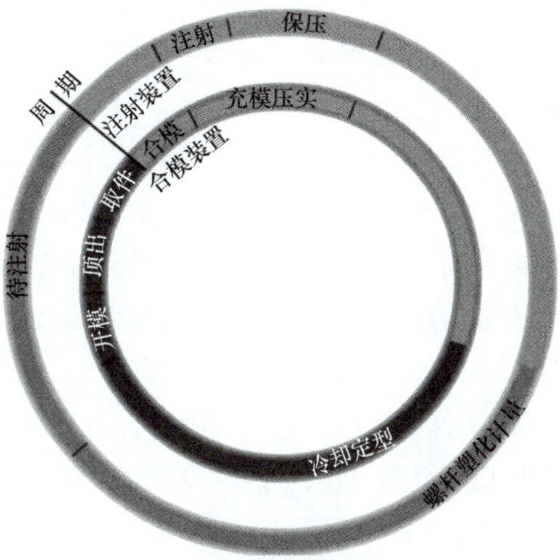

扫码观看动态注射成型周期示意图

图 2-27　注射成型周期示意图

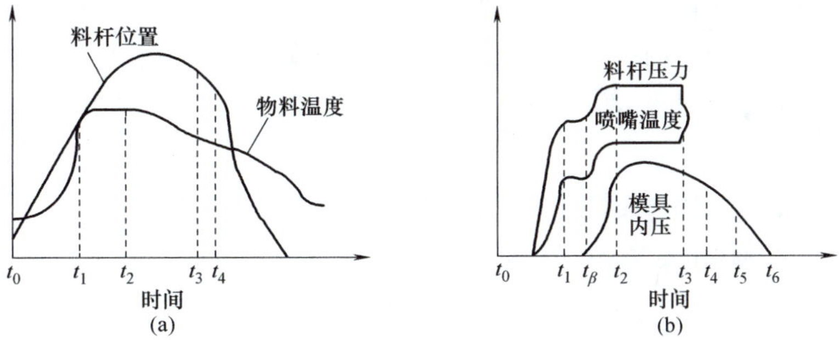

图 2-28　成型时间内熔体经受的温度和压力变化情况

（a）柱塞位置与物料温度的关系　（b）柱塞压力、喷嘴温度与模具内压的关系

（2）充模阶段　从 t_1 时刻熔体开始进入模腔，到 t_β 时熔体到达模腔末端结束。在此时螺杆或柱塞继续快速前进，直至熔体充满模腔。由于充模时间很短，模具对熔体的冷却作用不显著，加之充模速度较高，熔体在模腔内流动时仍有剪切摩擦热产生，故充模过程中熔体温度仍有一定升高，到充模结束时达到最大值。在此期间模腔内压力开始上升，螺杆和喷嘴处的压力升到最大值。

（3）压实阶段　这一阶段从 t_β 开始至螺杆或柱塞到达前进行程的最大位置的时刻 t_2 结束，该过程经历的时间很短。在此期间，尽管模腔已被充满，但在螺杆推动下仍有少量熔体进入模腔以压实模腔中的熔体，因而使模腔内熔体密度增大而压力急剧上升，压实阶段结束时模腔内的压力达到成型周期内的最高值。

（4）保压阶段　这一阶段从 t_2 开始至螺杆（柱塞）开始退回的时刻 t_3 结束。在此阶段，螺杆在压力控制下向前蠕动并向模腔内补料，以弥补由于模具冷却和料温下降引起的熔体体积收缩。

（5）倒流阶段　这一阶段从 t_3 开始至浇口内熔体凝固的时刻 t_4 结束。保压期结束后螺杆在 t_3 时刻开始后退，作用在其上的压力消失，喷嘴处和浇道内的压力迅速下降。这时模腔中的压力会高于浇道内的压力，若浇口内的熔体仍能流动，就会有少量熔体从模腔倒流和浇空并导致模腔内压力迅速降低。随着模腔内压力降低倒流速度减慢，浇口处温度迅速下降，到 t_4 时浇口内熔体凝固，倒流随之停止。

（6）续冷阶段　这一阶段从 t_4 开始到开模时 t_5、 t_6 结束。此时，模腔内物料在没有外界压力作用下继续冷却，随着冷却过程的进行，模腔内物料的温度和压力继续降低。 t_6 为最佳脱模时间。

上述六个阶段是用大浇口模具成型厚壁制品时观测到的，实际生产中由于制品的形状和结构、模具浇注系统的结构和尺寸及成型工艺条件的不同，并非每个制品的成型过程都要全部经历上述六个阶段。例如，成型薄壁制品或用点浇口模具时，在物料充满模腔后，模腔或浇口内熔体会很快凝固，不必保压也不会出现倒流。

2.3.2.3　物料熔融塑化过程

所谓熔融塑化过程，也称为预塑过程是将固体物料在机筒内加热熔融并混合均匀的过程，该过程是注射成型的一个准备阶段，塑化所得熔体的质量对成型过程和制品的质量都有很大的影响。在塑化过程中，重要的是应该保证熔体达到要求的成型温度且熔体温度分布尽可能均匀，其中的热降解产物含量应尽可能少。在此着重讨论目前广泛采用的螺杆式注射机料筒内物料的熔融塑化过程。

在塑化过程中，根据物料在机筒中所处的状态和螺槽尺寸及形状的不同，一般可将料筒分为三个区域，即固体输送区、熔融区和熔体输送区，与此相对应的螺杆一般也可分为三段，即加料段、压缩段和计量段。在加料段，固体物料被压实并向前输送；在压缩段，由于螺槽逐渐变浅，固体物料继续被压实，同时在料筒电热圈、物料与螺杆和料筒之间摩擦以及物料与物料之间剪切三者产生热量的共同作用下，在靠近料筒的物料表面处形成熔膜，并被螺棱前缘刮下聚积在螺槽内形成熔池；随着物料向前输送，熔池不断扩大，固体物料不断减少，在压缩段的末端，物料已全部被熔融，但物料温度还不很均匀；在计量段，熔体在剪切力作用下温度进一步升高，且得到较充分混合，使熔体温度分布进一步均匀。

塑化过程中螺杆的旋转运动把熔体从计量段的螺槽中向前挤出，使之汇集到螺杆头部的计量室中，并在室中形成了熔体压力，即预塑背压。在背压作用下，螺杆旋转的同时向后做直线运动，后退动作一直持续到计量行程结束为止。当螺杆后退停止时，螺杆旋转运动也随之停止，塑化过程结束，进入下一循环周期，物料在料筒内处于“保温”状态。

2.3.2.4　塑料熔体在模具内的成型

（1）充模过程　充模过程是从熔体进入模腔开始到完全充满模腔为止的整个过程。其间，高温熔体在模腔内的流动情况很大程度上决定着制品的表面质量和物理性能，是注射过程最为复杂而又重要的阶段。

① 熔体在模腔内的充填模式。充模过程中熔体在模腔中的充填模式主要与浇口位置和模腔形状及结构有关。图 2-29 为熔体经过四种不同位置的浇口进入不同形状模腔的典型充填模式，其中最基本的充填模式为前三种，它们分别对应于熔体在圆管、带有膜状浇口的矩形狭缝模腔和中心开浇口的圆盘模腔中的流动。圆管模腔和矩形狭缝模腔内的流动特点是熔体沿轴向流动，前锋面积保持不变；圆盘模腔内流动的特点是熔体沿径向以同样的速度向四周辐射扩展，熔体前锋面为一柱面，面积不断增大。一般说来，熔体在复杂模腔内的流动都可以分解为以上三种基本流动模式。带有小扇形浇口的矩形模腔充填模式如图 2-29（d）所示，整个充模过程可分为浇口段、过渡段和充分发展段三个阶段。在浇口段，熔体沿径向向四周扩展，形成一弧形前锋面，类似于圆盘径向流；在过渡段，随着流动的发展，弧形前锋不断扩大，直到与侧壁接触，弧形前锋逐渐转为平直，同时具有圆盘径向流和带状流的特征；在充分发展段，前锋面较为平直光滑地向前推进直至充满模腔，具有带状流的特点。

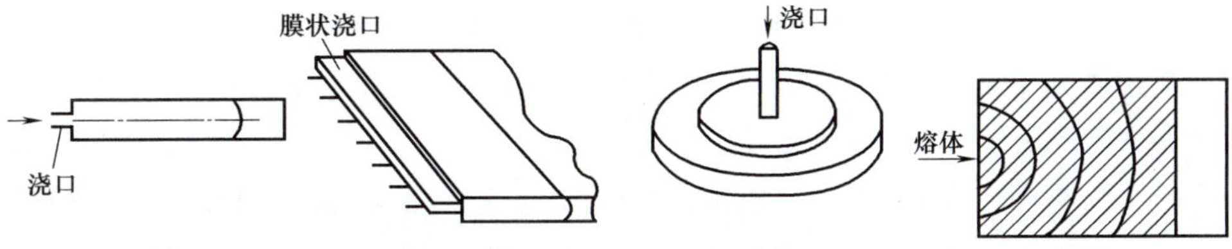

图 2-29　熔体在模腔中的流动形式

（a）圆管膜腔中的流动　（b）矩形狭缝模腔中的流动

（c）薄壁圆盘模腔中的流动　（d）矩形模腔中的流动

② 熔体在模腔中的流动状态。熔体在模腔中的流动状态一般为稳态层流，即熔体流动时受到的惯性力与粘滞剪切应力相比很小，从浇口向模腔终端逐渐扩展。 但当熔体以较高速度从狭窄的浇口进入较宽、较厚的模腔时，熔体不与上、下模壁接触而发生如图 2-30 所示的喷射。此时，熔体首先射向对壁，蛇状的喷射流叠合很多次，从撞击表面开始并连续转向浇口充模，即逆向充模。充模过程中熔体的这种流动状态会在叠合处形成微观的“熔接线”，严重影响塑件表面质量、光学性能及力学性能。喷射流的发生主要与浇口尺寸和熔体挤出胀大程度有关。

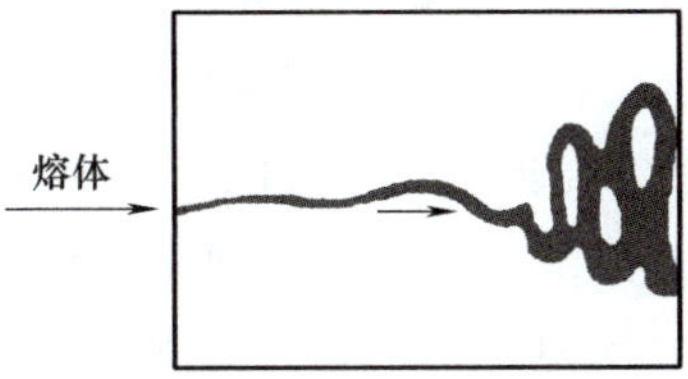

图 2-30　喷射

③ 充模过程的“喷泉”效应。熔体在模腔内流动时，前锋面由于和冷空气接触而形成高黏度的前沿膜，膜后的熔体由于冷却较差，故黏度较低，因而以比前沿更高的速度向前流动，到达前沿的熔体受到前沿膜的阻碍， 使熔体交替发生以下两个过程：一是熔体不能向前运动而转向模壁方向，附着在模壁上被冷却固化形成了表层；二是熔体冲破原有的前沿膜，形成新的前沿膜，如图 2-31 所示。这两个过程的交替进行就形成了熔体流动前锋的喷泉效应。喷泉效应的存在对注塑过程的压力降、充填时间等影响很小，但对熔体的温度分布、聚合物分子取向及残余应力等有重要的影响。

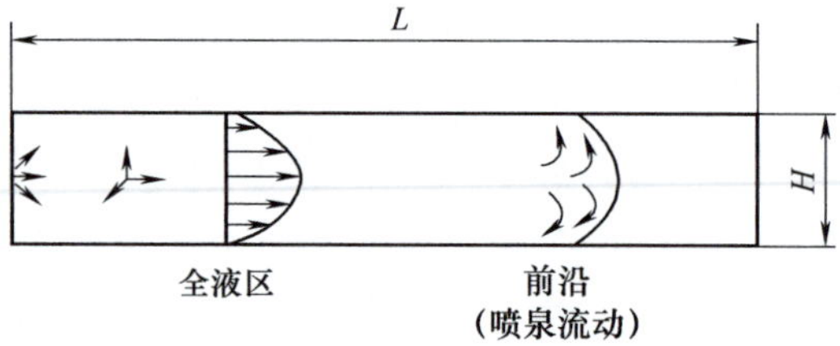

图 2-31 熔体充模过程中的喷泉效应

（2）压实与保压过程

① 压实过程。充模结束时模腔被充满，熔体的快速流动停止，喷嘴处的压力达到最大值（注射压力），但模腔内的压力还未达到最大值，在喷嘴压力的作用下，熔体继续进入模腔，使模腔内压力迅速升高，以压实熔体使其致密，并改善其间不同熔体界面之间的熔合程度。

压实阶段时间很短，熔体的流速很小，温度变化也不明显，但压力的变化却很大。因此从某种意义上说压实过程是一个压力传递的过程，注射压力的大小和充模结束时熔体的流动性是影响压实效果的主要因素。注射压力决定了模腔在压实期所能达到的最高压力，而熔体的流动性则决定了压力向模腔末端传递的难易程度。

② 保压过程。保压阶段仍有少量熔体被挤入模腔，以弥补由于熔体温度降低和相变引起的体积收缩。保压过程的流动与压实过程的流动都是在高压下的熔体增密流动，其特点是熔体流速很小，影响保压过程的主要因素还是压力。保压压力决定模腔内物料压缩程度，如果保压压力较高，不仅使制品的密度增大、成型收缩率减小，而且还能促进物料各部分之间的更好熔合，因而对提高制品的力学性能有利。但保压压力过高又会使物料产生较大的弹性形变，致使制品内应力和分子取向增大，导致制品力学性能降低。

保压时间是影响保压过程的另一重要工艺参数，保压压力一定时，保压时间越长就可能向模腔中补进更多的熔体，其效果与提高保压压力相似。但保压时间过长，也与保压压力过高类似，不仅无助于制品质量的提高，反而可能降低制品性能。需要指出的是，保压时间实际上应该是向模腔内补料的时间，取决于浇口凝固时间。

（3）熔体的倒流与模腔封口　保压结束后，如果交口没有凝固，模腔内的熔体将会发生倒流，即由模腔经过浇口、喷嘴倒流回到料筒之中。但是在浇口凝固后，不会再有物料进入或流出模腔，模腔中物料量不再发生变化，这就是模腔的封口。封口时的压力和温度对制品的质量有很大影响。封口温度一定时，封口压力越高，则制品的密度越大，成型收缩率越小，制品尺寸精度越好，但内应力也大，而且会造成脱模困难；封口压力一定时，封口温度越高，则制品的密度越小，成型收缩率越大，尺寸精度也越差，制品容易出现凹陷和缩痕，但内应力较小。影响封口压力和封口温度的主要工艺参数有保压时间、保压压力、熔体温度和模具温度等。此外，浇口尺寸和熔体的热导率等模具结构参数和塑料热物理参数也对其有较大影响。一般说来，当其他参数一定时，延长保压时间可增大封口压力，降低封口温度。

（4）浇口凝固后的冷却　浇口凝固后模腔内物料的冷却过程中由于没有物料的运动，因此是一个典型的热传导过程。其内部较高温度的熔体将热量传导给温度较低的外层及表面的凝固层，凝固层再将热量传递给模腔壁，最后由模具向外散发，直到制品具有足够的刚度从模腔中脱出。由于塑料的热导率远小于金属模具，因此冷却时间主要取决于塑料的热物理性能和制品的壁厚。对于薄壁制品，一般将其中心层温度降低到玻璃化转变温度 T_g 或热变形温度以下所需的时间称为冷却时间。冷却时间一般占注塑周期的一半以上，是决定注塑效率的主要因素之一。

2.3.2.5　注塑工艺参数及其对成型的影响

在制品及模具确定之后，注塑工艺参数的选择就成为决定制品质量的关键因素。注塑工艺参数主要包括温度（物料温度和模具温度）、压力（注射压力、保压压力）及时间（注射时间、保压时间）等。此外，预塑背压、螺杆转速、注射量和剩余料量等对制品质量也有不可忽视的影响，图2-32为模塑面积图，可定性说明熔体温度和注射压力的取值范围。图中的成型区域由 *a*、*b*、*c*、*d* 四条曲线围成，在表面不良线 *a* 左侧，物料呈固态，或者不能流动，导致成型困难；在分解线 *c* 右侧时塑料发生热分解；低于底部缺料线 *d* 时，物料不能充满模腔；高于溢料线 *b* 时，熔体溢至模具零件之间的缝隙，形成毛刺。工艺参数只有在这四条曲线所包围的模塑面积 *A* 之内，物料才能较好地成型。下面分别讨论主要注塑工艺参数的作用及相互关系。

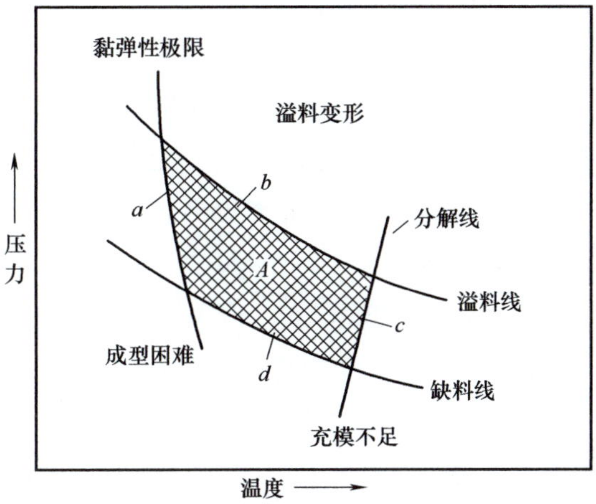

图2-32　模塑面积图

A—模塑面积

a—表面不良线　*b*—溢料线　*c*—分解线　*d*—缺料线

（1）温度

① 料筒温度。塑料黏度对注射成型有很大影响，为顺利充模，从喷嘴出来的塑料必须熔融均匀，黏度低到一定的程度。为此，首先要保证料筒内塑料处于到良好的加热状况。

注塑过程中塑料的温度变化情况如图2-33所示。我们假设有一份带标记的塑料，其刚进入料筒的时间为起点时间，随着时间的推移，先后在料筒和模具中经历一系列的温度变化，直至整份塑料成型后取出模具。

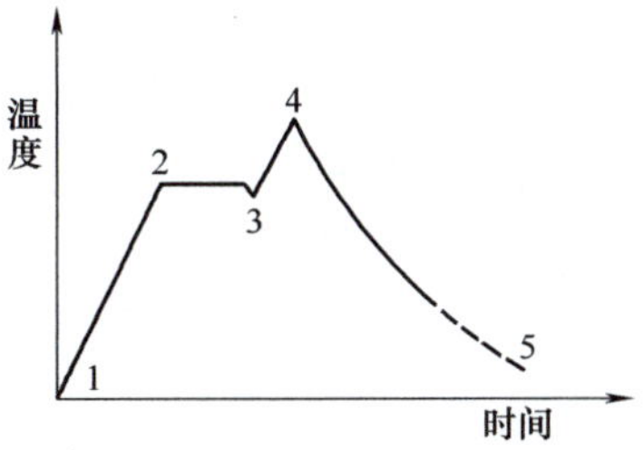

图2-33　注塑过程中塑料温度随时间的变化

图中，1→2是塑料从料斗进入高温的料筒，开始熔化；2→3是塑料在料筒内继续被加热，进而全部熔融塑化，在此期间保持一定温度；点3是塑料到达料筒前端的锥部准备注射，由于离开了螺杆的剪切和摩擦作用，温度稍有下降；3→4是塑料在高压下高速注射入模，强烈的摩擦和剪切造成温度的升高；4→5是塑料注射完毕，受到模具的散热作用而冷却定型；点5是塑料制件脱离模具。

由图可知，塑料在料筒内的温度开始时是逐渐上升，直到一定的塑化温度2。在2这个温度下，料筒继续向塑料供热，通过热传导使全部塑料熔融均匀。3是料筒锥部及喷嘴的吸热降温点。如果锥部及喷嘴补充热量不足，降温点温度降得太低，前锋料黏度就增高，会形成较大的阻力，不利于注满型腔。3→4 无疑是一种额外的温升，但不容忽视。无论是喷嘴、流道或浇口，之所以尺寸要偏小，都是希望增大摩擦作用，提供较高的剪切速率，从而使温度升得更高、黏度降得更低。如果这些地方尺寸过大，反而会使制件出现注不满或严重的收缩凹陷。生产人员有时觉得大孔径的喷嘴“注射无力”，实质上就是这个原因。4→5 是冷却定型时间，这个时间必须足够长，否则热制件在脱离模腔后会使塑件表面失去光泽，有些塑料制件甚至出现变形。

很显然，所谓注塑温度控制是指塑料在料筒内如何从原料颗粒一直均匀地被加热成为具有可塑性的黏稠流体，也就是料筒温度如何配置的问题。最理想的是根据料筒内熔体的实际情况随时进行无级调温，但这很难办到。现在的所有注塑机台都是分段调温，有两段、三段或更多段。料筒各段温度的分布主要取决于成型物料的热物理性质及流变性质。熔点低而黏度大的塑料（如 RPVC、HIPS 和 ABS 等）在很大程度上可利用剪切摩擦加热，成型这类塑料时螺杆加料段的温度只需略高于塑料的软化温度，加热器的主要作用是提供开始运转前熔化物料所需要的热量和弥补后续生产过程中的热损失，物料的熔融塑化所需的热量大部分靠剪切摩擦产生。熔点高而黏度小的塑料（如 PA、HDPE 等）在熔融前难以由剪切摩擦获取热量，这时应采用高的加料段温度以增大料筒向物料的传热，加速物料的熔融。因加料段靠近料斗，一般温度再低一些，以防止物料“架桥”，并保证较高的输送效率；压缩段温度应比加料段高 10~20℃，计量段温度应比加料段高 20~25℃。不论成型哪一类塑料，压缩段末端和计量段的温度都应该高于物料的熔融温度 T_m 或 T_f，而低于其热分解温度 T_d。对于成型温度区间较宽且热稳定性较好的塑料，料筒各段温度可适当提高，以利于物料充模，否则，料筒各段温度应偏低。

什么塑料在哪一段的料筒温度应该如何设定，不少资料都有参考数据，但都不尽相同，有些差异还较大。这主要是由于试验或生产的具体条件有所不同。本书也有类似的表作为参考，但最重要的还是从实际出发，有针对性地进行料筒温度设定。

下面是注塑温度控制中一些应注意的问题。

a. 料筒温度的调节应保证塑料塑化良好，能顺利注射充模又不引起分解。只有在充分塑化的前提下，进入模腔的塑料才能畅顺地流动充满模腔并完全地复制出模腔的形状，达到完美的要求。如果塑化温度过低，塑化不均匀，制件表面将出现水纹并且色泽暗淡。如果塑化温度过高，将有部分塑料因分解而产生气体，轻则使制件表面“起霜”、“起垩”，重则出现银纹、气泡。例如，在使用 30g 机注射某聚乙烯制件时，出现了很多废品：或是飞边严重，或是注塑不满，尺寸变化不定，产品上常见带一些透光度较大的晶点。这说明在料筒内，塑料尚未达到充分的塑化。按理，这个制件重量 23g，机台 30g 的注射量是足够的。但由于聚乙烯粒径大，堆砌空隙多，使料筒内的贮料不能维持足够分量，加上传热差，短时间内未能获得足够的热量去使塑料充分熔融，结果就造成塑化不良。后来换用 60g 机，情况就完全改变了，制件的质量和产量都得到提高。

有时候某种塑料本来需要较高的料筒塑化温度，但有些生产人员受制于诸如着色剂对高温耐受能力差等原因，故意压低塑化温度，用提高注射压力或注射速度等办法强行充模。这样做局限性很大，高压固然有损于注塑机和模具，同时在低温高压下注射出来的制件内应力也较高，很容易在存放或使用环境下变形、碎裂和破坏。也就是说，要提高制件的外观质量，首先要考虑到塑料的加工性能，使制件的机械强度、耐用性都得到保证。要做到这一点，注塑料的充分塑化是必要的前提。

b. 塑料熔融温度主要影响加工性能，其次影响制件表面质量和色泽。靠近料筒出料段的最高温度，对无定型塑料应高于流动温度，对结晶性塑料应高于熔点，这是塑料加工成型的基本保证。但要提高制件的表观质量，应在未达到塑料分解温度之前将熔融温度提高。这样，使得制件表面光泽提高了，色泽也更加均匀一致。具体来说，熔融温度最好能比充满模腔所需温度再提高 20~30℃。

c. 料温与料筒的设计形式有关。在螺杆机中，由于螺杆的转动使塑料获得很大的剪切摩擦热，而且塑料在螺槽中进行复杂的穿插运动，受到搅拌混合作用，加上料层较薄，热传导快，这些都使料温和机筒温度偏差较小。而柱塞机光靠柱塞的推动以及分流梭的分流，塑料的摩擦、剪切热都小，熔料所需热量都由料筒外壁的热源提供，所以料温和机筒温度之差较大。基于上述原因，任何时候都不能把料筒的设定温度当作料筒内熔体的实际温度，而只能提供作为实际温度的参考或调节依据。对螺杆机，设定的料筒温度与实际温度接近或略低 11~17℃；而对于柱塞机，则高出 11~17℃，两者差距达 20~40℃。除了料筒内料流的运动状况外，测温装置的配备也是造成差异的原因。从安全角度上考虑，热电偶最好插在料筒的上方，这是料筒周向内的最热点，这样可避免因误差而可能导致的局部过热。

d. 不同性能的塑料采取不同的温控方法。以 ABS 和 PC 为例，这两种塑料加工性能对温度有不同的反映，它们的熔体黏度与温度的关系如图 2-34 所示。

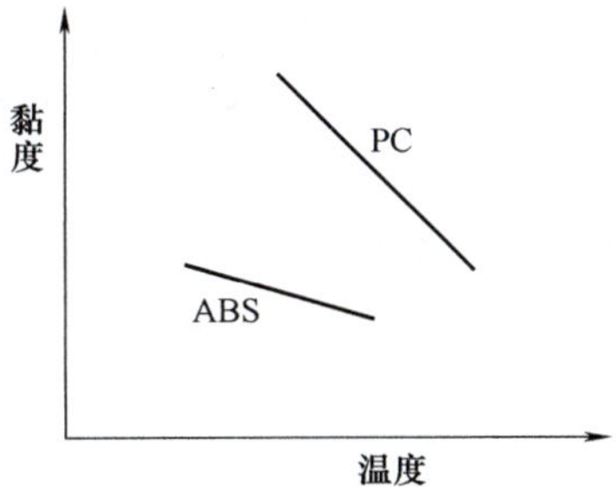

图 2-34　ABS、PC 黏度和温度关系的比较

图中可见，ABS 的黏度受温度的影响甚小，所以当 ABS 达到流动温度后再继续增加料筒温度，指望以此降低黏度来帮助充模是没有什么成效的。特别是当制造 ABS 彩色制件时，反而有害而无利。因为彩色颜料多为有机化合物，大多数在高温下变得很不稳定，使制件颜色消退，出现不均匀的色斑。这里以用 ABS 制某空调机面板为例，制件面积大，造型复杂，塑料在模腔内流动的距离大，很容易出现充模不满的现象。在机台注射压力和注射速度无法提得足够高的情况下，被迫将料筒温度提得很高。结果，制件勉强充满了，但色彩却难达要求。其实，所谓产品的“合格色彩”，严格来说只是一种变色或退色程度比较稳定一致的最后色彩而已，温度过高必然造成色彩的不一致。

聚碳酸酯与 ABS 相反，稍微提高温度，其黏度即有明显下降，这对操作特别有好处。据资料介绍，在加工温度下再把温度提高 10~20℃，注射压力可降低一半。当然，反过来说，如果温度低于正常加工温度 10~20℃，注射压力就必须增大一倍。这种反效果在喷嘴和模温低时尤其突出，所以在注射生产聚碳酸酯制件时必须保证有足够的料温和模温。经验教训表明，聚碳酸酯制件质量问题往往是由于喷嘴和模具温度较低。

ABS和聚碳酸酯是不同的塑料品种。其实，即使同一种塑料，也会由于来源或规格、型号不同，或聚合物平均分子量或分子量分布不同，或添加剂不同，可使黏度-温度变化关系发生变化，料筒温度控制也相应地有所不同。对于黏流温度和分解温度之间范围狭窄的塑料，选偏低一些的温度，使其尽量远离分解温度；对于范围较宽的塑料，温度可偏高一些，使其尽量发挥低黏度的优势。

e. 料温的控制与制件的模具有关。对于大而简单的制件，重量与机台注射量比较接近的制件，使用较高的料筒温度。对于薄壁、形状复杂、充模流程曲折多变或较长的制件，熔体注入时阻力大、冷却快，需提高熔料的流动性才能充满的制件；以及注射压力、注射速度条件被限得较低的制件，也应使用较高的料筒温度。反之，对于厚壁制件，虽然充模迅速可靠，但在模内停留冷却的时间长，还有某些需要附加操作的如装卸嵌件、贴美术图案等的制件，使生产周期拖长的，调较低的料筒温度，这样可以避免塑料在料筒内因停留时间过长而造成的热分解。

f. 工艺调试过程应以调节温度为主。调节料筒各段温度虽然耗时较多，但较能以“温和”手段为正常生产开路，如果动辄提高压力，不但增大了动力消耗和机械损耗，还容易发生机台和模具事故。

鉴别料温是否得宜用点动动作，在低压低速下对空注射观察（即喷嘴离开模具注料口）。适宜的料温应使喷出来的料刚劲有力，不带泡，不卷曲，光亮，连续。

经调试好工艺条件的机台，应采用自动或半自动动作生产。以保证塑料在料筒内有一个较为稳定的停留受热时间，使成批产品内部和外观质量都得到保证。这对用有机着色剂着色的制件尤为必要，因为这些着色剂对温度敏感，如果温度变化，色相和色泽也跟着变化。

g. 料筒前端的温度对产品的表观质量具有特别重要的意义。料筒前端的温度波动将使制件质量受到很大的影响，如熔接痕变粗，出现飞边，产品粘模、变色、光泽不佳等。正常操作时要控制料筒前端的温度。对于彩色ABS制件不能有5℃以上的波动，否则制件颜色将变得不可捉摸。

h. 料筒温度的设定一般都是从进料段到出料段逐渐提高。仅对螺杆机，由于螺杆的剪切和摩擦热都较大，有助于塑化，出料段的温度也可略低于中段，这样可防止塑料的过热分解和制件颜色的变化。有时候，出料段的塑化会显得不足，影响制件质量，也需要将中段的温度适当提高．甚至稍为高于出料段。

至于进料段，为了防止塑料过早熔化结块堵塞进料口，除了在进料口加装冷却夹套外，应始终保持较低的加热水平。但当某些塑料湿度偏大时（例如，像聚乙烯、聚丙烯等平常无预先干燥程序的塑料受潮气影响时），可考虑进料段温度比平常提高一些，帮助排除湿气。

i. 螺杆注射机可能出现所谓“卡螺杆”故障。有时候，由于料筒料温控制不当，加上注射压力过大或螺杆止回环失效，会使料筒前端的稀薄熔料向进料段方向倒流，当这些倒流的料灌进螺纹端面与料筒内壁间的微小间隙而受到较低温度的冷却时，将冷凝成一层薄膜，紧紧卡在两个壁面之间，使螺杆不能转动，或虽然转动而不退杆，影响加料，这就是“卡螺杆”故障。此时不应再强行拖动，否则会使设备损坏，应将加料口冷却水暂时关闭，强行升高加料段温度直至比塑料熔点高30~50℃，并同时把出料段温度降到熔点附近。这样，经过10~30min后用手转动螺杆，能转动时才试行开机，然后缓慢加料，让螺杆逐渐后退至正常为止。

② 喷嘴温度。为了防止熔融塑料自动从喷嘴流出（即“流涎现象”），通常将喷嘴温度调得比料筒最高温度略低，而利用注射时熔料快速通过喷嘴发生的摩擦热来弥补，因为熔体通过喷嘴时因为高的剪切速率而产生较大温升。不过喷嘴温度也不能调得太低，以免造成冷料堵塞喷嘴孔道，或在注射下一个制件时将冷料注入，使制件带有冷疤，或者造成注射压力过大。有些老式注塑机，喷嘴无法加热而且特别长，料筒温度过高和喷嘴温度过低造成的影响交织在一起，制件质量就无法保证了。

③ 模具温度。注塑过程中，模具温度直接影响塑料的充模和制件的定型，最终也影响生产效率和质量。一般而言，模温控制有三个目的。其一是使模具各部位的温度尽量均衡一致，使型腔内的塑料散热速度和程度接近一致，保证制件质量，避免或减少因内应力的出现而导致制件机械强度下降。其二是对型腔进行有效冷却。所谓有效冷却，就是在顺利充模的前提下，将处于100~350℃的熔融态塑料转为接近常温的固态料时传给模具的热量尽可能迅速地全部移走，使制件迅速与型腔面脱离。如果生产过程中，这种热量不能有效地移走，模温便逐渐升高，使制件出现飞边、收缩凹陷、顶出变形、冷后变形量过大等诸多缺陷。在模具单边温度过高情况下，还会发生咬模，使脱模时流道或制件脱离困难，模具损坏。其三是缩短生产周期，提高生产效率。如果让模具在持续高温下工作，制件在模内冷却至完全固化的时间相对延长，延长了开模时间，结果增长了生产周期，降低了生产效率，提高了生产或本。对聚乙烯、聚丙烯等热余量大、温差变形度大的塑料，如果缺乏有效冷却，为减少出模后的变形，将生产周期一再延长，最后甚至会延长到不能继续生产的地步。

应该指出，模具的有效冷却并不是说过分冷却，而是控制在一定温度范围的冷却。如果模温过低，熔融塑料流动阻力随之而增大，流速变慢，甚至在流道、浇口或充模半途凝固，妨碍了继续进料，制件难以丰满，或者即使满了，制件强迫取向作用大，解取向作用小，取向分子冻结在制件中，于是常会出现挠曲、裂纹、热稳定性差等机械性能降低的倾向，制件表面也会出现颜色暗淡、粗糙、冷疤、振动样波纹、收缩凹陷、熔接痕明显等问题。而最突出的，是在浇口入料方向出现细小裂纹，或形成与浇口入料方向垂直的振动样波纹。

模温控制还影响结晶型塑料的结晶情况，从而影响制品的物理力学性能：模温高时，熔料冷却速度慢，结晶度高，制件硬度大、刚性高、耐磨，拉伸强度高，但收缩率大；模温低时，熔科冷却速度快，结晶度低，制件柔软，韧性、挠曲性好、延伸率高。

熔融塑料对模具的热传递基本上都是以热传导方式进行。但当塑料在模具内因遇冷而凝固时，塑件与模具便出现间隙，这时热传递便会改为辐射传热。不过由于间隙太小，时间又短，这种辐射传热对实际生产并无太大影响。一般而言，由于时间和环境等因素，模温相差10℃左右可视为正常。

从传统观点和实践结果两方面来看，对于外观质量要求不高、尺寸收缩率变化影响不大的小面积制件，一般不需要进行模温调节。对于大面积、厚壁制件或流动阻力大的薄壁制件，当要求尺寸稳定性好时需要进行模温调节。模温调节虽然意味着模具设计、制造及机台调温系统成本的增加，特别是后者，注塑生产单位有所顾虑，但实际结果表明，因制件成品率提高、生产周期缩短、制件成型后无须人工修饰、模具不需要经常修补以及机台不需经常调节，所以总成本将大大下降。现在，模温控制已上升成为提高生产效率及制件质量的一个不可或缺的重要手段。在实行现代化企业管理的注塑生产厂中，除了在模具设计和加工方面需要周密的考虑外，不论什么型式、大小的机台，不论什么制件，都配用模温控制器，按照工艺要求严格控制定模和动模温度。模温控制系统包括加热器、冷却器、液体（水或油）循环冷却装置和管道。只有在实现模温监控后，整个注塑工艺才算是完整的，在高效率生产中才能获得质量一致的制件。

在控制模具温度问题上，有几点值得考虑：

a. 模具冷却介质的通道的布局。这是在设计制造模具时所不能忽略和回避的，对制件外表面的冷却效果而言有其重要，应当有足够的估计和相应的措施。然而以前在制造模具时，多半是靠固有经验或采取应付式态度来开设冷却水通道。在这种情况下、操作人员即使做出各种努力来弥补不足，如模具单行通道的并联或串联，进出水先后顺厅的改动；甚至接驳料筒进料口冷却夹套的出水等，也难以获得令人满意的效果。

一般而言，模具内整个冷印系统的设计是以简单的钻直孔方式来进行贯通。但实际上，冷却系统必须与模腔的设计相适应，因滑块的位置或顶针的位置等而变得很复杂。以下列出设计冷却通道的几个原则：

Ⅰ 可能使模内冷却通道的冷却面积增大。

Ⅱ 尽量减少因钻冷却孔所造成的不必要的盲孔，使冷却液在冷却通道运行中完全流过通道，减低滞流或回旋作用。

Ⅲ 冷却孔直径在 15mm 以下时，孔道壁与其他孔壁距离不可小于 3.2mm，大于 15mm 时，距离不可小于 4.8mm。

Ⅳ 慎重考虑冷却通道加工方法及其结构设计，使其结构简单、便于加工。

下面举出几种需要改正的不合理的冷却设计。

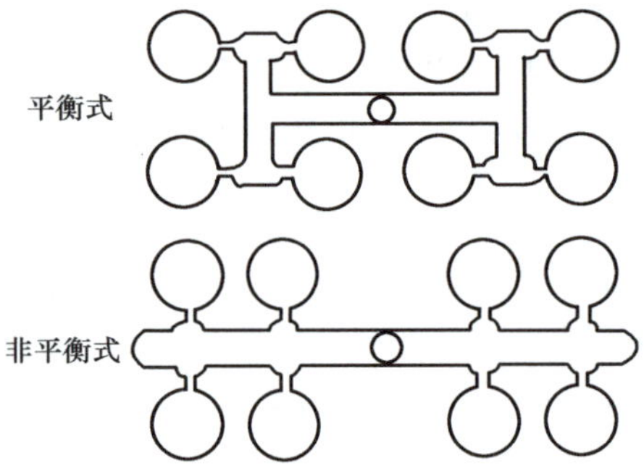

图 2-35 多腔模具从平衡式设计改为非平衡式设计

例 1 如图 2-35，多腔模具从平衡式改为非平衡式设计。

平衡式设计是传统的做法，优点是每个型腔到主流道距离都一样，进料的分配是平衡的，模具结构也紧凑。但这种设计无法让所有型腔同时得到冷却，由于内层型腔不能像外层的那样冷却得快，因而冷却效果出现差异。非平衡式设计使所有型腔冷得快而且均匀，热平衡好，因而有可能满足快速生产的要求。

图 2-36 中的（c）和（d）是多腔模平衡式设计的异形化，虽然每个型腔到主流道的距离都一样，但（d）流道比（c）的要短，节约了塑料。从冷却的角度看，（d）可使冷却水系统减少负荷，而冷却通道的制造较接近实际。

例 2　如图 2-37 所示，这是所谓的单连通管道。即使冷却介质流量很大，这种连通方式也将因热平衡状况不佳而影响生产效率。

例 3　如图 2-38 所示，（a）的冷却通道不足，只有两个通道进行热交换；（b）则有五个冷却介质的通道，热交换和模温平衡性显然优于（a）。

例 4　如图 2-39 所示。对大型模具应采用多条冷却通道，最好设计成出口靠近入口。对深度大的制件，多条冷却通道还应是立体的。图 2-39 是平面回路，从（a）到（c），冷却通道设计逐渐得到改进。

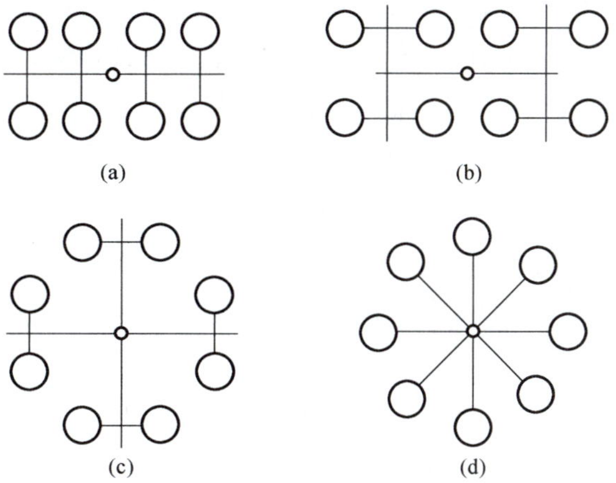

图 2-36　型腔的配置

（a）非平衡式　（b）平衡式

（c）平衡式异形之一　（d）平衡式异形之二

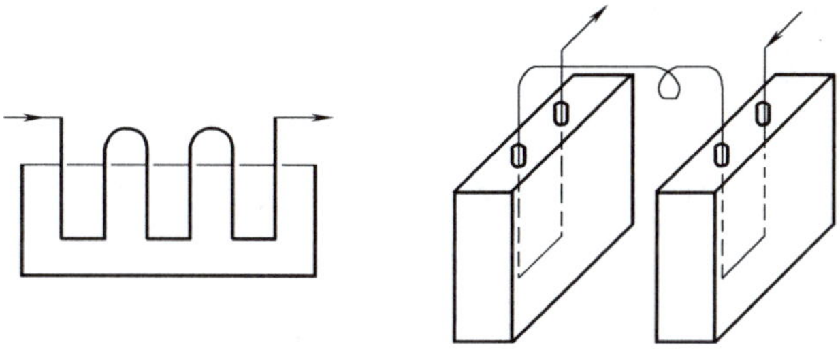

图 2-37　单连通管道

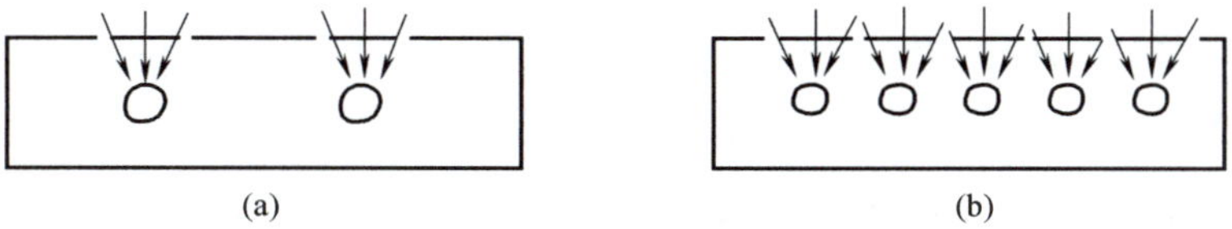

图 2-38　冷却通道的改善

（a）冷却通道少　（b）冷却通道优化形式

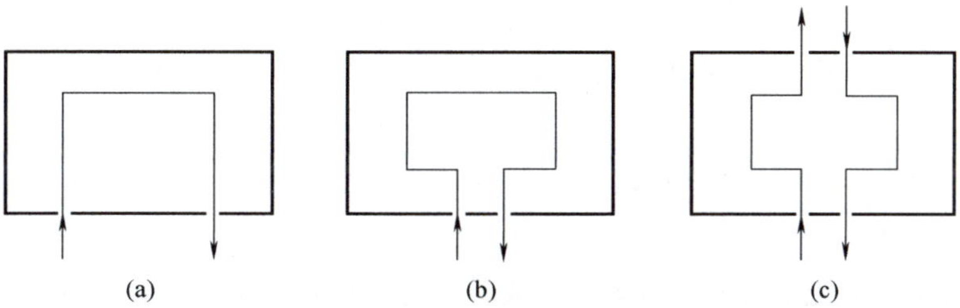

图 2-39　冷却回路的改进

（a）冷却回路设计较差　（b）冷却回路设计改善　（c）冷却回路设计较优

此外，对冷却介质通道布局还应考虑：由于浇口正对的位置一般受热最大，所以动模和定模的冷却应分别控制；定模上冷水进口应设在靠近最热的区域，如浇口、流道等，最好是单独通道，冷却通道与型腔要保持一定距离，一般为通道孔径的 3~6 倍，以免冷却不均；冷却通道直径过大过小都不好，同时不能出现通道截面突然增大的结构，在任何情况下始终保持通道内冷却介质处于湍流状态；如通道设计过于细长，必要时可考虑使用有良好导热性能的铍铜合金作通导套镶入，减少因流动阻力大而导致散热速度侵的影响。一般模具可用水或油作为冷却介质，控制模温在 5~95℃时宜用水冷，即用水作为冷却介质；在 95~120℃时宜用油冷，也就是以油作为冷却介质。

b. 几种常用塑料模温要求如图 2-40 所示。这是一个温度范围，如果制件要求尺寸准确度高，模温控制应偏低；如果制件又薄又复杂，表面光洁度要求高，模温控制应偏高。

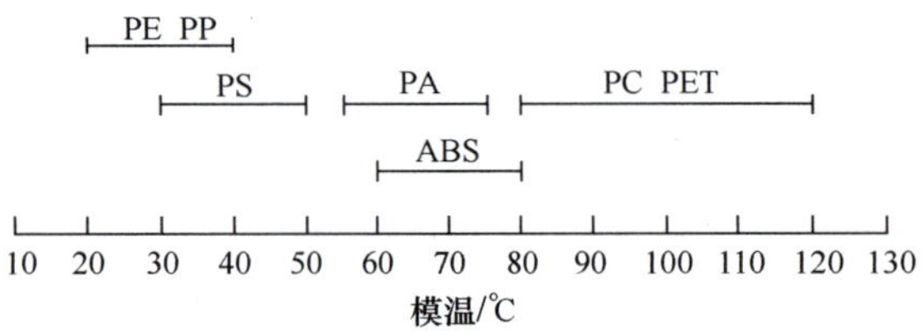

图 2-40 几种塑料的模温范围

由图可知，对熔融黏度中等或较低的无定型塑料（如聚苯乙烯）及熔点较明显的结晶型塑料（如聚乙烯、聚丙烯等），模具用低温冷却。对聚碳酸酯等黏度随温度改变较大的高黏度塑料，要有较高的模温，这不仅是满足充模的需要，还令制件内外冷却速度尽可能一致，以防止因外表与内部温度相差悬殊而产生凹痕、空隙、应力裂纹等。

即使同一套模具，动、定模温度控制也有不同。尤其是壳体制件，一般型腔温度比型芯温度低 20~30℃，使腔壁很快冷却，减少制件外表的缩痕。

对于厚壁制件，有时也要将模温调高。由于其充模时间、冷却时间长，如果模温偏低，制件内外层温差大，有可能造成凹陷、空隙，内应力也增大了。此外，在透明聚苯乙烯制件生产时，如果经常出现脱模开裂的情况，应考虑到适当调高模具温度。

c. 冷却介质在模内要有足够的压力、流速和流量，才能发挥最大的效益。我们知道，要对模具进行有效冷却，必须尽量提高传热效率，也就是尽量减小模具的热流阻力。要做到这一点，作为传热介质的冷却介质要在冷却通道中形成湍流状态。经测定，湍流状态下的传热效率比层流状态下高 3~5 倍。许多塑料制件使用高位水槽供水冷却，这是不够的，应该使用水泵来提高冷却水压，才能更好地控制冷却水输送能力。循环使用的冷却介质应该定期地进行检查和过滤。然而在生产管理中，往往对此缺乏认识，或水压小、供水不足，或通道过大过小，或模外软管连接不可靠及折叠，或模具冷水嘴泄漏等等，都无法使冷却介质在湍流态下进行可控的热交换。

d. 模内冷却通道中结的水垢及氧化层对热传导的负面影响很大。0. 15mm 厚的水路积垢，会使冷却能力降低 6%，而且这一影响还会以几何级数增加。为减少这种不良影响，我们应该做到以下几点：水路加装过滤装置；对水流量进行控制；在循环冷却水中加入防积垢、防腐蚀、防霉变的抑制剂；在水路出入口使用铜制接头，提高防锈能力；水路内壁进行磷化处理，防止氧化；必要时使用软水作冷却液。

（2）压力

① 背压。预塑化螺杆注射机注射油缸后部的排油油路都设有背压阀，这是用来配合螺杆

旋转调速机构控制料筒内塑料的压紧程度和塑化效率的。背压阀一般都采用节流阀，这种阀安装简易，调节也比较简单，但较难准确调节和控制，如改用溢流阀，则可配合压力表进行有目的的调节。调节背压阀亦即调节注射机螺杆旋转后退时注射油缸排油的速度，使油缸保持一定的压力，也就是背压压力。由此可见，背压所代表的是塑料塑化过程所承受的压力，故又称塑化压力。背压压力恰当有助于提高制件质量：

a. 料筒内的熔料在预塑过程中经过较长时间的搅拌才会被推到螺杆前端，因此颜色的混合效果比未加背压时好；

b. 背压压力使得料筒越往前端压力越高，排除塑料中各种气体的力量越大，有助于使制件减少银纹或气泡；

c. 塑料在承受一定压力而推迟前进时，附于螺杆螺槽各个部位的塑料都将较为顺利地不停顿地向前移动，这样可避免料筒内出现局部滞料情况。如果在对料筒进行清洗或料筒换料、换色时将背压压力调高到一个合适的程度，那么将更加快速有效。

背压压力既然也是塑化压力，调节得当，就能够提高塑料的塑化效果，避免塑料未完全熔化便射入模内。未完全熔化的胶块将对喷嘴、流道、浇口、进料通道造成阻塞，使充模过程受阻，制件势必质量低劣、合格率低。

但是，背压压力调得太低时，螺杆后退过快，从料斗流入料筒的塑料颗粒密度小，空气量大，在注射时会消耗一部分注射压力来压紧和排除空气。更重要的是，如果背压低，加上螺杆转速又不高，使螺杆的后退形同柱塞机的柱塞那样，塑料的塑化效果就更差了。

反之，若背压太高，螺杆后退受到较大阻力，在螺杆旋转不断地把塑料推向前方的情况下，将使机头压力增高，从而增大螺杆中的逆流和料筒与螺杆间隙的漏流，反而使塑化效率（单位时间能塑化的料量）降低。螺杆转速越高，塑化压力对塑化效率影响越大，因为大的剪切作用和高的摩擦热使熔料温度上升，黏度下降，逆流和漏流更大了。图 2-41 表示聚苯乙烯和聚乙烯在塑化压力影响下塑化效率变化的情况。

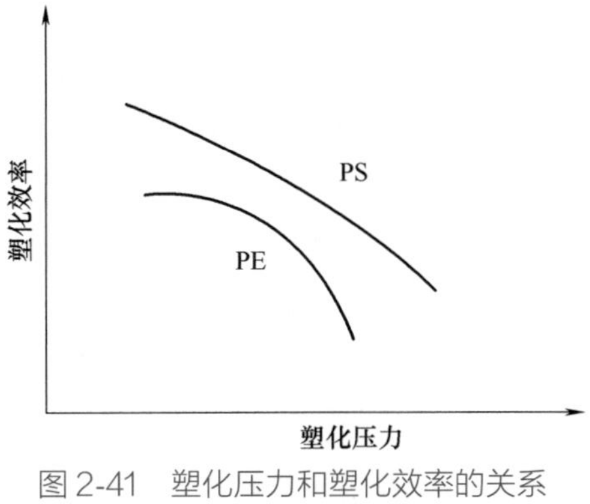

图 2-41　塑化压力和塑化效率的关系

由图可见，聚苯乙烯塑化效率随压力增高而均匀下降，但聚乙烯塑化时，初期塑比效率随压力增高变化不大，达到一定值后便急剧下降，使塑化效率大大降低。

过高的背压往往还带来其他问题：由于料筒内热效应增加，在外加热条件不变的情况下，塑料的实际温度将升高，有可能造成热分解或出现交联变质，着色剂变色程度也增大；预塑机构和螺杆料筒机械磨损增大；预塑周期延长，生产效率下降；容易发出现流涎现象，再生料量增加；即使采用自锁式喷嘴，如果背压高于喷嘴中弹簧的闭锁压力，亦会造成其疲劳破坏。

② 注射压力。注射压力是指注射时在螺杆头部（计量室）的熔体压力。注射压力的作用是克服熔体从料筒流向型腔的阻力，给予熔体一定的充模速率并对熔体进行压实。注射压力过

低会导致熔体不能充满模腔；反之，注射压力过高，不仅会造成制品溢边、胀模等不良现象，还会使制品产生较大内应力，并对模具及注射机产生较大损害。

熔融塑料必须在很短时间内完全进入并持续充满温度较低的模腔，这就需要提供充分的推动力，也就是注射压力和保压时间。注射压力的高低和保压时间的长短，都对最终制件的质量有很大的影响。

一般而言，当注射压力过低时，塑料进入型腔缓慢，紧贴金属壁面的那一层塑料会由于温度急速下降而使黏度增高，并很快向流动轴心传递这种影响，使塑料流动通道在很短时间内变得十分狭窄，大大削弱了进入模腔的压力，结果制件表面出现波纹、缺料、气泡，有些塑料制件还会脆性破裂。当注射压力过高时，熔料充模过快，在浇口附近以湍流形式进入而发生“自由喷射”、裹挟空气带入制件，于是制件表面呈云雾斑纹或闪光一类缺陷。高压注射往往也是造成制件飞边的主要原因。同时，高压注射会导致制件脱模时残余应力大，脱模困难，容易发生翘曲变形。

注塑过程中模内塑料压力大小随时间变化的情况如图 2-42 所示（以螺杆机为例）。

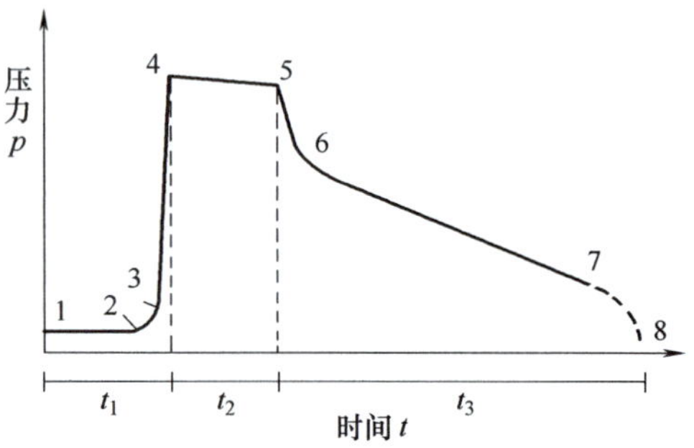

图 2-42　模腔内塑料压力随时间变化的关系

t_1—注射时间　t_2—保压时间　t_3—冷却时间

图中，1→2 是螺杆开始前进，熔融塑料开始充模。当型腔未充满前，模内压力接近于零；2→3 是塑料注入并开始充满型腔；3→4 是塑料继续注入已开始充满的型腔，压力急剧上升，4 为峰值；4→5 是注射完毕实行保压，补充型腔内塑料冷却收缩而造成的体积缩小；5→6 是保压完毕螺杆后退，由于型腔中塑料压力比流道高，浇口又尚未完全固化，塑料发生倒流（虽然流动量很小），使型腔内塑料压力趋于下降；6→7 是浇口处的塑料固化封闭浇口，随着型腔内制件温度的迅速下降，塑料冷却收缩，压力亦持续下降；7→8 为开模过程中压力的降低。7 为制件内部保持的压力与模外空间压力的差值，称为残余应力；8 为脱模后与外界压力平衡，即表压为零。

注射压力显然要比充满型腔所需的压力更高，但高多少是不一定的。根据经验，在安全生产的前提下，高得越多，制件质量越好。

研究指出，在浇口冻结封闭瞬间，型腔内部出现两个互相矛盾的效应，一是塑料的冷却收缩，二是塑料的卸压膨胀。如果收缩占优势，制件很快与型腔表面脱离，在残余热量的作用下使制件表面出现诸如起雾、无光泽、缩痕大、斑点等缺陷；如果膨胀占优势，制件表面在塑料内压的作用下与型腔壁发生大的摩擦，互相牢牢地粘靠，结果就造成粘模，开模时容易使制件挫伤拉裂。

在实际生产上，在不会造成粘模及飞边的限度内，以较高的压力注塑，以便型腔内熔料在完全冷凝前始终获得充分的压力和补充，既压紧塑料，又使来自于不同方向先后充满型腔的塑料熔成一个整体；而且，在较高温度的型控内，高聚物大分子有机会松弛，从而使制件密度增大，出模后的制件表面自由变化减小，进而达到接近模面的粗糙度，整体的机械性能也较好。其他如收缩凹陷、收缩造成的尺寸偏差、波纹、色泽差异等一类缺陷也大大减少。

但注射压力偏高也有限度。对大面积制件或模具结构过于复杂、刚性不高的尤须注意。当压力过高时，塑料在高压下冷凝得快，残余应力高，制件强度就降低了，也容易出现飞边。此外，当然还必须考虑到使用较高注射压力进行常规生产对机台和模具的磨耗较大。

选择注射压力时，首先要考虑注射机所允许的注射压力，然后根据影响熔体充模过程中压力损失的主要因素（材料性质、模具结构及工艺参数），调整注射压力。

a. 注射压力与机台规格的关系。有些生产者错误地认为，机台越大注射压力必然越大。所以当有某一制件在小机台上注制不满时，就试图将模具转移到大机台上去，以为压力大了必然能注满。其实，无论大机或小机，注射压力形成的道理都是一样的，即都取决于前阻后推这个基本条件。对于同一个模具，塑料注射时产生的阻力在模温相接近时是不会有变化的，这是“前阻”不变。至于“后推”，一般而言无论大机或小机，都配备具有注射各种塑料所必需的足够压力的液压系统。相同压力级别的液压系统能力虽有不同，但只要符合设计加工技术规范的，以压力油黏度作为设计依据的压力特性应基本一致，也就是说，各类规格的普通注塑机，它们的螺杆或柱塞在进行注射动作时单位截面积上施加给塑料的压力都可以调成一致。只有特种压力级别的液压系统才能提供专用机台所需的特种压力。现在普通注塑机最大注射压力一般都是98~117. 6MPa，美国恩柯公司生产的专用注塑机注射量达100kg，注射压力仅为13MPa，德国有2g小型精密注塑机，注射压力竟达490MPa。既然不论大机或小机，只要在充模时间相差甚小情况下，模具所形成的阻力条件是不变的，故在情况未清楚之前，不应盲目地将小模具随便地转移到大机进行生产。

虽然注射压力与机台规格大小无关，但在实际操作中，同一模具放到大机上注制出来的制件质量要比放到小机上的好一些，这大致有下面一些原因：

Ⅰ　大机贮料容量大，塑料在料筒中受热时间较小机长，塑化更充分，着色剂亦分散得更好，待别对于颗粒大的或粒度不太均匀的塑料，大机的兼容性要比小机强。

Ⅱ　大机锁模力相对小机的大，可以将注射压力调得较高而不致产生飞边，这样生产出来的制件将由于压力偏高而获得较好的质量，例如制件表面细密平滑，光泽好，无收缩凹陷，尺寸较准确。

Ⅲ　大机一般带预塑螺杆，小机则多是柱塞式，除了预塑化的好处外，还存在着机械能力上的差异。例如小机注射压力损耗比大机大，经测定，从喷嘴出来的熔融塑料，只获得20%~50%的推力，有一半以上的注射压力损耗在压紧柱塞前方的粒料和克服粒料与料筒壁、分流梭之间的摩擦阻力上去了。从这一点来看，大机压力确实比小机大。又如，柱塞机注射速度是不均匀的，在开始注射时，柱塞行程首先用来推压前端疏松的料粒，料筒喷嘴注射入模的熔料不多，速度亦慢，只有到后期料粒被完全压紧了，压力才真正往前端传递，此时熔料才大量进模。可以看出，这种充模过程的速度变化对质量要求较高的、较大型和复杂的制件成型是不利的。

b. 注射压力与浇口位置和个数的关系。对单浇口而言，中心浇口与侧浇口相比可缩短熔体的流动长度，因而可减小注射压力；多浇口可减少熔体的流动长度，减小所需的注射压力。

c. 注射压力与制品厚度和形状的关系。对于薄壁制品，充模阻力大，冷却的比表面大，加压有利于提高塑料流动性，在塑料冷凝之前抢先充满型腔。但压力过高又会令这类料流通道狭窄的制件因高聚物大分子难以从伸直状态回复卷曲的自然状态而形成较大的内应力，结果制件就容易开裂。

对于厚壁制件以低压高速或低速高压注射为宜。例如注塑放大镜头，以低速高压注射，并辅以适当的模温，这样可以减少制件因塑料熔化温度过高与模具温度过低形成的太大温差，造成制件表面出现震纹或熔接纹。

对于形状复杂的制件，由于料流方向、通道截面、交汇位置等变化大，料的压力损耗和降温速度大，需用的注射压力较高，但高的程度要有所限制。这种形状复杂的制件往往脱模困难，当压力增大时，问题更为突出。制造这种模具，应尽量采用大一些的脱模斜度和可靠的顶出结构。

对于投影面积大，流程长的制件也需要用高压。因为随着流程的延伸，熔料的温度越来越低，流动的通道变得越来越窄，模内空气受压缩的程度越来越大。如果缺乏足够的压力推动，是难以将熔料送到远端，使制件完满成型。但这类制件如果施用压力过高，又会迫使浇口附近部分过于充盈而造成脱模困难或令制件产生翘曲变形。

d. 注射压力与注射时间的关系。注射压力与注射时间的关系如图 2-43。图中曲线的最低点对应着注射压力最低时的注射时间，即最佳注射时间。 如果注射时间小于最佳注射时间，随着注射时间的减小，熔体流动速率增大，从而熔体的剪切速率和剪切应力增大，所需注射压力也随之增大；相反，如果注射时间大于最佳注射时间，随着注射时间的增大，熔体流动速率减小，模壁冷却效应增大，熔体黏度增加或产生较厚的不流动层使流道变窄，因而需要更高的注射压力。

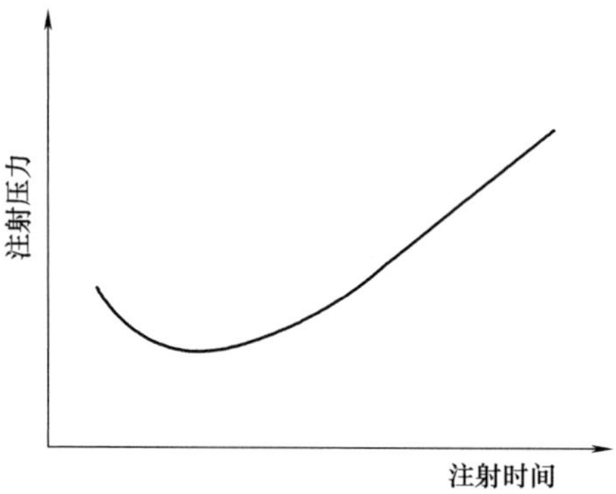

图 2-43　注射压力与注射时间的关系

e. 注射压力与物料性质的关系。物料黏度越大，流动阻力越大，因而需要更高的注射压力。

f. 注射压力与熔体及模壁温度的关系。较高的熔体温度可降低熔体熟度，改善流动性，减小注射压力；较高的模壁温度可减小模壁冷却效应。因而也可减小注射压力。

g. 注射压力的检查和调节。注射压力的检查方法是用手动操作进行，观察到的是注射油缸油压表压力，而我们一般提到的注射压力则是指螺杆推动料筒前端熔料时的压力。油压表工作压力对不同直径注射螺杆产生的注射压力是不相同的。图 2-44 显示出几种不同直径螺杆产生的注射压力。

在实际进行模塑压力调节时，首先让螺杆射料直至模腔填满塑料，这时记录螺杆停止的位置及制件所需的熔料量，再将保压射料的起动位置调至比注射终点前 0. 1%-15%处。

③ 保压压力。从模腔充满塑料后，必须继续对模腔内塑料施加一个压力，直至浇口完全

冷却冻结为止，这就是保压压力。其具体作用是补充靠近浇口位置的料量，并在浇口因塑料冷凝而封闭以前制止模腔中尚未完全硬化的塑料在残余压力作用下向浇口料源方向倒流，从而防止制件的过度收缩、减少真空泡。保压压力的另一作用是减少制件因过大的注射压力而发生粘模、爆裂或弯曲。保压压力不足时会造成制品产生凹陷、气泡、收缩过大等缺陷；保压压力过大时会出现过度充填、浇口附近应力过大、脱模困难等问题。保压压力一般可取最高注射压力的 70%～80%。为改善制品的质量，也可采用分段保压压力控制。一般常用的方式有下列两种。

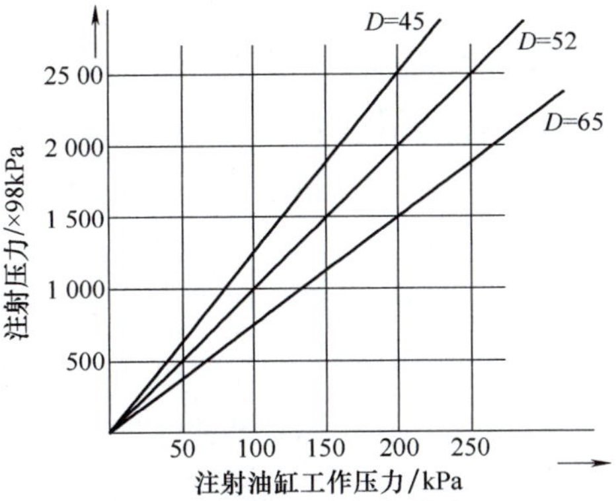

图 2-44　注射油缸工作压力与注射压力关系

a. 逐段下降的保压压力。可以避免过度保压，可减少残余应力，避免翘曲变形。减少浇口附近与流动末端的密度差，并减少能量消耗。

b. 先低后高的保压压力。第一段较低的保压压力，可防止毛边产生；第二段较高的保压压力，在表层已固化时，可提高保压压力补偿收缩，避免表面凹陷。

虽然较高的注射压力是完满充模的基本保证，但制件的密度主要取决于封闭浇口时压力的高低，而与充模压力无关。

比如，有一件投影面积大而壁厚相当薄的产品，如果以低速低压充填模腔，则很难注满，且生产效率低。因此必须采用高的注射压力和高的注射速度，以减少充填过程中塑料热量的散失及模具流到及冷却系统对塑料产生的流动阻力。但过大的注射压力及过高的注射速率又会令注塑机锁模力增大，模腔内的气体不能排除，使制件产生飞边或出现烧焦的痕迹。故一定要有适当的保压压力来调整，整个过程应该分两个阶段进行：第一阶段先以高速高压注射把料筒内的熔料充填薄壁制件的模腔约 85%的体积；第二阶段则以较低的注射压力及注射速度继续充填其余的 15%未填满的模腔。由于末段注射速度较低，模腔内的气体有较足够的时间被排出模腔外，直至模腔填满塑料后仍以此压力保持一段时间，以防止模腔内的塑料倒流回喷嘴内，直至浇口完全封闭及制件定形。保压压力及速度通常是塑料充填模腔时最高压力及速度的 60%~90%，即保压压力比注射压力低。但有时，保压压力也设定为与注射压力相等。

保压期间，模腔内的塑料仍有流动，加上温度持续迅速下降，必然会在制件中形成分子取向。在此期间，由于塑料冻结较多，所以制件中的分子取向主要在此期间形成并被固定下来。保压时间越长，取向程度越大。塑料取向程度过大时，制件各个位置、方向的内应力差异大，脱模时易发生翘曲和开裂。此外，保压压力过大、时间过长，有可能将浇口、流道上的冷料挤进制件内，使靠近浇口的位置添上冷料亮斑，而且还延长了成型周期。

保压时间长短与料温有很直接的关系。熔料温度高，浇口封闭时间就长，保压时间也长，反之保压时间就短。 PE、 PP 这类熔点不高而明显的料，一经模具降温，便很快固化，故保压时间可以调得较短。

保压时间长短又因产品投影面积及壁厚而不同。一般壁厚的制件，保压时间需较长，而薄壁的制件，保压时间则可较短。此外，保压封口的时间与模具浇口的形状和尺寸有关。例如，点浇口，冻结速度快，保压时间相对较短。

由于保压压力比注射压力低，所以在较长的保压时间内，油泵的负荷低，故油泵的使用寿命得以延长，同时油泵电机的耗电量也降低。

（3）时间

① 注射时间（注射速度）。注射时间是指充模时间，注射速度是指螺杆向前推进的速度。当注射行程一定时，注射速度与注射时间成反比。

注塑机上的注射速度是通过调节单位时间向注射油缸供油的多少来实现。在高压注射时间内，液压系统的大小泵同时向注射油缸完全供油，使注射油缸活塞在大流量液压油的推动下迅速前进，从而使熔融塑料在设定的压力下迅速充模，形成高速注射。所以高压注射时不仅注射压力高，而且注射速度也快。如果注射时液压系统的油量只是部分向注射油缸供油，活塞移动速度慢，注射速度也慢，形成低速注射。有些注塑机注射油路上还设有流量调节阀，可根据需要调定注射速度的快慢，从而形成中速注射等。现在，大多数注塑机都更为先进，设有多级速度的液压控制系统。

实际上，熔料进入模腔的速度和压力的产生一样，受制于“前阻后推”而不完全是由注射速度所决定。其他影响因素还包括注射压力的大小、熔料的流动性、型腔形状及浇口流道的形式和尺寸等。随着充模速度的不同可出现不同的充模效果。图 2-45 表示低速和高速充模时料流的情况。

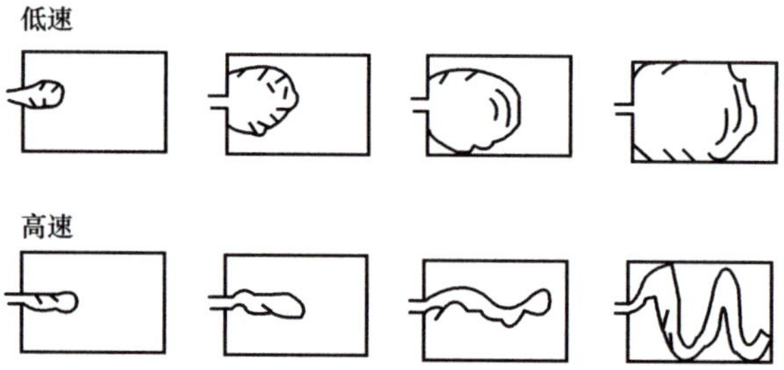

图 2-45　两种注射速度下的充模情况

低速注射时，料流速度慢，熔料从浇口开始逐渐向型腔远端流动，料流前锋呈球状。先进入型腔的熔料先冷却，因而流速减慢，接近型腔壁的部分冷却成高弹态的薄壳，而远离型腔壁的部分仍为黏流态的热流，继续延伸球状的料流前锋，至完全充满型腔后，冷却壳的厚度加大而变硬。由于熔料进入型腔时间长，冷却使得黏度增大，这种慢速充模的流动阻力也增大，需要用较高注射压充模。

低速充模的优点是流速平稳，制件尺寸比较稳定，波动较小，而且因料流剪切速率减小，制件内应力低，并使制件内外各个方向上的应力趋向一致。例如将某聚碳酸酯制件浸入四氯化碳中，高速注射成型的制件有开裂倾向，而低速的不开裂。在较为缓慢的充模条件下，料流的温差，特别是浇口前后料的温差大，有助于避免缩孔和凹陷的发生。低速充模的缺点是当充模时间延续较长时，容易使制件出现分层和结合不良的熔接痕，不单影响外观，而且使机械强度大大降低，在成型带细纹的制件时，会使细纹轮廓不清晰、不规整。有时为了弥补上述缺点，在低速注射时只好将注射压力一再提高。但注射压力提高后，又很容易在充模过程中形成较大的压力梯度，增加分子的取向度，从而使制件存在各向异性，降低使用强度。

高速注射时，料流速度快，熔料从浇口进入模腔，直到熔体冲撞到前面的型腔壁为止，后来的熔料相继被压缩，最后相互折叠熔合成为一个整体。当这种高速充模顺利时，熔料很快充满型腔，料温下降得少，黏度降低也小，可采用较低的注射压力，是一种热料充模的情况。这种高速充模能改进制件的光泽度和平滑度，消除了熔接痕及分层现象，收缩凹陷小，颜色更均匀一致，能保证制件厚度较大的部分丰满。但当充模速度过快时，有可能变成“自由喷射”，带来一系列问题。首先是会出现湍流或涡流，熔料中混入空气，使制件肿胀起泡。特别是当模具浇口太小，型腔排气不好时，很可能会因制件内部来不及排气而产生许多大小不一的气泡。其次是塑料在流道、浇口等狭窄处所受的摩擦及剪切力大，使局部温升过高，制件泛黄。更有甚者，由于型腔内空气来不及排出，急剧压缩下产生更大的热而使制件烧伤变焦。此外，因热的熔体与冷的型腔壁的高速接触摩擦，会使制件表面过于牢固地粘附在型腔上，造成脱模困难。最后，由于料流速度紊乱，会出现充模不均现象。例如，对于熔融黏度高的塑料，有可能导致熔体破裂，使制件表面产生云雾斑（用高速注射标准试样证明，靠近浇口处的云雾斑特别严重，透明件也变得不透明）。充模速度过高也增加了由内应力引起的翘曲和厚壁制件沿熔接痕开裂的倾向。

因此，注射速度越慢，注射时间越长，制品越易产生冷接缝、密度不均、制品内应力大等弊病。合理缩短注射时间、提高注射速度，可以减少熔体在模内的温差、改善压力传递效果、保持制品密度均匀、提高制品力学性能和表面光泽性。对于薄壁和长度较长的制品快速注射更为合适，否则易出现缺料。当用高速注射时，可以低温模塑，缩短成型周期，从而提高生产效率。但注射时间过短，注射速度过高，熔体离开喷嘴后会产生不规则流动，且产生大量剪切热而烧焦物料。在高速注射时，模内的气体往往来不及排出而夹杂在物料中严重影响制品质量。

图 2-46 表示注射速度不当引起的制件缺陷形态。

高速注射与低速注射可用于注塑机喷嘴孔大小的选择。在相同条件下，如果采用过大的喷嘴孔将导致充模困难，亦即无力充模；如果采用适当的喷嘴孔，在塑料通过时将获得充分的摩擦和剪切效果，使黏度下降，充模畅顺。

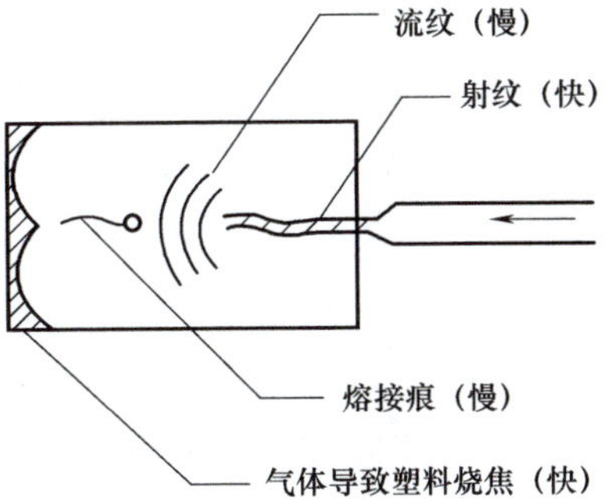

图 2-46　注射速度过快引起的产品缺陷

下面是需采用适当高速高压注射的情况：

a. 塑料黏度高、冷却速度快，长流程制件如果采用低压慢速不能完全充满型腔各个角落。

b. 壁厚太薄的制件，熔料到达薄壁处易冷凝而滞留，必须采用一次高速注射，使熔料的能量被大量消耗以前能够进入型腔。

c. 用玻璃纤维增强的塑料，或有较大量填充材料的塑料，由于流动性差，为保证得到表面光滑而均匀的制件，必须采用高速高压注射。

在实际生产的试模试产阶段，一般都先用低压低速注射，以后根据制件成型状况再调整其高低。但这都是单级注射上的考虑，对一些高档的精密制件、厚壁制件、壁厚变化大的和具有较厚突缘和筋的制件，最好采用多级注射，如二级、三级、四级甚至五级注射，这是利用多级速度和多级注射压力的液压控制系统，根据充模过程成型面积、耗用料量的增大作出相应的速

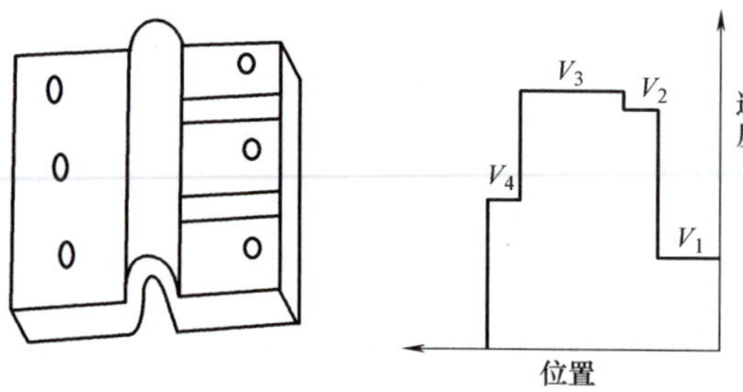

图 2-47 聚丙烯铰链四级注射速度

度调整，力求塑料在型腔内的推进过程能够每点线速度接近一致。图 2-47 为聚丙烯铰链四级注射的例子，其中 V_1 低速，熔料平稳进模，防止发生涡流；V_2、V_3 为不同的高速，保证制件充满；V_4 低速，使制件保持丰满，不致发生收缩凹陷，同时消除气泡，将残余应力降到最低。

② 充模/保压切换点。充模阶段的注射以速度控制为主，保压阶段以压力控制为主。因此，这种切换也被称为 *V/P* 切换（velocity/pressure switchover）。充模切换到保压，控制方式有位置控制、时间控制、注射压力控制、模腔压力控制、喷嘴压力控制、模腔温度控制等多种形式。

a. 位置控制。当螺杆推进到设定的 *V-P* 切换位置时，射出动作就直接转换到保压动作。这种方法的切换信号由保压位置的限位开关发出，依赖于精确检测并控制注射螺杆的位置，一般可以达到 0. 1mm 的控制精度。位置切换是一种是最常用的方法。常使用在充填速度快的成形品及薄壁成形品中运用。

b. 时间控制。当注射进行一段设定的时间后，切换为保压状态。这种方法没有考虑螺杆前端的熔体压缩、熔体黏度、进料精度或者液压压力的变化，也没有考虑螺杆推进速率的变化，而液压压力的变化会引起螺杆位置的变化，其中包括进料阶段的结束位置或保压阶段的开始位置以及相应的储料行程与注射行程发生变化。其结果是塑件质量，尤其是重量和尺寸等波动会较大，适合普通塑件的生产。

c. 注射压力控制。当塑机系统压力达到设定值时实行切换。在注塑的初期，模腔尚未充满，注塑压力较低。当模腔逐渐充满后，系统的压力上升到达设定的压力切换点，系统自动切换转入保压阶段。

d. 模腔压力控制。通过在模腔后面钻一个安装孔将压力传感器安装在塑件某处，顶部与模腔的表面平齐，传感器与熔体直接接触，测量精度非常高，其电缆则从模具中穿过而与位于模具外表面的监测系统接口相连接。传感器测量到模腔压力达到设定压力为切换点，开始进行保压。

一般的注射成型以时间控制为主，先进的注射机可能提供位置控制和压力控制方式。通常以模腔压力控制的成型制件品质最为稳定，注射压力控制次之，位置控制和时间控制较差。不管采取哪种控制方式，充模/保压切换点的设定对成型过程都有很大影响。图 2-48 为保压阶段模腔压力曲线。切换点设定过迟［如图 2-48（a）所示］，会造成高的模腔内压力尖峰、过度充填（飞边等）、产品过重、高残余应力、烧焦、模具受损、锁模装置承受较大应力等不良影响；切换点设定过早［如图 2-48（b）所示］，会造成模腔内压力突降，短射、产品质量不足、熔接线结合不好、凹陷等不良影响；图 2-48（c）为切换点设置合理时的模腔压力曲线。

实际生产中，一般将充填到型腔体积 95%~98%时进行 *V/P* 切换。

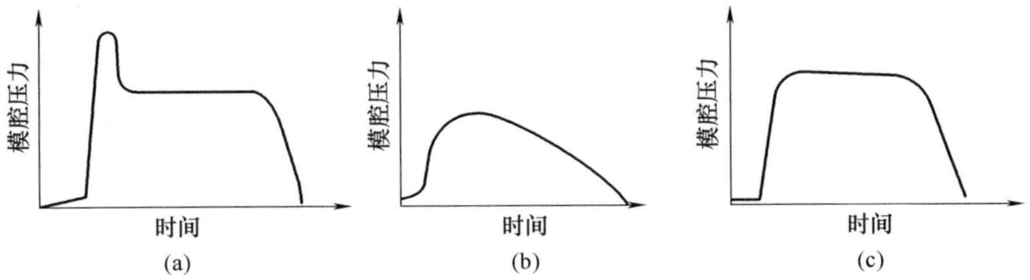

图 2-48　保压阶段模腔压力曲线

（a）切换点设定过迟　（b）切换点设定过早　（c）切换点设定合理

③ 保压时间。通常，保压压力维持到浇口凝固后即可停止，太长的保压时间只是浪费能源而已。但如果保压时间太短，在浇口尚未凝固时就停止保压，会造成模腔内压力比流道内压力高，出现熔体倒流现象，从而使制品表面凹陷并产生残余应力。因此保压时间主要由浇口凝固时间决定。

2. 3. 2. 6　冷却与制品后处理技术

冷却过程一般可从注射开始直到注塑制品从模具中顶出为止。注射开始，塑料熔融体射入模具型腔，就开始受到模具的冷却而收缩，直到顶针顶出塑件，这一阶段都是在进行冷却。冷却使得注塑件在脱模时具有足够的刚度而不致发生翘曲变形，同时使残余压力接近于零而使塑件顺利脱模。冷却阶段，由于模具型腔内塑料的温度、压力和体积均有变化，到塑件脱模时，模内压力不一定等于外界压力，二者之间存在的差值称为残余压力。残余压力的大小与保压时间有密切关系，残压为正值时，脱模比较困难，制品容易被刮伤和破裂，操作注塑机顶针时要减小压力和速度来进行校正和微调；残压为负值时，制品表面容易凹陷痕或内部有真空泡，注塑机注射压力调节不当或充模不足也会造成这种情况。

注塑制品的后处理常采用退火处理和调湿处理，退火处理主要针对塑料原料在料筒内塑化不均匀或在型腔内冷却速率不均匀，使注塑件存有内应力，在使用和储存中发生力学性能下降、光学性能变坏、表面呈现银纹、变形和开裂情况。

退火处理方法是制品在热液体介质如热水、热矿物油、热甘油等或热空气循环烘箱中放置一段时间。退火处理的时间取决于塑料原料的品种、加热介质的温度、制品的形状和注塑条件，退火处理的温度一般控制在高于制品使用温度 10~20℃，或低于制品的热变形温度 10~20℃为宜。温度过高会使制品发生翘曲或变形，温度过低达不到退火的目的。对于塑料制品来说，制品壁越厚，或者是脆性越大，退火时间也越长。对于聚甲醛和氯化聚醚塑料的制品，它们虽然存在内应力，但由于这类塑料本身韧性好和玻璃化温度较低，内应力能缓慢自消，一般可不进行退火处理。

调湿处理主要是为消除聚酰胺塑料制品，特别是聚酰胺 6 制品的内应力和稳定尺寸。调湿处理通常在热水或醋酸钾水溶液中进行（沸点 121℃）。由于聚酰胺类塑料在高温下接触空气容易氧化，用热水或醋酸钾水溶液处理，一方面可以隔绝空气、避免制品氧化变色，另一方面又能使聚酰胺制品达到吸湿平衡而尺寸稳定。调湿处理的温度一般为 100~121℃，塑料制品热变形温度高，选取调湿温度的上限；反之，则选取调湿温度的下限。调湿的时间取决于制品的厚薄情况，聚酰胺制品在空气中存放和使用，会缓慢吸收水分而膨胀，直到几周后才能稳定，为了加快稳定常采用加温处理，加温处理起着软化剂的作用，可以提高制品的挠曲性和韧性，使冲击强度、拉伸强度提高。

注意，对于退火处理和调湿处理的注塑制品，在达到所需温度和时间以后，一定要缓慢地冷却到常温状态，以避免突然冷却或冷却速度太快而引起新的内应力，使后处理工序失效。

2.4 项目分析

2.4.1 保鲜盒产品特点分析

如图 2-49 所示，保鲜盒主要用于食品保鲜，不仅方便实用，而且可以将食物分门别类地存放。保鲜盒既可以放在冰箱里用于食物冷藏，也可以放在微波炉里进行加热或是使用洗碗机清洗。PVC 食品保鲜膜对人体危害很大，因为其成分中的乙基己基胺（DEHA）容易析出，随食物进入人体后，对人体有致癌作用。所以在保存食物时不妨用多种多样的保鲜盒来代替。冰箱保鲜盒对食品保鲜大有好处，它可以保证人们将食品尽量隔离放置，防止交叉污染。保鲜盒采用树脂材料制成，一般耐温范围：最高温 120℃，最低温 -20℃，具有如下一些要求：

图 2-49 保鲜盒产品

① 原料。随着消费者对健康的重视程度日益提高，人们更关注保鲜盒本身所用的材料是否健康。卫生、安全的材料，对人体无害，如 PC 材料、PE 材料和 PP 材料等，现在比较常见的保鲜盒材料为 PP 材料。

② 透明性。保鲜盒一般都采用透明或者半透明的材质。这样，大家在使用的时候不必打开盒子，就可以很轻易地确认盒内物品。

③ 外观。品质优秀的保鲜盒外观富有光泽，设计美观，没有毛刺。

④ 耐热性。保鲜盒对耐热性的要求比较高，在高温的水中不会变形，甚至可以放在沸水中消毒。

⑤ 耐用性。要具有优越的耐冲击性，重压或撞击时不易碎裂，不会留下刮痕。

⑥ 密封性。这是选择保鲜盒首要考虑的一点。虽然不同品牌的产品密封方式不同，但卓越的密封性是内存食物持久保鲜的必要条件。

⑦ 保鲜性。国际上密封测定标准是以透湿度测试来评定的，高品质的保鲜盒要比同类产品的透湿度低 200 倍，可以更长时间保持食物的新鲜。

⑧ 实用性。设计合理，各种大小的保鲜盒能够有条不紊地摆放、组合，保持整齐，节省空间。可直接在微波炉里加热食物，方便使用。

⑨ 多功能性、多样性。针对生活需要设计不同大小、不同性能的保鲜盒，使生活更便捷。

2.4.2　原料特点分析

聚丙烯树脂是一种结晶度高、耐磨性好的材料，其密度很低，可浮于水中。而且耐高温，具有突出的延伸性和抗疲劳性能。聚丙烯注塑工艺要点如下：

① 加工前一般不需干燥。

② 染色性较差，色粉在料中扩散不够均匀（一般需加入扩散油/白矿油），大制件尤其明显。

③ 成型收缩率大（1.2%-1.9%），尺寸不稳定，制件易变形缩水，采用提高注射压力及注射速度，减少层间剪切力使成型收缩率降低。

④ 流动性很好，注射压力大时易出现披锋且有方向性强的缺陷，注射压力一般为50-80MPa（太小压力会缩水明显），保压压力取注射压力的80%左右，宜取较长的保压时间补缩及较长的冷却时间保证制件尺寸和变形程度。

⑤ PP冷却速度快，宜快速注射，适当加深排气槽来改善排气不良。

⑥ 料温控制：成型温度料温较宽，因PP高结晶，所以料温需要较高。前料筒200~240℃，中料筒170~220℃，后料筒160~190℃，实际上为减少披锋，缩水等缺陷，往往取偏下限料温。

⑦ 模温一般为40~60℃，模温太低（<40℃），制件表面光泽差，甚至无光泽，模温太高（>90℃），则易发生翘曲变形、缩水等。

⑧ 由于其高结晶性， PP的体积在熔点附近会发生很大变化，冷却时收缩及结晶导致塑件内部产生气泡甚至局部空心，从而影响制件机械强度，所以调节注塑参数要有利于补缩。

⑨ 低温下表现脆性，对缺口敏感，产品设计时避免尖角，厚壁制件所需模温较薄壁件低。

2.4.3　模具结构特点分析

① 一模一腔。

② 一个中心浇口。

③ 薄壁产品。

④ 流动比大。

⑤ 推板脱模。

2.4.4 注射机特点分析

① 卧式注射成型机。
② 往复螺杆式塑化系统。
③ 液压-机械组合式合模机构。
④ 调模机构特点。
⑤ 顶出机构特点。
⑥ 最大注射量。
⑦ 注射压力。
⑧ 注射机的其他技术参数。

2.5 项目实施

2.5.1 准备工具

工具准备按表 2-5 进行。

表 2-5 注射成型用工具

序号	工具名称	规格	数量	备注
1	紧扳手		1 套	
2	手锤		1 只	
3	活动扳手		2 把	
4	模脚码铁		10 套	
5	铜刀		2 把	
6	铜针		2 根	
7	铜棒	Φ60	2 根	
8	手套		10 双	

2.5.2 准备原料

根据各种塑料的特性，成型前应对原材料进行预处理，参见 1.5.5.1。

2.5.3 开机并设定工艺参数

打开电源、冷却水、急停开关、电加热开关，按照所制定的注射成型工艺卡输入参数。

2.5.4 安装模具

将保鲜盒模具装入选定的设备。注意，该模具顶出机构特殊，在模具安装过程中应换下注射机顶出机构的中心顶杆，采用左右两侧顶杆。调节好模板开距、顶出距离，并进行初步试运行，以检查模具安装是否牢固可靠，顶出行程是否合适，顶出杆（板）能否反退复位。冷却水管、加热体等均应在使用前安装好。

2.5.5 脱模剂的使用

根据实际情况选用或不选用脱模剂。

2.5.6 对空注射

对空注射操作方法参见 1.5.5.4。

2.5.7 注射成型

注射成型操作方法参见 1.5.5.5。

2.5.8 制品热处理

根据产品的具体情况确定是否需要进行退火处理或者调湿处理。

（1）退火处理　由于塑料在料筒内塑化不均匀或在模腔内冷却速度不同，常会发生不均匀的结晶、取向和收缩，致使制品存在内应力，厚壁、带有嵌件或结晶性塑料的制品尤为突出，从而降低了制品的尺寸精度、力学性能和光学性能，表面出现银纹、变形开裂等。解决这些问题的方法是对制品进行热处理。热处理的方法是将制品置于一定温度的液体介质如热水、热的矿物油、甘油、乙二醇或液体石蜡等或热空气循环烘箱中，经过一段时间后，缓慢冷却至室温。表 2-6 为各种热塑性塑料退火处理条件。

表 2-6　　热塑性塑料的热处理条件

热塑性塑料	处理介质	处理温度/℃	制品壁厚/mm	处理时间/min
PS	空气或水	60～70	≤6	30～60
		70～77	>6	120～360
AS	空气或水	77	≤3	1
			3～6	3
			>6	4～25

续表

热塑性塑料	处理介质	处理温度/℃	制品壁厚/mm	处理时间/min
ABS	空气或水	80~100	—	16~20
PMMA	空气	75	—	240~360
PC	空气或油	125~130	1	30~40
PSU	空气	165	—	60~240
PA-66	油	150	3	15
PA-6	油	130	12	15
均聚 POM	油或空气	160	2. 5	30(油) 60(空气)
共聚 POM	空气或油	130~140 150	1 1	15 5
PP	空气	150	≤3 ≤6	30~60 60
PE	水	100	≤6 >6	15~30 60

热处理时间取决于塑料品种、制品形状和模塑工艺条件；通常，塑料分子链刚性或制品壁厚较大、带有金属嵌件、使用温度范围较宽、尺寸精度要求较高或内应力较大又不易自消的制品须进行热处理。但是，对于聚甲醛和氯化聚醚塑料的制品，虽然它们存在内应力，但是由于分子链本身柔性较大和玻璃化温度较低，内应力能缓慢自消，如果制品使用温度要求不高，可不进行热处理。一般热处理温度应控制在高于制品使用温度 10~20℃，或低于制品的热变形温度 10~20℃为宜。温度过高会使制品发生翘曲或变形；温度过低又达不到处理目的。热处理时间视塑料品种和制品的壁厚而定，以达到能消除制品内应力为原则，分子链的刚度越大，制品壁越厚，热处理时间应越长。热处理后的制品应缓慢冷却到室温，否则，可能会产生新的内应力。

（2）调湿处理

聚酰胺类塑料制品，在高温下与空气接触时，常会氧化变色，此外，在空气中使用和贮存时，又易吸收水分而膨胀，需要经过很长时间后才能得到稳定的尺寸。因此，如果将刚脱模的制品放在热水中进行处理，不仅可隔绝空气，防止制品氧化变色，而且可以加快制品吸湿，达到吸湿平衡，使制品尺寸稳定，该方法就称为调湿处理。调湿处理时的适量水分还能对聚酰胺起类似增塑作用，从而增加制品的韧性和柔软性，使冲击强度、拉伸强度等力学性能有所提高。

调湿处理的时间与温度，由聚酰胺塑料的品种、制品的形状、厚度及结晶度的大小而定。调湿介质除水外，还可选用醋酸钾溶液（沸点为 120℃左右）或油。

2.6 项目评价与总结提高

2.6.1 项目评价

表 2-7　　注射成型保鲜盒的评价表（占总成绩比例：15%）

序号	考评点	分值	建议考核方式	评价标准		
				优	良	及格
1	分析产品、模具特点，了解注射机参数	10	教师评价(50%)+互评(50%)	能正确分析产品、模具特点，详细了解注射机参数	能正确分析产品、模具主要特点，了解注射机主要参数	能分析产品、模具特点，了解注射机参数
2	规划实施项目方案与步骤	25	教师评价(80%)+互评(20%)	能够完整地说明产品成型的整个过程，正确制定整个过程的工艺参数	能够说明产品成型的整个过程，基本正确制定整个过程的工艺参数	能够说明产品成型过程中的主要步骤，并正确制定其工艺参数
3	项目实施	35	教师评价(60%)+自评(20%)+互评(20%)	操作熟练，产品无缺陷	操作正确，产品无明显缺陷	操作基本正确，产品缺陷少
4	项目总结	10	教师评价(100%)	总结报告格式标准，有完整、详细的任务分析、实施和总结过程记录，能提出一些新的合理化建议	总结报告格式标准，有完整的任务分析、实施和总结过程记录，能提出合理化建议	总结报告格式标准，有完整的任务分析、实施和总结过程记录
5	素质养成	20	教师评价(60%)+自评(20%)+互评(20%)	工作积极主动、精益求精，不辞辛劳、不畏难，严格遵守工作纪律，服从工作安排。能虚心请教并热心帮助同学，能主动、大方、准确地表达自己的观点与认识。严格遵守安全操作规程，爱惜工具与设备，节约原料，不乱扔垃圾，积极主动打扫卫生	工作积极主动，不辞辛劳、不畏难，遵守工作纪律，服从工作安排。能虚心请教并热心帮助同学，能大方、准确地表达自己的观点与认识。严格遵守安全操作规程，爱惜工具与设备，节约原料，不乱扔垃圾，积极主动打扫卫生	工作认真，不辞辛劳、不畏难，遵守工作纪律，服从工作安排。能准确地表达自己的观点与认识。遵守安全操作规程，爱惜工具与设备，节约原料，不乱扔垃圾并打扫卫生

2.6.2 项目总结

本项目以保鲜盒产品的注射成型为载体，除了对注射成型的整个过程有了更进一步的熟悉、熟练了相关操作之外，也学习了注射机的合模系统、模具的合模导向系统与脱模机构、注塑工艺过程及其相关参数的理论知识，同时介绍了多种常见塑料材料的注射成型特点。

为了对整个过程进行进一步的梳理，要求：

① 整理资料。汇总本项目进行过程中所查询到的资料，讨论留下的记录，选择材料、机器的依据，制定的注射成型工艺卡、操作过程记录以及所得产品。

② 撰写本项目的总结报告。

③ 讨论。对本项目进行过程中各成员的表现进行认真的评价。

2.6.3 相关资讯——各种常见材料的注射成型特点

2.6.3.1 聚乙烯（PE）

LDPE 与 HDPE 均具有良好的注塑成型工艺性，具体可用以下几方面加以说明：

① 聚乙烯的吸水性极小，不超过 0.01%，注射成型前不需要先对粒料进行干燥。

② 聚乙烯分子链柔性好，链间作用力小，熔体黏度低，成型时无须太高的注射压力，很容易成型出薄壁长流程制品等多种形状和尺寸的制品。

③ 聚乙烯熔体的非牛顿性不明显，剪切速率的改变（成型工艺中往往是通过改变成型压力）对黏度影响小。聚乙烯熔体黏度受温度影响也较小。

④ 聚乙烯的比热容较大，尽管它的熔点并不高，塑化时仍需要消耗较多热能，要求塑化装置应有较大的加热功率。

⑤ 聚乙烯的结晶能力高，成型工艺参数，特别是模具温度及其分布对制品结晶度影响很大，因而对制品性能影响很大。

⑥ 聚乙烯的收缩率绝对值及其变化范围都很大，在塑料材料中很突出，低密度聚乙烯收缩率在 1.5%~5.0%，高密度聚乙烯在缩率在 2.5%~6.0%，这是由其具有较高的结晶度，并且结晶度还会在很大范围内变化所决定的。

⑦ 聚乙烯熔体容易氧化，成型加工中应尽可能避免熔体与氧直接接触。

⑧ 聚乙烯的品级、牌号极多，应按熔融指数大小选取适当的成型工艺。

低密度聚乙烯与高密度聚乙烯典型的成型工艺条件如表 2-8 所示。

注塑成型用于制备承载的制品时，应选用注塑用品级中的熔融指数较小的材料，若用于制备薄壁长流程制品或非承载性制品，可选用熔融指数较高的材料。

2.6.3.2 聚丙烯（PP）

注射成型是聚丙烯塑料最常用的成型方法之一，其成型加工性具有如下特点：

① 吸湿性小，仅 0.01%~0.03%，注射成型前不需要对粒料进行干燥。

表 2-8 聚乙烯的注塑成型工艺

工艺参数		LDPE	HDPE
料筒温度/℃	后部	140~160	140~160
	中部	160~170	180~190
	前部	170~200	180~220
喷嘴温度/℃		170~180	180~190
工艺参数		LDPE	HDPE
注射压力/MPa		50~100	70~100
模具温度/℃		30~60	30~60

② 熔体黏度小，易成型出薄壁长流程制品，不需要采用很高的成型压力。

③ 具有结晶性，收缩率绝对值及其变化范围都较大，在 1%~3%范围内，且具有较明显的后收缩性。工艺参数对制品结晶度有较大影响，对制品性能和尺寸变化也有较大影响。

④ 熔体具有较明显的非牛顿性，黏度对剪切速率和温度都比较敏感。

⑤ 熔体弹性大，冷却凝固速度快，制品易产生内应力。

⑥ 受热时容易氧化降解，应尽量减少受热时间，并尽量避免受热时与氧接触。

聚丙烯的典型注塑工艺如表 2-9 所示。

表 2-9 聚丙烯的典型注塑工艺

工艺参数		取值范围
料筒温度/℃	后部	160~180
	中部	180~200
	前部	200~230
喷嘴温度/℃		180~190
注射压力/MPa		70~100
模具温度/℃		20~60

2.6.3.3 聚氯乙烯（PVC）

聚氯乙烯分为软质聚氯乙烯（SPVC， PVC-P）和硬质聚氯乙烯（RPVC， PVC-U）两种，注射成型主要用硬质聚氯乙烯，其注射成型加工工艺特性如下：

① 热稳定性差。为避免材料过热分解，应尽量避免一切不必要的受热现象，严格控制成型温度，避免物料在料筒内滞留时间过长（特别是生产启动和班次交接时），并应尽量减少塑化过程中的摩擦热。

② 聚氯乙烯熔融黏度高，熔融加工工艺中应尽量避免使用分子量太高的品级，配料中应加入适当润滑剂以增加物料流动性，稳定剂应采用效率较高的有机锡类，如马来酸二丁基锡、二月桂酸二正辛基锡等。

③ 不宜采用柱塞式注塑机。

④ 聚氯乙烯熔体黏度高，需要较高的成型压力，为避免熔体破裂，注塑时宜采用中、低速，避免高速。

⑤ 聚氯乙烯热分解时放出氯化氢，对设备有腐蚀作用，加工的金属设备应采取电镀的防护措施或采用耐腐蚀钢材。

⑥ 聚氯乙烯的比热仅为 836~1170kJ/（kg·K），且无相变热，所以熔体冷却速度快，成型周期短。

典型的硬质聚氯乙烯注射成型工艺参数如表 2-10 所示。

表 2-10　　聚氯乙烯的典型注塑工艺

工艺参数		取值范围
料筒温度/℃	后部	160~170
	中部	165~180
	前部	170~190
喷嘴温度/℃		180~190
注射压力/MPa		80~130
模具温度/℃		30~60

2.6.3.4 聚苯乙烯（PS）

聚苯乙烯是热塑性塑料中最容易成型加工的品种之一，注射成型是其最重要的加工方法之一，在注射成型中表现出许多良好的工艺特点。

① 吸水率很小，为 0.02%~0.3%，成型加工前一般皆不需要专门的干燥工序。

② 聚苯乙烯是无定形聚合物，无明显熔点，从开始熔融流动至开始明显分解的温度范围宽，适宜成型的温度范围亦宽。

③ 熔体具有明显的假塑性行为，但出现假塑性行为有一个临界剪切应力。当剪应力 $\tau < 60/M_w$（MPa）时，熔体基本上属于牛顿型；超过这一临界值，假塑性特性变得很明显。同时，聚苯乙烯熔体黏度对温度也很敏感。因此，聚苯乙烯制品性能与工艺参数，特别是与成型温度及成型压力有明显关系，因为这两个参数对制品中分子链的取向程度有明显影响。

④ 聚苯乙烯收缩率及其变化范围都较小，一般在 0.2%~0.8%，有利于成型出尺寸精度较高和尺寸较稳定的制品。

⑤ 聚苯乙烯制品容易产生内应力。这是因为在成型时的剪切力作用下，分子链容易取向，而取向的分子链在制品冷却阶段尚未得到松弛，熔体就已冷却到玻璃化温度之下，所以使取向冻结。

聚苯乙烯的注射成型可根据制品形状和壁厚不同，在很大范围内调节其熔体温度，可用螺杆式注塑机，亦可用柱塞式注塑机进行成型。采用螺杆式注塑机时，最适宜的熔体温度是在 190~230 ℃范围，其典型的注塑工艺条件如表 2-11 中所示。

2.6.3.5 丙烯腈-丁二烯-苯乙烯（ABS）

注塑是 ABS 塑料最重要的成型方法，可以采用柱塞式注塑机，但更常采用螺杆式注塑机，后者更适于形状复杂制品、大型制品成型，其注射成型工艺特点如下：

① ABS 是无定形聚合物，无明显熔点，熔融流动温度不太高，随所含三种单体比例不同，在 160~190℃范围即具有充分的流动性，且热稳定性较好，在约高于 285℃时才出现分解

现象，因此加工温度范围较宽。

表 2-11 聚苯乙烯的典型注塑工艺条件

工艺参数		取值范围
料筒温度/℃	后部	140~180
	中部	180~190
	前部	190~200
喷嘴温度/℃		180~190
注射压力/MPa		30~120
模具温度/℃		40~60
后处理温度/℃		70
后处理时间/h		2~4

② ABS 熔体具有较明显的非牛顿性，提高成型压力可以使熔体黏度明显降低，同时黏度随温度升高也会明显下降。

③ ABS 吸湿性稍大于聚苯乙烯，吸水率约在 0.2%~0.45%，但由于熔体黏度不太高，故对于要求不高的制品，可以不经干燥，但干燥可使制品具有更好的表面光泽并可改善内在质量。在 80~90℃下干燥 2~3h，可以满足各种成型要求。

④ ABS 具有较小的成型收缩率，收缩率变化最大范围约为 0.3%~0.8%，在多数情况下，其变化小于该范围。

表 2-12 为 ABS 的典型注塑工艺条件。

表 2-12 ABS 的典型塑料注塑工艺条件

工艺参数		通用型	高耐热型	阻燃型
料筒温度/℃	后部	180~200	190~200	170~190
	中部	210~230	220~240	200~220
	前部	200~210	200~220	190~200
喷嘴温度/℃		180~190	190~200	180~190
注射压力/MPa		70~90	85~120	60~100
模具温度/℃		50~70	60~85	50~70

2.6.3.6 聚甲基丙烯酸甲酯（PMMA）

聚甲基丙烯酸甲酯注塑成型采用悬浮聚合所制得的颗粒料，成型在普通的柱塞式或螺杆式注塑机上进行，其注射成型工艺特性如下：

① 聚甲基丙烯酸甲酯含有极性侧甲基，具有较明显的吸湿性，吸水率一般在 0.3%~0.4%，成型前必须干燥，干燥条件是 80~85℃下干燥 4~5h。

② 聚甲基丙烯酸甲酯在成型加工的温度范围内具有较明显的非牛顿流体特性，熔融黏度随剪切速率增大会明显下降，熔体黏度对温度的变化也很敏感。因此，对于聚甲基丙烯酸甲酯的成型加工，提高成型压力和温度都可明显降低熔体黏度，取得较好的流动性。

③ 聚甲基丙烯酸甲酯开始流动的温度约 160℃，开始分解的温度高于 270℃，具有较宽的加工温度范围。

④ 聚甲基丙烯酸甲酯熔体黏度较高，冷却速率又较快，制品容易产生内应力，因此成型时要求严格控制工艺条件，制品成型后也需要进行后处理。

⑤ 聚甲基丙烯酸甲酯是无定形聚合物，收缩率及其变化范围都较小，一般约在 0.5%~0.8%，有利于成型出尺寸精度较高的塑件。

表 2-13 是聚甲基丙烯酸甲酯注塑成型的典型工艺条件。

表 2-13　　聚甲基丙烯酸甲酯注塑成型的典型工艺条件

工艺参数		螺杆式	柱塞式
料筒温度/℃	后部	180~200	180~200
	中部	190~230	—
	前部	180~210	210~240
喷嘴温度/℃		180~200	180~200
注射压力/MPa		80~120	80~130
保压压力/MPa		40~60	40~60
模具温度/℃		40~80	40~80

2.6.3.7 聚酰胺（PA）

聚酰胺具有良好的成型加工性，它们在注射成型时具有下述共同工艺特点：

① 吸湿性强，加工前必须充分干燥。干燥条件一般是在 80~90℃的热空气循环烘箱或真空箱中干至粒料所含水分不影响成型为止。烘干温度不宜过高，以免引起材料氧化变黄。

② 熔体黏度低，注塑中会有流涎现象，需采用自锁式喷嘴防止流涎。

③ 成型中分子链取向对剪切速率不太敏感，因此成型压力对制品性能影响较小。

④ 聚酰胺高温下易氧化降解，超过就会分解。在满足成型工艺的前提下，应避免采用过高的熔体温度，也应避免在料筒内滞留过长时间。

⑤ 聚酰胺是半结晶型聚合物，制品成型工艺参数对制品结晶度、收缩率及性能影响颇大。

聚酰胺的注塑成型可采用柱塞式或螺杆式注塑机。螺杆式注塑机应带有止逆环，并采用长径比为 12~20、压缩比为 3~4 的突变型螺杆。成型时熔体温度下限应高于熔点 5~10℃，上、下限温差 40~50℃。

表 2-14 是聚酰胺注塑成型的典型工艺条件。

2.6.3.8 聚甲醛（POM）

注射成型是聚甲醛的最主要加工方法，可用来加工阀杆、螺母、齿轮、凸轮、轴承和薄壁制品及精密制品等，注射成型可选用柱塞式和螺杆式注射机，但以螺杆式较好。聚甲醛的注射成型工艺特性如下：

表 2-14 聚酰胺的典型注塑工艺条件

工艺参数		PA-6	PA-66	PA-1010
料筒温度/℃	后部	200~210	240~250	190~210
	中部	230~240	260~280	200~220
	前部	230~240	255~265	210~230
喷嘴温度/℃		200~210	250~260	200~210
注射压力/MPa		80~100	80~130	80~100
模具温度/℃		60~100	60~120	20~80
后处理温度/℃		/		90(油、水)
后处理时间/h		/		2~16

① 聚甲醛熔融温度范围窄，均聚甲醛约 10℃，共聚甲醛约 50℃，同时热稳定性差，加工温度不宜超过 250℃，熔体不宜在料筒中停留过长时间。在保证物料充分塑化条件下应尽量降低温度，并采用提高注射压力和速度增加熔料充模能力。当发现分解时应及时停车，清除分解产物，以免进一步分解。

② 聚甲醛结晶度高，由无定型熔体变为结晶型凝固体时的体积收缩率大约为 17%，因此须采用保压补料方式防止收缩，以保证制品形状和尺寸的要求。

③ 聚甲醛熔体凝固速率很快，会造成充模困难、制品表面出现皱折、毛斑、熔接痕等缺陷，因此宜将模温控制在 80~130℃来消除这些缺陷。同时由于凝固快、固体表面硬度和刚性大、模塑收缩率大、摩擦因数小，故制品脱模性非常好且可快速脱模。

④ POM 吸湿性小，水分对成型工艺影响较小，一般可不干燥，也可在 110℃下干燥 2h。

⑤ 聚甲醛加工时应选用突变螺杆，喷嘴宜选用直通式，模具的浇注系统应设计为流线型，浇口应尽可能大些。

聚甲醛典型的注射成型工艺条件如表 2-15 所示。

表 2-15 聚甲醛的典型注塑工艺条件（螺杆式）

工艺参数		厚 6mm 以下的制品	厚 6mm 以上的制品
料筒温度/℃	后部	155~165	150~160
	中部	165~175	160~170
	前部	175~185	170~180
喷嘴温度/℃		170~180	165~175
注射压力/MPa		60~130	40~100
注射和保压时间/s		10~60	45~300
冷却时间/s		10~30	30~120
总周期/s		30~100	90~460
模具温度/℃		75~90	90~120
后处理温度/℃		—	120~130
后处理时间/h		—	4~8

2.6.3.9 聚碳酸酯（PC）

聚碳酸酯的注塑成型主要采用螺杆式注塑机。螺杆应是等距、深度渐变的单头螺纹螺杆，长径比 15~20，压缩比为 1.5~2.5，头部应带有止逆环；喷嘴采用延长式敞开型或大通道密闭型。用于注塑成型的 PC 数均分子量 M_n 约在（2.7~3.4）×10^4。 PC 注射成型工艺特点如下：

① 聚碳酸酯熔体黏度高， 240~300℃时熔体黏度达到 10^4~10^5Pa・s，对成型薄壁长流程制品、形状复杂的制品不利。

② 聚碳酸酯的非牛顿性不明显，增大剪切速率，黏度下降不明显，但黏度对温度比较敏感，提高温度会使黏度明显下降。

③ 聚碳酸酯分子链刚性大，且玻璃化温度较高，成型时进入模腔的熔体分子链被剪切取向后松弛速度慢，当熔体迅速冷却至玻璃化温度以下时，分子链来不及松弛就被冻结，造成制品内较大的内应力。减小内应力方法是尽可能提高熔体温度和模具温度（最高可达 100℃），采用高注射速率，带嵌件制品应对嵌件预热，制品脱模后在 125℃热处理 24h 等。

④ 聚碳酸酯吸水性虽不算太大，但少量水分在成型温度下也会引起碳酸酯基的水解、断链，使制品力学性能，特别是冲击强度明显下降，也会严重影响制品外观（出现银丝）。因此，成型前必须对粒料严格干燥。干燥条件是在 120℃烘干 4~6h。

⑤ 聚碳酸酯收缩率及收缩收缩率范围都不很大，在 0.5%~0.8%，与工艺条件及制品厚度有关。一般而言，聚碳酸酯可成型出精度较好的制品。

⑥ 聚碳酸酯对金属有很强的粘附性，这要求生产结束时应很好地清理料筒，否则粘附在料筒内壁上的熔体冷却收缩时会将筒壁上的金属拉下，损伤筒壁。

聚碳酸酯典型的注射成型工艺条件如表 2-16 所示。

表 2-16　　聚碳酸酯的典型注塑工艺条件

工艺参数		取值范围
料筒温度/℃	后部	220~240
	中部	230~280
	前部	240~285
喷嘴温度/℃		240~250
注射压力/MPa		70~150
模具温度/℃		70~120
后处理温度/℃		120~125
后处理时间/h		1~4

2.6.3.10 热塑性聚酯（PET/PBT）

PET 和 PBT 的注射成型工艺特点如下：

① 虽然吸水性都较小，分别是 0.13%和 0.08%~0.09%，但两种聚合物在熔融状态的温度下都容易产生水解引起性能下降，成型加工前必须进行干燥。 PET 应在 135℃的热风循环烘箱中干燥 2~4h， PBT 应在 120℃下干燥 3~6h。干燥温度较低时应延长干燥时间，务必使含湿量降低到 0.02%以下。

② PET 和 PBT 都是半结晶型聚合物，都具有较明显的熔程，熔体黏度较低。

③ 熔体都具有较明显的假塑性体特征，黏度对剪切速率有较明显的依赖关系，当剪切速率 $\dot{\gamma} > 10^3 s^{-1}$ 时，随 $\dot{\gamma}$ 增大，黏度会明显降低。温度改变对两种聚合物熔体黏度影响都较小。

④ PET 和 PBT 两种聚合物都有较大的收缩率及其波动范围，分别为 2.0%~2.5% 和 1.5%~2.0%。增强后收缩率绝对值减小，但波动范围仍较大。两种材料的制品不同方向收缩率差别较大，这一特点比其他大多数塑料表现更明显。

典型的 PET 和 PBT 注射成型工艺参数如表 2-17 所示。

表 2-17　　聚酰胺的典型注塑工艺条件

工艺参数		PET	PBT	玻纤增强 PBT
料筒温度/℃	后部	240~260	160~180	210~230
	中部	260~280	230~240	230~240
	前部	260~270	220~230	250~260
喷嘴温度/℃		250~260	210~220	210~230
注射压力/MPa		80~120	50~60	60~100
模具温度/℃		100~140	30~80	30~120
后处理温度/℃		—	—	170~175
后处理时间/h		—	—	2~3

表 2-18 汇总列出各种热塑性塑料的典型注射成型工艺条件，供参考。

2.6.4　练习与提高

① 注射模一般由哪些部分组成？各部分起什么作用？

② 设计注射模时，应考虑注射机的哪些参数？模具和这些参数之间有什么关系？

③ 合模导向机构的作用是什么？

④ 对导柱的要求有哪些？对导套的要求有哪些？

⑤ 试述导柱的布置原则。

⑥ 对脱模机构的要求有哪些？

⑦ 熟悉、掌握推杆、推管、推件板脱模机构的结构。

⑧ 复位杆复位和弹簧复位的特点是什么？

⑨注射成型前的准备工作有哪几项？

⑩ 简要说明注射成型过程的各个阶段？

⑪ 试分析塑料熔体进入模腔后的压力变化。

⑫ 塑料原料的工艺性能有哪几项？为什么说 MFR 是最重要的工艺性能之一？

⑬ 如果料筒中残存 RPVC，现要用 PET 在这台注射机上生产制品，请简述换料过程。

表 2-18 热塑性塑料的注射工艺参数

工艺参数		LDPE	HDPE	PP	玻璃纤维增强 PP	SPVC	RPVC	GP-PS	HIPS	ABS	PA1010
加工特点		加工性能好，用柱塞式或螺杆式注射机均可	加工性能好，用柱塞式或螺杆式注射机均可	加工性能好，用柱塞式或螺杆式注射机均可	对设备磨损大	加工性能较好，分解物对设备有腐蚀，多用螺杆式注射机	熔体黏度大，易分解变色用螺杆式注射机，温度应严格控制	加工性能好，用柱塞式或螺杆式注射机均可	熔体黏度大，易分解	加工性能好，用柱塞式或螺杆式注射机均可，热稳定性不太好	熔体黏度低，应采用闭式喷嘴注射机螺杆头带止逆环
干燥条件	温度(℃)	—	—	—	—	—	—	60~70	—	70~80	90~100(真空)
	时间(h)	—	—	—	—	—	—	2~4	—	4~8	6~8
温度/℃	机筒 后	140~160	140~160	160~180	160~180	140~150	160~170	140~180	140~160	150~170	190~210
	机筒 中	160~170	180~190	180~200	210~220	150~170	165~180	180~190	170~190	165~180	200~220
	机筒 前	170~200	190~220	200~230	210~220	170~175	170~190	190~200	170~190	180~200	210~230
	喷嘴	170~180	170~190	180~190	180~190	160~170	170~180	180~190	160~170	170~180	200~210
	模具	30~60	30~60	20~60	70~90	40~60	30~60	40~60	20~50	40~70	20~80
注射压力(MPa)		50~100	70~100	70~100	90~130	50~80	80~130	30~120	60~100	80~100	80~100
成型周期/s	注射保压	15~60	15~60	20~60	60~90	5~30	15~60	15~45	15~40	20~90	20~90
	高压	0~3	0~5	0~3	2~5	/	0~5	0~3	0~3	0~5	0~5
	冷却时间	15~60	15~50	20~90	15~40	5~15	15~60	15~60	15~40	20~120	20~120
热处理	温度℃	—	—	—	—	—	—	70 水或空气		2~4	90(油、水)
	时间 h	—	—	—	—	—	—	2~4			2~16
备注						增塑剂 50 份	无增塑剂	必要时热处理		必要时热处理	

工艺参数			PA6	玻璃纤维增强 PA66	PMMA	PC	PC/PE	玻璃纤维增强 PC	PMMA/PC	POM	CP	PCTFE
加工特点			与聚酰胺类加工特点基本相似	设备易磨损	熔体黏度大，用螺杆式注射机	熔体黏度大，玻璃化温度高流道短粗，工艺严格，多用螺杆式	成型性良好	熔体黏度大，设备易磨损	熔体黏度大，加工性能良好	应严格控制温度，防止分解	对模具有腐蚀性，模具型腔应镀铬	加工性能良好易分解，对模具有腐蚀性
干燥条件	温度(℃)		—	85~100	80~90	110~120	120	120	—	90~100	—	—
	时间(h)		—	8~24	2~8	>24	5~8	5~8	—	4~6	—	—
温度/℃	机筒	后	200~210	230~240	160~180	220~240	230~240	260~280	210~230	160~170	180~190	200~210
		中	230~240	270~280		230~280	240~260	270~310	240~260	170~180	195~210	285~290
		前	230~240	250~260	210~240	240~285	230~250	260~290	230~250	180~190	210~260	275~280
	喷嘴		200~210	250~260	180~200	240~250	220~230	240~260	220~240	170~180	190~200	265~270
	模具		60~100	110~120	40~80	70~120	80~100	90~110	60~80	70~120	80~100	110~130
注射压力(MPa)			80~100	80~130	80~130	70~150	80~120	60~140	80~130	80~130	80~140	80~130
成型周期/s	注射保压		15~50	20~60	20~60	20~90	20~80	40~50	20~40	20~90	15~60	20~60
	高压		0~4	2~5	0~5	0~5	0~5	2~5	0~5	0~5	0~5	0~3
	冷却时间		20~40	20~60	20~90	20~90	20~60	20~50	20~40	20~60	20~60	20~60
热处理	温度℃		—	100~120 油水	—	120~125	—	—	—	140~150	—	—
	时间 h		—	0.5~1	—	1~4	—	—	—	1~4	—	—
备　注												

续表

工艺参数			FEP	CA	CAP	CAB	PPO	改性 PPO	PAS	PBT	纤维增强 PBT	PET
加工特点			成型困难，操作室应通风	熔体黏度大，用柱塞式注射机	同 CA	同 CA	熔体黏度大，易分解，成型难	比 PPO 好				
干燥条件	温度(℃)		120~130	70~80	—	—	120	120	—	120~130	105~110	135~140
	时间(h)		6~8	2~4	—	—	2~4	2~4	—	3~5	>8	12
温度/℃	机筒	后	165~190	150~170	150~170	150~170	230~240	230~240	320~370	160~180	210~230	240~260
		中	270~290	—	—	—	260~290	240~270	345~385	230~240	230~240	260~280
		前	310~330	180~200	170~200	180~210	260~280	230~250	385~420	220~230	250~260	260~270
	喷嘴		300~310	150~180	150~170	160~180	250~280	220~240	330~410	210~220	210~230	250~260
	模具		110~130	40~70	40~70	40~70	110~150	60~100	230~310	30~80	30~120	100~140
注射压力(MPa)			80~130	60~130	80~130	80~120	100~140	70~100	100~200	50~60	60~100	80~120
成型周期/s	注射保压		20~60	40~50	40~50	40~50	50~70	40~60	50~70	15~60	10~40	20~50
	高压		0~3	0~5	0~5	0~5	0~5	0~5	0~5	0~5	0~10	0~5
	冷却时间		20~60	15~40	15~40	15~40	20~60	20~50	15~40	15~30	20~60	20~30
热处理	温度℃		—	—	—	—	—	—	—		170~175	
	时间 h		—	—	—	—	—	—	—		2~3	
备注												

工艺参数			PSU	改性 PSU	玻璃纤维增强 PSU	PPS	玻璃纤维增强 PPS	PES	PI	TPX	氯化聚醚
加工特点								黏度大，成型难		熔点高，黏度大熔融温度范围小，注意温度调节	收缩小，内应力较小，成型模温对产品影响较明显
干燥条件	温度(℃)		110~120	/	/	/	/	130~140	/	/	80~120
	时间(h)		5~8	/	/	/	/	12~16	/	/	1~2
温度/℃	机筒	后	250~270	260~270	290~300	260~280	250~270	240~260	240~270	230~250	180~190
		中	280~300	280~300	310~330	300~310	280~290	260~290	260~290	250~270	180~200
		前	310~330	260~280	300~320	320~340	310~330	295~310	280~315	290~310	180~200
	喷嘴		190~210	250~270	290~300	280~300	280~290	280~290	290~300	280~290	170~180
	模具		130~150	80~100	130~150	120~150	120~150	120~140	130~150	60~80	80~100
注射压力(MPa)			80~200	100~140	100~140	80~130	90~120	90~120	80~200	80~130	80~110
成型周期/s	注射保压		30~90	40~60	40~50	40~50	15~40	15~40	30~60	20~60	15~50
	高压		0~5	0~5	2~7	0~5	0~15	0~10	0~5	0~5	0~5
	冷却时间		30~60	20~50	10~30	10~30	20~60	20~60	20~160	20~60	15~50
热处理	温度℃		100~140	/	/	/	155~160	150~160	150	/	/
	时间 h		1~2	/	/	/	1~2	1~2	4	/	/
备注											

⑭ 什么是热处理？热处理的实质是什么？哪些塑料和制品需要进行热处理？如何制订热处理工艺？

⑮ 什么是调湿处理？哪类制品需进行调湿处理？

⑯ 如何设定料筒温度？

⑰ 试分析模具温度对塑料制品某些性能的影响。

⑱ 注射压力的作用有哪些？确定注射压力时应该考虑的因素有哪些？

⑲ 如何设定成型周期中各部分的时间？

⑳ 简述下列塑料的注射成型工艺特性：PE、PP、PVC、PS、ABS、PA、PC、POM、PMMA、PSU、PBT。

㉑ 优化自己的实施方案。

项目3　注射成型 DVD 盒

DVD 盒用于装 DVD 碟片，一个 DVD 盒一般可以装两张 DVD 碟片，是一种日常生活中经常用到的塑料制品。本项目以注射成型 DVD 盒为载体，学习塑料注射成型模具、注射成型工艺过程和参数的相关知识，进一步熟悉和掌握产品设定之后从选择原料、机器设备开始，到设定工艺参数并进行成型的整个工作过程。

3.1　学习目标

本项目的学习目标如表 3-1 所示：

表 3-1　注射成型 DVD 盒的学习目标

编号	类别	目　标
1	知识目标	①DVD 盒产品的使用性能及成型加工性能要求，结晶型塑料原材料的结构与性能特点 ②注射机电气控制系统组成与工作原理 ③模具成型零部件和加热冷却系统的结构、作用和设计要领 ④多级注射成型工艺过程特点、工艺参数及其制定原则 ⑤精密注射、气辅注射等特种注射成型工艺的知识
2	能力目标	①能针对指定 DVD 盒产品选择原材料 ②能设计模具成型零部件和加热冷却系统 ③能针对所用 DVD 盒产品模具和原料选择适当的注射机 ④能针对所用 DVD 盒产品、模具、原料和注射机制定适当的工艺条件 ⑤能熟练操作注射机完成 DVD 盒产品的生产
3	素质目标	①团队协作精神 ②认真观察、勤于思考、自主学习的意识 ③吃苦耐劳、百折不回的精神 ④质量、成本、安全、环境意识

3.2　工作任务

本项目的工作任务如表 3-2 所示：

表 3-2 注射成型 DVD 盒的工作任务

编号	任务内容	要 求
1	选择 DVD 盒产品材料	根据 DVD 盒产品的特点,选择注射成型用原材料
2	选择 DVD 盒产品用注射机	根据模具外形尺寸、产品重量和注射机参数等选择注射机
3	制定 DVD 盒注射成型工艺	制定如表 2-3 所示的 DVD 盒注射成型工艺卡
4	成型 DVD 盒产品	操作注射机,根据制定的 DVD 盒注射成型工艺卡设定参数,成型 DVD 盒产品

3.3 项目资讯

3.3.1 机器——注射机电气控制系统

3.3.1.1 继电控制系统

继电接触器控制系统是一种传统的自动控制方式，它主要由各种接触器、继电器、按钮、行程开关等电器元件组成，根据电气量（电压、电流等）或非电气量（热、时间、转速、压力等）的变化接通或断开控制电路，以完成控制和保护执行任务的电器。继电器一般由感测机构、中间机构和执行机构三个基本部分组成。感测机构把感测到的电气量或非电气量传递给中间机构，将它与预定值（整定值）进行比较，当达到整定值（过量或欠量）时，中间机构便使执行机构动作，从而接通或断开电路。

这种控制系统有以下优点：

① 各电气元件可按一定的顺序推确动作，抗干扰性强，不易发生误动作。

② 设有安全保护电路、在电路发生故障时能实施保护，防止事故扩大化。

③ 可采用自动和手动两种控制方式，维护和操作方便。

但继电接触器控制动作缓惧，触点易烧蚀，寿命短，可靠性差，控制系统体积大，耗电量多，因此不适合复杂的控制系统。现在继电控制系统注射机已经不再生产。

3.3.1.2 计算机控制与调节系统

计算机控制与调节系统包括可编程控制器 PLC/单片机/微机控制的注射机电气系统和控制系统。采用了 PLC/单片机/微机控制来代替常规的继电器控制，注射机的各个动作由程序集中进行控制，动作更加准确可靠，并可根据生产和工艺的需要，方便地修改程序和各个参数。系统中还设有报警系统和故障显示指示灯，大大方便了设备的使用和维护。

其控制原理是，整个注射成型周期的各个参数（温度、时间、压力及速度等）的设定值由控制面板上的按键输入，经数据处理后送给计算机（CPU），计算机按注射成型周期的顺序将各个参数转换为指令，经 I/O 输入板及 D/A 转换传给各执行元件，实现注射参数的数字化控制。各动作的位移信号经 I/O 板反馈给计算机，用于动作顺序的控制。

计算机控制相对于模拟控制的主要特点可以归纳为：

① 计算机控制利用计算机的存储记忆、数字运算和 CRT/液晶显示功能，人机界面良好，而且可以同时实现模拟交送器、控制器、指示器、手操作器以及记录仪等多种模拟仪表的功能，便于监视和操作。

② 计算机控制利用计算机快速运算能力，通过分时工作可以用一台计算机同时控制多个回路，并且还可以同时实现 DDC、顺序控制、监督控制等多种控制功能。

③ 计算机控制利用计算机强大的信息处理能力，可以实现模拟控制难以实现的各种先进复杂的控制策略，如最优控制、自适应控制、多变量控制、模型预测控制以及智能控制等，从而不仅可以获得更好的控制性能，而且还可实现对于难以控制的复杂被控对象（如多变量系统、大滞后系统以及某些时变系统和非线性系统练）的有效控制。

④ 计算机控制系统调试、整定灵活方便，系统控制方案、控制策略以及控制算法及其参数的改变和整定，只通过修改软件和键盘操作即可实现，不需要更换或变动任何硬件。

⑤ 利用网络分布结构可以构成计算机控制、管理集成系统，即 DCS，实现工业生产与经营的管理、控制一体化，大大提高了工业企业的综合自动化水平。

3.3.1.3　温度控制与调节

加热和冷却是塑料注射过程得以顺利进行的必要条件。随着螺杆的转速、注射压力、外加热功率以及注射机周围介质的温度变的变化，料筒中物料的温度也会相应的发生变化。温度控制与调节系统是保证注射过程顺利进行的必要条件之一，它通过加热和冷却的方式不断调节料筒中物料的温度，以保证塑料始终在其工艺要求的温度范围内注射成型。

（1）注射机的加热方法　注射机的加热方法通常有三种：载体加热、电阻加热和电感加热。其中电阻加热是应用最广泛的加热方式，其装置具有外形尺寸小，重量轻，装设方便等优点。

（2）注射机的冷却方法　在注射机中常用水冷的方式来对注射模、液压油等部位进行冷却。

（3）注射机的温度控制与调节　目前温度的控制方法，一般要求准确地测量出控制对象的温度，找出它与规定温度的误差，修改操作量，使被控制对象的温度维持一定。

温度的测量一般是采用热电偶、测温电阻和热敏电阻等来进行测量，常常使用热电偶作为测温元件。

控制温度的方法有手动控制（调压变压器控制）、位式调节（又称开关控制）、时间比例控制和比例（P）积分（I）微分（D）控制（也称 PID 控制）。目前使用普遍的是 PID 控制。

比例积分微分调节　PID 温度控制系统的原理是，由测温元件（热电偶）测得的温度与设定的温度 T_0 进行比较，将比较后的偏差⊿ T 经过增幅器增幅，然后输进具有 PID 调节规律的自动控制调节器，并经由它来控制可控硅 SCR 的导通角（开放角），以达到控制加热线路中的电流（加热功率）的目的。应用 PID 调节控制注射机料筒温度，可以获得比较高的温度控制精度。

3.3.1.4 注射机电气控制系统实例

图 3-1 是继电器控制系统的注射机电气控制系统实例。

SZ-2500 注射成型机的电器控制系统如图 3-1 所示，它是由电机启动回路、料筒加热回路、动作控制回路及信号显示回路等组成。

（1）特点

① 油泵和预塑电机启动回路采用有失压保护的按钮控制启动回路。

② 料筒加热回路采用电阻加热、自动控温回路，利用热电偶、调节式测温毫伏计进行自动控温。喷嘴加热器单独用调压器控制其电压大小进行控温。

③ 信号显示回路表示动作进行状况。

④ 动作控制回路中其动作的转换主要由行程控制和时间控制来实现，即用限位开关和时间继电器来执行动作的自动转换，并有取锁保护措施。

⑤ 通过操作选择开关，可实现调整（点动、手动、半自动及全自动四种操作方式）。

⑥ 根据工艺要求，可选择前加料或后加料或固定加料，并由加料选择控制开关。

（2）动作过程

现以半自动操作为例来说明该电器控制系统动作。

当料筒加热到工艺所要求的温度后，启动油泵电机和预塑电机。将操作选择开关拔向“半自动”位置，即 L_W 与 W_2 接通，接触器 8C 线圈带电，触点 $8C_1$ 断开， $8C_2$、 $8C_3$ 和 $8C_4$ 闭合。

关上安全门，压合限位开关 7X、 8X，使中间继电器 4J 通电（时间继电器 1JS 线圈虽然同时带电，开始计时，但时间未到），使电磁铁 D_2、 D_5 带电，通过液压系统慢速闭模。闭模过程中限位开关 4X 脱开， $4X_1$ 复原闭合，使 D_1 带电，实现快速闭模。

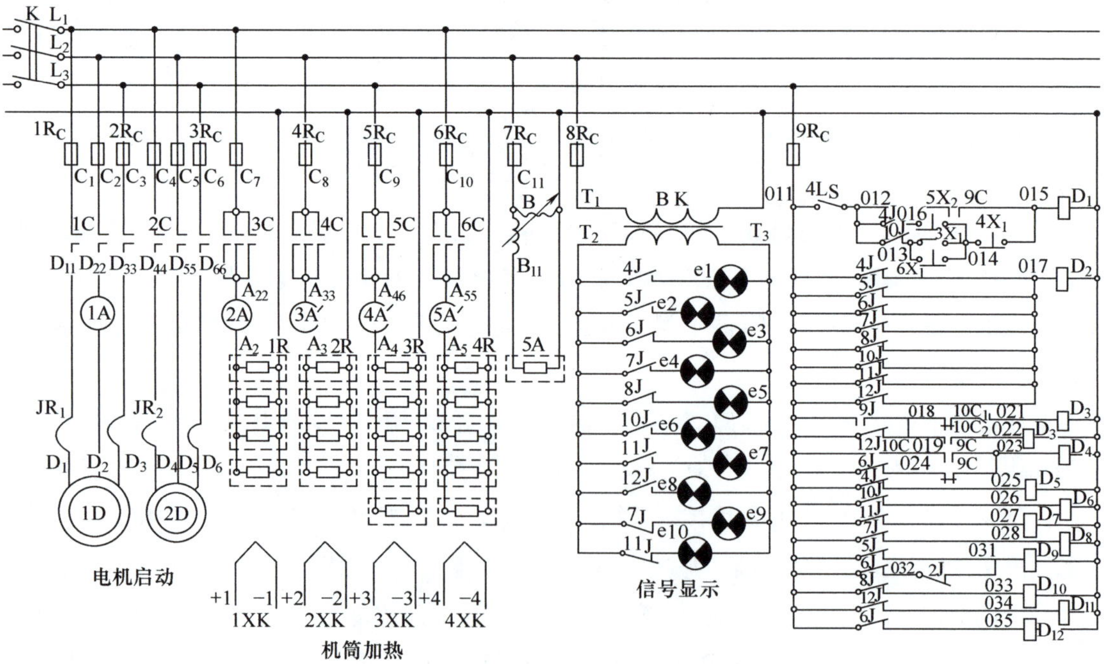

(a)

图 3-1 SZ-2500 注射成型机电器控制系统原理图

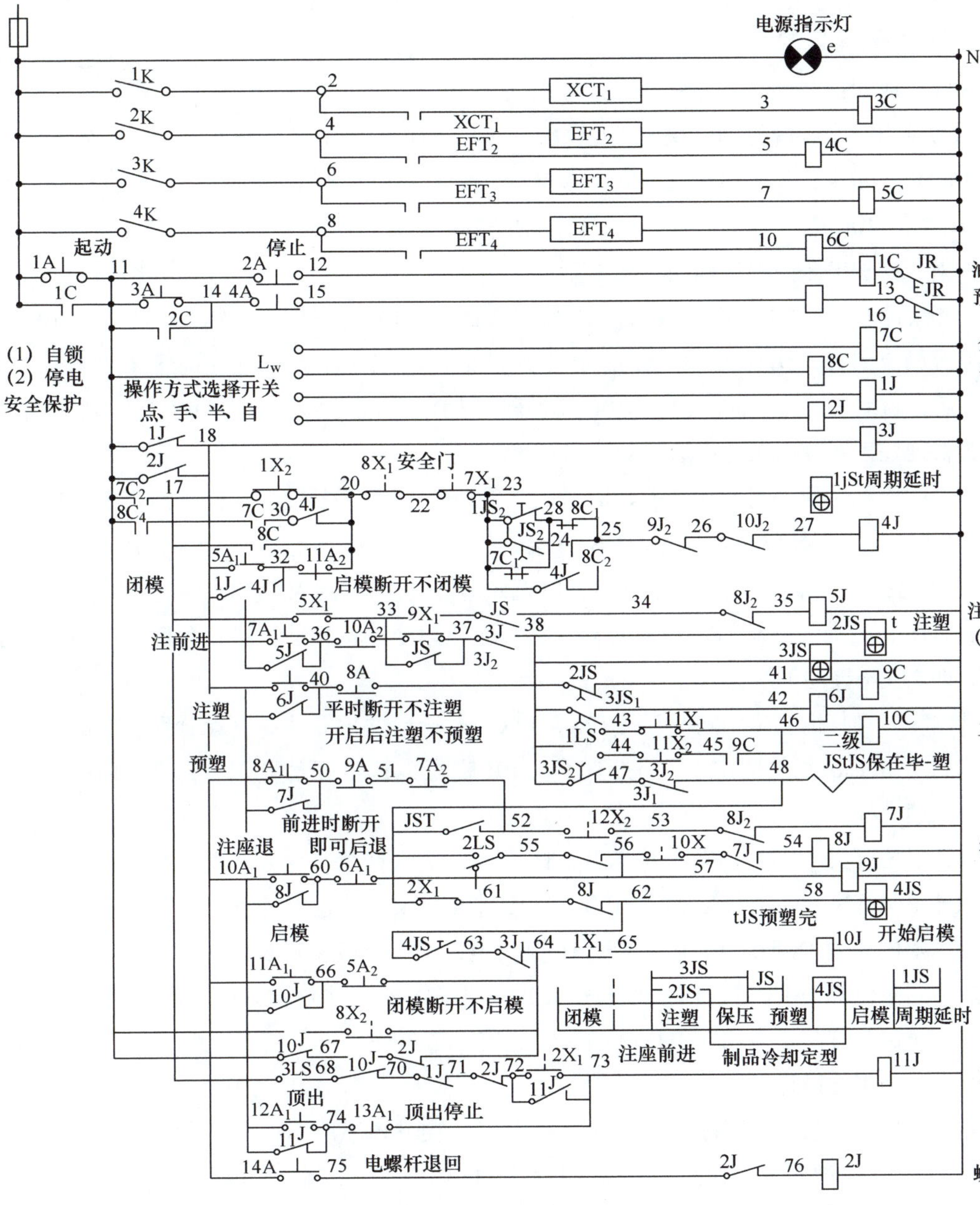

(b)

图 3-1　SZ-2500 注射成型机电器控制系统原理图（续）

模具闭紧后，碰到限位开关 5X，常闭触点 $5X_2$ 断开，D_1 失电，大泵卸荷。同时，常开触点 $5X_1$ 闭合，使中间继电器 5J 线圈带电，其常开触点闭合，D_9 带电（D_2、D_5 仍带电），注射成型座整体前进。

注射座前进碰到限位开关 9X，常开触点 $9X_1$ 压合，使时间继电器 2JS、3JX 带电，开始计时。同时，接触器 9C 和中间继电器 6J 带电，其常开触点闭合，使 D_1、D_2、D_3、D_9、D_{12} 带电（D_5 仍带电），实现高压快速注射，其注射压力由远程调压阀 9 调定。

当注射时间已到（预先由 2JS 调定），触点 $2LS_1$ 断开，9C 失电，D_1 失电，大泵卸荷，

D_3 同时失电，而 D_4 带电，小泵保压。保压压力由远程调压阀 8 调定。上述情况是指主令开关 1LS 在“快速”位置。

二级注射成型：

① 先快后慢。将 1JS 旋到“快-慢”位置。开始，限位开关 11X 被压住，触点 $11X_2$ 断开，接触器 10C 仍不带电，与上述情况相同，即为高压快速注射。注射一段时间后，放开 11X，触点 $11X_2$ 闭合，10C 带电，其常闭触点打开，常开触点闭合，使 D_3 失电。D_4、D_{13} 带电，变为慢速注射，其注射压力由远程调压阀 8 调定。

② 先慢后快。将 1LS 旋到“慢-快”位置。开始，11X 被压住，$11X_1$ 被接通，10C 带电，其常开触点闭合，D_4、D_{13} 带电，进行慢速注射，其注射压力由远程调压阀 8 调定。待 11X 放开后，$11X_1$ 断开，10C 失电，$10C_2$ 断开，使 D_4、D_{13} 失电，同时 $10C_1$ 闭合，D_3 带电，转为快速注射。注射压力由远程调压阀 9 调定。

保压时间已到（预先调节 3LS 的延时时间比 2JS 延时时间长），触点 3JS1 断开，使 6J 失电，D_4、D_{12} 失电，保压结束。同时，$3JS_2$ 闭合，使空气或时间继电器 JS 带电，开始计时，并且触点 JS 瞬时打开，5J 失电，使 D_9 失电，JS 调定时间到了，JS 又闭合，使 7J 带电，其常开触点闭合，D_2、D_8 带电，通过液压离合器，将齿轮与预塑电机相连，进行预塑（这是固定加料情况，即 2JS 不接通）。

预塑结束，螺杆退回碰到限位开关 12X，$12X_2$ 被压合，4JS 带电，开始计时。制品冷却定型时间已到（由 4LS 预先调定）。4JS 闭合，10J 带电，其常开触点闭合，D_1、D_2、D_6 带电，进行快速开模。

待放开限位开关 3X 时，$3X_1$ 复原断开，D_1 失电，大泵卸荷，变为慢速开模。

待放开限位开关 6X 时，$6X_1$ 复原闭合，D_1 又带电，又变为快速开模。

待碰到限位开关 4X 时，$4X_1$ 被压开，D_1 又失电，又变为慢速开模。

最后碰到限位开关 1X 时，$1X_1$ 被压开，10J 失电，D_2、D_6 失电，开模停止。

开模停止后，打开安全门，取出制品，完成第一个工作循环，再关上安全门。按上述步骤，进行第二个工作循环。

如需自动顶出制品，就不打开安全门，将主令开关 3JS 预先拔向“通”的位置。开模碰到限位开关 2X，$2X_1$ 被压合使 11J 带电，常开触点 11J 闭合，D_7 带电，由顶出油缸顶出制品。此时，如果是半自动，仍需打开安全门，才能进行第二个工作循环（打开安全门时，1JS 复原闭合，不打开安全门，1JS 带电，$1JS_1$ 断开，故不能闭模），只有在全自动时，不打开安全门，在延时一段时间后又能自动闭模。无论哪种操作方式，只要打开安全门，$8X_2$ 复原闭合，10J 带电，立即开模。各种动作进行时，均有指示灯显示。

3.3.2 模具——成型零部件、加热冷却系统

3.3.2.1 成型零件设计

成型零件是直接与塑料接触、成型塑件的零件，也就是构成模具型腔的零件。成型塑件外

表面的零件为凹模，成型塑件内表面的零件为型芯。由于成型零件直接与高温高压的塑料接触，因此要求其具有足够的强度、刚度、硬度和耐磨性、较高的精度、较低的表面粗糙度值。成型产生腐蚀性气体的塑料如聚氯乙烯时，还应有一定的耐腐蚀性。

3.3.2.1.1　型腔分型面的设计

为了将塑件从闭合的模腔中取出，为了取出浇注系统凝料，或为了满足模具的动作要求，必须将模具的某些面分开，这些可分开的面可统称为分型面。分开型腔取出塑件的面叫型腔分型面。

（1）塑件在型腔中方位的选择　塑件在型腔中的方位选择是否合理，将直接影响模具总体结构的复杂程度。一般应尽量避免与开合模方向垂直或倾斜的侧向分型和抽芯，使模具结构尽可能简单。为此，在选择塑件在型腔中的方位时，要尽量避免与开合模方向垂直或倾斜的方向有侧孔侧凹。在确定塑件在型腔中的方位时，还需考虑对塑件精度和质量的影响、浇口的设置、生产批量、成型设备、所需的机械化自动化程度等。

（2）分型面形状的选择　分型面形状的选择主要应根据塑件的结构形状特点而定，力求使模具结构简单、加工制造方便、成型操作容易。

（3）分型面位置的选择　在选择分型面位置时，应注意以下几点：

① 塑件在型腔中的方位确定之后，分型面必须设在塑件断面轮廓最大的地方，才能保证塑件顺利地从模腔中脱出。

② 不要设在塑件要求光亮平滑的表面或带圆弧的转角处，以免溢料飞边、拼合痕迹影响塑件外观。

③ 开模时，尽量使塑件留在动模边。

④ 保证塑件的精度要求。同轴度要求较高的部分，应尽可能设在同一侧。此外，还需注意分型面上产生的飞边对塑件尺寸精度的影响。

⑤ 长型芯作主型芯，短型芯作侧型芯。当采用机动式侧向抽芯机构时，在一定的开模行程和模具厚度范围，不易得到大的抽拔距，长型芯不宜设在侧向。

⑥ 投影面积大的作主分型面，小的作侧分型面。侧向分型面一般都靠模具本身结构锁紧，产生的锁紧力相对较小，而主分型面由注射机锁模力锁紧，锁紧力较大。故应将塑件投影面积大的方向设在开合模方向。

⑦ 采用机动式侧向分型抽芯机构时，应尽量采用动模边侧向分型抽芯。采用动模边侧向分型抽芯，可使模具结构简单，可得到较大的抽拔距。在选择分型面位置时，应优先考虑将塑件的侧孔侧凹设在动模一边。

⑧ 尽量使分型面位于料流末端，以利排气。利用分型面上的间隙或在分型面上开设排气槽排气，结构较为简单，因此，应尽量使料流末端处于分型面上。当然料流末端的位置完全取决于浇口的位置。

此外，分型面的位置选择应使模具加工尽可能方便，保证成型零件的强度，避免成型零件出现薄壁及锐角。

有时，对于某一塑件，在选择分型面位置时，不可能全部符合上述要求，这时，应根据实际情况，以满足塑件的主要要求为宜。

3.3.2.1.2 成型零件的结构设计

成型零件通常包括凹模、型芯。径向尺寸较大的型芯可称为凸模，径向尺寸较小的型芯可称为成型杆。成型塑件外螺纹的凹模可称为螺纹型环，成型塑件内螺纹的型芯可称为螺纹型芯。

（1）凹模的结构设计　凹模是成型塑件外表面的部件，按其结构形式可分为整体式、整体组合式和组合式三类。

① 整体式凹模。整体式凹模是在整块模板上加工而成的。其特点是强度、刚度好，适用于形状简单、加工制造方便的场合。所谓形状简单、加工制造方便是相对而言的，新的加工设备不断出现，加工方法不断更新，有些过去认为复杂的形状，而现在却觉得比较简单了。

② 整体组合式凹模。凹模本身是整体式结构，但凹模和模板之间采用组合的方式，这种结构叫整体组合式，如图 3-2 所示。

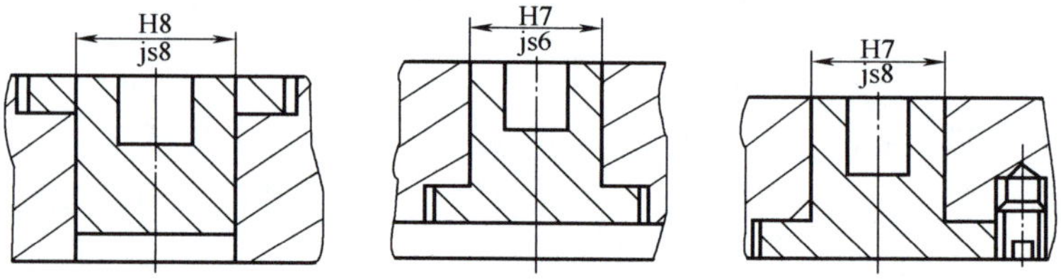

图 3-2　整体组合式凹模

（a）正嵌式组合　（b）反嵌式组合（加垫板承压）　（c）反嵌式组合（加骑缝螺钉承压）

③ 组合式凹模

为了便于凹模的加工、维修、热处理，或为了节省优质钢材，常采用组合式结构，如图 3-3 所示。组合式有各种各样的组合结构形式，设计时主要应考虑以下要求：

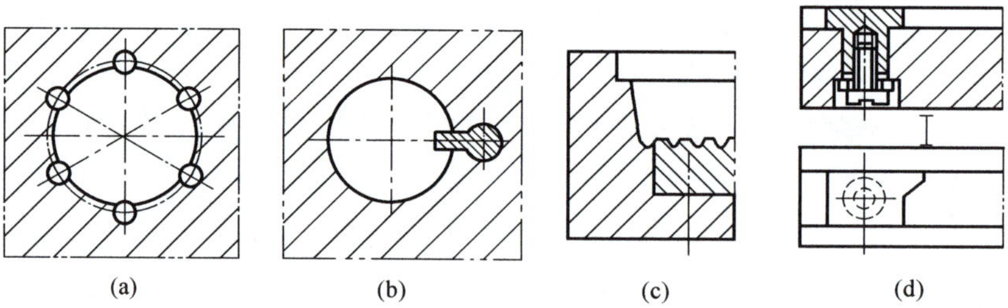

图 3-3　局部组合式凹模

（a）侧壁六个柱形组合件　（b）侧壁一个组合件　（c）底部一个组合件　（d）侧面一个组合件

a. 便于加工、装配和维修。尽量把复杂的内形加工变为外形加工，配合面配合长度不宜过长，易损件应单独成块，便于更换。

b. 保证组合结构的强度、刚度，避免出现薄壁和锐角。

c. 尽量防止产生横向飞边。

d. 尽量避免在塑件上留下镶嵌缝痕迹，影响塑件外观。

e. 各组合件之间定位可靠、固定牢固。

（2）型芯的结构设计

型芯是成型塑件内表面的部件，按其结构形式同样可分为整体式、整体组合式和组合式三类。

① 整体式型芯。整体式型芯是在整块模板上加工而成的，其结构坚固，但不便于加工，切削加工量大，材料浪费多，不便于热处理，仅适用于形状简单、高度较小的型芯。

② 整体组合式型芯。型芯本身是整体式结构，型芯和模板之间采用组合的方式，叫整体组合式型芯，如图 3-4、图 3-5 所示。这是最常用的形式。

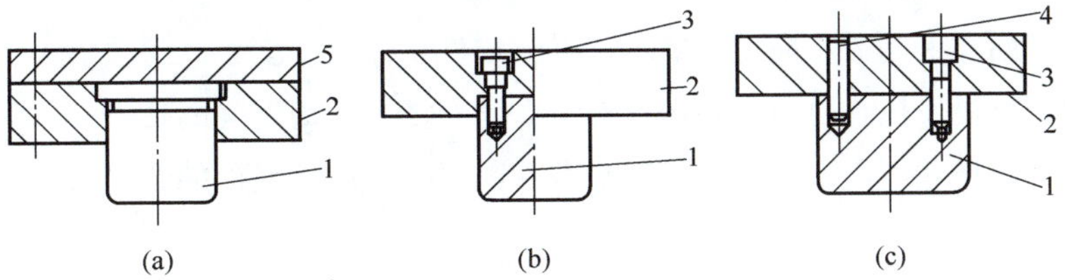

图 3-4　整体组合式型芯

1—型芯　2—固定板　3—螺钉　4—销钉　5—底板

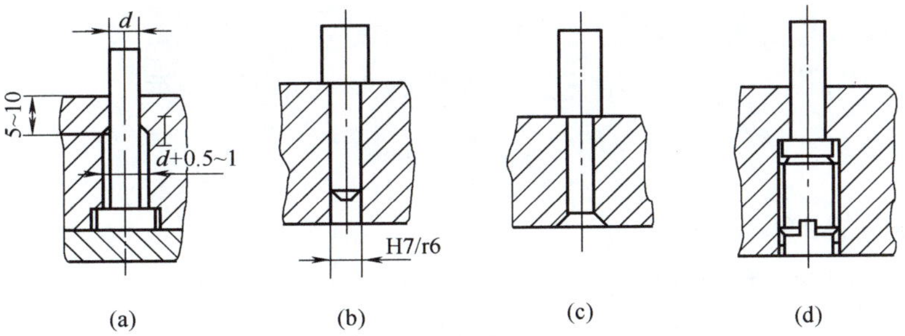

图 3-5　小型芯的固定方法

③ 组合式型芯。对于形状复杂的型芯，为便于加工，可采用组合式结构，如图 3-6 所示。

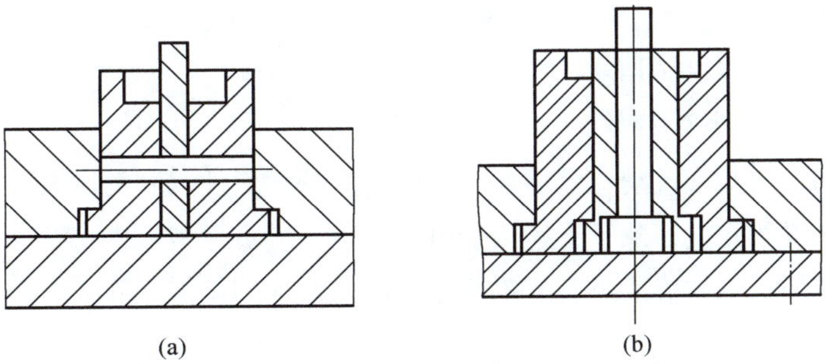

图 3-6　组合式型芯

3. 3. 2. 1. 3　成型零件工作尺寸的计算

成型零件的工作尺寸是指直接成型塑件部分的尺寸。如凹模的径向尺寸和深度尺寸，型芯的径向尺寸和高度尺寸，中心距尺寸等。成型零件的非成型部分的尺寸为结构尺寸。

（1）影响塑件尺寸精度的因素

① 成型零件工作尺寸的制造误差。成型零件工作尺寸的制造精度直接影响着塑件的尺寸精度，为满足塑件的尺寸精度要求，成型零件工作尺寸的制造公差 Δ_Z 占塑件公差 Δ 的比重不能太大，一般可取：

$$\Delta_Z=\left(\frac{1}{10}\sim\frac{1}{3}\right)\Delta \tag{3-1}$$

塑件尺寸精度高的，系数可取大些，反之取小些。从加工角度考虑，Δ_Z 通常应在 IT6~IT10 之间，形状简单的，公差等级可取小些，形状复杂的，公差等级可取大些。

② 成型零件工作尺寸的磨损。由于在脱模过程中塑件和成型零件表面的摩擦，塑料熔体在充模过程中对成型零件表面的冲刷，模具在使用及不使用过程中发生锈蚀，以及由于上述原因使成型零件表面发毛而需不断地打磨抛光导致零件实体尺寸变小。磨损的大小主要和塑料品种、塑件的生产批量、模具材料的耐磨性有关。随着模具使用时间的延长，由于磨损的影响而使成型零件的工作尺寸不断变化，从而影响塑件的尺寸精度。允许的最大磨损量称为磨损公差 Δ_C，一般可取：

$$\Delta_C\leqslant\frac{1}{6}\Delta \tag{3-2}$$

塑件生产批量小、塑料硬度低、成型零件耐磨性好时，系数取小些，反之取大些。

③ 塑料的收缩率波动

在模具设计中，塑料的收缩率常采用计算收缩率，可用下式表示：

$$S=\frac{a-b}{b}\times100\% \tag{3-3}$$

式中 S——塑料的计算收缩率

a——模具型腔在室温下的尺寸

b——塑件在室温下的尺寸

塑料的收缩率并不是一个常数，而是在一定的范围内波动。影响塑件尺寸精度的并不是收缩率的大小，而是收缩率波动范围的大小。收缩率波动引起的塑件尺寸的最大误差 ΔS 为：

$$\Delta S=b\,(S_{max}-S_{min}) \tag{3-4}$$

式中 S_{max}——塑料的最大收缩率

S_{min}——塑料的最小收缩率

从上式可看出，收缩率波动对塑件尺寸精度的影响随塑件尺寸的增大而增大。

对塑件尺寸精度的影响，除了上述因素以外，还有模具成型零件相互间的定位误差、成型零件在工作温度下相对于室温的温升热膨胀、成型零件在塑料压力作用下的变形以及飞边厚薄的不确定性等。

塑件的不同的尺寸，其尺寸精度所受上述各因素的影响程度是不同的，因此在计算成型零件工作尺寸时，对不同的尺寸要区别对待。

（2）成型零件工作尺寸的计算　成型零件工作尺寸的计算，主要考虑成型零件工作尺寸的制造公差和磨损公差，以及塑料的收缩率波动对塑件尺寸精度的影响。对于另有其他因素影响的尺寸，可视其影响程度对收缩率波动范围适当调整，将其他影响因素包含在收缩率波动范围。

在计算凹模、型芯的尺寸时，塑件的尺寸公差和成型零件的尺寸公差均单向分布。中心距尺寸公差对称分布。如果塑件公差不符合上述要求，则需进行换算调整。

成型零件的工作尺寸可分为单一工作尺寸和关联工作尺寸。塑件的尺寸仅由单个工作尺寸而确定，此工作尺寸即为单一工作尺寸。如对应塑件外形尺寸的凹模径向尺寸，对应塑件内孔尺寸的型芯径向尺寸都为单一工作尺寸。塑件的尺寸同时由两个工作尺寸而确定，此两工作尺寸即为关联工作尺寸。如塑件径向壁厚尺寸，则同时取决于型芯和凹模的径向尺寸，此时，型芯、凹模的径向尺寸则互为关联工作尺寸。

① 凹模单一径向尺寸的计算

$$\Delta_Z+\Delta_C+d_S(S_{max}-S_{min})\leqslant\Delta \tag{3-5}$$

为了满足塑件的精度要求，必须使上式成立，此式为校核式。

$$D_m=d_S(1+S_{min})-\Delta_Z-\Delta_C \tag{3-6}$$

$$D_m=d_S(1+S_{max})-\Delta \tag{3-7}$$

$$d_m=D_S(1+S_{av})-\frac{1}{2}(\Delta+\Delta_Z+\Delta_C) \tag{3-8}$$

式中　d_S——塑件径向尺寸的基本尺寸，为最大极限尺寸

D_m——凹模径向尺寸的基本尺寸，为最小极限尺寸

S_{av}——塑料的平均收缩率。

$$S_{av}=\frac{1}{2}(S_{max}+S_{min}) \tag{3-9}$$

按式（3-6）计算出的 D_m 值最大，按式（3-7）计算出的 D_m 值最小，按式（3-8）计算出的 D_m 值是前两者的平均。

② 型芯单一径向尺寸的计算

$$\Delta_Z+\Delta_C+D_S(S_{max}-S_{min})\leqslant\Delta \tag{3-10}$$

$$d_m=D_S(1+S_{min})+\Delta \tag{3-11}$$

$$d_m=D_S(1+S_{max})+\Delta_Z+\Delta_C \tag{3-12}$$

$$d_m=D_S(1+S_{av})+\frac{1}{2}(\Delta+\Delta_Z+\Delta_C) \tag{3-13}$$

式中　D_S——塑件径向尺寸的基本尺寸，为最小极限尺寸

d_m——型芯径向尺寸的基本尺寸，为最大极限尺寸

式（3-10）为校核式。按式（3-11）计算出的 d_m 值最大，按式（3-12）计算出的 d_m 值最小，按式（3-13）计算出的 d_m 值是前两者的平均。

③ 凹模单一深度尺寸的计算

由于磨损对凹模深度尺寸的影响极小，故忽略不计，如果考虑飞边对塑件高度尺寸的影响，则可根据实际飞边的厚薄将 S_{max}、S_{min} 适当调整。

$$\Delta_Z+h_S(S_{max}-S_{min})\leqslant\Delta \tag{3-14}$$

$$H_m=h_S(1+S_{min})-\Delta_Z \tag{3-15}$$

$$H_m = h_S\ (1+S_{max}) - \Delta \tag{3-16}$$

$$H_m = h_S\ (1+S_{av}) - \frac{1}{2}\ (\Delta + \Delta_Z) \tag{3-17}$$

式中 h_S——塑件高度尺寸的基本尺寸，为最大极限尺寸

H_m——凹模深度尺寸的基本尺寸，为最小极限尺寸

式（3-14）为校核式。按式（3-15）计算出的 H_m 值最大，按式（3-16）计算出的 H_m 值最小，按式（3-17）计算出的 H_m 值是前两者的平均。

④ 型芯单一高度尺寸的计算

$$\Delta_Z + H_S\ (S_{max} - S_{min})\ \leqslant \Delta \tag{3-18}$$

$$h_m = H_S\ (1+S_{min}) + \Delta \tag{3-19}$$

$$h_m = H_S\ (1+S_{max}) + \Delta_Z \tag{3-20}$$

$$h_m = H_S\ (1+S_{av}) + \frac{1}{2}\ (\Delta_Z + \Delta) \tag{3-21}$$

式中 H_S——塑件深度尺寸的基本尺寸，为最小极限尺寸

h_m——型芯高度尺寸的基本尺寸，为最大极限尺寸

式（3-18）为校核式。按式（3-19）计算出的 h_m 值最大，按式（3-20）计算出的 h_m 值最小，按式（3-21）计算出的 h_m 值是前两者的平均。

⑤ 凹模关联径向尺寸的计算

$$t\ (S_{max} - S_{min})\ + \frac{1}{2}\ (\Delta_{Z1} + \Delta_{Z2} + \Delta_{C1} + \Delta_{C2})\ \leqslant \Delta_t \tag{3-22}$$

$$D_m = d_m + 2t\ (1+S_{min})\ + \Delta_t - \ (\Delta_{Z1} + \Delta_{Z2} + \Delta_{C1} + \Delta_{C2}) \tag{3-23}$$

$$D_m = d_m + 2t\ (1+S_{max})\ - \Delta_t \tag{3-24}$$

$$h_m = H_S\ (1+S_{av})\ + \frac{1}{2}\ (\Delta_Z + \Delta) \tag{3-25}$$

式中 t——塑件壁厚尺寸的基本尺寸，为平均尺寸

Δ_{Z1}、Δ_{C1}——分别为型芯径向尺寸的制造公差和磨损公差

Δ_{Z2}、Δ_{C2}——分别为凹模径向尺寸的制造公差和磨损公差

Δ_t——塑件的壁厚公差

D_m——凹模径向尺寸的基本尺寸，为最小极限尺寸

d_m——型芯径向尺寸的基本尺寸，为最大极限尺寸

式（3-22）为校核式。按式（3-23）计算出的 D_m 值最大，按式（3-24）计算出的 D_m 值最小，按式（3-25）计算出的 D_m 值是前两者的平均。

加工模具时，一般采用配制法加工，即先加工型芯，后根据型芯的实际尺寸配作凹模，此时，可将型芯的实际尺寸替换以上几式中的 d_m， Δ_{Z1} 当作零。

⑥ 型芯关联径向尺寸的计算

$$t\ (S_{max} - S_{min}) + \frac{1}{2}\ (\Delta_{Z1} + \Delta_{Z2} + \Delta_{C1} + \Delta_{C2}) \leqslant \Delta_t \tag{3-26}$$

$$d_m = D_m - 2t\ (1+S_{max}) + \Delta_t \tag{3-27}$$

$$d_m=D_m-2t\ (1+S_{min})-\Delta_t+\ (\Delta_{Z1}+\Delta_{Z2}+\Delta_{C1}+\Delta_{C2}) \tag{3-28}$$

$$d_m=D_m-2t\ (1+S_{av})+\frac{1}{2}\ (\Delta_{Z1}+\Delta_{Z2}+\Delta_{C1}+\Delta_{C2}) \tag{3-29}$$

式（3-26）为校核式。按式（3-27）计算出的 d_m 值最大，按式（3-28）计算出的 d_m 值最小，按式（3-29）计算出的 d_m 值是前两者的平均。

若采用配制法加工，即先加工凹模，后根据凹模的实际尺寸再加工型芯，此时，可用凹模的实际尺寸替换以上几式中的 D_m，Δ_{Z2}当作零。

⑦ 凹模关联深度尺寸的计算

$$\Delta_{Z1}+\Delta_{Z2}+t\ (S_{max}-S_{min})\leqslant\Delta_t \tag{3-30}$$

$$H_m=h_m+t\ (1+S_{min})+\frac{\Delta_t}{2}-\Delta_{Z1}-\Delta_{Z2} \tag{3-31}$$

$$H_m=h_m+t\ (1+S_{max})-\frac{\Delta_t}{2} \tag{3-32}$$

$$H_m=h_m+t\ (1+S_{av})-\frac{1}{2}\ (\Delta_{Z1}+\Delta_{Z2}) \tag{3-33}$$

式中　t——塑件壁厚尺寸的基本尺寸，为平均尺寸

Δ_{Z1}——型芯高度尺寸的制造公差

Δ_{Z2}——凹模深度尺寸的制造公差

Δ_t——塑件的壁厚公差

H_m——凹模深度尺寸的基本尺寸，为最小极限尺寸

h_m——型芯高度尺寸的基本尺寸，为最大极限尺寸

式（3-30）为校核式。按式（3-31）计算出的 H_m 值最大，按式（3-32）计算出的 H_m 值最小，按式（3-33）计算出的 H_m 值是前两者的平均。

如采用配制法加工，即先加工型芯，后加工凹模，则可用型芯高度尺寸的实际尺寸替换上几式中的 h_m，Δ_{Z1} 当作零。

⑧ 型芯关联高度尺寸的计算

$$\Delta_{Z1}+\Delta_{Z2}+t\ (S_{max}-S_{min})\leqslant\Delta_t \tag{3-34}$$

$$h_m=H_m-t\ (1+S_{max})+\frac{\Delta_t}{2} \tag{3-35}$$

$$h_m=H_m-t\ (1+S_{min})-\frac{\Delta_t}{2}+\Delta_{Z1}+\Delta_{Z2} \tag{3-36}$$

$$h_m=H_m-t\ (1+S_{av})+\frac{1}{2}\ (\Delta_{Z1}+\Delta_{Z2}) \tag{3-37}$$

式（3-34）为校核式。按式（3-35）计算出的 h_m 值最大，按式（3-36）计算出的 h_m 值最小，按式（3-37）计算出的 h_m 值是前两者的平均。

若采用配制法加工，即先加工凹模，后加工型芯，则可用凹模深度的实际尺寸替换以上几式中的 H_m，Δ_{Z2}当作零。

上述凹模的径向尺寸和深度尺寸、型芯的径向尺寸和高度尺寸，不论作为单一工件尺寸，

还是作为关联工件尺寸，都分别有三个计算公式，一个求出的是最大值，一个求出的是最小值，另一个求出的是平均值。为了多留一些修模或磨损余量，型芯的径向尺寸最好用最大值公式计算，凹模的径向尺寸最好用最小值公式计算。型芯的高度尺寸和凹模的深度尺寸，应考虑型芯、凹模的结构、形状，确定修模方向，若修短（浅）容易，可用最大值公式计算，反之用最小值公式计算。为节省塑料原料，降低塑件成本，应尽量使塑件的实际壁厚接近最小极限尺寸。为此，型芯关联径向尺寸、关联高度尺寸，应按最大值公式计算，凹模关联径向尺寸、关联深度尺寸，应按最小值公式计算。若脱模斜度包括在塑件的公差范围内，型芯、凹模的径向尺寸可分别用最大值、最小值公式求出的值作为大、小端尺寸。若塑件批量不大，或精度要求不高，不考虑多留修模余量时，或仅知道塑料的平均收缩率，则可选用平均值公式计算。

⑨ 型芯之间、成型孔之间的中心距尺寸计算

具上两型芯的中心距对应着塑件上孔的中心距，模具上两成型孔的中心距对应着塑件上两凸起部分的中心距。

模板上固定两型芯的孔的中心距尺寸为 $L_m \pm \Delta_Z/2$。若型芯和固定孔之间采用带有间隙的配合，其中一个型芯和固定孔之间的最大间隙为 Δ_{j1}，另一型芯和固定孔之间的最大间隙为 Δ_{j2}，若令 $\Delta_j = \Delta_{j1} + \Delta_{j2}$，则两型芯之间的中心距为 $L_m \pm (\Delta_z + \Delta_j)/2$。型芯和固定孔之间采用无间隙配合时，$\Delta_j = 0$。

$$\Delta_Z + \Delta_j + L_S (S_{max} - S_{min}) \leqslant \Delta \tag{3-38}$$

$$L_m = L_S (1 + S_{av}) \tag{3-39}$$

式中 L_S——塑件中心距尺寸的基本尺寸，为平均尺寸

L_m——模具中心距尺寸的基本尺寸，为平均尺寸

式（3-38）为校核式，式（3-39）为计算式。因中心距尺寸修大、修小均不方便，故只需按平均值公式计算。如为两成型孔的中心距，仍按上式计算，只需将校核式中的 Δ_j 当作零即可。

3.3.2.2 加热冷却系统

（1）概述　由于各种塑料的性能和加工工艺的不同，模具温度的要求也不同。对热固性塑料，需在模内受热交联固化，模温要求较高；而热塑性塑料，熔融物料需在模内冷却凝固定形，模温要求较低。

模具温度的高低及其波动对塑件质量，如成型收缩率、变形、尺寸稳定性、机械强度、应力开裂和表面质量等都有影响，同时也影响着塑件的产量。模温过低，熔体流动性差。增加流动剪切力，使塑件内应力增大，机械强度降低，塑件轮廓不清晰，表面不光洁，熔接痕牢度下降，甚至充不满模具型腔。模温过高，成型收缩率大，塑件易脱模变形，易引起溢料和黏模现象发生，同时延长了模塑成型周期，生产效率下降。所以，正确地设计冷却系统，就能做到优质、高产。

热塑性塑料在注射成型时，由于其性能的差异，对模具温度的要求也不同。对流动性好的塑料，如聚乙烯、聚苯乙烯、有机玻璃、聚丙烯等模温要求较低，用常温水进行冷却。对流动性差的塑料，如聚碳酸酯、聚苯醚、聚甲醛等模温要求较高，常需用热水、热油或电加热的方

式对模具进行辅助加热。常见热塑性塑料的模温要求见表 3-3。

表 3-3　　常用热塑性塑料注射成型模具温度

塑料种类	模温/℃	塑料种类	模温/℃
高密度聚乙烯	60~70	尼龙 6	40~80
低密度聚乙烯	35~55	尼龙 610	20~60
聚丙烯	55~65	尼龙 1010	40~80
聚苯乙烯	30~65	聚甲醛*	90~120
硬质聚氯乙烯	30~60	聚碳酸酯*	90~120
软质聚氯乙烯	40~60	氯化聚醚*	80~110
ABS	50~80	聚苯醚*	110~150
改性聚苯乙烯	40~60	聚砜*	130~150
有机玻璃	40~60	聚三氟氯乙烯	110~130

* 表示模具应进行加热。

（2）冷却系统的设计原则

① 冷却水孔数量尽量多、孔径尽量大。

② 冷却水孔至型腔表面距离相等。

③ 浇口处加强冷却。

④ 降低进出口水的温差。

⑤ 冷却水孔避开熔接缝。

⑥ 便于加工清理。

⑦ 密封可靠。

（3）冷却系统的结构　塑料模冷却系统的结构形式取决于塑件形状、尺寸、模具结构、浇口位置、型腔表面温度分布要求等。下面介绍模具凹模和型芯的冷却。

① 凹模的冷却。凹模常见的冷却方式如图 3-7 所示，冷却水流动阻力小，冷却水温差小，温度易控制，图 3-8 所示为外连接直流循环式冷却结构，用塑料管从外部连接，易加工，且便于检查有无堵塞现象。当凹模深度大，且为整体组合式结构时，可采用图 3-9 所示方式冷却。

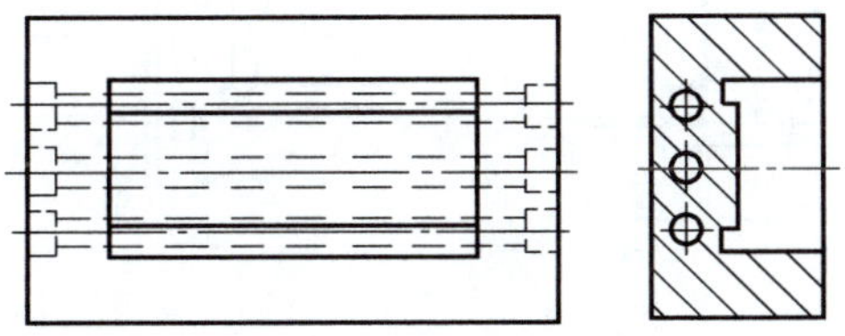
(a)

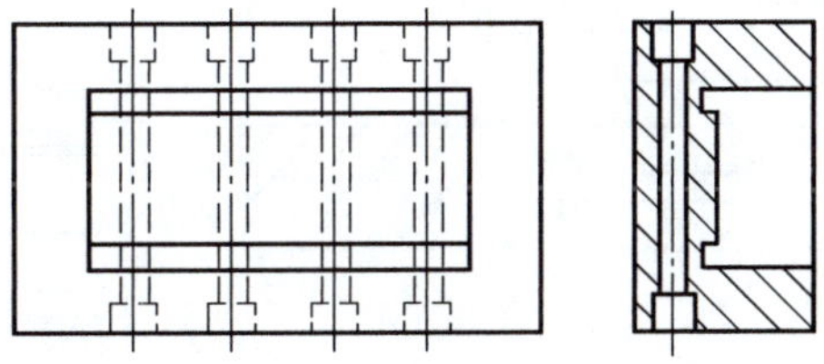
(b)

图 3-7　凹模的冷却

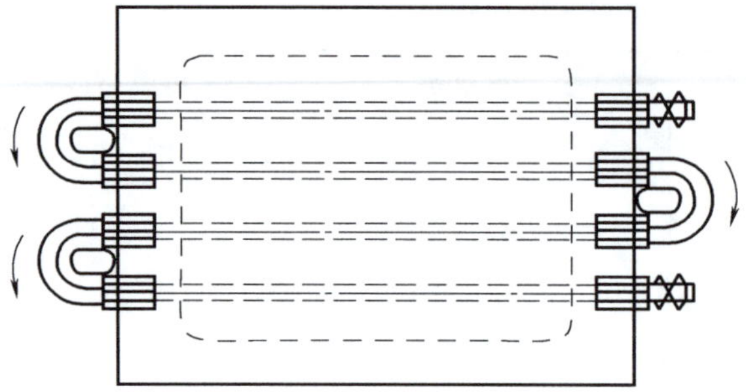

图 3-8 外连接直流循环式

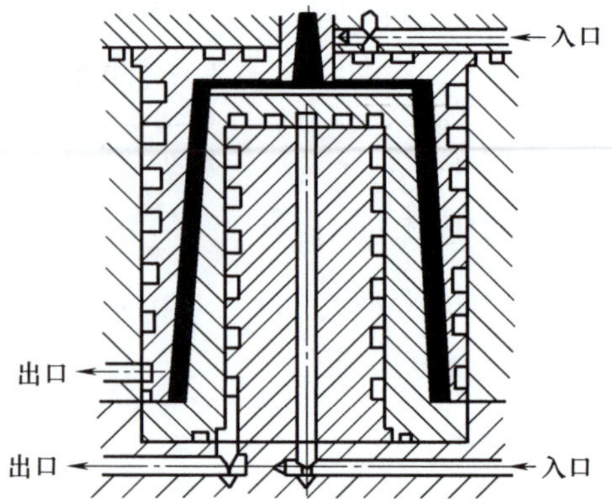

图 3-9 大型深腔模具的冷却

② 型芯的冷却。型芯的冷却结构与型芯的结构、高度、径向尺寸大小等因素有关。图 3-10 所示结构可用于高度尺寸不大的型芯的冷却。图 3-9、图 3-11 所示结构可用于高度尺寸和径向尺寸都大的型芯的冷却。当型芯径向尺寸较小时，可采用图 3-12 或者图 3-13 所示结构冷却。当型芯直径很小时，可采用图 3-14 所示结构冷却。

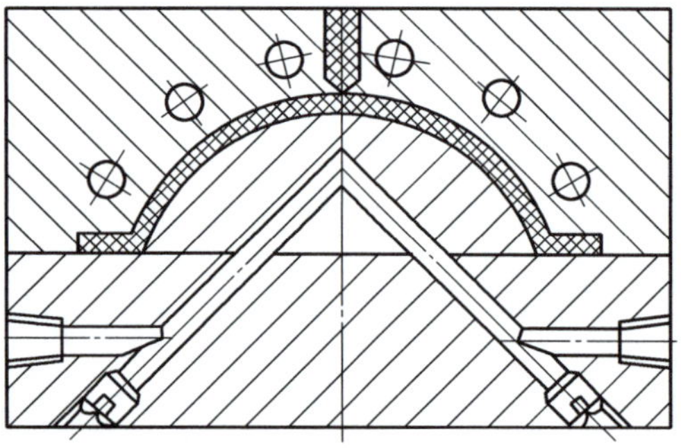

图 3-10 高度尺寸不大的型芯的冷却

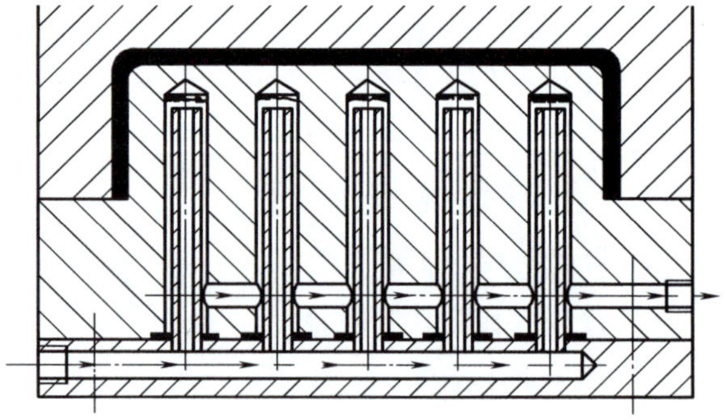

图 3-11 多立管喷淋式冷却

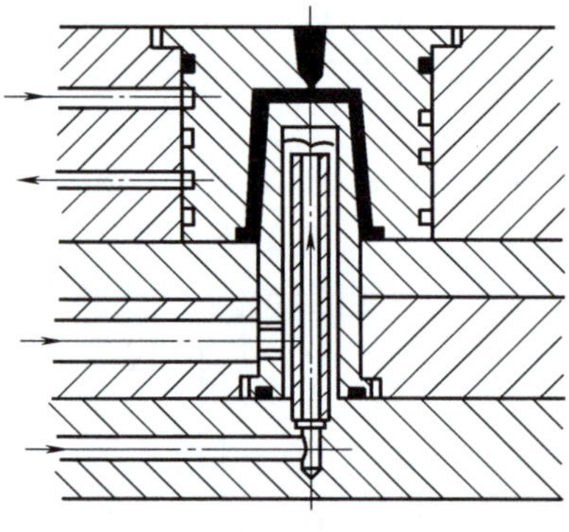

图 3-12 单立管喷淋式冷却

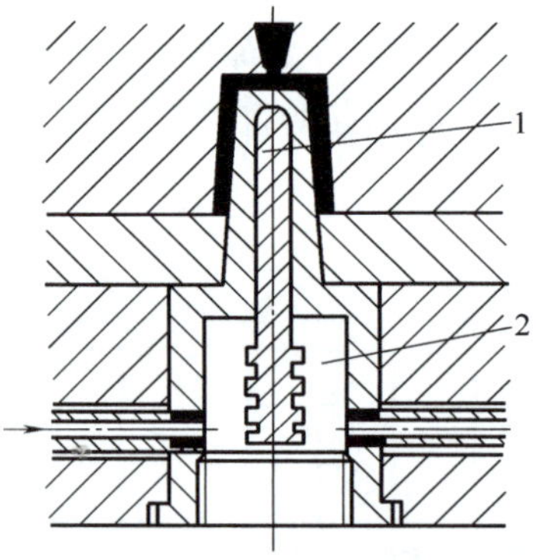

图 3-13 导热杆式冷却

1—导热杆 2—冷却水道

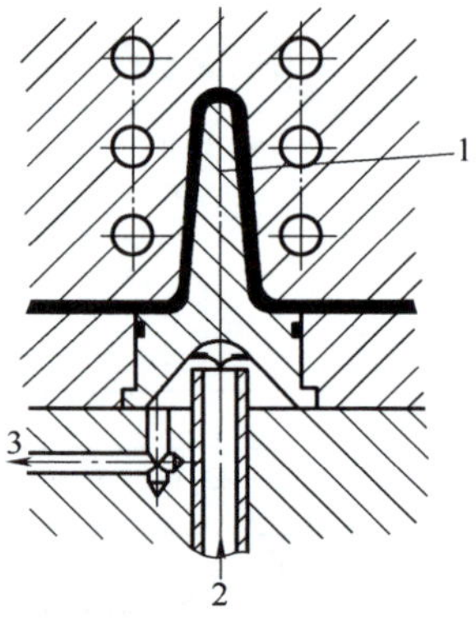

图 3-14 型芯底部冷却

1—铍铜合金型芯 2—冷却水进口 3—冷却水出口

3.3.3 工艺——多级注射

热塑性塑料制件的质量主要体现在内在质量和外表质量两个方面。内在质量也称性能质量，包括组织结构和形态（结晶与取向等）控制的物理、力学性能与密度、塑料件的收缩特征及尺寸精度等；外表质量包括表面的状态及表观的缺陷特征。注塑件的质量特征在注射加工过程主要在注射动作时形成，这些质量特征虽然与注塑设备、模具结构有关，但影响其质量的更为重要的可调控因素是注射成型工艺。通过仔细研究和分析注塑加工工艺与质量之间的关系后，可以合理设计和调整注射成型工艺，确保满足制品的质量要求。

注塑加工工艺形成制品的参数实质上很复杂，几乎涉及注射成型技术所有的理论与实践知识。采用多级注射成型技术突破了传统的注射加保压的注射加工方式；有机地将高速与低速注射加工的优点结合起来，在注射过程中实现多级控制，可以克服注塑件的许多缺陷。

多级注射成型工艺实质上是在塑料熔体向型腔充模的瞬间实现不同注射速度的控制，使塑料熔体在充模流动中达到一种近似理想的状态。这种理想状态下的充模流程不会给塑料制品带来质量缺陷，不会产生应力、取向力。一般说来，注塑加工过程中注射充模的过程仅需在几秒至十几秒内完成，而多级注射成型工艺技术就是要求在很短的时间内将充模过程转化为不同注射速度控制的多种充模状态的延续。要完成复杂的注射成型工艺需要由注塑加工设备来支持。注塑机为了满足注射成型工艺的要求，已能完全实现多级注射中压力、速度的控制。一般的注塑机具有四级注射控制及三级保压控制，从而加快了多级注射成型工艺的推广。

3.3.3.1 塑料熔体充模流动的特征

（1）充模速度对充模流动的影响　充模指高温塑料熔体在注塑压力的作用下通过流道及浇口后在低温型腔内的流动及成型过程。影响充模的因素较多，从注射成型工艺条件上讲，充模流动是否平衡、持续与注射速度（浇口处的表现）密切相关。

图 3-15 描述了 4 种注射速度下的熔体流动特征状态。其中图（a）显示出采用高速注射充模时产生的蛇形流纹或“喷射”现象；图（b）为使用中速偏高注射速度的流动状态，熔体通过浇口时产生的“喷射”现象减少，基本上接近“扩展流”状态；图（c）为采用中速偏低注射速度的流动状态，熔体一般不会产生“喷射”现象，熔体能以低速平稳的“扩展流”充模；图（d）为采用低速注射充模，可能因为充模速度太慢而造成充模困难甚至失败。

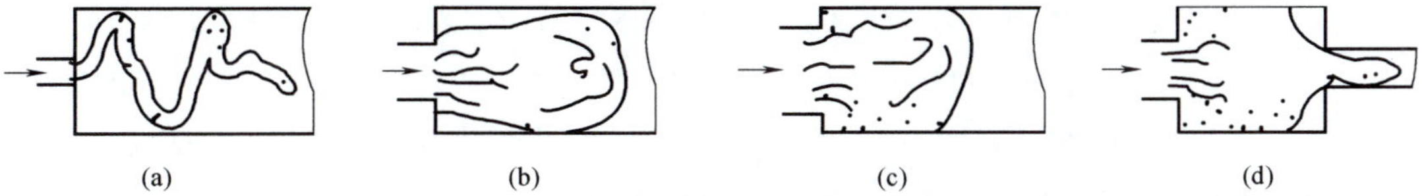

图 3-15 不同流动速度下的充模特征

（a）高速充模 （b）中速偏高充模 （c）中速偏低冲模 （d）低速冲模

（2）匀速流动模型　通常聚合物熔体在图 3-15（c）所示的扩展流模型下进行的扩展流动也分三个阶段进行：熔料刚通过浇口时前锋料头为辐射状流动的初始阶段，熔体在注塑压力作用下前锋料头呈弧状的中间流动阶段，以粘弹性熔膜为前锋头料的匀速流动阶段。

初始阶段熔料的流动特征是，经浇口流出的熔料在注塑压力、注射速度的作用下具有一定的流动动能，这种动能（这时刚进入型腔，不受任何流动阻力的影响）的大小影响着锋头熔料的辐射状态特征、扩散的体积大小等。当这种作用力特别强时，可能产生“喷射”现象；当这种作用力的动能适当时，从源头出发的熔体各流向分布均匀，扩散状态较佳。随着初期阶段的发展，熔体将很快扩散，与型腔壁接触时会出现两种现象：

① 受型腔壁的作用力约束而改变了扩散方向的流向；

② 受型腔壁的冷却及摩擦作用而产生流动阻力，使熔体在各部位的流动产生速度差。

这种流动特征表现为熔体各点的流动速度不等，熔体芯部的流速最大，前锋部料的流动呈圆弧状；同时各点的流动形成一个速度不等的拖曳及牵制，流动阻力随流动行程的增加而呈增大的趋势。最后阶段流动的熔料以粘弹性熔膜为锋头快速充模。在第二、第三阶段充模过程中注塑压力与注射速度形成的动能是影响充模特征的主要因素。图 3-16 为扩展流动变化过程及速度分布图。注塑件的形状是多种多样的，图 3-16 仅为一种模型。充模流动过程中的流动特征、能量损失与制品的形状关系甚大，而不同的塑料具有不同的流动特征。

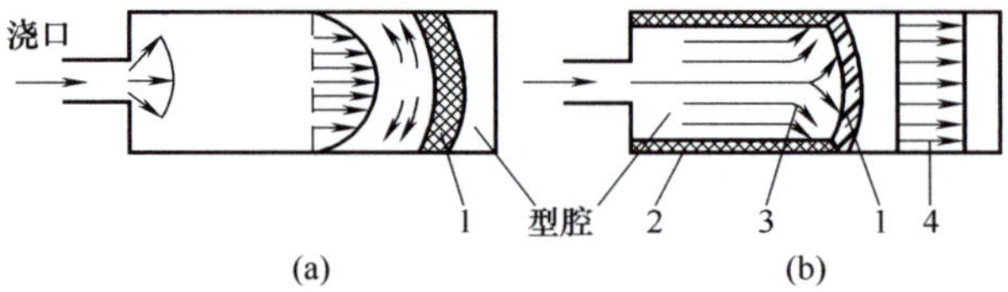

图 3-16 扩展流动过程的模型

（a）锋部料的变化 （b）流速概况

1—低温熔膜 2—塑料的冷固层 3—熔体的流动方向 4—低温熔膜处的流速分布

3.3.3.2 多级注射成型工艺原理

（1）熔体在型腔中的理想流动状态 如上所述，匀速扩展流的特征及塑料熔体从浇口开始流动的阶段不应发生类似于“喷射”及喷射的特征，要求熔体在流动到浇口的初级阶段不应具有特别大的动能，否则会导致喷射及蛇形纹；在充模中期扩展状态应具有一定的动能用以克服流动阻力，并使扩展流达到匀速扩展状态；在充模的最后阶段要求具有黏弹性的熔体快速充模，突破随着流动距离增加而增大的流动阻力，达到预定的流速均匀稳态。从流变学原理判断，这种理想状态的流动可使注塑制品具有较高的物理、力学性能，消除制品的内应力及取向，消除制品的凹陷、缩孔及表面流纹，增加制品表面光泽的均匀性等。

（2）理想状态流动的方程 理想状态下的型腔内熔料流动表现为两大特点：一是刚从浇口流动时，避免产生“喷射”及蛇形流动，熔体此时的动能应较小；二是型腔内熔体的流动近似于匀速流动。即线速度与注塑模型腔的形状、熔体的流动黏度等有关。要达到在型腔内各不同截面流速 V_s 相同，即为：

$$V_s = Q_s / S_n \tag{3-40}$$

式中 V_s——流速

Q_s——不同截面的体积流速

S_n——截面的面积

熔体的总流量为：

$$Q_u = VL \tag{3-41}$$

式中　Q_u——熔体的总流量

V——熔体在截面的流速

L——型腔的理论流程

因而在注射控制中可以将不同形状的型腔分成多个区域。为了达到在整个型腔中理想的匀速流动，可以依据截面积的不同进行分段并提供不同的流量及流动动能，体积流量 Q_{Vn} 为分段后第 n 段的流量，而 Q_{Sn} 为分段后第 n 段的体积流速。

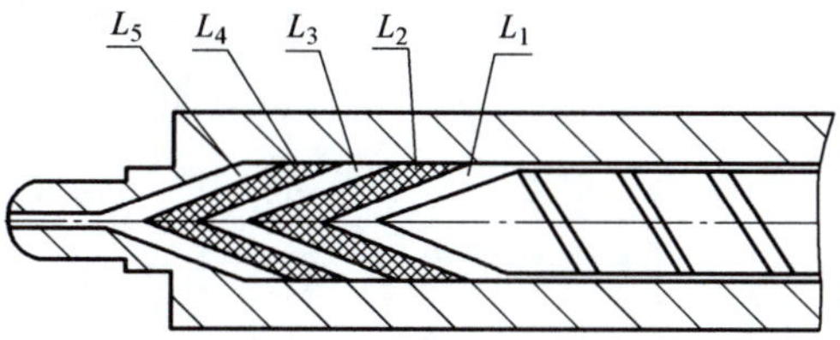

图 3-17　注塑机螺杆的分段控制示意图

（3）注塑机的多级注射模拟　按照实际多段注射状态的 5 级要求实施不同的注射量，熔体的动能必须由注塑机来实现。在目前的注塑机控制中已经可以实现分段甚至更多段的注射控制，见图 3-17。

如图 3-17 所示，可以通过行程控制实现 5 段注射，每段具有不同的注射量，通过行程控制的注射量为：

$$Q_{L_n} = \frac{\pi}{4} D^2 L_n \rho \tag{3-42}$$

式中　Q_{L_n}——注射量

L_n——注射行程

D——注塑机螺杆直径

ρ——塑料的密度

因而在 L_n 段可以使用不同的注射速度与注塑压力来实现这一阶段熔料的动能。其中 L_n 段与前面在型腔中分区的 n 区对应。虽然它的流动动能受浇注系统的影响而发生改变，但要求其体积流量的变化要小。

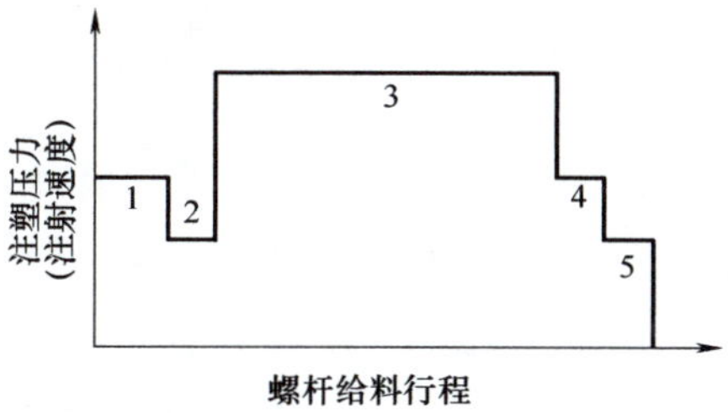

图 3-18　典型的多级注射成型工艺曲线

（4）多级注射成型工艺的曲线　多级注射成型工艺虽然是对熔料充模状态的描述，但它的控制是由注塑机来实现的。从注塑机的控制原理来看，可以利用注射速度（注塑压力）与螺杆给料行程形成的曲线关系。图 3-18 为典型的多级注射成型工艺的曲线。对不同的给料量施加不同的注塑压力与注射速度。

3.3.3.3　多级注射成型工艺设计原则

多级注射成型工艺的曲线反映的是螺杆给料行程与注塑机提供的注塑压力与注射速度的关系，因而设计多级注射成型工艺时需要确定两个主要因素：其一是螺杆给料行程及分段；其二是需要设置的注塑压力与注射速度。图 3-19 给出了典型的制品（分 4 区）与注塑机分区的对应关系。通常可以依据该对应关系确定出分段的规则，并可根据浇注分流的特征同样确定各段的工艺参数。

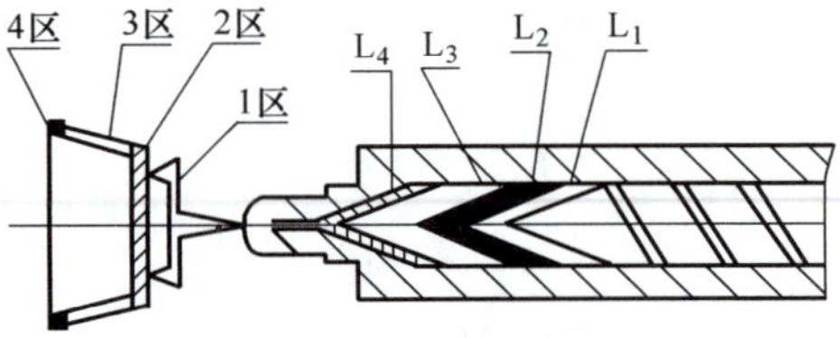

图 3-19 螺杆给料行程与注塑件分区的对应关系

（1）分级设定 在进行各级注射成型工艺设计初始，首先对制品进行分析，确定各级注射的区域。一般分为 3~5 区，依据制品的形状特征、壁厚差异特征和熔料流向特征划分，壁厚一致或差异小时近似为 1 区；以料流换向点或壁厚转折点确定为多级注射的每一区段转换点；浇注系统可以单独设置为一区。如图 3-19 中的制品依据外形特征即料流换向处作为一个转折点即 2 区与 3 区的转折点；而将壁厚变换点作为另一个转折点即 3 区与 4 区的转折点，可以将多级注射分为 4 区，即制品 3 区、浇注系统 1 区。

（2）注射进程的设置 如图 3-19 所示，根据制品的形状特征将制件分区后，反映在注塑机螺杆上分别对应于螺杆的分段，那么螺杆的各分段距离可以依据分区的标准进行预算，首先预算出制品分区后对应的各段要求的注射量（容积），采用对应方法可以计算出螺杆在分段中的进程，如 n 区的容积为 Q_{V_n}，则注塑机 n 段的行程为：

$$L_n = \frac{V_n}{\frac{\pi}{4}D^2} \tag{3-43}$$

（3）注塑压力与注射速度的设定

① 浇注系统的注塑压力与注射速度。一般浇注系统的流道较小，常常使用较高的注射速度及注塑压力（选用范围为 60%~70%），使熔料快速充满流道与分流道，并且使流道中的熔体压力上升，形成一定的充模势能。对于分流道截面积较大的模具，注塑压力及注射速度可设置低些，反之，对于分流道截面积较小的模具，可设置高些。

② 2 段的注射速度与注塑压力。当熔料充满流道、分流道，冲破浇口（小截面积）的阻力开始充模时，所需要的注射速度可偏低些，克服不良的浇注纹及流动状态。在这一段可减小注射速度，而注塑压力减幅较小，对于浇口截面积较大的可以不减小注塑压力。

③ 3 段的注射速度与注塑压力。 3 段对应注射 3 区部分， 3 区是注塑件的主体部分，此时熔体已完全充满型腔。为了实现扩散状态的理想形式，需要增速充模，因而在这一段需要注塑机提供较高的注塑压力与注射速度。同时这一区段也是熔体流向转折点，熔体的流动阻力增大，压力损失较多，也需要补偿。一般说来，多级注射在这一区段均实施高速高压。

④ 4 段的注射速度与注塑压力。从图 3-19 的对应关系判断，当熔体到达 4 区时，制件壁厚可变或不变化。熔体已基本充满型腔。由于熔体在 3 区获得了高压高速，因而在此阶段可进行缓冲，以实现熔体在型腔内的流动线速度在各部位近似一致。一般的设计原则是，进入 4 区时，若壁厚增大，可减速减压；若壁厚减小，可减速不减压，或者可不减速而适当减压或不减压。总之，在 4 段既要使注射体现多级控制特点又要使型腔压力快速增大。

多级注射成型工艺是目前注射成型技术中较为先进的技术。在多级注射成型工艺的研究中，对于螺杆注射行程中分段的确定较为精确，而在各段注塑压力及注射速度的选择上则主要依靠经验。一般的经验方法只能确定各段选用的注塑压力及注射速度的段间对应关系，通常的做法是依据各段对应于注塑件各部位的截面积比例，在设计好多级注射成型工艺之后，需要通过多次试验反复修正，使选择的注塑压力与注射速度达到最佳值。

3.3.3.4　多级注射成型工艺分析

（1）注射速度控制　注射速度的程序控制是将螺杆的注射行程分为 3~4 个阶段，在每个阶段中分别使用各自适当的注射速度。如：在熔融塑料刚开始通过浇口时，减慢注射速度，在充模过程中采用高速注射，在充模结束时减慢速度。采用这样的方法，可以防止溢料，消除流痕和减少制品的残余应力等。

低速充模时流速平稳，制品尺寸比较稳定，波动较小，制品内应力低且内外各向应力趋于一致。例如，将某聚碳酸酯制件浸入四氯化碳中，用高速注射成型的制件有开裂倾向，低速的不开裂。在较为缓慢的充模条件下，料流的温差，特别是浇口前后料的温差大，有助于避免缩孔和凹陷的发生。但由于充模时间延续较长容易使制品出现分层和结合不良的熔接痕，不但影响外观，而且使机械强度大大降低。

高速注射时，料流速度快，当高速充模顺利时，熔体能很快充满型腔，料温下降得少，黏度下降得也少，可以采用较低的注射压力，是一种热料充模态势。高速充模能改进制品的光泽度和平滑度，消除了接缝线及分层现象，收缩凹陷小，颜色均匀一致，对制品较大部分能保证丰满。但容易产生制品发胖起泡或制件发黄，甚至烧伤变焦，或造成脱模困难，或出现充模不均的现象。对于高黏度塑料有可能导致熔体破裂，使制件表面产生云雾斑。

下列情况可考虑采用高速高压注射：

① 塑料黏度高、冷却速度快、制品流程长，注射成型采用低压慢速不能完全充满型腔各个角落。

② 壁厚太薄的制品，熔体到达薄壁处易冷凝而滞留，必须采用一次高速注射，使熔体能量大量消耗以前立即进入型腔。

③ 用玻璃纤维增强的塑料，或含有较大量填充材料的塑料，因流动性差，为了得到表面光滑而均匀的制品，必须采用高速高压注射。

对高级精密制品、厚壁制件、壁厚变化大的和具有较厚突缘和筋的制件，最好采用多级注射，如二级、三级、四级甚至五级。

（2）注射压力控制　注射压力在一定程度上决定了塑料的充模速率，在充模阶段，当注射压力较低时，塑料熔体呈铺展流动，流速平稳、缓慢，但延长了注射时间，制品易产生熔接痕、密度不匀等缺陷；当注射压力较高，而浇口又偏小时，熔体为喷射式流动，这样易将空气带入制品中，形成气泡、银纹等缺陷，严重时还会灼伤制品。通常，将注射压力的控制分成为一次注射压力、二次注射压力或三次以上的注射压力的控制。压力切换时机是否适当，对于防止模内压力过高、防止溢料或缺料等都是非常重要的。

注射成型制品的比容取决于保压阶段浇口封闭时的熔料压力和温度。如果每次从保压切换到制品冷却阶段的压力和温度一致，那么制品的比容就不会发生改变。在恒定的模塑温度下，决定制品尺寸的最重要参数是保压压力，影响制品尺寸公差的最重要的变量是保压压力和温度。例如：在充模结束后，保压压力立即降低，当表层形成一定厚度时，保压压力再上升，这样可以采用低合模力成型厚壁的大制品，消除塌坑和飞边。

保压压力及速度通常是塑料充填模腔时最高压力及速度的 70%~90%，即保压压力比注射压力低。由于保压压力比注射压力低，在可观的保压时间内，油泵的负荷低，故油泵的使用寿命得以延长，同时油泵电机的耗电量也降低了。

三级压力注射既能使制件顺利充模，又不会出现熔接线、凹陷、飞边和翘曲变形。对于薄壁制件、多头小件、长流程大型制件的模塑，甚至型腔配置不太均衡及合模不太紧密的制件的模塑都有好处。

表 3-4 列出了一些多级注射成型的例子及其功能。

表 3-4　　多级注射成型工艺特性

序号	功　能	多级注射成型条件	注射速度与压力	措　施
1	缩短成型周期，入口处防止焦烧和溢边	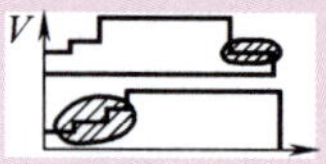	低中高低 低低中高	熔体低速进浇口，防焦烧，降低注射速度，防溢边
2	用小闭模力成型大制品	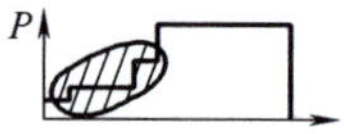	低低中高	用低压补缩，防凹陷，并降低充模压力
3	克服多种不良现象	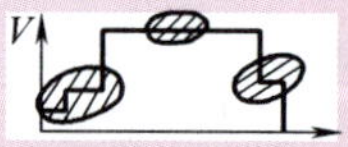	低低高中	防止各种不良现象，尺寸稳定性好，优良品率高
4	防止溢边	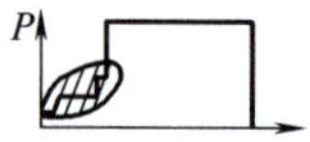	低低中高	确定好保压位置，在填充完后要正确控制黏度变化
5	对称主入口	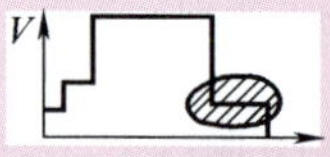	低低高低	料流通过全部浇口后再高速充模
6	防止缩孔	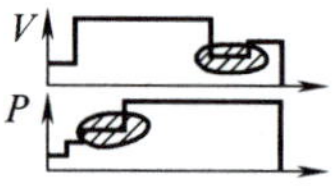	低高低中 低低中高	易出现凹陷部位减慢速度，厚壁处降低注速，表层稳定
7	防止流纹	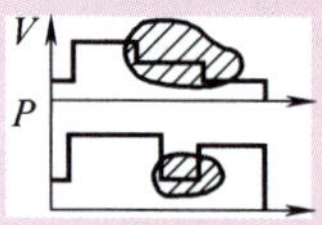	低高中低 低高低中	防止厚壁制品不规则流动
8	提高熔合缝强度	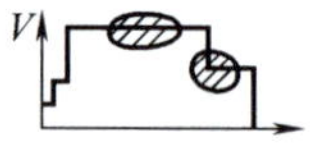	低低高中	先慢后快，提高熔合缝强度。注射速度位置的改变，熔合缝也发生位置改变
9	防止泛黄		低低中高	在易被气体烧伤的部位降低注射速度，使气体从出气口排除

续表

序号	功　能	多级注射成型条件	注射速度与压力	措　施
10	防止熔体破裂和出现银纹	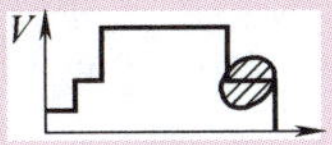	低低高低	降低注射速度，清除浇口处残渣，防止摩擦引起的降解
11	降低厚壁制品内应力，提高产品质量	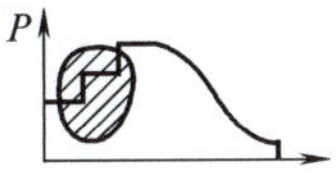		防止进料过多，在冷却时降低保压压力
12	用小闭模力成型大制品	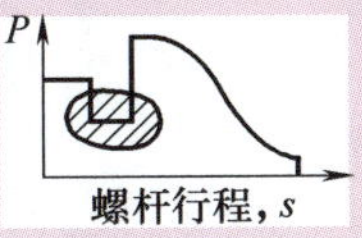		填充完了后，先降一次保压压力，当形成表皮后再提高二次保压压力，防凹陷

（3）预塑背压控制　高背压可以使熔料获得强剪切，低转速也会使塑料在机筒内得到较长的塑化时间。因而目前较多地使用了对背压和转速同时进行程序设计的控制。例如：在螺杆计量全行程先高转速、低背压，再切换到较低转速、较高背压，然后切换成高背压、低转速，最后在低背压、低转速下进行塑化，这样，螺杆前部熔料的压力得到大部分的释放，减少螺杆的转动惯量，从而提高了螺杆计量的精确程度。过高的背压往往造成着色剂变色程度增大；预塑机构合机筒螺杆机械磨损增大；预塑周期延长，生产效率下降；喷嘴容易发生流涎，再生料量增加；即使采用自锁式喷嘴，如果背压高于设计的弹簧闭锁压力，亦会造成疲劳破坏。所以，背压压力一定要调得恰当。

（4）开、合模控制　关上安全门，各行程开关均给出信号，合模动作立即开始。在合模过程中，为适应工艺的需要，有速度的变化和压力的变化。在合模开始时，为防止动模板惯性冲击需慢速启动；在运行中间，为缩短工作时间，要快速移动；当动、定模要接触时，为防止冲击和安全要减速；在模具中无异物时，动模继续低速前进，进入高压合模，使模具合紧，达到所调整的合模力，完成整个合模过程。

当熔融塑料注射入模腔内及至冷却完成后，开模取出制品。开模过程也分三个阶段：第一阶段慢速开模，防止制件在模腔内撕裂；第二阶段快速开模，以缩短开模时间；第三阶段慢速开模，以减低开模惯性造成的冲击及振动。

3.4　项目分析

3.4.1　DVD 盒产品特点分析

如图 3-20 所示，该产品是 DVD 最常见的包装形式，单碟 DVD 盒的尺寸为 190mm × 135mm ×

图 3-20　DVD 盒产品图

14mm。产品的盖子与盒体是一个整体，中间由一个整体式的铰链连接。DVD 盒一般由较柔软的 PP 制造，因此不易碎裂，颜色主要是深灰色、黑色或白色。

产品尺寸精确度要求较高，否则不易弯折、难以较好地盖合。

3.4.2　材料特点分析

聚丙烯树脂特点参见 2.4.2。

本项目产品的盒体与盒盖用整体铰链连为一体，必须使用聚丙烯“百折胶”的性能特点。

3.4.3　模具结构特点分析

① 三板式模具，具有两个分型面。浇注系统与产品从两个不同的分型面取出。

② 浇注系统中设有两条分流道、采用针点式浇口，如图 3-21 所示。主流道和两条分流道末端均设有冷料井。两条分流道转向处设有浇注系统的拉料杆，用于将两个点浇口拉断，然后脱出浇注系统凝料。

③ 采用顶杆顶出。有的顶杆末端与塑料产品接触处不是常见的圆形，而是长条形，这是为了增大与塑料接触处的面积，避免顶杆将塑件顶到变形损坏。

④ 由于本项目产品在成型过程中是一个展开的姿态，其在注射方向上的投影面积因此较大，加之壁厚小，所以产品流动距离比大，需要较大的注射压力。为此，除必须使用锁模力较大的注射机之外，模板厚度也有适当增加，以承受较大的压力而不变型，增加产品的尺寸精度。

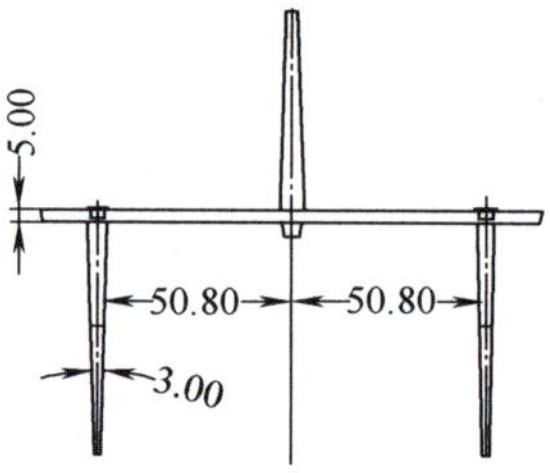

图 3-21　DVD 盒模具的浇注系统

3.4.4　注射机特点分析

注射机特点分析参见 1.4.4。

3.5　项目实施

注射成型 DVD 盒项目的实施参见 2.5，注射成型保鲜盒项目的实施过程。

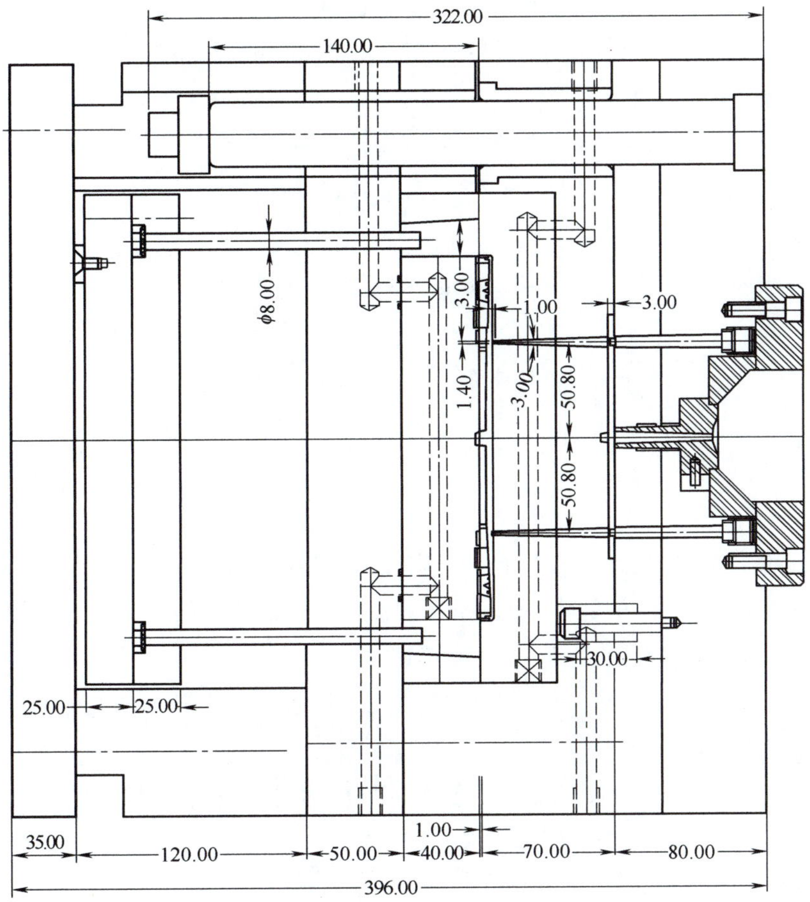

图 3-22　DVD 盒模具组装图

在项目进入具体的实操之前，需要以小组分工合作的方式做好项目方案，包括产品分析、选择原料、分析模具特点、选择与校核注射机、制定工艺卡以及产品缺陷分析等 6 个方面的内容。完成项目产品的生产以后，必须再将结果对照小组的方案进行优化提升，并进行总结。

3.6　项目评价与总结提高

3.6.1　项目评价

注射成型 DVD 盒项目的评价表参见表 2-7。

3.6.2　项目总结

本项目以 DVD 盒产品的注射成型为载体，除了对注射成型的整个过程有了更进一步的熟悉、熟练了相关操作之外，也学习了注射机的电气控制系统、模具的成型零部件与加热冷却系统、多级注射的理论知识，同时介绍了多种专用注射机的原理和特点。

为了对整个过程进行进一步的梳理，要求：

① 整理资料：汇总本项目进行过程中所查询到的资料，讨论留下的记录，选择材料、机器的依据，制定的注射成型工艺卡、操作过程记录以及所得产品。

② 撰写本项目的总结报告。

③ 讨论：对本项目进行过程中各成员的表现进行认真的评价。

3.6.3 相关资讯——特种注射成型工艺

3.6.3.1 精密注射成型

3.6.3.1.1 概述

由于工程塑料具有优良的工艺性能、较高的力学性能，因此应用领域日益广泛，有的行业甚至出现了金属零件塑料化的趋势。但是，要被代替的金属零件的精度，是普通注射成型难以达到的，因此出现了精密注射成型，并正在迅速发展和不断完善。

所谓精密注射成型是指成型形状和尺寸精度很高、表面质量好、力学强度高的塑料制品时采用的一种注射成型方法。

影响精密注射成型制品精度的因素主要有：材料的选择、精密注射成型模具的设计与制造、精密注射成型机与精密注射成型工艺等。

3.6.3.1.2 精密注射成型材料

精密注射成型材料的选择要满足以下要求，即：机械强度高、尺寸稳定、抗蠕变性好、应用范围广。

目前，常用的工程塑料有以下几种：

（1）聚碳酸酯及玻璃纤维增强型　聚碳酸酯具有极高的冲击强度，使用温度范围广（-50～120℃），成型收缩率小、制品尺寸稳定；用玻璃纤维增后，力学性能更优异。

（2）聚甲醛及碳纤维和玻纤增强型　聚甲醛具有极高的耐疲劳性，良好的耐蠕变性、耐磨性；增强后，性能更优。

（3）聚酰胺及增强型　该材料冲击强度高、耐磨性能好，成型时熔体流动性好。缺点是具有吸湿性。因此，制品成型后，要进行调湿处理。

（4）聚对苯二甲酸丁二醇酯及增强型　该材料耐热性极好（能在150℃下连续使用）、力学强度高、耐磨性好、熔体流动性好。

3.6.3.1.3 精密注射成型模具

精密注射成型模具的设计与制造对精密制品的尺寸精度影响很大。因此，在设计与制造时，要注意以下几方面问题：

（1）模具的精度　要保证精密注射成型制品的精度，首先必须保证模具精度，如模具型腔尺寸精度、分型面精度等。但过高的精度会使模具制造困难和成本昂贵，因此，必须根据制品的精度要求来确定模具的精度。

（2）模具的可加工性与刚性 在模具的设计过程中，要充分考虑到模腔的可加工性，如：在设计形状复杂的精密注射成型制品模具时，最好将模腔设计成镶拼结构。这样不仅有利于磨削加工，而且也有利于排气和热处理。但必须保证镶拼时的精度，以免制品上出现拼块缝纹。与此同时，还须考虑测温及冷却装置的安装位置。

（3）制品脱模性 精密注射成型制品的形状一般比较复杂，而且加工时的注射压力较高，使制品脱模困难。为防止制品脱模时变形而影响精度，在设计模具时，除了要考虑脱模斜度外，还必须提高模腔及流道的光洁度，并尽量采用推板脱模。

（4）模具的选材 由于精密模具必须承受高压注射和高合模力，并要长期保持高精度，因此，模具制作材料要选择硬度高、耐磨性好、耐腐蚀性强、机械强度高的优质合金钢。

3.6.3.1.4 精密注射成型机

精密注射成型机是生产精密注射成型制品的必备条件。其特点如下：

（1）注射功率大 精密注射成型机一般采用较大的注射功率，以满足高压、高速的注射条件，使制品的尺寸偏差范围减小、尺寸稳定性提高。

（2）控制精度高 精密注射成型机的控制精度主要体现在以下几方面：

① 保证注射成型工艺参数的重复精度。精密注射成型机对注射量、注射压力、保压压力、预塑压力、注射速度及螺杆转速等工艺参数实行多级反馈控制，而对料筒和喷嘴的温度则采用 PID（比例积分微分）控制，使温控精度在 ±0.5℃，从而保证了这些工艺参数的稳定性和再现性，避免因工艺参数的变动而影响制品的精度。

② 模具温度的控制。模具温度影响制品精度，尤其是结晶性塑料。精密注射成型机加强了对制品在模具中冷却阶段的定型控制，以及制品脱模取出时对环境温度的控制。

③ 合模力的控制。合模力大小影响制品的精度。若合模力太小，在高压下制品会产生溢边，影响精度；而合模太大，制品会因模具变形而影响精度。

④ 液压系统中的油温控制。油温的变化会引起液压油的黏度和流量发生变化，导致注射工艺参数的波动，从而影响制品精度。液压油采用加热和冷却的闭环控制，使油温稳定在 50 ~55℃。

（3）液压系统反应速度快 精密注射成型通常采用高压高速的注射工艺。由于高低压及高低速间转换快，因此要求液压系统具有很快的反应速度，以满足精密注射成型工艺的需要。为此，在液压系统中使用了灵敏度高、反应速度快的液压元件，采用了插装比例技术。设计油路时，缩短了控制元件至执行元件的流程。此外，蓄能器的使用，既提高液压系统的反应速度，又能起到吸振和稳定压力的作用。随着计算机控制技术在精密注射成型机上的应用，使整个液压系统在低噪音、稳定、灵敏和精确的条件下工作。

（4）合模系统刚性好 由于精密注射成型机的注射压力向高压、超高压的方向发展，以降低制品收缩率，增加制品密度；注射速度向高速发展，以满足形状复杂制品的注射成型要求。因此，合模系统要有足够的刚性，避免在成型过程中发生变形而影响制品精度。对合模系统中的动定模板、拉杆及合模机构的结构件，要从提高刚性的角度精心设计、精心选材。

3.6.3.1.5 精密注射成型工艺

与普通注射成型类似，精密注射成型的工艺过程也包括：成型前的准备工作、注射成型过程及制品后处理三方面内容。它的主要特点体现在成型工艺条件的选择和控制上，即：注射压力高、注射速度快及温度控制精确。

（1）注射压力高　普通注射成型的所需的注射压力，一般为 40~180MPa，而精密注射成型则要提高到 180~250MPa，有时甚至更高，达 400MPa。采用高压注射的目的是：

① 提高制品的精度和质量。增加注射压力，可以增加塑料熔体的体积压缩量，使其密度增加、线膨胀系数减小，从而降低制品的收缩比、提高制品的精度。如：当注射压力提高到 400MPa 左右，制品的成型收缩率极低，已不影响制品的精度。

② 改善制品的成型性能。提高注射压力可使成型时熔体的流动比增大，从而改善制品的成型性能，并能够生产出超薄的制品。

③ 有利于充分发挥注射速度的功效。熔体的实际注射速度，由于受流道阻力的制约，不能达到注射成型机的设计值，而提高注射压力，有利克服流道阻力，保证了注射速度功效的发挥。

（2）注射速度快　由于精密注射成型制品形状较复杂，尺寸精度高，因此必须采用高速注射。

（3）温度控制精确　温度包括料筒温度、喷嘴温度、模具温度、油温及环境温度。在精密注射成型过程中，如果温度控制得不精确，则塑料熔体的流动性、制品的成型性能及收缩率就不能稳定，因此也就无法保证制品的精度。

3.6.3.1.6 精密注射成型制品的测量

评价精密注射成型制品的最主要技术指标是制品的精度，即制品的尺寸和形状。

由于精密注射成型制品壁薄，刚性比金属低，而且受测量环境的温度、湿度影响，因此，测量时不能简单采用传统的金属零件测量方法和仪器。如用游标卡尺的卡脚测量塑料制品，塑料易变形，测量不够准确，最好用光学法（工具显微镜）测量。再如塑料制品的三维尺寸测量，可在三坐标测量机上进行，并使用电子探针，以防塑料制品受力变形而影响测量精度。此外，测量时还要保证环境温度的恒定。

3.6.3.2 气体辅助注射成型

气体辅助注射成型，简称气辅注射（GAIM），是一种新的注射成型工艺， 80 年代中期应用于实际生产。气辅注射成型结合了结构发泡成型和注射成型的优点，既降低模具型腔内熔体的压力，又避免了结构发泡成型产生的粗糙表面，具有很高的实用价值。

（1）气体辅助注射成型过程　气辅注射过程如图 3-23 所示。

标准的气辅注射过程分为五个阶段，即：

① 注射阶段。注射成型机将定量的塑料熔体注入模腔内。熔体注入量一般为充填量的 50%~80%，不能太少，否则气体易把熔体吹破。

② 充气阶段。塑料熔体注入模腔后，即进行充气。所用的气体为惰性气体，通常是氮气。由于靠近模具表面部分的塑料温度低、表面张力高，而制品较厚部分的中心处，熔体的温

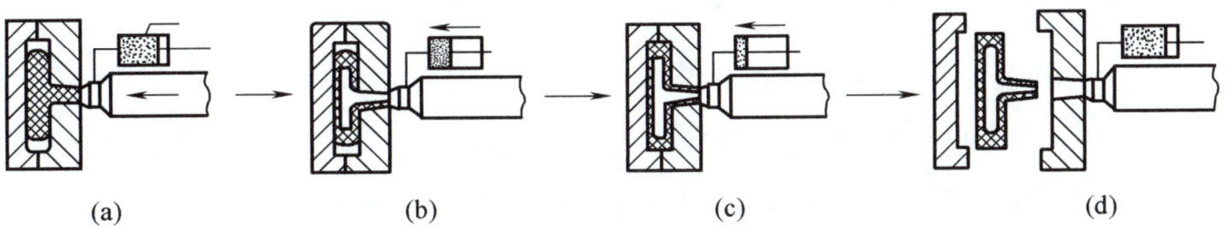

图 3-23 气辅注射成型过程示意图

（a）注入塑料熔体 （b）注入气体 （c）保压冷却 （d）制品脱模

度高、黏度低，气体易在制品较厚的部位（如加强筋等）形成空腔，而被气体所取代的熔料则被推向模具的末端，形成所要成型的制品。

③ 气体保压阶段。当制品内部被气体充填后，气体压力就成为保压压力，该压力使塑料始终紧贴模具表面，大大降低制品的收缩和变形。同时，冷却也开始进行。

④ 气体回收及降压阶段。随着冷却的完成，回收气体，模内气体降至大气压力。

⑤ 脱模阶段。制品从模腔中顶出。

（2）气体辅助装置 气辅装置由气体压力生成装置、气体控制单元、注气元件及气体回收装置等组成。

① 气体压力生成装置。提供氮气，并保证充气时所需的气体压力及保压时所需的气体压力。

② 气体控制单元。该单元包括气体压力控制阀及电子控制系统。

③ 注气元件。注气元件有二类，一类是主流道式喷嘴，即塑料熔体与气体共用一个喷嘴，在塑料熔体注射结束后，喷嘴切换到气体通路上，进行注气；另一类是安装在模具上的气体专用喷嘴或气针。

④ 气体回收装置。该装置用于回收气体注射通路中的氮气。必须注意的是，对于制品气道中的氮气，一般不能回收，因为其中会混入其他气体，如空气、挥发的添加剂、塑料分解产生的气体等，以免影响以后成型制品的质量。

（3）气辅注射的特点 与常规注射成型相比，气辅注射的优点：

① 所需注射压力及锁模力低，可大大降低对注射成型机的锁模力及模具刚性的要求。

② 减少了制品的收缩及翘曲变形，改善了制品表面质量；可成型壁厚不均匀的制品，提高了制品设计的自由度。

③ 在不增加制品重量的情况下，可通过设置附有气道的加强筋，提高制品的刚性和强度。

④ 通过气体穿透，减轻制品的重量，缩短成型周期；可在较小的注射成型机上，生产较大的、形状更复杂的制品。

然而，气辅注射也有一些不足之处：需要合理设计制品，以免气孔的存在而影响外观，如果外观要求严格，则需进行后处理；注入气体和不注气体部分的制品表面会产生不同光泽；对于一模多腔的成型，控制难度较大；对壁厚精度要求高的制品，需严格控制模具温度；由于增加了供气装置，提高了设备投资；模具改造也有一定的难度。

（4）适用原料及加工应用　绝大多数用于普通注射成型的热塑性塑料，如聚乙烯、聚丙烯、聚苯乙烯、ABS、尼龙、聚碳酸酯、聚甲醛、聚对苯二甲酸丁二醇酯等，都适用于气辅注射。一般，熔体黏度低的，所需的气体压力低，易控制；对于玻璃纤维增强材料，在采用气辅注射时，要考虑到材料对设备的磨损；对于阻燃材料，则要考虑到产生的腐蚀性气体对气体回收的影响等。

气辅注射的典型应用包括：板形及柜形制品，如塑料家具、电器壳体等，采用气辅注射成型，可在保证制品强度的情况下，减小制品重量，防止收缩变形，提高制品表面质量；大型结构部件，如汽车仪表盘、底座等，在保证刚性、强度及表面质量前提下，减少制品翘曲变形及对注射成型机注射量和锁模力的要求；棒形、管形制品，如手柄、把手、方向盘、操纵杆、球拍等，可在保证强度的前提下，减少制品重量，缩短成型周期。

（5）注射制品和模具设计　制品设计时必须提供明确的气体通道。气体通道的几何形状相对于浇口应该是对称的或单方向的；气体通道必须连续，但不能构成回路；沿气体通道的制品壁厚应较大，以防气体穿透；最有效的气体通道，其截面是近似圆形。

由气体推动的塑料熔体必须有地方可去，并足以充满模腔。为获得理想的空心通道，模中应设置能调节流动平衡的溢流空间。

气体通道应设置在熔体高度聚集的区域，如加强筋等，以减少收缩变形。加强筋的设计尺寸：宽度应小于3倍壁厚，高度应大于3倍壁厚，并避免筋的连接与交叉。

3.6.3.3　排气注射成型

排气注射成型是指借助于排气式注射成型机，对一些含低分子挥发物及水分的塑料，如聚碳酸酯、尼龙、ABS、有机玻璃、聚苯醚、聚砜等，不经预干燥处理而直接加工的一种注射成型方法。其优点为：减少工序，节约时间（因无须将吸湿性塑料进行预干燥）；可以去除挥发分到最低限度，提高制品的力学性能，改善外观质量；使材料容易加工，并得到表面光滑的制品；可加工回收的塑料废料以及在不良条件下存放的塑料。

（1）排气注射成型原理　排气式注射成型机与普通注射成型机的区别主要在于预塑过程及其塑化部件的不同。排气式注射成型装置组成及工作原理如图3-24所示。

图3-24中，排气螺杆分成前后两大级，共六个功能段。螺杆的第一级有加料段、压缩段

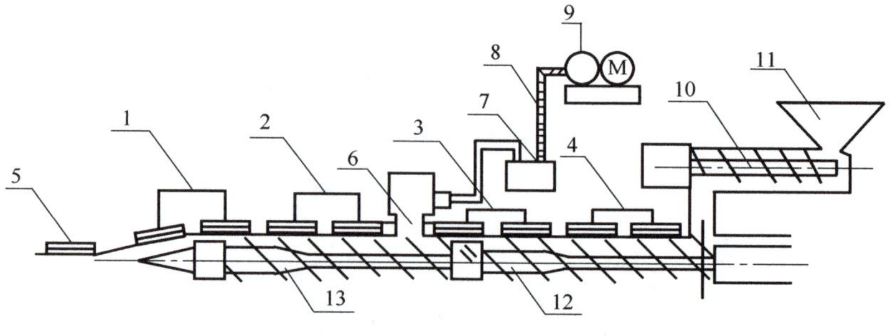

图3-24　排气原理示意图

1、2、3、4—加热段　5—喷嘴加热　6—出气孔　7—净滤器　8—排气道
9—真空泵　10—送料螺杆　11—料斗　12—第一级　13—第二级

和计量段；第二级有减压段、压缩段和计量段。物料在排气式注射成型机的料筒内所经历的基本过程是：塑料熔融、压缩增压→熔料减压→熔料内气体膨胀→气泡破裂并与熔体分离→排气→排气后熔体再度剪切均化。

排气式注射成型机具体的预塑过程为：物料从加料口进入第一级螺杆后，经过第一级加料段的输送、第一级压缩段的混合和熔融及第一级计量段的均化后，已基本塑化成熔体，然后通过在第一级末端设置的过渡剪切元件，使熔体变薄，这时气体便附在熔料层的表面上。熔料进入第二级螺杆的减压段后，由于减压段的螺槽突然变深，容积增大，加上在减压段的料筒上设有排气孔（该孔常接入大气或接入真空泵贮罐），这样，在减压段螺槽中的熔体压力骤然降低至零或负压，塑料熔体中受到压缩的水汽和各种气化的挥发物，在减压段搅拌和剪切作用下，气泡破裂，气体脱出熔体，由排气口排出，因此，减压段又称排气段。脱除气体的熔体，再经第二级的压缩段混合塑化和第二级计量段的均化，存储在螺杆头部的注射室中。

（2）排气式注射成型机的螺杆　对排气式注射成型机所用螺杆的要求如下：螺杆在预塑时，必须保证减压段有足够的排气效率；螺杆在预塑和注射时，不允许有熔料从排气口溢出；经过螺杆第一级末端的熔料必须基本塑化和熔融；位于第二级减压段的熔料易进入第二级压缩段，并能迅速地减压；在螺杆中要保证物料的塑化效果，不允许有滞留、降解或堆积物料的现象产生。

一根长径比 L/D 为 20 的排气式注射成型机螺杆，其各段的典型分布为：第一级的加料段长为 $7D$，压缩段长 $2D$，计量段长 $1D$；第二级的减压段长 $5.5D$，压缩段长 $1D$，计量段长 $3D$；第一级与第二级的过渡段长 $0.5D$。

（3）排气注射成型工艺　排气注射成型工艺中最重要的参数是料筒温度，特别是减压段的温度。一般，第一级螺杆加料段的温度要高些，以使物料尽早熔融。为减少负荷，减压段的温度在允许范围内要尽量低些。在操作过程中，应尽量避免生产中断，以防止物料由于长时间停滞而降解。如果生产中断后要重新开始时，需将料筒清洗几次；更换物料时，要清洗排气口；更换色料时，需将螺杆拆下清洗。

除料筒温度外，螺杆背压和转速的调节也与普通注射成型机不同。由于排气式螺杆的物料装填率比普通注射成型螺杆低，所以加注段常采用“饥饿加料”，这样可有效防止熔料从排气口溢出。此外，对注射量也有一定的要求，为注射成型机额定注射量的 10%~75%。注射量太大会使加工不稳定，而注射量太低，同样会使加工不稳定并造成能源浪费。

部分塑料的排气注射成型工艺参数如表 3-5 所示。

3.6.3.4 共注射成型

共注射成型是指用两个或两个以上注射单元的注射成型机，将不同品种或不同色泽的塑料，同时或先后注入模具内的成型方法。

通过共注射成型方法，可以生产出多种色彩或多种塑料的复合制品。典型的共注射成型有两种，即双色注射成型和双层注射成型。

（1）双色注射成型　双色注射成型是用两个料筒和一个公用的喷嘴所组成的注射成型机，通过液压系统调整两个推料柱塞注射熔料进入模具的先后次序，以取得所要求的、不同混

表 3-5　　常用塑料排气注射成型工艺条件

参　数		PA66	PC	聚砜	PMMA	ABS
材料所含水分/%		3	0.18	0.23	0.5	0.3
锁模力/MPa		78	161	78	161	78
螺杆直径/mm		32	52	38	52	38
背压/MPa		0.2	0.2	0.4	0.2	0.06
螺杆转速/(r/min)		260	43	110	43	45
料筒温度/℃	1	320	230	300	190	180
	2	310	235	360	210	200
	3	300	300	380	210	210
	4	300	310	380	210	210
喷嘴温度/℃		290	310	380	195	210
注射行程/mm		37	16	29	25	48.5
注射时间/s		0.4	0.5	5	3	1
保持压力/MPa		28	80	130	49	55
冷却时间/s		10.5	19	20	50	18
成型周期/s		18.5	29	37	83	30
注射量/g		23.5	24	21.2	60.5	45.2
制品最厚度/mm		3	3	2	16	25
剩余湿度含量/%		0.05	0.015	0.01	0.04	0.05

色情况的双色塑料制品的成型方法。双色注射成型还可采用两个注射装置、一个公用合模装置和两副模具，制得明显分色的塑料制品。双色注射成型机的结构如图 3-25 所示。此外，还有能生产三色、四色或五色的多色注射成型机。

近来，随着汽车部件和计算机部件对多色花纹制品需求量的增加，出现了新型的多色多物料注射成型机。例如，双色注射成型机，具有两个沿轴向平行设置的注射单元，喷嘴回路中还装有启闭机构，调整启闭阀的换向时间，就能得到各种花纹的制品。其成型花纹所用喷嘴见图 3-26。

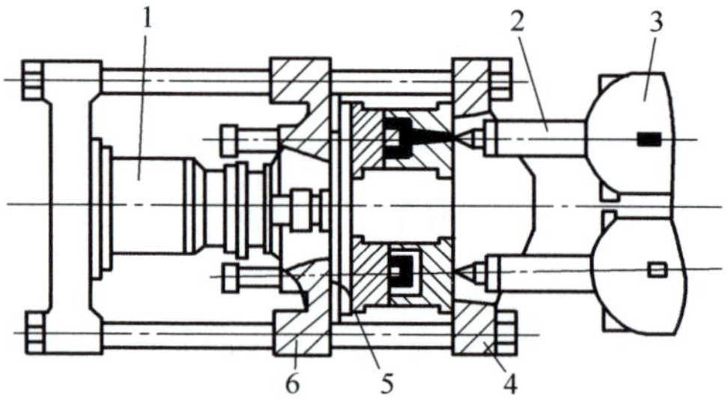

图 3-25　双色注射成型机示意图

1—合模油缸　2—料筒　3—料斗　4—固定模板　5—模具　6—移动模板

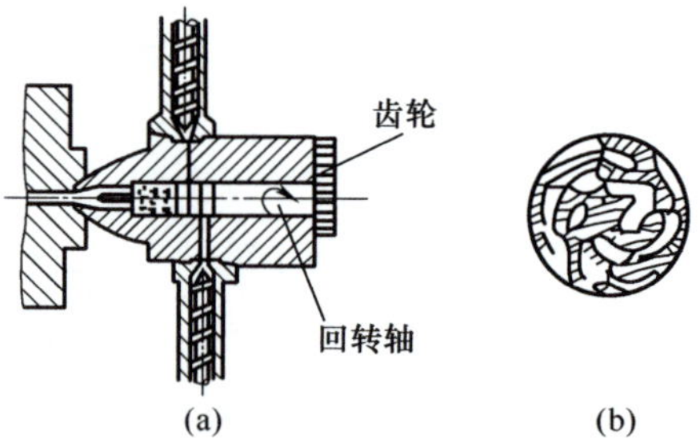

图 3-26　成型花纹用喷嘴与花纹

（a）喷嘴　（b）花纹

（2）双层注射成型

双层注射成型是指将两种不同的塑料或新旧不同的同种塑料相互叠加在一起的加工方法。双层注射成型的原理如图 3-27 所示。

由图 3-27 可知，注射成型开始时，可移动的回转盘处在中间位置，在两侧安装两个凸模——左边是一次成型的定模，右边是二次成型的动模。合模时右边的动模连同回转座一起向右移，使模具锁紧。在机架左边的台面上安装一次注射装置，在机架右边的台面安装二次注射装置；当模具合紧后，两个注射装置的整体分别前进，然后分别将塑料注入模腔；再进行保压冷却。冷却时间到即开模，回转台左移到中间位置，动模板左移到原始位置。右边的二次模已经有了两次注射，得到了完整的双层制品，可由回转盘上的顶出机构顶落，而左边的制品只获得一层，还有待于二次注射，所以，这次只顶出料把。当检测装置确认制品落下，回转盘即可开始回转位，每完成一个周期，转盘转动 180°。

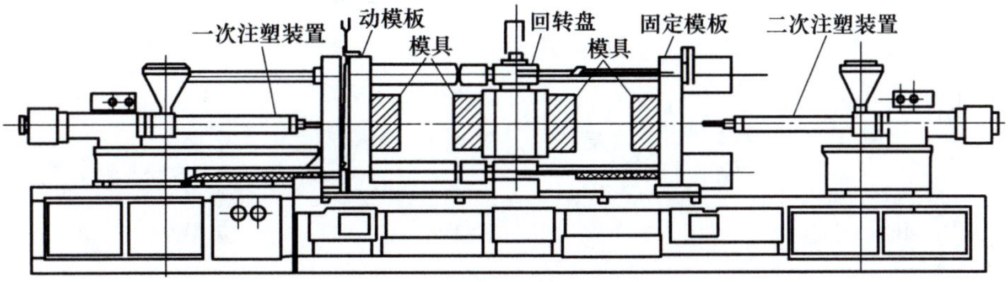

图 3-27　双层注射成型原理示意图

双层注射成型机与双色注射成型机虽有相似之处，但双层式注射成型机有其特殊之处：具有组合注射成型机的特性；与其他工序可以同时进行；一次模具与二次模具装在同一轴线上，就不会因两个模具厚度存在尺寸偏差；回转盘是以垂直轴为中心旋转的，因此，模具的重量对回转轴没有弯曲作用；回转盘由液压马达驱动，可平稳地绕垂直轴转动，当停止时，由定位销校正型芯，以保证定位精度；直浇口和横浇口设有顶出，能随同制品的顶出装置一起顶出，可保证制品的顶出安全可靠；顶出二次材料的流道畅通，脱模时可施加较大的顶出力；由于拉杆内距离较大，模具安装盘的面积也大，可以成型大型制品。

3. 6. 3. 5　流动注射成型

流动注射成型有两种类型，一种是用于加工热塑性塑料的熔体流动成型，另一种是用于加工热固性塑料的液体注射成型。虽然它们都属流动注射成型，但成型机理完全不同，下面分别加以介绍。

（1）熔体流动成型　该法是采用普通的螺杆式注射成型机，在螺杆的快速转动下，将塑料材料不断塑化并挤入模腔，待模腔充满后，螺杆停止转动，并用螺杆原有的轴向推力使模内熔料在压力下保持适当时间，经冷却定型后即可取出制品。其特点是塑化的熔料不是贮存在料筒内，而是不断挤入模腔中。因此，熔体流动注射成型是挤出和注射成型相结合的一种成型方法。

熔体流动成型的优点是：制品的重量可超过注射成型机的最大注射量；熔料在料筒内的停

留量少、停留时间短，比普通注射成型更适合加工热敏性塑料；制品的内应力小；成型压力低，模腔压力最高只有几个兆帕；物料的黏度低，流动性好。

由于塑料熔体的充模是靠螺杆的挤出，流动速度较慢，这对厚制品影响不大，而对薄壁长流程的制品则容易产生缺料。同时，为避免制品在模腔内过早凝固或产生表面缺陷，模具必须加热，并保持在适当的温度。几种常用热塑性塑料的熔体流动成型工艺条件见表 3-6。

表 3-6　几种常用热塑性塑料的熔体流动成型工艺条件

参　数		ABS	乙丙共聚	PS	PC	PP	RPVC	PE
制品重量/g		465	435	450	450	345	570	460
螺杆转速/(r/min)		72	145	107	73	200	52	200
充模时间/s		60	42	54	42	125	105	30
保压时间/s		90	78	106	137	55	70	165
总周期/s		150	120	160	180	180	175	195
料筒温度/℃	后	162	190	180	230	190	128	176
	中	190	200	204	242	215	160	220
	前	204	208	215	260	232	155	228
背压/MPa		1.9	0.9	2.1	3.1	1.0	3.9	1.4
注射压力/MPa		1.8	1.4	2.1	3.1	1.0	3.9	0.9
模具温度/℃		60	27	72	120	35	50	63

（2）液体注射成型（LIM）　该法是将液体物料从储存器中用泵抽入混合室内进行混合，然后由混合头的喷管注入模腔而固化成型。主要用于加工一些小型精密零件，所用的原料主要为环氧树脂和低黏度的硅橡胶。

① 成型设备。液体注射成型要用专用设备。典型的成型设备工作原理如图 3-28 所示。

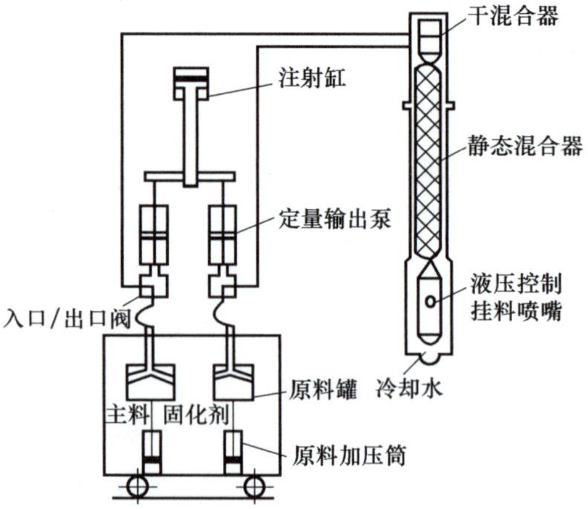

图 3-28　液体注射成型设备工作原理

液体注射成型设备主要由供料部分、定量及注射部分、混合及喷嘴部分组成。其中，供料部分由原料罐和原料加压筒等组成。在原料罐内装有加压板，在压缩空气或油泵作用下，向加压筒内的液体施压，使主料和固化剂经过入口阀门输送到定量注射装置。定量注射装置由两个往复式定量输出泵和注射缸组成。当主料和固化剂进入定量泵后，就经过出口阀和单向阀进入预混合器装置内，然后在注射油缸的作用下，推动螺杆或柱塞将混合液加压，并经过预混器、静态混合器和喷嘴注入模腔。混合装置由料筒和静态混合器组成。

② 常用原料及成型工艺。液体注射成型常用的原料有环氧树脂、硅橡胶、聚氨酯橡胶和聚丁二烯橡胶等，以硅橡胶为主。下面，以硅橡胶为例介绍成型工艺。

硅橡胶的黏度为200~1200Pa·s，固化剂（树脂类）黏度为200~1000Pa·s，两者混合比例常用1∶1。这两种原料一经混合便开始发生固化反应，其反应速度取决于温度。室温下，混合料可保持24h以上。随着温度的升高，固化时间缩短，当混合料的温度升至110℃以上时，瞬间即可固化。如壁厚为1mm的制品，固化时间仅需10s。由于硅橡胶的固化是加成反应，无副产物生成，故模具也无须排气。

例如，成型最大壁厚为3mm，重量为4.5g的食品器具，其成型工艺条件如下：

每模制品数：4个；注射压力：20MPa；模具温度：上模为150℃，下模为155℃；成型周期：30s；模内固化时间：15s。

3.6.3.6 反应注射成型（RIM）

反应注射成型是指将两种能起反应的液体材料进行混合注射，并在模具中进行反应固化成型的一种加工成型方法。

适于RIM的树脂有聚氨酯、环氧树脂、聚酯、尼龙等。其中，最主要的是聚氨酯。RIM制品主要用作汽车的内壁材料或地板材料、汽车的仪表板面、电视机及计算机的壳体以及家具、隔热材料等。

（1）成型过程　如RIM的工艺流程图3-29所示。

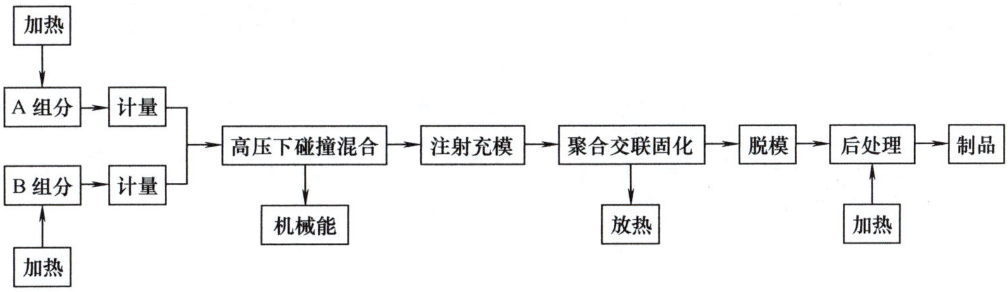

图3-29　RIM工艺流程图

将储罐中已配制恒温好的液态A、B两组分，经计量泵计量后，以一定的比例，由活塞泵以高压喷射入混合头，激烈撞击混合均匀后，再注入密封模具中，在模腔中进行快速聚合反应并交联固化，脱模后即得制品。

（2）成型设备　RIM设备主要由三个系统组成，如图3-30所示。

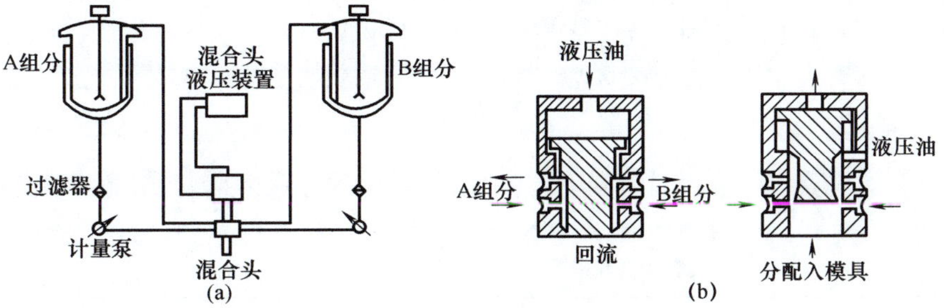

图3-30　反应注射成型计量装置及混合头

（a）计量装置　（b）混合头

① 蓄料系统。主要由蓄料槽和接通惰性气体的管路组成。

② 液压系统。由泵、阀、辅件及控制分配缸工作的油路系统组成。其目的是使 A、 B 两组分物料能按准确的比例输送。

③ 混合系统。使 A、 B 两组分物料实现高速、均匀的混合，并加速混合液从喷嘴注射到模具中。混合头必须保证物料在小混合室中得到均匀的混合和加速后，再送入模腔。混合头的设计应符合流体动力学原理，并具有自动清洗作用。混合头的活塞和混合阀芯在油压控制下的动作如图 3-31 所示。

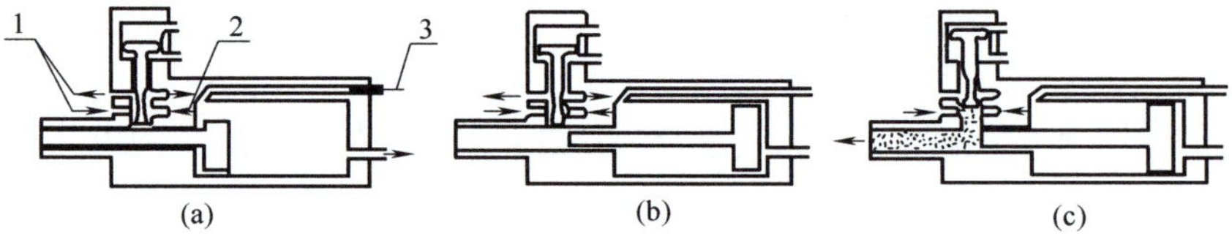

图 3-31 混合头工作循环示意图

（a）再循环 （b）调和过程 （c）调和

1—异氰酸酯 2—多元醇 3—油

由图 3-31 可知，混合头的工作由三个阶段组成：

a. 再循环：柱塞和混合阀芯在前端时，喷嘴被封闭， A、 B 两种液料互不干扰，各自循环，如图 3-31（a）；

b. 调和过程：柱塞在油压作用下退至终点，喷嘴通道被打开，如图 3-31（b）；

c. 调和：混合阀芯退至最终位置，两种液料被接通，开始按比例混合，混合后的液料从喷嘴高速射出，如图 3-31（c）。

（3）聚氨酯的 RIM

① 原料组成。原料应配制成 A、 B 两种组分，分别放于各自的原料储罐内，并通以氮气保护，控制一定的温度，保持适宜的黏度和反应活性。典型的 RIM 工艺配方见表 3-7。

表 3-7 典型的 RIM 工艺配方

原液组分	组分编号	典型配方	重量比
A	1	混合乙二醇、己二酸聚酯（相对分子质量 200）	80
	2	1,4-丁二醇	10～11
	3	氨基催化剂（三亚乙基二胺或 DABCO）	0.2～0.5
	4	二月桂酸二丁基锡稳定剂（DBTDL）	0.2～0.7
	5	硅共聚物表面活性剂	1
	6	颜料糊（分散炭黑占 50%）	8
	7	成核剂	0.5～1.0
	8	水	按需要定
B	9	二苯基甲烷二异氰酸酯（MDI）	60
	10	三氯氟甲烷发泡剂	0～15

采用上述配方制得的制品性能为：密度 500kg/m^3、硬度 63IRHD（国际橡胶硬度）、极限拉伸强度 10MPa、极限断裂伸长率 380%。

配方中各组分的作用如下：

组分 1 通常为聚己二酸乙二醇酯与 5%~15% 的聚己二酸丙二醇酯的混合物，以防止单独使用线性聚乙二醇酯时的冷硬化现象。

组分 2 为扩链剂，主要作用是与大分子中的异氰酸酯基反应，从而将大分子连接起来。

组分 3 和 4 为混合催化体系，对生成聚合物及 NCO 与 H_2O 反应生成 CO_2 均有促进作用。

组分 5 为硅氧烷表面活性剂，对于形成有规则的微孔泡沫结构十分必要。

组分 6 是颜料，干燥的颜料必须经仔细研磨或球磨后，并加以分散后方可使用。固体颜料的分散载体一般用多元醇。

组分 7 是成核剂，有云母粉、立德粉、膨润土等，主要作用是提供气泡形成的泡核，有利得到均匀的泡沫结构。

组分 8 是活化剂，用水作活化剂以控制泡沫塑料中闭孔泡沫的数目。

组分 9 是二苯基甲烷二异氰酸酯。若要得到高强度、高韧性的制品，必须采用纯度极高的线性异氰酸酯；若使用不纯的异氰酸酯，则制品较脆。

组分 10 是发泡剂，三氯氟甲烷是常用的物理发泡剂，它在稍高于室温下就能气化，50~100℃时气化迅速。采用该发泡剂的泡沫结构以开孔为主。

② 工艺条件

a. 温度：两组分的预热温度为 32℃，模具温度为 60℃。

b. 压力：两组分的注射压力为 15.7MPa。

c. 时间：充模时间为 1~4s，生产周期为 32~120s。

（4）增强聚氨酯的反应注射成型（RRIM）

RRIM 是指在聚氨酯中添加了增强材料后的反应注射成型。增强材料有玻璃纤维、碳纤维等，以玻璃纤维为主。

RRIM 的成型工艺过程及所用的设备与 RIM 类似，但由于多元醇组分中加入了增强材料，使料液的黏度增大。因此，该组分在通过了计量泵后，还要经过增设的高压储料缸，以更高的压力进入混合头，而未加增强材料的组分，则与 RIM 一样。另外，混合头的孔径也要相应扩大。

3.6.3.7　热固性塑料注射成型

（1）注射成型原理　热固性塑料的注射成型原理是：将热固性注射成型料加入料筒内，通过对料筒的外加热及螺杆旋转时产生的摩擦热，对物料进行加热，使之熔融而具有流动性，在螺杆的强大压力下，将稠胶状的熔融料，通过喷嘴注入模具的浇口、流道，并充满型腔，在高温（170~180℃）和高压（120~240MPa）下，进行化学反应，经一段时间的保压后，即固化成型，打开模具得到固化好的塑料制品。

（2）工艺流程　热固性塑料的注射成型工艺流程如下：

① 供料。料斗中的热固性注射成型料靠自重落入料筒中的螺槽内。热固性注射成型料一般为粉末状，容易在料斗中产生“架桥”现象，因此，最好使用颗粒状物料。

② 预塑化。落入螺槽内的注射成型料在螺杆旋转的同时向前推移，在推移过程中，物料

在料筒外加热和螺杆旋转产生的摩擦热共同作用下，软化、熔融，达到预塑化目的。

③ 计量。螺杆不断把已熔融的物料向喷嘴推移，同时在熔融物料反作用力的作用下，螺杆向后退缩，当集聚到一次注射量时，螺杆后退触及限位开关而停止旋转，被推到料筒前端的熔融料暂停前进，等待注射。

④ 注射及保压。预塑完成后，螺杆在压力作用下前进，使熔融料从喷嘴射出，经模具集流腔，包括模具的主浇口、主流道、分流道、分浇口，注入模具型腔，直到料筒内的预塑料全部充满模腔为止。

熔融的预塑料在高压下，高速流经截面很小的喷嘴、集流腔，其中部分压力通过阻力摩擦转化为热能，使流经喷嘴、集流腔的预塑料温度从70~90℃迅速升至130℃左右，达到临界固化状态，也是流动性的最佳转化点。此时，注射料的物理变化和化学反应同时进行，以物理变化为主。注射压力可高达120~240MPa，注射速度为3~4. 5m/s。

为防止模腔中未及时固化的熔料瞬间倒流出模腔（即从集流腔倒流入料筒），必须进行保压。在注射过程中，注射速度应尽量快些，以便能从喷嘴、集流腔处获得更多的摩擦热。注射时间一般设为3~10s。

⑤ 固化成型。130℃左右的熔融料高速进入模腔后，由于模具温度较高，为170~180℃，化学反应迅速进行，使热固性树脂的分子间缩合、交联成体型结构。经一段时间（一般为1~3min，速固化料为0. 5~2min）的保温、保压后即硬化定型。固化时间与制品厚度有关。若从制品的最大壁厚计算固化时间，则一般物料为8~12s/mm，速固化料为5~7s/mm。

⑥ 取出制品。固化定型后，启动动模板，打开模具取出制品。利用固化反应和取制品的时间，螺杆旋转，开始预塑，为下一模注射作准备。

（3）热固性塑料注射成型工艺条件分析

① 温度。料筒温度是最重要的注射成型工艺条件之一，它影响到物料的流动。料筒温度太低，物料流动性差，会增加螺杆旋转负荷。同时，在螺槽表面的塑料层因剧烈摩擦而发生过热固化，而在料筒壁表面的塑料层因温度过低而产生冷态固化，最终将使螺杆转不动而无法注射。此时，必须清理料筒与螺杆，重新调整温度。而料筒温度太高，注射料会产生交联而失去流动性，使固化的物料凝固在料筒中，无法预塑。此时也必须清理料筒重新调整温度。料筒温度的设定为：加料口处40℃，料筒前端90℃，喷嘴处110℃。

模具温度决定熔融料的固化。模温高，固化时间短，但模温太高，制品表面易产生焦斑、缺料、起泡、裂纹等缺陷，并且由于制品中残存的内应力较大，使制品尺寸稳定性差，冲击强度下降；模温太低，制品表面无光泽，力学性能、电性能均下降，脱模时制品易开裂，严重时会因熔料流动阻力大而无法注射。一般情况下，模具温度为160~170℃。

② 压力。塑化压力的设定原则是：在不引起喷嘴垂涎的前提下，应尽量低些。通常为0. 3~0. 5MPa（表压）或仅以螺杆后退时的摩擦阻力作背压。

注射压力：由于热固性塑料中所含的填料量较大，约占40%，黏度较高、摩擦阻力较大，并且在注射过程中， 50%的注射压力在消耗在集流腔的摩擦阻力中。因此，当物料黏度高、制品厚薄不匀、精度要求高时，注射压力要提高。但注射压力太高，制品内应力增加、溢边增多、脱模困难，并且对模具寿命有所影响。通常，注射压力控制在 140~180MPa。

③ 成型周期

a. 注射时间。由于预塑化的注射成型料黏度低、流动性好，可把注射时间尽可能定得短些，也即注射速度快。这样，在注射时，熔融料可从喷嘴、流道、浇口等处获得更多的摩擦热，并有利物料固化。但注射时间过短，即注射速度太快时，则摩擦热过大，易发生制品局部过早固化或烧焦等现象；同时，模腔内的低挥发物来不及排出，会在制品的深凹槽、凸筋、凸台、四角等部位出现缺料、气孔、气痕、熔接痕等缺陷，影响制品质量。而注射时间太长，即注射速度太慢时，厚壁制品的表面会出现流痕，薄壁制品则因熔融料在流动途中发生局部固化而影响制品质量。通常，注射时间为 3~12s。其中，小型注射成型机（注射量在 500g 以下），注射时间为 3~5s，大型注射成型机（注射量为 1000~2000g）则为 8~12s，而注射速度一般为 5~7m/s。

b. 保压时间。保压时间长则浇口处物料在加压状态下固化封口，制品的密度大、收缩率低。目前，注射固化速度已显著提高，而模具浇口多采用针孔型或沉陷型，因此，保压时间的影响已趋于减小。

c. 固化时间。一般情况下，模具温度高、制品壁薄、形状简单则固化时间应短一些，反之则要长些。通常，固化时间控制在 10~40s。延长固化时间，制品的冲击强度、弯曲强度提高，收缩率下降，但吸水性提高，电性能下降。

④ 其他工艺条件

a. 螺杆转速。对于黏度低的热固性注射料，由于螺杆后退时间长，可适当提高螺杆转速；而黏度高的注射料，因预塑时摩擦力大、混炼效果差，此时应适当降低螺杆转速，以保证物料在料筒中充分混炼塑化。螺杆转速通常控制在 40~60r/min。

b. 预热时间。物料在料筒内的预热时间不宜太长，否则会发生固化而提高熔体黏度，甚至失去流动性；太短则流动性差。

c. 注射量。正确调节注射量，可在一定程度上解决制品的溢边、缩孔和凹痕等缺陷。

d. 合模力。选择合理的合模力，可减少或防止模具分型面上产生溢边，但合模力不宜太大，以防模具变形，并使能耗增加。

（4）常用热固性塑料注射成型工艺条件　常用热固性塑料的注射成型工艺条件见表 3-8。

表 3-8　**常用热固性塑料注射成型工艺条件**

塑料名称	温　度/℃			压 力/MPa		时　间/s			螺杆转速(r/min)
	料筒	喷嘴	模具	塑化	注射	注射	保压	固化	
酚醛塑料	40~100	90~100	160~170	0~0.5	95~150	2~10	3~15	15~50	40~80
玻纤增强酚醛塑料	60~90		165~180	0.6	80~120			120~180	30~140
三聚氰胺模塑料	45~105	75~95	150~190	0.5	60~80	3~12	5~10	20~70	40~50
玻纤增强三聚氰胺	70~95		160~175	0.6	80~120			240	45~50
环氧树脂	30~90	80~90	150~170	0.7	50~120			60~80	30~60
不饱和聚酯树脂	30~80		170~190		50~150			15~30	30~80
聚邻苯二甲酸二烯丙酯	30~90		160~175		50~150			30~60	30~80
聚酰亚胺	30~130	120	170~200		50~150	20		60~80	30~80

（5）注射成型制品的缺陷与处理　热固性注射成型制品的缺陷与处理方法见表3-9。

表3-9　**热固性注射成型制品的缺陷与处理方法**

不正常现象	解　决　方　法	不正常现象	解　决　方　法
有熔合纹	①用流动性好的原料 ②提高注射压力 ③提高注射速度 ④降低熔料温度 ⑤降低模温 ⑥开排气槽 ⑦改变浇口位置	飞边多	①减少料量 ②增加合模力 ③降低注射压力 ④分型面中有间隙，要修复分型面 ⑤减少各滑配部分的间隙 ⑥用流动性稍差的料 ⑦调整模温
烧焦或变色	①用流动性好的原料 ②降低料筒温度和模具温度 ③降低注射压力 ④扩大浇口截面积	表面有斑点	①原料内有杂质 ②脱模剂用量不当 ③模具没有很好清理 ④成型面黏附杂质
有流动纹路	①改变注射速度 ②降低模具温度 ③增加壁厚 ④提高料筒温度 ⑤改变浇口位置	有白斑点	①用流动性好的注射成型料 ②缩短热压时间 ③降低料筒温度 ④降低模温 ⑤清理料筒内层料
表面有孔隙	①提高注射压力 ②增加料量 ③开排气槽 ④降低模温 ⑤降低料筒温度 ⑥增加注射时间	主流道黏模	①延长热压时间 ②提高定模温度 ③扩大浇口套小端孔径，使之大于喷嘴孔径 ④增加主流道斜度 ⑤检查主流道与喷嘴之间是否漏料 ⑥主流道下端设拉料杆
凹痕与水迹	①增加合模力和注射压力 ②增加料量 ③增加保压时间 ④减少飞边 ⑤采用湿度小的原料 ⑥降低模温 ⑦排气槽太深，重开排气槽	壁厚不均匀	①型腔与型芯的位置有偏差 ②浇口位置不当 ③增加型芯强度 ④降低注射压力 ⑤增加塑料的流动性
表面有划痕	①模具成型面划伤 ②原料内杂质 ③增加脱模斜度 ④模具电镀层剥落，应重新电镀 ⑤延长热压时间	黏模	①提高模温 ②增加热压时间 ③减少飞边 ④喷嘴与浇口是否配合，喷嘴孔是否小于主流道 ⑤提高模具成型面和浇道的光洁度 ⑥使用脱模剂

续表

不正常现象	解　决　方　法	不正常现象	解　决　方　法
挠曲或弯曲	①用水分少的原料 ②增加热压时间 ③塑件的壁太厚或太薄 ④制品出模后缓慢冷却至室温	嵌件歪斜变形	①用流动性好的原料 ②降低注射压力 ③降低注射速度 ④使嵌件稳定、到位
脱模时变形	①提高模温 ②增加热压时间 ③降低注射压力 ④增加脱模斜度 ⑤提高模具成型面的光洁度 ⑥均衡布置脱模力	表面灰暗	①降低模温 ②提高模具光洁度 ③增加料量 ④开排气槽 ⑤用湿度小的料 ⑥清洁模具成型面
起泡	①降低模温 ②降低料筒温度 ③提高注射压力 ④增加热压时间 ⑤增加料量 ⑥扩大浇口面积 ⑦开排气槽 ⑧原料中水分及挥发分量太大 ⑨均匀加热模具	局部缺料	①增加料量 ②提高注射压力 ③调整模温 ④调整料筒温度 ⑤扩大浇口与浇道的截面积 ⑥开设排气槽 ⑦延长保压时间 ⑧修正分型面，减少溢料 ⑨擦净型腔和型面上油污、脱模剂等 ⑩增加浇道光洁度 ⑪增加注射成型件壁厚 ⑫平衡多型腔的各浇口 ⑬注射成型机的最大注射量是否大于制品的重量 ⑭用流动性好的原料

3.6.4　练习与提高

① 什么叫成型零件?

② 选择分型面的位置时，应注意哪些问题?

③ 设计成型零件的组合式结构时，应注意哪些问题?

④ 成型零件的制造公差（Δz）、磨损公差（Δc）怎样选择?

⑤ 什么叫塑料的收缩率和收缩率波动?

⑥ 一个圆筒形塑件，其尺寸要求为：外径 $500_{-0.46}$，径向壁厚 4 ± 0.15，孔深 $500^{+0.46}$，底部壁厚 4 ± 0.15，塑料的收缩率为（1.2~1.8）%，型芯的径向尺寸和高度尺寸、凹模的径向尺寸和深度尺寸的制造公差均为 0.046，型芯、凹模径向尺寸的磨损公差均为 0.02，试求型芯的径向尺寸和高度尺寸、凹模的径向尺寸和深度尺寸。

⑦ 试述注射模冷却系统的设计原则。

⑧ 什么是多级注射？如何实现对注射速度、注射压力、螺杆背压、开合模等工艺参数的控制？

⑨ 什么叫精密注射成型？用于精密注射成型的常用塑料材料有哪些？如何评价精密塑料制品？

⑩ 气辅注射成型过程分为哪五个阶段？有什么特点？

⑪ 什么是排气注射成型？排气注射成型工艺有何特点？

⑫ 什么是共注射成型？典型的共注射成型有哪几种形式？

⑬ 简述热固性塑料注射成型原理及工艺流程。

⑭ 热固性塑料注射机和热塑性塑料注射机的主要区别有哪些？原因何在？

⑮ 试分析各专门用途注射成型机的结构特点。

⑯ 优化自己的实施方案。

项目 4　注射成型手机镜片

手机镜片是手机上的一个透明配件，主要用于保护其中的液晶屏。本项目以注射成型手机镜片为载体，学习塑料注射成型设备、模具以及注射成型产品质量分析的相关知识，深入掌握产品设定之后从选择原料、机器设备开始，到设定工艺参数并进行成型的整个工作过程。

4.1　学习目标

本项目的学习目标如表 4-1 所示。

表 4-1　　注射成型手机镜片的学习目标

编号	类别	目　标
1	知识目标	①手机镜片产品的使用性能及成型加工性能要求，透明塑料原材料的性能特点 ②模具顺序分型机构与排气系统的结构、作用和设计要领 ③注射机液压传动系统结构组成与工作原理 ④注射制品缺陷分析及其纠正的知识 ⑤注射机、注射模具、注射技术等方面的新发展
2	能力目标	①能针对指定产品选择原材料 ②能够设计模具的顺序分型机构、排气系统 ③能针对所用手机镜片产品、模具、原料和注射机制定适当的工艺条件 ④能熟练地操作注射机完成手机镜片产品的生产，能分析产品缺陷、产生原因并进行纠正
3	素质目标	①团队协作精神 ②认真观察、勤于思考、自主学习的意识 ③吃苦耐劳、百折不回的精神 ④质量、成本、安全、环境意识

4.2　工作任务

本项目的工作任务如表 4-2 所示：

表 4-2 注射成型手机镜片的工作任务

编号	任务内容	要　求
1	选择手机镜片产品材料	根据手机镜片产品的特点，选择注射成型用原材料并进行配方
2	选择手机镜片产品用注射机	根据模具外形尺寸、产品重量和注射机参数选择注射机
3	制定手机镜片注射成型工艺	制定如表 2-3 所示的手机镜片注射成型工艺卡
4	成型手机镜片产品	操作注射机，根据制定的手机镜片注射成型工艺卡设定参数，成型手机镜片产品

4.3 项目资讯

4.3.1 机器——注射机液压传动系统

为了保证注射成型机按工艺过程预订的要求（压力、速度、温度、时间）和动作程序准确有效地工作，现代注射机多数是由机、电、液一体的机械化、自动化程度较高的综合系统。液压传动系统和电气控制系统的工作质量将直接影响注射制品的质量、尺寸精度、注射成型周期、生产成本和维护检修工作等。

4.3.1.1 液压传动系统的特点与组成

（1）液压传动系统的特点　注射机的液压传动系统严格地按液压程序进行工作；在每一个注射周期中，系统的压力和流量是按工艺要求进行变化的；注射功率可在超载下使用，而螺杆的塑化功率、启闭模功率都应在接近或等于额定功率条件下使用。

（2）液压传动系统的组成　一个完整的液压系统主要由动力元件、执行元件、控制元件、辅助元件和工作介质五部分组成。动力元件包括油泵，其作用是将机械能转化为液压能；执行元件包括油缸、油马达，其作用是将液压能转化为机械能，推动执行机构对外做功；控制元件有溢流阀、节流阀、换向阀、单向阀等，主要控制系统的压力、流量与流向；辅助元件有油箱、滤油器、蓄能器、管道、管接头和压力表等；工作介质多用液压用油，其作用是传递液压能。

4.3.1.2 常用液压元件

（1）油泵　油泵是为液压传动提供动力的零件，也称动力元件。它是通过自身的机械运动，实现将机械能转变为液压能的装置。塑料机械中常用的油泵有三种：叶片泵、轴向柱塞泵和齿轮泵。在注射机中，液压传动是作为主传动，压力较高，流量也很大，但对执行机构的速度稳定性要求不高，是一种以压力变换为主的中高压系统。因此，注射机常用叶片泵和柱塞泵。

（2）油马达　油马达的功能正好与油泵相反，是将液压能转换为机械能输出的装置。油马达也有定量、变量和单、双向之分。常用的油马达有叶片式、柱塞式、齿轮式三种，其结构与油泵相似。

（3）油缸　油缸与油马达一样，也是液压传动中的执行元件。油缸是将液压能转换为驱动负载做直线运动或摆动的装置。按运动形式油缸可分为移动油缸和摆动油缸两类。

（4）液压控制阀　液压控制阀用于控制液压系统中液压油的压力、流量和流向三个参数，从而实现对液压系统执行元件的驱动力、运动速度和移动方向的控制。根据上述三个参数的控制需要，液压控制阀可分为压力控制阀、流量控制阀和方向控制阀三类。

① 压力控制阀。压力控制阀是控制液压系统中液体的压力，以及当压力达到某一定值时，对其他液压元件进行控制。这类阀中主要有溢流阀、减压阀和顺序阀。

② 流量控制阀。流量控制阀主要是通过对液压油流量的控制，达到控制执行元件速度的目的。流量控制阀一般用于中小型液压传动系统中，而大功率液压传动系统常用变量泵或改变供油泵的数量来调节执行元件的运动速度。流量控制阀有节流阀、单向节流阀、调速阀等。

③ 方向控制阀。方向控制阀在液压系统中用于控制工作油的流向和液流的导通与断开，以实现对注射机执行机构的启动、停止、运动方向、动作顺序等的控制。方向控制阀有单向阀、换向阀等。

（5）辅助元件

液压系统的辅助元件包括滤油器、油箱、油冷却器、蓄能器以及压力继电器等。

① 滤油器。在液压系统中安装滤油器的目的是保证油液清洁，防止油液中的污染粒子对液压元件的磨损、堵塞和卡死。一般，在泵吸油口安装的滤油器的过滤精度为100~200目，叶片泵吸油口常用150目，柱塞泵吸油口用200目。

② 油箱。油箱的作用是储油、散热和分离油中所含空气与杂质。注射机常用开式油箱，油箱上虽设有盖，但不密封。

③ 油冷却器。油冷却器是装在系统的回油路上，用于冷却油液，使工作油温不超过允许值（55℃），使液压油区保持在30~50℃之间。按油冷却介质不同可分为风冷和水冷两种，注射机的液压油路常用水冷却。

④ 蓄能器。蓄能器是储存和释放液体压力能的装置，可以作为辅助动力源及消除泵的脉动或回路冲击压力的缓冲器用。

4.3.1.3　液压基本回路

注射机的液压系统是由若干个液压基本回路组合而成的。这些基本回路主要是用于控制压力、速度和方向。

（1）压力控制回路　压力控制回路主要由应用元件和执行元件组成，对系统液压压力进行控制与调节。具体有调压回路、卸荷回路、减压与增压回路、背压回路、保压回路等。

（2）速度控制回路　在液压系统中，通常根据负载运动速度的要求，设置液压油流量的调节回路，称为速度控制回路。典型的速度控制回路有两种：定量泵节流调节回路及容积式调速回路。注射机中常用容积式调速回路。

（3）方向控制回路　方向控制回路是控制油缸、油马达等执行元件的动作方向及停止在任意位置的回路。

4.3.1.4 典型液压系统举例

下面以 SZ-2500 注射机为例，介绍注射机液压系统。

（1）系统特点

① 能满足合模系统的要求。在注射成型时，熔融物料常以 40~130MPa 的高压注入模具的型腔。因此，合模系统必须有足够的合模力，以避免导致模具开缝而产生溢边现象，为此合模油缸的油压必须满足合模力的要求。

另外，液压系统还必须满足模具开、闭时的速度要求，在空载行程时要快速运行，以提高注射成型机的生产效率，同时，为防止损坏模具和制品，避免注射成型机受到强烈振动和产生撞击噪声要慢速运行。一般合模系统在开、闭模过程中速度变化过程是先慢后快再慢，快、慢速的比值较大。一般采用双泵并联、多泵分级控制以及节流调速等方法来实现开、闭模速度的调节。

② 能满足注射座整体移动机构的要求。为了适应加工各种物料的需要，注射座整体移动油缸除了在注射时有足够的推力，保证喷嘴与模具主浇口紧密接触外，还应满足三种预塑形式（固定加料、前加料、后加料）的要求，以使注射座整体移动油缸能及时动作。

③ 能满足注射机构的要求。在注射过程中，通常根据物料的品种、制品的几何形状及模具的浇注系统不同，灵活地调整注射压力和注射速度。

注射速度的大小，对制品质量有很大的影响。为了得到优质的制品，注射速度可按熔料充模行程、工艺条件、模具结构和制品要求分三段控制，即：

a. 慢-快-慢。有利于充模过程中模腔内气体的排出，细长型芯的定位，减小制品内应力。

b. 慢-快。用于成型厚壁制品，可避免产生气泡和提高制品外型表面的完整。

c. 快-慢。用于成型薄壁制品，可减小制品的内应力，提高制品尺寸和几何形状的精度。

注射完毕后，要能进行保压，防止制品冷却收缩、充料不足、空洞等，保压压力可根据需要进行调节。在用螺杆式注射机加工时，螺杆转速及背压，应能根据物料的性能，适当进行调整。

④ 能满足顶出机构的要求。为顶出机构提供足够的顶出力和平稳的顶出速度，并能方便地进行调整。

（2）动作过程　SZ-2500 注射机的液压传动系统如图 4-1 所示，它是由各种液压控制元件、液压基本回路、专用液压回路等组成。

① 闭模过程。根据各种塑料制品的要求，注射机的合模动作有慢速和快速。

a. 慢速闭模。电磁铁 D_2、 D_5 通电，大泵卸荷。小泵压力油经阀 V_{11}→阀 V_{12}→进入移模油缸左腔，推动活塞实现慢速合模，与此同时，移模油缸右腔的油液经阀 V_{13}→阀 V_{12}→油冷却器→油箱，使曲肘伸展，闭模开始。

b. 快速闭模。电磁铁 D_1、 D_2、 D_5 通电，大、小泵同时向移模油缸供油。大、小泵的压力油经上列通道，实现快速合模使曲肘达到自锁位置，曲肘伸展，使模具紧密贴合。

② 注座前移。电磁铁 D_2、 D_5、 D_9 通电，大泵卸荷。小泵压力油经阀 V_{11}→阀 V_{18}→注座

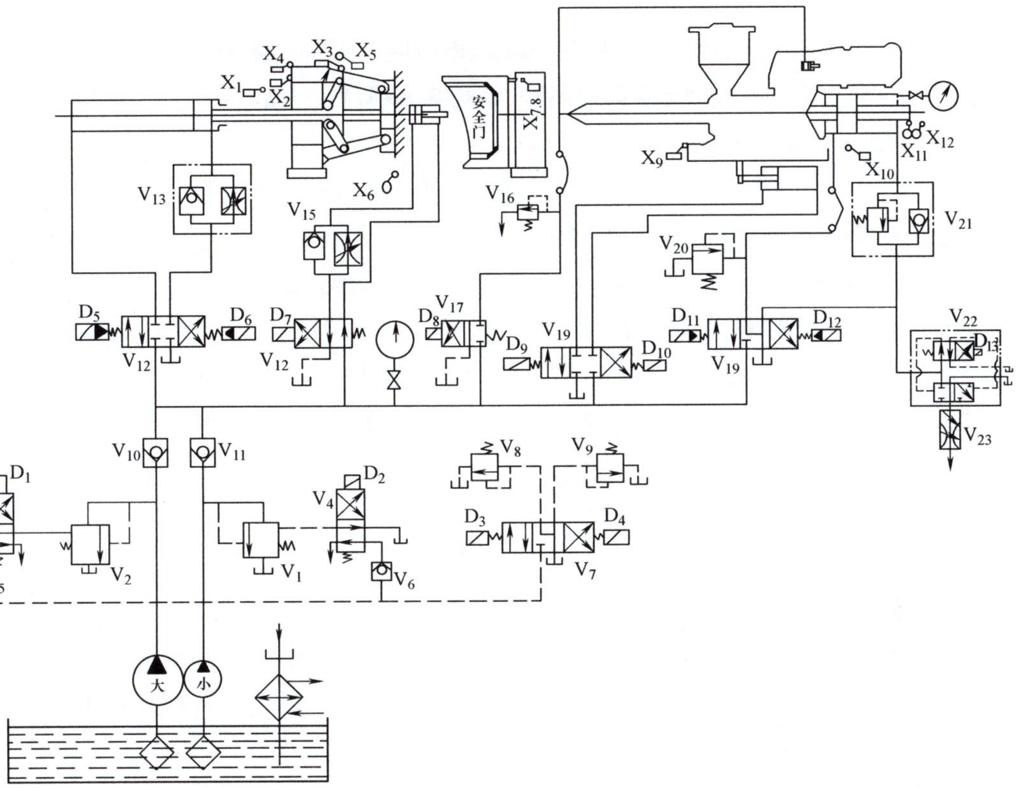

图 4-1　SZ-2500 注射成型机液压系统原理图

移动油缸的右腔，推动向左移动，实现注座整体移动，与此同时，注座油缸左腔的压力油经阀 V_{18}→油冷却器→油箱。

③ 注射成型过程。根据不同塑料制品的精度要求，可将注射速度进行分级控制。

a. 一级注射。电磁铁 D_1、D_2、D_3、D_5、D_9、D_{12} 通电，大、小泵同时向注射油缸供油。大、小泵压力油经阀 V_{10}、 V_{11}→阀 V_{19}→阀 V_{21}→注射油缸右腔，推动活塞向左移动，实现注射动作，注射压力由阀 V_9 进行调节。

b. 二级注射（快→慢）。快速时，限位开关 X_{11} 被压下时，电磁铁 D_1、D_2、D_3、D_5、D_9、D_{12} 通电。大、小泵压力油经阀 V_{10}、V_{11}→阀 V_{19}→阀 V_{21}→注射油缸右腔，推动活塞向左移动，实现快速注射。慢速时，在注射过程中限位开关 X_{11} 升起后，电磁铁 D_1、D_2、D_4、D_5、D_9、D_{12}、D_{13} 通电，大小泵压力油经阀 V_{10}、V_{11}→阀 V_{19}→阀 V_{21}→注射油缸右腔，推动活塞向左移动，实现慢速注射，另一部分压力油则经阀 V_{22}→阀 V_{23}→回油箱。快速时，注射压力由阀 V_9 调节，慢速时，注射压力由阀 V_8 调节。

c. 三级注射（慢→快）。在转动主令开关后，注射动作与上述相反。

④ 保压过程。电磁铁 D_2、D_4、D_5、D_9、D_{12} 通电。小泵压力油经阀 V_{11}→阀 V_{19}→阀 V_{21}→注射油缸，进行保压，保压压力由阀 V_8 调节。

⑤ 注座退回。电磁铁 D_2、 D_{10} 通电。小泵压力油经阀 V_{11}→阀 V_{18}→注座油缸左腔，推动活塞右移使注射座后退。与此同时，注座油缸右腔的油液经阀 V_{18}→回油箱。

⑥ 预塑过程。电磁铁 D_2、D_8 通电。小泵压力油经阀 V_{11}→阀 V_{17}→阀 V_{16}→液压离合器小油缸，推动三个活塞使离合器联接，将电机与齿轮箱连接，带动螺杆转动，进行预塑，此时，注射油缸右腔的油液，在熔料的反压作用下，经阀 V_{21}→阀 V_{19}→油冷却器→回油箱。预塑时的背压由阀 V_{21} 调节，通往液压离合器的油液压力由阀 V_{16} 调节。

⑦ 开模过程。与闭模动作相适应，注射成型机的开模动作也分为快、慢速进行。

a. 快速开模。电磁铁 D_1、D_2、D_6 通电，大小泵压力油经阀 V_{10}、V_{11}→阀 V_{12}→合模油缸右腔，油缸左腔的油液经阀 V_{12}→油冷却器→回油箱，实现快速开模。

b. 慢速开模。快速开模过程中限位开关 X_3 脱开，电磁铁 D_2、D_6 通电，大泵卸荷，实现慢速开模。在慢速开模过程中触动限位开关 X_1 时小油泵卸荷，此时大小泵都处于卸荷状态，使开模停止。在所有开模过程中，开模速度由阀 V_{13} 调节。开模时合模油缸左腔的油液经阀 V_{13}→阀 V_{12}→油冷却器→回油箱。

⑧ 制品顶出。在开模过程中，当触及限位开关 X_2 时，电磁铁 D_7 通电。小泵压力油经阀 V_{14}→阀 V_{15}→顶出油缸左腔，使顶杆伸出顶出制品。油缸右腔的油液，经阀 V_{14}→油冷却器→回油箱。

⑨ 顶杆退回。在开模后，电磁铁 D_7 断电。小泵压力油经阀 V_{14}→顶出油缸右腔，使顶出杆退回原位，同时顶出油缸左腔的油液，经阀 V_{15} 的单向阀→阀 V_{14}→油冷却器→回油箱。

⑩ 螺杆退回。电磁铁 D_2、D_{11} 通电。小泵压力油经阀 V_{11}→阀 V_{19}→阀 V_{20}→注射成型油缸左腔，推动油缸活塞向右移动使螺杆退回，退回时的油压力由阀 V_{20} 调节。

此动作只有将转换开关转向调整位置时才能实现。

（3）常见故障及排除　注射机常见的液压故障及排除见表 4-3。

表 4-3　　常见液压故障、诊断及维修处理

液压故障	诊　断	维修处理
噪音过大	①油泵的叶片、转子、定子配油盘磨损、轴承损伤产生噪声 ②滤油器堵塞及油泵吸气产生噪声 ③溢流阀加工精度差及工作不良产生尖叫等噪声 ④磁阀吸合噪声 ⑤压板（撞块）压触限位开关的撞击声	①检修或更换油泵组件 ②清洗滤油器，检查油泵吸油管漏气部位，并严加密封 ③检修或更换溢流阀组件，更换适宜的弹簧，并加以密封，以防阀内进气 ④改用低噪声电磁铁 ⑤降低压板运动速度、改善压板形状尺寸
油温过高	①油泵磨损内泄发热及轴承损伤发热 ②系统压力调节过高 ③油泵卸荷不及时 ④油箱散热效果差 ⑤油冷却器效果不佳	①检修或更换油泵组件 ②按要求调整溢流阀压力 ③检查卸荷工作情况 ④采用风冷散掉塑化热，防止油箱吸热 ⑤检修油冷却器，清除水垢，采用低温冷却水冷却

续表

液压故障	诊　断	维修处理
无快速合模	①油泵磨损内泄或转子装反,输出油量不足 ②卸荷阀阀芯卡住或电磁铁不吸合,造成大泵仍然卸荷 ③油泵及其通道泄漏	①检修或更换油泵组件,正确安装 ②检修卸荷阀及电磁铁和电气线路 ③检查系统泄漏并加修理或更换
合模油缸换向冲击	①电液换向阀的液动阀移动太快 ②油缸内混有空气	①调整液动阀的移动速度 ②排气
合模油压力不足	①控制合模油压力的溢流阀的压力调节太低或控压区泄漏 ②油泵磨损内泄压力达不到 ③系统有泄漏点	①按要求调节合模压力及检修阀 ②检修或更换油泵组件 ③检查泄漏点,并加以处理密封
锁模力达不到要求	①对液压式合模装置系合模压力不足 ②对液压机械式合模装置系模具、动模板、合模机构的总长度不足前后固定模板总距离长	①同上 ②调整模距
注射压力不足	①油泵磨损内泄或转子装反 ②控制注射压力的溢流阀压力调低了或控压区泄漏 ③系统有泄油点	①检修或更换油泵组件,正确安装 ②按要求调整注射压力或检修阀 ③检查泄漏点,并加以处理密封
注射速度不够	①油泵磨损内泄或转子装反 ②系统泄漏	①检修或更换油泵组件,正确安装 ②检查泄漏点,并加以处理密封
注射速度不稳定	①系统泄漏 ②油缸内混有气体	①检查,密封处理 ②排气
无预塑动作	①换向阀卡住或电磁铁故障 ②液压离合器摩擦片损坏	①检修电磁阀及电气线路 ②检修液压离合器更换摩擦片
预塑时注射油缸后退太快	①背压阀调低了 ②油泵回路系统泄漏	①调高背压力(大型机 1~2MPa,中小型机 0.5~1MPa) ②检查泄漏,并加以处理密封
无顶出动作	①电磁阀阀芯卡住或电磁铁故障 ②油管破裂	①检修电磁阀及电气线路 ②检查泄漏,更换油管
工作循环程序动作出不来	①压板(撞块)位置不对 ②限位开关松脱或失灵 ③电气线路故障及电磁铁故障	①按要求安装 ②检查固定,检修或更换限位开关 ③检修电气线路及电磁铁

4.3.2　模具——顺序分型机构、排气系统

4.3.2.1　顺序分型机构

根据模具的动作要求，使模具的几个分型面按一定的顺序要求分开的机构称为顺序分型机

构或顺序脱模机构，又称定距分型拉紧机构。常见以下三种方式：

（1）弹簧顺序分型机构　弹簧顺序分型机构如图 4-2 所示，合模时弹簧被压缩，开模时借助弹簧的弹力使分型面 I 首先分型，分型距离由限位螺钉 5 控制，在分型时完成侧抽芯。当限位螺钉拉住凹模 7 时，继续开模，分型面Ⅱ分型，塑件脱出凹模，留在型芯 3 上，后由推件板 4 将塑件从型芯上脱下。

（2）拉钩顺序分型机构　拉钩顺序分型机构如图 4-3 所示，开模时，由于拉钩 3 的作用，分型面Ⅱ不能分开，使分型面 I 首先分型。分型到一定距离后，拉钩 3 在压块 1 的作用下产生摆动，和挡块 2 脱开，定模板在定距拉板 4 的作用下停止运动，继续开模，分型面Ⅱ分型。

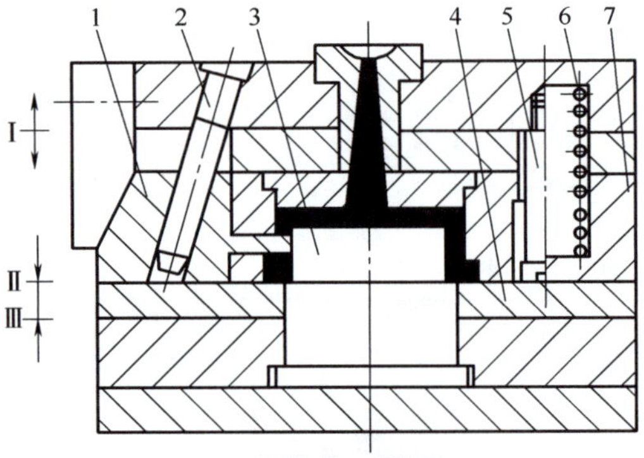

扫码观看弹簧顺序分型机构工作原理

图 4-2　弹簧顺序分型机构

1—滑块　2—斜导柱　3—型芯　4—推件板
5—限位螺钉　6—弹簧　7—凹模

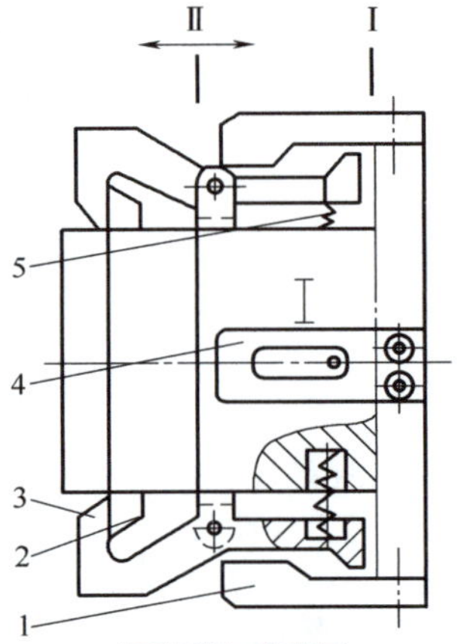

扫码观看拉钩顺序分型机构工作原理

图 4-3　拉钩顺序分型机构

1—压块　2—挡块　3—拉钩
4—定距拉板　5—弹簧

（3）锁扣式顺序分型机构　锁扣式顺序分型机构如图 4-4 所示，开模时，拉杆 1 在弹簧 3 及滚柱 4 的夹持下被锁紧，确保模具进行第一次分型。随后在限位零件（图中未画出）的作用下，拉杆 1 强行脱离滚柱 4，模具进行第二次分型。

4.3.2.2　排气系统

排气是注射模设计中不可忽视的问题。注射成型中，若模具排气不良，型腔内气体受压将产生很大的压力，阻止塑料熔体正常快速充模，同时气体压缩产生高温，可能使塑料烧焦。在充模速度大、温度高、物料黏度低、注射压力大和塑件壁厚较厚的情况下，气体在一定的压缩程度下会渗入塑件内部，造成气孔、组织疏松等缺陷。特别是快速注射成型工艺的发展，对注射模的排气要求就更严格。

（1）排气方式　如图 4-5 所示。图 4-5（a）为利用分型面上的间隙排气，图 4-5（b）～

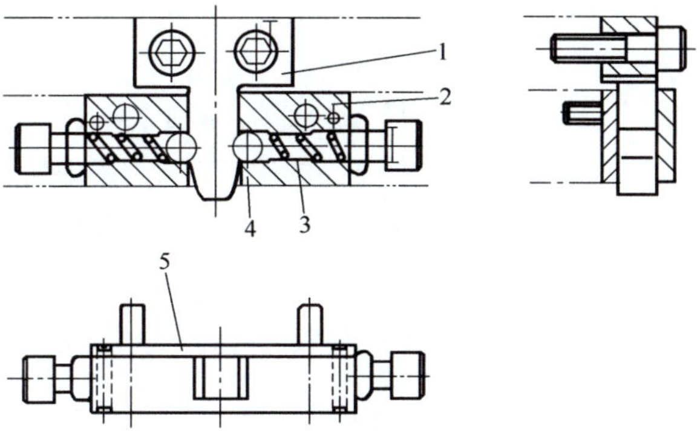

扫码观看锁扣式顺序分型机构工作原理

图 4-4　锁扣式顺序分型机构

1—拉杆　2—支座　3—弹簧　4—滚柱　5—盖板

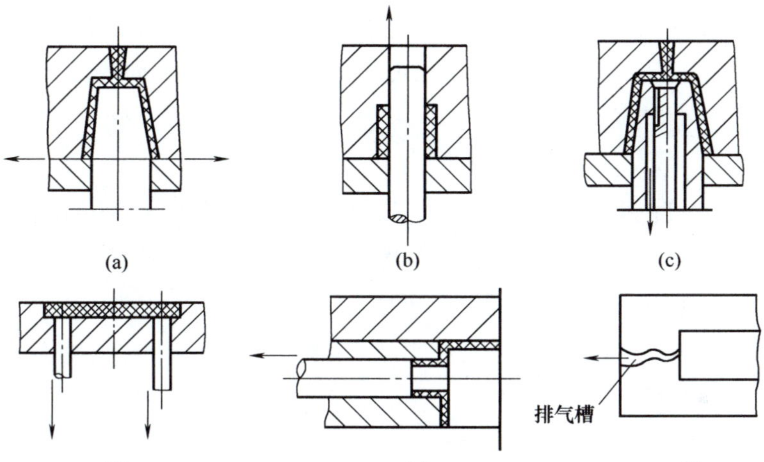

图 4-5　排气方式

（a）分型面排气　（b）型芯与型腔间隙排气　（c）组合型芯之间的间隙排气
（d）顶杆与型腔间隙排气　（e）侧型芯与型腔间隙排气　（f）排气槽排气

图 4-5（e）为利用活动零件间的间隙排气，图 4-5（f）是在分型面上开设排气槽排气。

（2）排气槽的设计　排气槽尺寸一般为宽 1.5~6mm，深 0.02~0.05mm，以塑料不从排气槽溢出为宜，即应小于塑料的溢料间隙。

4.3.3　工艺——制品质量分析

4.3.3.1　注塑制品的内应力

（1）内应力产生的原因及对制品的影响　模塑制品的内应力，主要是在没有外力存在下材料内部由于成型加工不当、温度变化、溶剂作用等原因所产生。它的本质是高弹形变被冻结在制品内而形成的。

内应力的存在会影响制品的力学性能和使用性能。例如聚苯乙烯制品易带分布不均的内应力，使制品在使用过程中会形成细微裂纹，使光学性能变坏、表面出现“银纹”、制品变浑浊。

内应力还会使注塑制品的力学性能出现各向异性：平行于流动方向上力学性能高，垂直于流动方向上力学性能低，使制品的性能不均匀，从而影响制品的使用。特别是当制品受热、有机溶剂和能加速制品开裂的一些介质作用时，制品更易出现开裂现象，并且开裂程度随温度的升高而加大。

（2）内应力的种类　注塑制品可能产生的内应力主要有取向应力、温度应力、不平衡体积应力和变形应力 4 种。

① 取向应力。塑料熔体在充模过程中由于受到剪切作用会使大分子链伸展、变形，沿流动方向发生取向，如果大分子在冷却过程中来不及将这种取向恢复就被冻结下来，就产生了取向应力。取向的方向不同或取向程度不同，取向与非取向的界面都易造成应力集中。取向应力对制品的力学性能和尺寸稳定性都有影响。熔体温度对取向应力的影响最大，提高熔体温度有助于降低熔体黏度，从而使得剪切应力和取向程度降低；保压时间延长会使取向应力增大；模具温度高，冷却速率慢，会使取向应力减小；取向应力随制品厚度的增加而减少。

② 温度应力。温度应力是注塑过程中由于冷却不均而产生的。塑料注射时，熔体温度与模具温度之间温差很大，所以靠近模壁的熔体冷却比较快，中心层冷却比较慢，使得制品表层形成凝固的硬壳层，阻碍了制品内部继续冷却时的自由收缩，在制品内部产生了拉伸应力，而在外层则产生了压缩应力。制品厚度不均或制品带有金属嵌件都易产生取向应力和温度应力，所以嵌件和浇口应设置在制品壁较厚处。

③ 平衡体积应力。不平衡体积应力为与注射过程中塑料分子本身的平衡状态受到破坏并形成不平衡体积有关的应力，如结晶聚合物结晶区与非结晶区界面产生的内应力，或结晶度不同，收缩不一致产生的内应力等。聚合物的结晶区与结晶度都是由高分子材料的特性所决定的，所以这种内应力难以克服。

④ 变形应力。与脱模时制品的变形有关的应力。模具设计不合理、脱模时操作不当、模具温度控制不当等都会使制品脱模时变形而产生内应力。

四种应力中，以取向应力和温度应力对制品的物理性能影响为最大，而不平衡体积应力是最难消除的内应力。变形应力虽然不能完全消除，但可以通过适当的调整时期降低最低。

（3）内应力的分散与消除　制品最好能避免产生内应力，但这是不可能的，所以我们只能在注射过程中尽量使内应力减少到最小或使内应力分布均匀。一般从以下几个方面着手：

① 塑料原材料。材料中的杂质易造成内应力，所以在生产时应尽可能除去。塑料的平均相对分子质量越高，相对分子质量分布越窄，内应力就越小；对于多组分塑料，各组分分散均匀、排气好，制品内应力也会更小；结晶性塑料在成型时加入成核剂，可使形成的球晶体积小，数量多，制品内应力相应也较小。若是大球晶，则其与非晶区的界面易造成内应力。

② 制品设计。在进行制品设计时应尽量使制品表面积与体积之比减小，使制品冷却缓慢，减小内应力；制品的壁厚尽量均匀，因厚薄不均则冷却速率不同易产生内应力，而且在厚与薄的结合处避免使用直角过渡，以防应力集中，最好采用流线圆弧过渡或阶梯式过渡；当制品带有金属嵌件时，嵌件的材质最好用铜质或铝质并预热，以防因材料的热膨胀系数不同而产生内应力；造型上以曲面、双曲面为主，避免尖角，这样可很好地吸收冲击能使制品内应力减小；制品需要设计孔时，在孔的周围也易产生内应力，而且由于圆孔易产生缩孔，内应力比较大，所以一般都设计为椭圆孔。

③ 模具设计。模具设计对制品内应力的影响也不能忽视。浇口小，保压时间短，封口压力低，制品的内应力就小，反之则较大。浇口一般应设在壁薄处，注射压力和保压压力低，制品的内应力小。大流道注射时间短，熔体不易降温，内应力就小，反之较大。模具冷却系统的设计应使制品的冷却均匀一致，动、定模冷却均匀，制品的内应力小。顶出装置的顶出面宜大些，可使内应力较小。拔模斜度应尽可能大，这样既有利于制品的顺利脱模，同时也可使内应力较小。

④ 工艺条件。注射温度对制品内应力影响最大。因热塑性塑料的取向程度随注射温度的提高而减小，所以适当提高注塑机的料筒温度，不但可保证物料塑化良好，各组分分散均匀，而且还可降低收缩率，减小内应力；模具温度升高，制品冷却速度缓慢，大分子取向程度降低，内应力也会降低；较高的注射压力易产生较高的剪切应力，使大分子的取向程度增大，内应力增大；保压时间长，模内压力由于补压作用而提高，熔体会产生较大的剪切作用，使分子取向程度增加，制品的内应力增加；注射速度对制品内应力的影响比温度和压力的影响要小得多，通常当注射速度较低时，制品易产生熔接痕，取向作用较低，而注射速度过高时，制品表面质量差，且制品内应力也较大，所以最好采用变速注射，即快速充模，低速保压，快速充模可减少熔接痕，低速保压可减小分子取向，这样内外温差也小，制品的内应力较低。

内应力可采用热处理的方法消除。热处理的实质是使塑料大分子中的链段、链节有一定的活动能力，使冻结的弹性变形得到松弛，取向的分子回到无规状态，同时也使结晶高聚物的结晶完善，从而使制品的内应力减小。

4.3.3.2 注塑制品的收缩性

注射成型制品的尺寸一般都小于模具的型腔尺寸，这说明塑料熔体在冷却过程中体积发生了变化。我们把塑料制品从模具中取出后尺寸缩减的性能称为收缩性。

按发生收缩时的条件和特征的不同，注射制品冷却时的收缩可分为三个阶段。第一、二阶段的收缩主要在模具内进行，从充模时开始到脱模时结束，称为模塑收缩性。第三阶段是在脱模以后进行的，一直到制品冷却到环境介质的温度为止（一般为 24h），称为后收缩性。第一阶段的收缩主要取决于模内压力，并在很大程度上可通过保压过程得到补偿。保压期间物料的温度降低，密度增大，因此最初进入模内的物料体积缩小，在此期间料筒不断地供给塑料熔体对模内的物料进行补缩、压实，弥补了模内物料体积的减小，模内制品质量增加、压实，可一直到浇口物料凝固处。所以模内的收缩取决于保压压力的大小和保压时间的长短，在适当的保压压力和保压时间下，第一阶段的收缩完全可以得到补偿。

第二阶段的收缩是在浇口处的塑料熔体凝固之后开始的，并延续到制品脱模时为止。在这一阶段已经没有熔体进入模腔，模内物料质量不再改变，在这种条件下，无定型高聚物的收缩是按体积膨胀系数进行的，收缩的大小取决于模温。模温越低，冷却速率越快，无定型塑料的收缩越小；而结晶高聚物的收缩取决于结晶过程，由于结晶使得物料密度增加、体积减小，制品的尺寸降低。结晶高聚物收缩的大小也是取决于模温：模温越高，冷却越慢，结晶越完善，结晶度越大，制品的收缩也越大。

第三阶段的收缩发生在制品脱模以后，只发生自由收缩（假设制品未被夹持于任何框架之中）。这时制品体积的缩小取决于制品脱模时的温度与环境温度之差和热膨胀系数。温差越大，材料的热膨胀系数越大，自由收缩就越大。

制品脱模后的后收缩有90%是在最初6h内产生的，在最初10天内几乎完成全部收缩。测定收缩性一般都指24h之内的收缩，以后的收缩可忽略不计。

（1）制品收缩的主要原因

① 因温度变化引起的热胀冷缩。塑料的热膨胀系数比较大。当制品有金属嵌件时，塑料收缩大，金属收缩小，为避免因两者收缩不一致而产生内应力，所以嵌件材质一般采用铝或铜并且要预热后才使用。

② 结构变化引起的收缩。制品结构包括物理结构和化学结构。物理结构一般指聚集态结构，物理结构引起的收缩包括取向过程及结晶过程产生的收缩；化学结构引起的收缩是高分子链、化学键变化引起的收缩，如热固性塑料在固化过程中的收缩，热塑性塑料在接枝、交联过程中产生的收缩等。

③ 内应力引起的收缩。一般指沿应力方向产生的收缩。

④ 塑料体积内低分子物挥发引起的收缩。

（2）影响制品收缩的主要因素

① 塑料的特性。结晶型塑料收缩大，无定型塑料收缩小；塑料材料相对分子质量小，相对分子质量分布窄的收缩小；配方中加有增强剂、填充剂等助剂的收缩小。

② 成型工艺条件。影响收缩的成型工艺条件主要有模具温度、料筒温度、注射压力和保压时间。模具温度对收缩影响最大，模温高则收缩大；料筒温度高，熔体黏度低，注射压力传递加强，使制品密实，收缩减小；注射压力高，封口压力高，收缩小；浇口未凝固时，保压时间长，补缩的熔料多，收缩小。

③ 制品结构。主要指制品厚度的影响。制品厚度越大，收缩越大。

④ 模具结构。主要指浇口尺寸的影响。浇口尺寸大，补料效果好，收缩小，但易造成材料的浪费，所以浇口尺寸的确定必须使浇口区域的物料在所需时间内保持其流动状态。

4.3.3.3 注塑制品的熔接痕

（1）熔接痕形成的原因　熔接痕是注塑件上的一种线状痕迹，它是在制件有孔和嵌件时，或者浇口多于一个、产品厚度变化等情况下，使得塑料熔体分股流动，两股料流相遇所产生的界面处未完全熔合而造成的。

（2）熔接痕的种类 有熔接痕的制品，熔接痕部位的力学性能一般都低于没有熔接痕的部位。热塑性塑料在模具中的流动特性对熔接痕的强度影响很大。对于无定型塑料，由于分子链呈无规排列，在外力作用下易取向，同时也更容易产生高弹形变，回复时易被冻结，所以熔接痕比较明显。最常见的熔接痕有两种：早期熔接痕和晚期熔接痕。通常把充模开始时形成的熔接痕称为早期熔接痕，而把充模终止时形成的熔接痕称为晚期熔接痕。

图 4-6 所示为产生两种熔接痕浇口的位置。当两个浇口沿垂直于哑铃轴线的方向并排配置时，导致的熔接痕为早期熔接痕。当两个浇口沿轴向配置在哑铃形试样两端时，形成的熔接痕为晚期熔接痕。

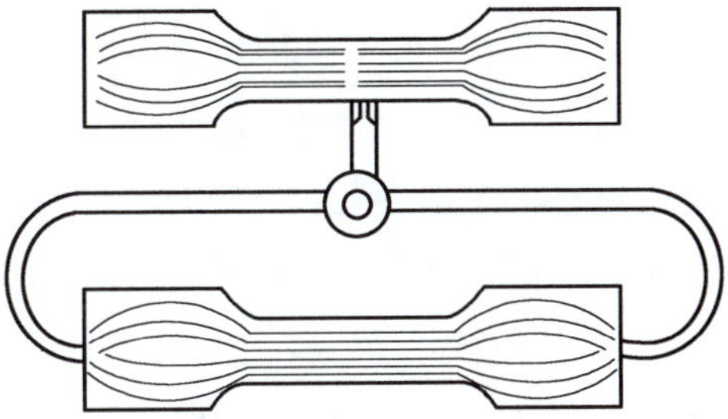

图 4-6 注射测定熔接痕强度用哑铃形试样的浇口位置

上：早期熔接痕浇口位置 下：晚期熔接痕浇口位置

以聚苯乙烯为例，它所形成的晚期熔接痕的接缝强度随注射温度的提高而急剧增大。而充模早期形成的熔接痕，由于施力方向较弱，熔接痕强度在注射温度提高时并没有多大变化。早期熔接痕强度只能决定熔接痕的存在情况和取向程度，很难用改进工艺条件的方法得以提高。

通过大量的实验得知：对熔接痕强度影响最大的是注射温度，注射温度高，熔接痕强度也大，而注射过程中的其他参数对熔接痕强度的影响很小。所以注射时为了使熔接痕达到高强度，必须使热塑性塑料熔体保持必要的黏性，以保证料流熔合良好。通常采取的措施有采用适当的熔料温度、提高模温、缩短熔体达到熔接痕前的流动长度和快速充模，通过这些方法可适当降低熔体在模内流动时的黏性损失。另外，虽然注射压力对熔接痕强度影响不大，但还是必须保证适当高的注射压力。最后，浇口的位置对熔接痕的强度也会有一定的影响，熔接痕离浇口越远，熔接痕强度越低。

（3）熔接痕对性能的影响

在较高的注射温度下，熔接痕强度影响试样取向方向和垂直流动方向拉伸强度比值的情况见表 4-4。

表 4-4 无定型塑料熔接痕拉伸强度

塑料种类	熔接痕拉伸强度对试样拉伸强度的比值		
	注射温度/℃	取向方向	垂直流动方向
聚苯乙烯	190	0.37	0.8
	250	0.78	1.34
丁腈橡胶与苯乙烯共聚物	190	0.53	0.70
	230	0.63	1.06
抗冲击聚苯乙烯共聚物	230	0.70	0.8
	230	0.68	1.27
苯乙烯三元共聚物	245	0.84	1.44

熔接痕的存在使制品的力学性能变坏，对制品冲击强度的影响最为明显。

4.3.3.4 制品中出现不正常现象的原因及解决办法

（1）影响注塑产品质量的因素　影响注塑产品质量的因素主要有机械、模具、原料、成型工艺、操作人员和环境条件等六个方面。

① 机械。要求注塑机和辅助设备能够正常工作，各项技术指标符合相关标准和设计规范，机械、液压、电气、电脑系统动作协调、控制灵敏和稳定可靠。

② 模具。模具钢材必须符合标准；模具结构要科学合理；能够与注塑机完全配合；设计上要充分考虑所用原料的性能和成型工艺要求。

③ 原料。要选用合适牌号的材料，尽可能对其性能进行分析测试，必要时可适当改性；根据不同塑料的吸湿情况，适当对其进行预先干燥处理；有金属嵌件时，还要根据塑料性质和嵌件大小决定是否对其进行预热处理。

④ 成型工艺。主要是指温度、压力、时间等工艺参数的合理设定和调整。其中，温度包括料筒温度、喷嘴温度、模具温度、液压油温度、原料干燥温度、金属嵌件预热温度和制件后处理温度等，压力包括塑化压力即背压、注射压力和保压压力、模腔平均压力和合模力、顶出压力即顶出力等，而时间则包括成型周期内各个动作的时间、速度和速率。

⑤ 操作人员。主要是指操作人员的技术水平、熟练程度、接受能力和责任心等人为因素。

⑥ 环境条件。主要是指车间内外温度、湿度、粉尘或污物颗粒等因素的不良影响。

（2）改进注塑产品质量缺陷的原则

① 注塑产品质量缺陷成因分析

a. 根据操作人员的实践经验，确定一个基本合适的成型周期和工艺参数。

b. 初步检验产品质量。如发现问题，先从成型工艺着手，依时间、温度、压力逐次调整一个变量。若依然无效，可能是模具设计或塑料本身有问题；不过这两类情况并不多见，特别是模具方面。

c. 经过若干次调整，逐步找出造成注塑产品质量缺陷的主要原因。

② 解决质量缺陷必须遵守的五项原则

a. 预先制订一个解决计划。

b. 每次只可改变一个变量。

c. 每次改变一个变量，同时要有足够的时间操作。

d. 准确记录下每次的操作情况。

e. 将适合的操作情况记录好，或进行储存，以备下次操作。

（3）注塑制品产生缺陷的原因及解决办法　在注射成型加工过程中，可能由于原料处理不好，模具设计不尽合理，操作人员没有掌握合适的工艺条件，或者因机械方面的原因，常常使制品产生凹陷、飞边、气泡、裂纹、冷斑、注不满等缺陷。

注塑制品产生缺陷的主要原因及解决办法见表 4-5。

表 4-5 注塑制品产生缺陷的主要原因及解决办法

缺陷名称	缺陷特征	产生原因	解决办法
成品不完整	模腔未完全充满，主要发生在远离料斗或薄截面的地方	①熔料温度太低	①提高料筒温度
		②注射压力太低	②提高注射压力
		③注射量不够	③检查料斗内的塑料量、是否架桥，增加注射量
		④浇口套与喷嘴配合不正，漏料	④重新调整其配合
		⑤制品超过最大注射量	⑤更换较大规格注塑机
		⑥螺杆在行程结束处没留下螺杆垫料	⑥检查是否正确设定了注射行程，需要的话进行更改
		⑦注射时间太短	⑦增加注射时间
		⑧注射速度太慢	⑧加快注射速度
		⑨低压调整不当	⑨重新调节
		⑩模具温度太低	⑩提高模具温度
		⑪模具温度不匀	⑪重调模具水管
		⑫模具排气不良	⑫恰当位置加适度排气孔
		⑬料筒及喷嘴温度太低	⑬提高料筒及喷嘴温度
		⑭模具进料不平均	⑭重开模具浇口位置
		⑮流道或浇口太小	⑮加大流道或浇口尺寸
		⑯塑料流动性差	⑯增加润滑剂，改善塑料流动性
		⑰背压不足	⑰稍增背压
		⑱密封圈、熔胶螺杆磨损	⑱拆除检查修理或更换
		⑲杂物堵塞喷嘴或喷嘴弹簧失灵	⑲清理喷嘴或更换喷嘴零件
		⑳止逆环损坏，熔料有倒流现象	⑳检查或更换止逆环
		㉑剩料量太多	㉑减少剩料量
		㉒制品太薄	㉒使用高压注射
制品溢料	也叫飞边或披锋。注塑件上的多余物质和棱角或周围翅片，常出现在模具零件的分割线、模具的分型线或孔上	①注射压力太大	①减小注射压力，降低熔料温度
		②锁模力不足或单向受力	②增大锁模压力或更换锁模力更大的注射机，调整连杆
		③合模线或吻合面不良	③检修模具
		④模型平面落入异物	④清理模具
		⑤熔料温度太高	⑤降低料筒及喷嘴温度，降低模具温度，降低注射速度
		⑥模壁温度太高	⑥降低模壁温度
		⑦保压切换晚	⑦提早一点进行保压切换

续表

缺陷名称	缺陷特征	产生原因	解决办法
制品溢料	也叫飞边或披锋。注塑件上的多余物质和棱角或周围翅片，常出现在模具零件的分割线、模具的分型线或孔上	⑧保压压力太高	⑧降低保压压力
		⑨制品投影面积超过设备允许的成型面积	⑨改变制品造型或更换更大型的注射机
		⑩模具变形或错位	⑩补修导推杆或导钉销的部位，使用轨距连杆的强度足够的成型机，确实做好模具的贴合
		⑪注射量过多	⑪降低注射压力、时间、速度及料量
		⑫模板变形弯曲	⑫检修或更换模板，增加支承柱
制品收缩	塑件表面有凹痕。主要出现在塑件壁厚最大的地方或者壁厚有改变的地方	①保压时间太短	①延长保压时间
		②熔胶量不足	②增加熔胶量
		③注射压力太低	③提高注射压力
		④背压不足	④提高背压
		⑤射胶时间太短	⑤延长射胶时间
		⑥射胶速度太慢	⑥提高注射速度
		⑦模具浇口太小或位置不当（不平衡）	⑦重新合理开设模具浇口
		⑧喷嘴孔太细，塑料在主流到衬套内凝固，降低了背压的效果	⑧检修模具或更换喷嘴
		⑨料温过高	⑨降低料筒温度，降低熔料温度
		⑩模温不当	⑩适当调整温度
		⑪冷却时间不够	⑪延长冷却时间
		⑫蓄压段过多	⑫射胶终止应在最前端
		⑬产品或加强筋、柱位太厚	⑬检查产品设计
		⑭射胶量过大	⑭更换较小的注射机
		⑮密封圈、螺杆磨损	⑮拆下进行检修或更换
		⑯浇口太小，塑料凝固背压失去作用	⑯加大浇口尺寸
制品粘模	注塑制品在模具内黏住，难以脱出模具	①射胶量过多	①降低注射压力、时间、速度及料量
		②注射压力过高	②降低注射压力
		③射胶时间太长	③缩短射胶时间
		④料温太高	④降低料温
		⑤进料不均使部分过饱和	⑤改变浇口大小或位置
		⑥模具温度过高或过低	⑥调整模温及两侧相对温度
		⑦模内有脱模倒角	⑦修模除去倒角

续表

缺陷名称	缺陷特征	产生原因	解决办法
制品粘模	注塑制品在模具内黏住，难以脱出模具	⑧模具型腔不光滑	⑧打磨抛光模具
		⑨脱模造成真空	⑨减慢开模或顶出速度，或在模具上添加进气孔
		⑩模芯无进气孔	⑩缩短模具闭合时间或增加进气孔
		⑪顶出装置结构不良	⑪改进顶出装置的结构
		⑫注塑周期太短或太长	⑫加强冷却，调整成型周期
		⑬脱模剂不足	⑬稍微增加脱模剂用量
主流道粘模	主流道凝料黏在模具内，难以从模具中脱出	①注射压力过高	①降低注射压力
		②塑料温度过高	②降低塑料温度
		③喷嘴温度太低	③提高喷嘴温度
		④主流道没有冷料井	④增加主流道冷料井
		⑤模具安装不良消除	⑤消除喷嘴口与主流道口之间的误差
		⑥主流道过大	⑥修改模具
		⑦主流道冷却不够	⑦延长冷却时间或降低冷却介质的温度
		⑧主流道拔模斜度不够	⑧修改模具增加主流道拔模斜度
		⑨主流道没有冷料井	⑨增加主流道冷料井
		⑩模具安装不良消除	⑩消除喷嘴口与主流道口之间的误差
		⑪主流道过大	⑪修改模具
		⑫主流道冷却不够	⑫延长冷却时间或降低冷却介质的温度
		⑬主流道拔模斜度不够	⑬修改模具增加主流道拔模斜度
		⑭主流道衬套与喷嘴配合不正	⑭重新调整其配合
		⑮主流道不光滑或有脱模倒角	⑮检修模具
		⑯主流道外孔有损坏	⑯检修模具
		⑰流道无拉料杆	⑰加设拉料杆
		⑱射胶量过多	⑱降低注射压力、时间、速度及料量
		⑲脱模剂不足	⑲稍微增加脱模剂用量
开模时或顶出时成品破裂	注塑制品在顶出时破裂，或者在处理时容易裂开和断掉	①注射料量太多	①降低注射压力、时间、速度及料量
		②模温太低	②升高模温
		③熔料温度太低	③在料筒上给后区和喷嘴升温
		④塑料在料筒内降解	④降低料筒温度、螺杆转速、注射速度和模具温度

续表

缺陷名称	缺陷特征	产生原因	解决办法
开模时或顶出时成品破裂	注塑制品在顶出时破裂，或者在处理时容易裂开和断掉	⑤充模速度太慢	⑤提高注射速度，在注射机上保持稳定的垫料
		⑥制品有些部分拔模斜度不够	⑥检修模具
		⑦有脱模倒角	⑦检修模具
		⑧塑件脱模时不能平衡脱离	⑧检修模具
		⑨顶针不够或顶针位置不当	⑨检修模具
		⑩脱模时局部产生真空现象	⑩降低顶出速度，增加进气设备
		⑪脱模剂不足	⑪稍微增大脱模剂用量
		⑫模具设计不良，致使塑件中有太多内应力	⑫改进塑件设计
		⑬侧滑块动作时间或位置不当	⑬检修模具
熔接痕	两股或多股料流在模腔内回合时形成的熔接痕	①塑料塑化不好	①提高塑料温度、提高背压、提高螺杆转速
		②模具温度过低	②提高模具温度
		③喷嘴温度过低	③提高喷嘴温度
		④注射速度太慢	④增大注射速度
		⑤注射压力太低	⑤增大注射压力
		⑥保压压力太低	⑥增大保压压力
		⑦塑料不洁或掺有其他料	⑦检查塑料
		⑧脱模剂太多	⑧少用或尽量不用脱模剂，或者使用雾化脱模剂
		⑨流道及浇口过大或过小	⑨检修模具
		⑩熔胶接合的地方离浇口太远	⑩更改浇口位置，使料流的熔接位置得到改进
		⑪模内空气没有完全排除	⑪增开排气孔，或者检查排气孔是否堵塞
		⑫浇口太多	⑫减少浇口或改变浇口位置
		⑬熔胶量不足	⑬使用较大的注射机
		⑭材料中有挥发分	⑭干燥材料，熔料汇合处增开排气孔，改善排气
		⑮产品设计不良	⑮在熔接部位设棱，增加制品的壁厚
流纹	是从浇口初开始，沿流动方向出现的弯曲如蛇行一样的痕迹	①塑料塑化不良	①提高料筒和喷嘴的温度，提高背压，提高螺杆转速
		②模具表面温度太低	②提高模具温度

续表

缺陷名称	缺陷特征	产生原因	解决办法
流纹	是从浇口初开始，沿流动方向出现的弯曲如蛇行一样的痕迹	③模具冷却不当	③调整模具冷却水管
		④注射速度太快或太慢	④适当调整注射速度
		⑤注射压力太高或太低	⑤适当调整射胶压力
		⑥塑料不洁或掺有其他料	⑥检查原料
		⑦浇口过小产生射纹	⑦加大浇口
		⑧浇口与模壁之间过渡不好	⑧提供圆弧过渡
		⑨塑件断面厚薄相差太多	⑨改变塑件设计或浇口位置
成品表面光泽不均	制品表面光洁度不尽一致，一些部分比其他部分更有光泽	①模壁温度太低	①提高模壁温度
		②注射料量不够	②增大射胶压力、速度，延长射胶时间，提高射胶量
		③熔料温度太低	③提高料筒和喷嘴的温度，提高注射速度
		④脱模剂过多	④擦拭干净多余的脱模剂
		⑤塑料干燥不当	⑤改进干燥工艺
		⑥塑料中润滑剂过多	⑥减少润滑剂
		⑦模壁上有水	⑦擦拭干净水，检查是否有漏水
		⑧模壁截面相差太大	⑧提供均匀的模壁截面
		⑨流料线处排气不好	⑨改善模具在流料线处的排气
		⑩模壁不够光滑	⑩打磨抛光模壁
银纹	也可称为“云母痕”气泡，制品表面沿熔料流动方向出现的银丝斑纹	①塑料中含有过多水分或其他挥发分	①彻底烘干塑料，提高背压
		②塑料温度过高或在料筒中停留太久导致分解产生气体	②降低塑料温度，降低注射速度，降低喷嘴及料筒前段温度
		③塑料中其他添加物如润滑剂、染料等分解	③减小润滑剂、燃料等易分解物质的用量或更换更耐高温的品种
		④塑料中其他添加物混合不均	④彻底混合均匀
		⑤注射速度太慢	⑤加快注射速度
		⑥注射压力太高	⑥降低注射压力
		⑦熔胶速度太低	⑦提高熔胶速度
		⑧模具温度太低	⑧提高模具温度
		⑨模壁有水分或其他挥发分	⑨防止模具过分冷却，减少润滑剂或脱模剂用量
		⑩塑料颗粒粗细不均	⑩使用颗粒均匀的原料

续表

缺陷名称	缺陷特征	产生原因	解决办法
银纹	也可称为“云母痕”气泡，制品表面沿熔料流动方向出现的银丝斑纹	⑪充模压力不足	⑪提高注射压力、背压压力，降低螺杆速度，减少抽胶量
		⑫料筒内夹有空气	⑫降低料筒后段温度，提高背压压力，缩短压缩段长度
		⑬塑料在模具内流程不合理	⑬调整浇口大小及位置，模具温度保持恒定，塑件厚度注意保持均匀
气泡	熔料中充气过多或排气不良导致塑件内残留气体并形成空穴或成串空穴	①塑料中含有水分	①彻底烘干塑料
		②模具温度太低	②提高模具温度
		③熔料的温度太高，导致塑料分解产生气体	③降低料筒温度，降低背压，降低螺杆转速
		④注射压力太低，物料中气体未能充分排出	④提高注射压力，延长保压时间
		⑤注射速度太快	⑤降低注射速度
		⑥料量不足或料温太低	⑥提高供料量，提高料筒温度
		⑦熔料在料筒内停留时间过长	⑦使用较小的料筒直径
		⑧浇口或流道太小	⑧扩大浇口或流道，将进料口位置改到容易产生收缩或气泡的位置，提高模具温度
		⑨排气不良	⑨在容易产生气泡的位置设置推挺钉，进行真空排气
		⑩产品设计不良	⑩消除壁厚剧变部位，增大保压压力
塑件变形	塑件不能精确复制模腔尺寸，有些部分出现残缺、弯曲、变形	①塑件冷却不充分	①降低模具和塑料的温度，延长冷却时间
		②塑料温度太低	②提高塑料温度，提高模具温度
		③模具温度太高	③降低模具温度
		④成品形状及厚薄不对称	④模具温度分区控制，脱模后用定形架固定，改变塑件的设计
		⑤注射料量太多	⑤减小射胶压力、时间、速度和料量，减少垫料
		⑥几个浇口进料不均衡	⑥修改浇口
		⑦制品脱模杆位不当、受力不均	⑦改变制品与脱模杆的位置，使制品受力均匀
		⑧模具温度不均匀	⑧调整模具温度，使两半模具的温度一致
		⑨进浇部位的塑料太松或太紧	⑨增加或减少注射时间
		⑩保压不良	⑩增加保压时间

续表

缺陷名称	缺陷特征	产生原因	解决办法
塑件内有真空泡	熔料在充模过程中受到气体干扰，常常在制品表面出现银丝斑纹或微小泡，或者在制品的厚壁部分出现真空泡	①料量不足，塑件过度收缩	①增加料量
		②成品断面、加强筋或柱过厚	②改变产品设计，改变浇口位置
		③注射压力太低	③提高射胶压力
		④射胶量或时间不足	④增大射胶量及注射时间
		⑤浇道、浇口太小	⑤加大浇道及浇口
		⑥注射速度太快	⑥调慢注射速度
		⑦塑料中含有水分	⑦彻底烘干塑料
		⑧塑料温度过高导致分解	⑧降低塑料温度
		⑨模具温度不均匀	⑨调整模具温度
		⑩冷却时间太长	⑩缩短模内冷却时间，使用水浴冷却
		⑪水浴冷却过急	⑪缩短水浴时间或提高水温
		⑫背压不够	⑫提高背压
		⑬保压不充分	⑬延长保压时间，提高保压压力
		⑭料筒温度不当	⑭降低喷嘴及料筒前段温度，提高后段温度
		⑮塑料的收缩率太大	⑮采用其他收缩率较小的塑料
黑纹	制品表面的黑色纹路	①塑料温度太高	①降低塑料温度
		②射胶速度太快	②降低射胶速度
		③螺杆与料筒配合偏心而产生非正常的摩擦热	③检修注射机
		④喷嘴孔过小或温度过高	④重新调整孔径或温度
		⑤射胶量过大	⑤更换较小型的注射机
		⑥料筒内有使塑料过长时间受热的死角	⑥检查喷嘴与料筒件的接触面有无间隙或腐蚀现象
		⑦过热的塑料附着在料筒内壁、螺杆、止逆阀或热流道的集料管内	⑦清空余料，将料筒和螺杆拆卸下来，并彻底清洁与熔料杰出的表面，降低塑料温度，缩短加热时间，加强对塑料的干燥
黑褐斑点	制品表面色调正常，但偶尔可见黑色的斑点或条纹	①塑料中混有纸屑等杂物	①检查塑料，换用清洁料
		②塑料射入模内时产生焦斑	②降低射胶压力及速度，降低塑料温度，改进模具排气，改进浇口位置
		③料筒内有使塑料过长时间受热的死角	③检查喷嘴与料筒之间的接触面有无间隙或腐蚀现象
		④注射速度太快	④降低注射速度

续表

缺陷名称	缺陷特征	产生原因	解决办法
黑褐斑点	制品表面色调正常，但偶尔可见黑色的斑点或条纹	⑤熔料温度太高	⑤降低料筒温度，检查冷却介质的流速对料筒的冷却是否足够，如有需要则进行调整
		⑥螺杆转速和背压过大	⑥减小螺杆转速，使用较小的背压
		⑦螺杆结构类型选择不当	⑦使用较低熔胶速度的螺杆
		⑧熔胶温度太低	⑧升高料筒和喷嘴温度
裂纹	表面有细小裂纹或裂缝，在透明苏舰表面上形成白色或银色外表	①注射压力太高	① 降低注射压力
		②充模速度太慢	②缩短螺杆向前时间，提高注射速度
		③模具温度太低	③提高模具温度
		④制品冷却时间过长	④减少冷却时间，缩短成型周期
		⑤顶出装置倾斜或不平衡	⑤调整顶出装置，使制品顶出时受力均衡
		⑥嵌件未预热或预热不足	⑥预热嵌件，提高嵌件预热温度
		⑦制品拔模斜度不够	⑦改进制品设计，增大拔模斜度
塑料降解	制件或其某些部分变色：通常是变深，颜色由黄色经橘黄色变为黑色	①料筒内塑料过分加热	①降低熔胶温度
		②温度控制仪表工作不正常	②重新校正温度控制仪表，检查是否有黏连接触等，保证料筒温度控制适当
		③热电偶类型不正确	③检查热电偶类型是否与温度控制仪表相匹配，检查是否所有热电偶都工作正常
		④塑料在料筒中受热时间太长	④换用较小的注射机或者降低料筒温度
		⑤塑料黏附在料筒内某部分	⑤停止生产时要清理料筒和螺杆
		⑥注射速度过快	⑥降低注射速度
		⑦喷嘴、模具温度过高或浇口太小	⑦降低各处温度，加大浇口尺寸
		⑧螺杆转速太快	⑧降低螺杆转速
燃烧痕	变成了从黄色到黑色的塑料，通常出现在流道尾部或空气压缩处	①熔料温度太高	①降低熔融温度，检查螺杆速度是否正确
		②充模速度太快	②降低注射速度
		③背压太高	③降低背压
		④熔料中挥发物过多	④确保没有空气等挥发物被带入熔料之中，检查料斗中的原料量
		⑤锁模力过大	⑤稍微降低锁模力
		⑥清洗料筒不当，致使部分物料留在其中	⑥采用严格的清洗程序
		⑦物料在料筒中的停留时间太长	⑦缩短成性周期，更换更小的注射机

续表

缺陷名称	缺陷特征	产生原因	解决办法
污渍痕与注射纹	通常与浇口区有关，表面黯淡有时可见条纹	①熔融温度太高	①降低料筒前两区的温度
		②充模速度太快	②降低注射速度
		③熔料温度太高	③降低注射压力，降低模具温度
		④与塑料本身的特性有关	④根据不同的物料修改入料口的位置
		⑤喷嘴口出现冷料	⑤尽可能避免出现冷料
		⑥混入杂质或其他品种塑料	⑥除去杂质，尽可能使用同牌号塑料
浇口黏住	浇口被浇口套黏住	①浇口套与喷嘴没有对准	①重新将浇口和喷嘴对准
		②浇口套内塑料过度填塞	②降低注射压力，减少螺杆向前的时间
		③喷嘴温度太低	③提高喷嘴温度
		④塑料在喷嘴内未完全凝固，尤其是直径大的浇口	④增加冷却时间，但最好是使用浇口直径更小的浇口套
		⑤浇口套的圆弧面与喷嘴的圆弧面配合不当，出现了类似“冬菇”的流道	⑤矫正浇口套与喷嘴的配合面
		⑥流道拔模斜度不够	⑥适当扩大流道的拔模斜度
制品尺寸差异	制品质量和尺寸的变化超过了模具、注射机和原料组合的能力	①输入料筒内的塑料不均	①检查有无充足的冷却水流经下料口以保持适当的温度
		②料筒温度波动范围太大	②检查热电偶是否工作正常、是否与温度控制仪表相匹配
		③注射机液压系统或电气控制系统不稳定	③检查液压系统或电气控制系统的稳定性
		④成性周期不一致	④调整成性周期均匀一致
		⑤模具定位杆弯曲或磨损	⑤检查、更换模具定位杆
		⑥注射机容量太小	⑥检查注射机的注射量和塑化能力，更换适当的注射机
		⑦注塑压力不稳定	⑦检查每一循环是否都有稳定的熔融物料；检查回流防止阀是否泄漏，若有需要则进行更换；检查进料设定是否稳定
		⑧螺杆复位不稳定	⑧保证螺杆每次都能准确复位，误差不超过0.4mm
		⑨各个动作时间的变化、熔料黏度不尽一致	⑨检查动作时间的不一致性，使用背压
		⑩注射速度（流量控制）不稳定	⑩检查液压系统和油温是否正常

续表

缺陷名称	缺陷特征	产生原因	解决办法
制品尺寸差异	制品质量和尺寸的变化超过了模具、注射机和原料组合的能力	⑪使用了不适合于该模具的塑料品种	⑪选择适合模具的塑料品种（主要从收缩率和机械强度方面考虑）
		⑫考虑模温、注射压力、时间、速度和宝鸭等对产品的影响	⑫重新调整整个生产工艺
制品弯曲	制件形状与模腔相似，但却是其扭曲之后的形状	①塑件内有过多内应力	①延长成型周期（尤其是冷却时间），从模具中顶出后立即浸入38℃的温水中（特别是对于壁厚达的制品）使注塑制品慢慢冷却，降低注射压力，减少螺杆向前时间
		②充模速度太慢	②增大注射速度
		③膜腔内熔料不足	③提高塑化能力
		④塑料温度太低或不均匀	④提高塑料温度并调整一致
		⑤注射压力不当	⑤调整压力到弯曲最小，同时注意分段压力对产品变形的影响
		⑥浇口位置不当	⑥设置在薄壁部位
		⑦塑件在顶出时太热	⑦使用冷却设备
		⑧冷却不足或动、定模温度不一致	⑧适当延长冷却时间或改善冷却条件，尽量保证动、定模温度一致，降低模具温度
		⑨离浇口的距离参差不齐	⑨改为多点浇口，扩大浇口
		⑩塑件结构不合理	⑩在可能的情况下改善塑件结构
龟裂	产品在生产过程中产生内应力所造成的裂纹	①注射压力太大	①减小注射压力
		②熔料流动不畅	②提高料筒温度，提高模具温度，避免急剧的壁厚变化，在边角部分增加圆弧
		③排气不良	③扩大推挺钉与模具之间的间隙，将模具分割为更多块，采用压缩空气脱模
		④保压不良	④减小保压压力，缩短保压时间，使用浇口阀，喷嘴上使用单向阀
		⑤热性裂痕大	⑤进行退火处理，对于有金属嵌件的制品，使用嵌件前先预热
		⑥推挺钉在厚壁部位	⑥改变推挺钉的位置，将模具分割为更多块
		⑦化学药品的侵蚀	⑦不用侵蚀性溶剂擦拭型腔，洗涤嵌件

续表

缺陷名称	缺陷特征	产生原因	解决办法
顶白	制品上与顶针接触的部分白化，如 HIPS 和 ABS 等容易发生	①注射压力太高	①降低注射压力
		②注射速度太快	②降低注射速度
		③顶出速度太快	③降低顶出速度
		④保压时间太长	④缩短保压时间
		⑤冷却时间太短	⑤延长冷却时间
		⑥拔模斜度不够	⑥按规定选择拔模斜度
		⑦顶出机构设计不当	⑦调整顶出机构

4.4 项目分析

4.4.1 手机镜片产品特点分析

手机镜片主要的作用在于对 LCD 显示屏进行保护，同时也具有一定的装饰作用。对其基本的要求包括：

① 透明度高，表面光泽好，无黑点、白点等不良现象。

② 强度高，不易碎裂。

③ 硬度高，表面耐磨。

④ 尺寸精度高。

4.4.2 材料特点分析

聚碳酸酯树脂是一种结晶度高、耐磨性好的材料，其密度很低，可浮于水中。而且耐高温，具有突出的延伸性和抗疲劳性能。聚丙烯注塑工艺要点如下：

① 加工前一般不需干燥。

② 染色性较差，色粉在料中扩散不够均匀（一般需加入扩散油/白矿油），大制件尤为明显。

③ 成型收缩率大（1.2%~1.9%），尺寸不稳定，制件易变形缩水，采用提高注射压力及注射速度，减少层间剪切力使成型收缩率降低。

④ 流动性很好，注射压力大时易出现披锋且有方向性强的缺陷，注射压力一般为 50~80MPa（太小压力会缩水明显），保压压力取注射压力的 80%左右，宜取较长的保压时间补缩

及较长的冷却时间保证制件尺寸和变形程度。

⑤ PP 冷却速度快，宜快速注射，适当加深排气槽来改善排气不良。

⑥ 料温控制：成型温度料温较宽，因 PP 高结晶，所以料温需要较高。前料筒 200~240℃，中料筒 170~220℃，后料筒 160~1900℃，实际上为减少披锋，缩水等缺陷，往往取偏下限料温。

⑦ 模温：一般 40~60℃，模温太低（< 40℃），制件表面光泽差，甚至无光泽，模温太高（> 90℃），则易发生翘曲变形、缩水等。

⑧ 气泡问题：由于其高结晶性， PP 的体积在熔点附近会发生很大变化，冷却时收缩及结晶导致塑件内部产生气泡甚至局部空心，从而影响制件机械强度，所以调节注塑参数要有利于补缩。

⑨ 低温下表现脆性，对缺口敏感，产品设计时避免尖角，厚壁制件所需模温较薄壁件低。

4.4.3 模具结构特点分析

① 单分型面，无侧抽、绞牙、顺序分型等机构。

② 一模两腔，加上产品自身小，所以为小型模具。

③ 浇注系统中设有两条分流道、采用针点式浇口侧面进浇。

④ 采用顶杆顶出。

4.4.4 注射机特点分析

参见 1.4.4。

4.5 项目实施

具体项目实施参见 2.5。

4.6 项目评价与总结提高

4.6.1 项目评价

注射成型手机镜片的评价参见表 2-7。

4.6.2　项目总结

本项目以注射成型手机镜片产品为载体，除了对注射成型的整个过程有了更进一步的熟悉、熟练了相关操作之外，也学习了注射机的液压系统、模具的顺序分型机构与排气系统、制品质量分析的理论知识，同时介绍了包括精密注射成型在内的一些特种注射成型工艺的原理和特点。

为了对整个过程进行进一步的梳理，要求：

① 整理资料。汇总本项目进行过程中所查询到的资料，讨论留下的记录，选择所用材料、机器的依据，制定的注射成型工艺卡、操作过程记录以及所得产品。

② 撰写本项目的总结报告。

③ 讨论。对本项目进行过程中各成员的表现进行认真的评价。

4.6.3　相关资讯——注射成型技术进展

注射成型亦称注塑或注射模塑，是使热塑性或热固性模塑料先在料筒中均匀塑化，而后由柱塞或移动螺杆推挤到闭合模具型腔中成型的一种方法。它的主要特点是能在较短的时间内一次成型出形状复杂、尺寸精度高和带有金属嵌件的制品，并且生产效率高、适应性强、易实现自动化等，因而被广泛用于塑料制品的生产中。目前，注射成型制品产量已接近塑料制品产量的1/3，制品生产所用的注射成型机台数约占塑料制品成型设备总台数的1/4。随着注射成型工艺、理论和设备的研究进展，注射成型已应用于部分热固性塑料、泡沫塑料、多色塑料、复合塑料及增强塑料的成型中。

近年来，注射成型技术发展迅猛，新的设备、模具和工艺层出不穷，其目的是为了最大限度地发挥塑料特性，提高塑料制品性能，以满足塑料制品向高度集成化、高度精密化、高产量等方面的发展要求，从而实现对塑料材料的聚集态、相态等方面的控制。下面简要介绍注射成型技术进展。

4.6.3.1　注射成型机

新型注射成型机品种有电动式注射成型机、预柱塞式注射成型机、微型注射成型机、注射压缩成型机、无拉杆注射成型机和各种专用注射成型机等。

（1）电动式注射成型机　电动式注射成型机具有节能、低噪、高重复精度、维修方便、可靠性高等优点，符合近年来国际注塑机发展的趋势。与液压式注射成型机相比，电动式注射成型机有如下优点：

① 节能。电动式注射成型机的电力消耗仅为液压式的1/3左右。

② 无污染。由于不使用操作油，电动式注射成型机不需要冷却操作油的设备，节省了资源，无漏油、漏水现象，可以保持工作场地的清洁。

③ 易于控制。电动式注射成型机的可控性好，所以稳定性高，即控制精度高。

④ 成型周期短。各动作相对独立，可以利用伺服电机进行最佳化的开闭模控制，缩短了成型周期。

⑤ 噪声低。由于没有油压惯性的影响，噪声低。

缺点是：价格相对较高；要求环境清洁，以保证控制电路、电机等的正常运转。

（2）预柱塞式注射成型机　是指以使熔融树脂的 PVT 特性稳定为目的，在结构上将塑化部分和注射柱塞部分分开的注射成型机。

其特点是：塑化计量机构和注射机构是分开的，树脂的均匀熔融性能比往复式螺杆型优越；往复式螺杆的逆流防止阀的动作是不能控制的，这是造成误差的主要原因，而预柱塞式注射成型机有可控制防止逆流的动作的优点；注射柱塞直径可以任意设计，小的直径可以对应超小制品的精密成型。

（3）微型成型机　微型成型是加工外形尺寸在 1mm 以下、重量在 0.0005g（0.5mg）以下、具有必需精密度的微型结构零部件的方法。微型成型采用模具表面瞬时加热和型腔内脱气技术进行成型，模具表面加热采用介电加热，微型结构件的材料可以是塑料、金属和陶瓷等，产品主要用于如医疗用的微型机械零部件和钟表齿轮等。

（4）注射压缩成型机　注射压缩成型是在将熔融树脂充模的过程中，进行压缩，以降低在注射成型中容易产生的分子取向，达到减少制品变形的成型方法。具体的过程是：首先将模具打开一定量，大小即为压缩行程量，再将熔融树脂注入模具型腔，在注射工序的时间内开始进一步合模，最终通过锁模力将尚未固化的型腔中的树脂压缩，制得制品。

其特点是：可以实现小的锁模力、低注射压力的薄壁成型；成型制品内部的内应力减小，应变也小；成型制品的花纹清晰度提高；由于塑料熔体在模具内的流动阻力小，可进行带有表皮制品的整体成型。

（5）无拉杆注射成型机　这是一种无动定模板间拉杆的注射成型机。由于其可以有效利用模板面积、便于更换模具和安装模具辅助部件，也便于配置机械手等，因此获得较快增长。

（6）专用成型机　近年来，光盘专用成型机、塑料卡专用成型机、特殊接插件专用成型机、磁性塑料专用成型机、镁合金专用成型机、金属粉末专用成型机等特殊制品和材料的专用成型机及其技术的开发取得了较大的进展。

4.6.3.2 注射成型模具

热流道模具也称无流道模具，是指不产生浇注系统凝料（料杆）的流道系统的模具。因可以省去浇口凝料切除工序，可提高生产效率，也省去了料杆的回收，可节省工时和能源，因而受到用户的欢迎。

热流道模具的优点除了节省材料和能量外，还可加快成型周期、降低注射压力和锁模压力、减少废品率和减轻制品质量。

发挥热流道模具效果的关键是设计好热流道：首先，喷嘴应该消除静态树脂熔体，因为静态树脂熔体会发生热降解而影响熔体质量；其次，喷嘴的设计要使塑料每次都能被完全推出，换色只要 3 次即可完成；再次，喷嘴使用铍-铜合金芯和标准加热器，对玻璃纤维增强的材料，喷嘴内部使用导热硬质合金。另外，由于浇口通常通过顶部定位，锁紧螺母固定，可以更换，因此，在生产中只要更换浇口套，即可改变浇口，而不必调换整个喷嘴。

目前，全世界热流道注射成型模的实际使用量约占全部注射成型模消费量的30%左右，而在亚洲只有10%左右，中国不足5%。

4.6.3.3 注射成型技术

（1）超高速注射成型　超高速注射成型是指树脂充模时螺杆前进速度为500~1000mm/s的注射成型技术。用于超高速充模注射成型的注射成型机称为超高速充模注射成型机，主要用于薄壁塑料制品（如IC卡等）的成型。机理是机构要保证将熔融树脂在瞬间充填到型腔内。

超高速充模注射成型技术的优点：

① 由于是在极高剪切速率下流动，故材料因受高剪切发热而使黏度降低，另外，在超高速下，材料与模具中流道的低温壁面接触固化时通常会形成一个较薄的皮层，使材料保持较高温度而使黏度较低。

② 因为是低黏度下的流动，成型制品各部分的承受的成型压力较均匀，温度梯度较小，故制品的翘曲、扭曲等变形较小。

③ 制品表面的流纹和熔合线没有普通成型明显。

制品表面的流纹也成为流痕。超高速充模注射成型技术最大的目标，是超薄壁成型。成型时的关键有使用材料的成型性（即流动性和固化速度）、模具设计（特别是如何确保排气）。

（2）气体辅助注射成型　气体辅助注射成型的目的就是防止和消除制品表面产生缩痕和收缩翘曲，提高表面特性，使制品表面光滑。气体辅助注射成型的工作过程可分为四个阶段：第一阶段为熔体注射，即将熔融的塑料熔体注射到模具型腔中，它可分为“欠料注射”和“全料注射”。第二阶段为气体注射，可于注射期的前、中、后期注入气体，气体的压力必须大于塑料熔体的压力以达到使塑件成中空状态。第三阶段为气体保压，当塑件内部被气体充填后，制件在保持气压的情况下冷却，在冷却过程中，气体由内向外施压，使制品外表面紧贴模壁，并通过气体二次穿透从内部补充因冷却带来的体积收缩。第四阶段为制件脱模，随着冷却周期的完成，排出气体，塑件由模腔取出。

气体辅助成型的塑料制件大致可分为三类：管形和棒形制件如衣服架、扶手、椅背、刷棒、方向盘，主要是利用气体穿透形成气道来节省材料和缩短成型周期；板状制件如汽车仪表板、办公家具，主要是减小翘曲变形和对注射成型机的吨位要求，以及提高制件的刚性、强度和表面质量；厚薄不均的复杂制件如家电外壳、汽车部件可通过一次成型简化工艺。

（3）水辅注射成型技术　水辅助注射成型是用冷水取代氮气进行加工的，可以比气辅注射成型得到壁厚更薄的制品，同时也可以生产大型空心制品，其质量标准更高并且远比气辅注射成型经济。据悉，泄漏是水辅需要解决的一个很重要的问题。

（4）电磁式聚合物动态塑化注射成型　电磁式聚合物动态塑化注射成型的要点是在电磁式直线脉冲驱动的注射装置中，由电磁场产生的机械振动力场被引入物料的塑化、注射。保压全过程，实现了动态塑化注射成型全过程均处于周期性振动状态，这种过程完全不同传统螺杆——线式塑化注射成型过程。

螺杆在电磁式直线脉动驱动装置的作用下向前直线脉动位移，将熔体注入模腔，熔体的压力将随螺杆的脉动而周期性变化，这种作用同样使熔体黏度及弹性降低，流动阻力减小，加速了充模过程。模腔充满熔体后，螺杆继续作轴向脉动，保持模腔中物料压力周期性变化，使物料的温度、内应力得到均化，同时冷却缩孔能得到快速补充熔料，保压时间可缩短。如果选用与无振动力场的稳态充模保压过程相同熔体流动阻力，则熔体温度及模腔温度可以降低，制品质量可以提高，解决了传统注射成型技术中注射温度高、成型制品所需冷却时间长的问题。

（5）微孔泡沫塑料注射成型　塑料发泡成型可减轻制品重量，且制品具有缓冲、隔热效果，广泛应用在日用品、工业部件、建材等领域。传统的发泡成型通常使用特定的卤代烷烃、有机化合物以及卤代烷烃的替代品作为发泡剂。微孔泡沫塑料注射成型是在超临界状态下利用 CO_2 及 N_2 进行微孔泡沫塑料技术，目前已进入实用化阶段。微孔泡沫塑料注射成型已可生产壁厚为 0.5mm 的薄壁大部件及尺寸精度要求高的、形状复杂的小部件。它推翻了长期一直认为发泡成型只能完成厚壁制品的生产的观点。与传统的发泡成型形成的最小孔径为 250μm 的不均匀的微孔相比，现在的工艺形成的微孔大小均匀，孔径在 5~50μm，这样的微孔结构也赋予比传统方法制备的制品更高的机械性能和更低的密度。在力学性能不损失的情况下，重量可降低 10%，而且可减少制品的翘曲、收缩及内应力。微孔泡沫塑料注射成型可加工多种聚合物，如 PP、 PS、 PBT、 PA 及 PEEK 等。

微孔泡沫塑料注射成型的过程包括 3 个阶段，即树脂在料筒中熔融塑化阶段；超临界气体注入、混合和扩散阶段；注射和发泡阶段。

微孔泡沫塑料注射成型的特点如下：

① 提高了树脂的流动性。与超临界状态的 CO_2 或 N_2 混合后，树脂的表观黏度降低，加入 5%的 CO_2，熔体表观黏度可减半，树脂的流动性明显提高。其结果是注射压力减小，锁模力也减小。此外，由于流动性的改善，可以在较低的温度和低的模具温度下成型。注射压力可减少 30%~60%，锁模力可降低 70%，甚至可采用铝制模具。

② 缩短成型周期。这是因为：微孔泡沫塑料注射成型没有保压阶段；树脂用量比未发泡的少，总热量减少；模具内的气体从超临界状态转成气相进行发泡，模具内部得到冷却；树脂的流动性得到改善，成型温度降低，一般成型周期可减少 20%。

③ 减少制品重量，制品无缩孔、凹斑及翘曲。该技术最多可使制品重量减少 50%，一般为 5%~30%。

（6）挤出和注射成型组合的直接成型技术　挤出和注射成型组合的直接成型技术可将聚合物粉料与磁性粉、无机颜料、玻璃纤维等通过双螺杆挤出机混合后直接注射成型。其突出优点是可以更加灵活地调节复合物的配方，省去了造粒、包装、干燥等工序，大幅度地降低了设备费用和减少了生产时间，从而降低了成品的成本。

该技术可适用于多种材料的成型，既可以是单个的聚合物，如 ABS、 AS、 EVA、 PA、 PC、 PE、 PET、 PBT、 POM、 PP、 PS、 PMMA、 LCP 等；也可以为复合材料，如聚合物与玻璃纤维（GF）、 $CaCO_3$、云母、滑石粉、硅石、颜料、 Fe_2O_3 的混合物；还可为聚合物合金，如 PA/HDPE、 PBT/PET 及 PC/ABS 合金等。

（7）薄壁注射成型　所谓薄壁成型是指在 0.5mm 以下的平板形状，连续或局部地方要求在0.1mm以下的制品成型。其成型方法有如下几种：

① 高压高速注射成型。使用最大注射速度为600～1000mm/s、注射应答时间为10～50ms规格的注射成型机，在极短时间内，用高压克服充模阻力，充满型腔的成型方法。

该注射成型机的特点是：为提高注射立即应答性能，须进行油压、电器控制技术的开发和降低注射单元的质量；为抑制充模结束时点控制的差异，制动特性和控制处理速度要求高速化；耐高的注射压力，要求刚性高的锁模机构以及刚性高、精度高的模具；为实现稳定成型条件下的均匀塑化，要使用高混炼型的螺杆。

② 高速低压成型。充模开始时用高速注射，目的在于增加流动长度，同时，结合充模结束前充模阻力的增加，自动地降低了注射速度，防止了充模结束时的过充模和因控制切换造成的误差。

该成型方法的油压控制特征是非常好地将“流量-压力”特性用于成型，是将原来的充模过程中的速度优先控制的主要考虑方法，改为“压力充模优先”的原则的成型方法。

该注射成型机的特点是：注射速度和注射压力在从大范围的组合中选择，使注射油缸的油压室可以切换，这样，即使在低压设定时，也能获得高速注射性能；为实现高速性能，使用蓄料缸；注射油缸油压室的切换，分成5~7段，可以从中进行选择。

采用该成型方法的优点是：消除了飞边、缺料，特别是对象连接器那样的前端有薄壁部分的成型制品非常有效；可消除翘曲、扭曲等缺陷；因为不发生注射终结时的峰压，不会发生模具的销钉的倾斜或破损；由于是低压成型，所以，可以使用锁模力较小的注射成型机。

（8）复合注射成型　为降低成本，提高性能和功能，通过复合成型进行制品生产，具体方法如下：

① 多品种异质材料成型。双色成型是早就被利用的一种成型方法，近年，由于部件成型一体化的进展，硬质材料和软质材料的组合，以及为在感官上的高级化目的，多品种异质成型正在增加。

② 立式注射成型机的复合成型。立式注射成型机的嵌件成型虽然不是新的成型方法，但是，由于降低成本的要求和自动化技术的提高，需求正在扩大。

③ 复合材料的直接注射成型法。是将树脂与增强材料或填充材料的干混料直接成型的方法，适用于制造复合塑料制品。

塑料注射成型技术曾是汽车工业、电器电子零部件的基础技术，并推动这些行业的飞速发展。在21世纪，塑料注射成型技术将成为信息通讯工业的重要支持。另外，注射成型技术也将为医疗医药、食品、建筑、农业等行业发挥作用。在需求行业的推动下，注射成型技术及注射成型机也将获得进一步的发展。

（9）模内贴标技术　模内贴标（In-mold Labeling，简称为IMD）工艺是将贴标签这一操作与吹塑或注塑工艺相结合，省却了在塑料制品成型后粘贴标签的工序。在模内贴标过程中，事先已完成印刷并模切好的标签以单张形式堆叠，放置在标签盒内；随着模具的开启，有机械手一张一张吸起标签，定位放置到打开的模具中，标签印刷面朝内，图有固态黏合剂的一面朝外，并由真空负压或静电吸附的方式将标签牢牢吸附在模具壁上；模具闭合后，熔融的塑料进入模具而成型，此时整个模具中的温度还比较高，紧贴着容器雏形的标签固态黏合剂开始熔化并与塑料本体结为一体；当模具再次打开时，塑料容器完成成型，标签与模具成为一个整体，成为所得容器的一部分。

由于贴标方式不同，对模内贴标工艺所用的标签的特性有一定的要求：标签要有一定的挺度，表面要光滑，标签油墨、上光能经受成型时的高温高压等，因此一般使用膜类标签。

模内贴标有两种贴标成型方式：吹塑成型和注塑成型。模内标签相应地也就分为吹塑用标签和注塑用标签。吹塑用标签的特点是在材料的背面有压纹或磨砂表面，以便于吹瓶时排出瓶体和标签之间的空气。而住宿用标签一般不需要做特殊处理。吹塑用标签在模具中采用真空吸标工艺，而注塑吸标主要采用静电吸标工艺。

模内贴标封住标签的边缘，使表面光滑无缝，手感极佳，能够产生一些其他加工方法不能达到的装饰效果，有效提高产品档次，烘托产品价值，具有美观、耐用、防伪的功能，而且生产过程自动化程度高。因此，该技术发展迅速，应用较广。

4.6.4 练习与提高

① 注射成型机的液压传动控制系统由哪几部分组成？其特点是什么？

② 什么叫顺序分型机构？

③ 熟悉、掌握弹簧顺序分型机构和拉钩顺序分型机构的结构。

④ 什么是内应力？产生内应力的原因是什么？简述内应力的克服方法。

⑤ 何为收缩性？制品的收缩分为哪几个阶段？

⑥ 简述产生制品收缩的原因及影响制品收缩的因素。

⑦ 早期熔接痕和晚期熔接痕有何区别？注射温度对二者的影响有何不同？

⑧ 熔接痕对制品的性能有何影响？如何减小它们的影响？

⑨ 简述影响制品质量的因素。

⑩ 简述改进注塑产品质量缺陷的原则。

⑪ 了解注塑制品产生缺陷的原因及解决办法。

⑫ 你对塑料注射成型的发展趋势有何看法？

⑬ 优化自己的实施方案。

模块三

塑料注射成型高级

模块三是在学习了前面两个模块的基础之上，通过完成本模块中的两个项目，使学习者在对注射成型的机械、模具、工艺、操作等达到一定的熟练程度之后，能够更进一步地提高，通过运用现代化的CAE技术，从而完成难度更大的产品的模具设计和产品生产，并能够通过自己的试生产对模具的生产、维修提供参考意见。

本模块包括2个项目：项目5注射成型三通管件和项目6试模。

项目5　注射成型三通管件

塑料三通管件是日常生活中经常用到的塑料制品，本项目以塑料三通管件的成型及三通管件模具的设计为载体，让学习者掌握从模具设计到产品成型的整个过程。

5.1 学习目标

本项目的学习目标如表5-1所示。

表5-1　注射成型三通管件的学习目标

编号	类别	目　标
1	知识目标	①三通管件产品的使用性能要求与成型加工性能要求 ②PVC原辅材料的性能特点 ③注射模具的侧向分型与抽芯机构的类型、特点、结构、作用和设计要领 ④注射成型模具设计、加工及应用的全过程
2	能力目标	①能针对三通管件产品选择原材料 ②能设计侧向分型与抽芯机构 ③能针对三通管件产品设计模具 ④能针对所用的三通管件模具和原料选择适当的注射机 ⑤能制定合理的三通管件注射成型工艺卡 ⑥能熟练地操作注射机完成三通管件产品的生产 ⑦能正确地分析三通管件产品缺陷、产生原因并进行纠正
3	素质目标	参见表1-1

5.2 工作任务

本项目的工作任务如表5-2所示。

表5-2 注射成型三通管件的工作任务

编号	任务内容	要 求
1	选择三通管件产品材料	根据三通管件产品的特点，选择注射用原材料并进行配方
2	设计三通管件模具	①正确分析产品结构，确定模具的结构 ②对模具的浇注系统、合模机构、脱模机构、抽芯机构等进行合理设计 ③绘制模具的型芯图、型腔图及总装图、三维爆炸图
3	选择三通管件产品用注射机	根据模具外形尺寸、产品重量和注射机参数选择注射机
4	制订三通管件注射成型工艺	制定如表2-3所示的三通管件注射成型工艺卡
5	成型三通管件产品	操作注射机，根据制定的三通管件注射成型工艺卡设定参数，成型三通管件产品

5.3 项目资讯——模具侧向分型抽芯机构

5.3.1 概述

当塑件具有与开模方向不同的内外侧凹或侧孔时，除极少数可采用强制脱模外，都需先进行侧向分型或抽芯，方能脱出塑件。完成侧分型面分开和闭合的机构叫侧向分型机构，完成侧型芯抽出和复位的机构叫侧向抽芯机构。侧向分型机构、侧向抽芯机构本质上并无任何差别，均为侧向运动机构，故把二者统称为侧向分型抽芯机构。

侧向分型抽芯的方式按其动力来源可分为以下三类：

（1）手动侧向分型抽芯　手动侧向分型抽芯又可分为模内手动和模外手动两种形式。前者是在塑件脱出模具之前，由人工通过一定的传动机构实现侧向分型抽芯，然后再将塑件从模具中脱出；后者是将滑块或侧型芯做成活动镶件的形式，和塑件一起从模具中脱出，然后将其从塑件上卸下，在下次成型前再将其装入模内。手动侧向分型抽芯机构具有结构简单、制造方便的优点，但是操作麻烦，劳动强度大，生产率低，只有在试制和小批量生产时才是比较经济的。

（2）机动侧向分型抽芯　机动侧向分型抽芯是利用注射机的开合模运动或顶出运动，通过一定的传动机构来实现侧向分型抽芯动作的。机动侧向分型抽芯机构结构较复杂，但操作简单，生产效率高，应用最广。

（3）液压、气压侧向分型抽芯　液压、气压侧向分型抽芯是以压力油或压缩空气为动力，通过油缸或气缸来实现侧向分型抽芯动作的。采用液压侧向分型抽芯易得到大的抽拔距，且抽拔力大，抽拔平稳，抽拔时间灵活。由于注射机本身带有液压系统，故采用液压比气压要方便得多。气压只能用于所需抽拔力较小的场合。

5.3.2　机动侧向分型抽芯机构

机动侧向分型抽芯机构的形式很多，大多为利用斜面将开合模运动或顶出运动转变为侧向运动，也有用弹簧或齿轮齿条来实现运动方向的转变，从而实现侧向分型抽芯动作的。

5.3.2.1　斜导柱侧向分型抽芯机构

斜导柱侧向分型抽芯机构结构较简单、制造加工方便，是机动式侧向分型抽芯机构中最常用的一种形式。

（1）斜导柱侧向分型抽芯机构的结构　图 5-1 所示斜导柱侧向分型抽芯机构是由固定于定模座板 2、与开模方向成一定夹角的斜导柱 3、动模板 7 上的导滑槽（图中未画出）、可在导滑槽中滑动并与侧型芯 5 固定在一起的滑块 8、固定在定模板上的楔紧块 1 以及滑块定位装置（由挡块 9、压缩弹簧 10、螺钉 11 所组成）构成。开模时，动模板上的导滑槽拉动滑块，并且在斜导柱的作用下，滑块沿导滑槽向左移动，直至斜导柱和滑块脱离，完成抽拔，此时由滑块定位装置将滑块定在和斜导柱相脱开的位置，不再左右移动，继续开模，由推管将塑件从型芯上脱出。合模时，动模前移，移动一段距离后，斜导柱进入滑块。动模继续前移，在斜导柱作用下，滑块向右移动，进行复位，直至动、定模完全闭合。成型时，为防止滑块在塑料的

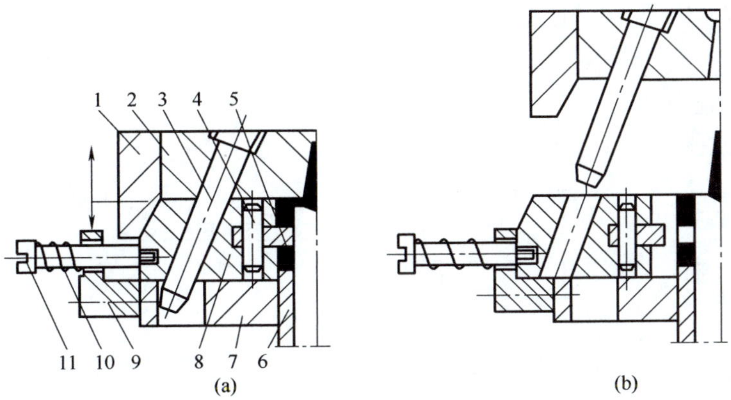

扫码观看斜导柱侧向分型抽芯机构工作原理

图 5-1　斜导柱侧向分型抽芯机构

（a）合模状态　（b）开模状态

1—楔紧块　2—定模座板　3—斜导柱　4—销　5—侧型芯

6—推管　7—动模板　8—滑块　9—挡块　10—弹簧　11—螺钉

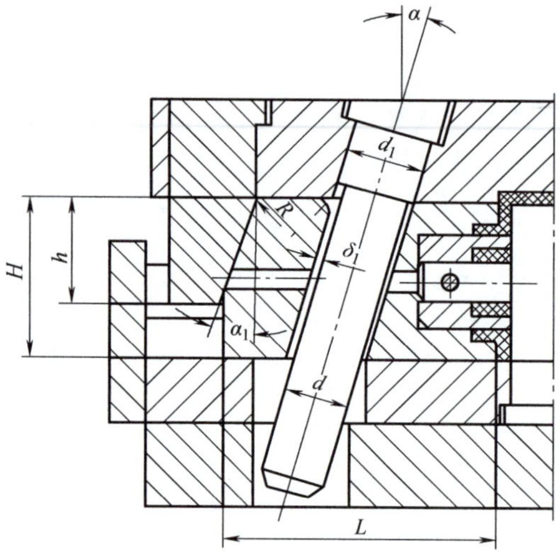

图 5-2 斜导柱的结构、形状和固定方式

压力作用下移动，同时防止滑块将过大的压力传递给斜导柱，用楔紧块对滑块锁紧。

① 斜导柱。斜导柱的结构、形状和固定方式如图 5-2 所示。斜导柱和固定板之间的配合为 H7/k6，斜导柱和滑块之间留 1mm 左右间隙，斜导柱的头部成圆锥形或半球形。如为圆锥形时，圆锥部分的斜角应大于斜导柱的安装斜角 α，以防合模时，其头部与滑块碰撞。斜导柱的材料、硬度、表面粗糙度等和 2. 2 中所述导柱相同。

② 滑块及导滑槽。滑块可看作是由三部分组成的，它们是滑块的本体部分、成型部分（侧芯）和导滑部分。滑块的结构形式可分为整体式和组合式两种。组合式如图 5-3 所示。图 5-3（a）是用销钉固定的方式，由于侧芯成型部分直径较小，将固定部分尺寸增大，为防止销孔将侧芯削弱过多，也可用骑缝销钉固定；对片状型芯，可在滑块本体上开槽，用销钉固定，如图 5-3（b）所示；当型芯较小时，可在型芯后端用螺钉固定，如图 5-3（c）所示；当一个滑块上具有多个型芯时，可用固定板固定，如图 5-3（d）所示；大型芯也可用燕尾槽固定，如图 5-3（e）所示；除侧芯和滑块本体之间采用组合方式外，导滑部分也可采用组合的形式，如图 5-3（f）所示。

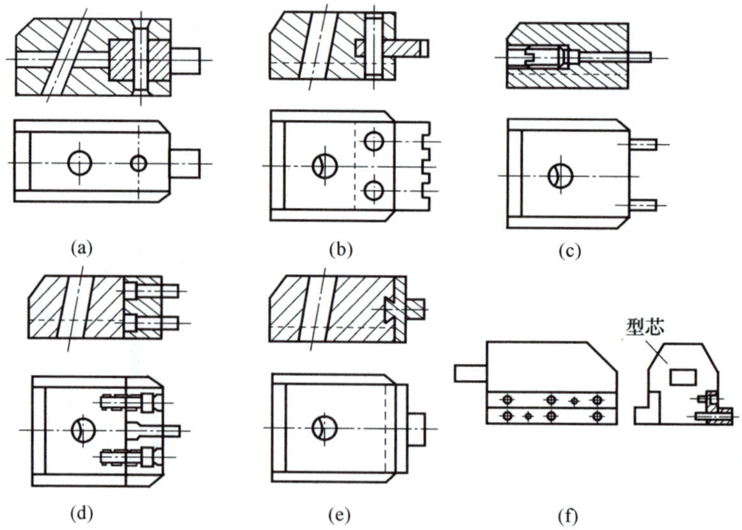

图 5-3 滑块的组合方式

为保证滑块在抽拔和复位过程中平稳滑动，防止上下、左右的晃动，滑块和导滑槽之间上下方向、左右方向应各有一配合面，并且采用 H8/f7 的配合。导滑槽的结构也有整体式和组合式之分。滑块在导滑槽中的导滑形式见图 5-4。其中，图 5-4（a）是整体式导滑槽，加工较困难；图 5-4（b）是将导滑部分设在滑块中部的形式；图 5-4（c）所示的导滑槽采用组合式，加

工较为方便；图 5-4（d）是将左右方向的配合面设在中间镶块两侧；图 5-4（e）是在底板上开出凹槽，盖板为平板的结构形式；图 5-4（f）所示的导滑槽是由两块镶条所组成；图 5-4（g）是在滑块的两侧镶以两根精密的圆销，以代替矩形的导滑面，在加工两侧导槽时，可把滑块和两侧模板镶合在一起加工出两孔，后在滑块上镶上圆销，以保证良好的平行度和均匀的配合间隙；当滑块宽度较大时，可用两根斜角相同的斜导柱驱动，如图 5-4（h）所示。

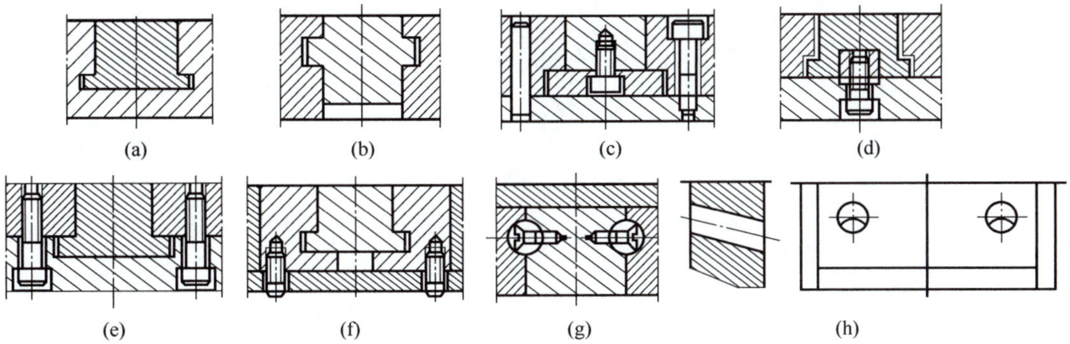

图 5-4 滑块的导滑形式

滑块上斜导柱孔的进口处应倒圆角，圆角半径 1~3mm，复位时以便斜导柱进入滑块。滑块的导滑部分长度 L 应大于滑块的高度，否则抽拔时会因滑块歪斜引起运动不畅，加速导滑面的磨损。导滑槽应有一定的长度，当抽拔完成后，滑块留在导滑槽内的长度 L_1 不应小于滑块导滑部分长度 L 的 2/3，如图 5-5 所示。

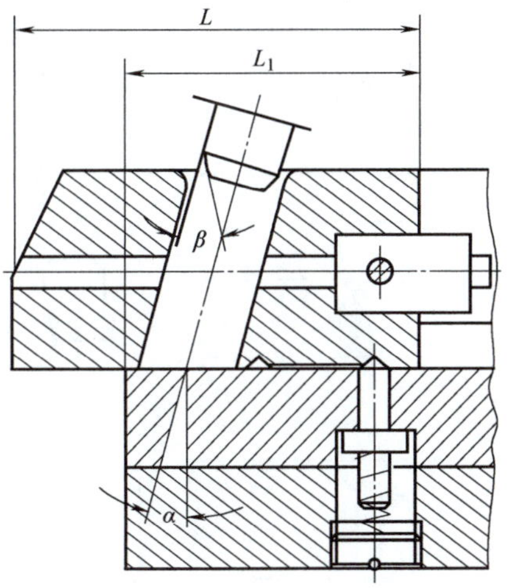

图 5-5 导滑槽长度

③ 滑块定位装置。滑块在斜导柱驱动下完成抽拔后，由滑块定位装置使其停留在和斜导柱相脱开的位置上不再移动，下次合模时，保证斜导柱能顺利地进入滑块的斜孔使滑块复位。滑块定位装置的结构形式如图 5-6 所示。图 5-6（a）是利用挡块定位的形式，适用于向下抽芯。向上抽芯时，可采用图 5-6（b）的形式，由弹簧的弹力通过螺钉把滑块向上拉紧靠在挡块上定位，此时弹簧弹力应大于滑块自重。此种形式用于其他方向的抽芯时，弹簧弹力可小些。图 5-6（c）、 5-6（d）是利用在弹簧弹力作用下的顶销顶住滑块底部的凹坑对滑块进行定位的形式。图 5-6（e）是用钢球代替顶销的结构形式。顶销、钢球也可顶在滑块的侧面，这种结构形式一般只能用于水平方向的抽芯。

在整个开模过程中，如果斜导柱始终不和滑块脱开，则可不设滑块定位装置。

④ 楔紧块。楔紧块的作用，一是锁紧滑块，防止滑块在塑料压力作用下移位；二则由于斜导柱和滑块斜孔之间具有较大的间隙，所以滑块的最终复位是由楔紧块完成的。设计楔紧块时，应注意两个问题：一是楔紧块的斜角 α_1 必须大于斜导柱的斜角 α，否则滑块将被楔紧块卡住，而不能进行抽拔，一般可取 $\alpha_1 = \alpha + 2° \sim 3°$，如图 5-2 所示；另一是保证楔紧块的强

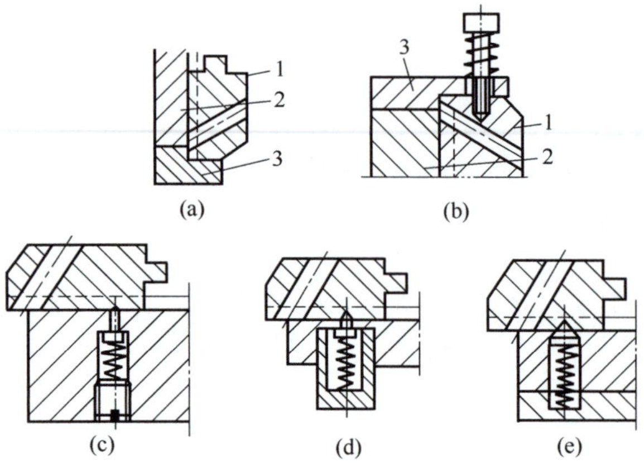

图 5-6 滑块定位装置

1—滑块 2—导滑槽 3—挡块

度，当滑块承受塑料的压力大时，应采用强度高的结构形式。楔紧块的结构形式如图 5-7 所示。图 5-7（a）是与模板加工成一体的整体式，牢固可靠，但加工切削量较大，适用于滑块受力大的场合。当滑块外表面可拼合成圆锥形时，采用内圆锥形楔紧套是非常可靠的，如图 5-7（b）。图 5-7（c）是用螺钉和销钉连接在模板上的楔紧块，加工方便，较为常用，用于滑块受力较小的场合。为了改善受力状况，图 5-7（d）在动模边增加一凸起的台阶，合模后对楔紧块起增强的作用。图 5-7（e） ~5-7（h）均为嵌入式连接的楔紧块，这类结构能承受较大的侧向推力。图 5-7（e）是用 T 型槽加螺钉、销钉固定楔紧块。图 5-7（f）、 5-7（g）是在模板上开矩形或圆形孔，再嵌入矩形或圆形楔紧块。图 5-7（h）是嵌入长槽中的形式，加工方便，适于宽度较大的滑块。

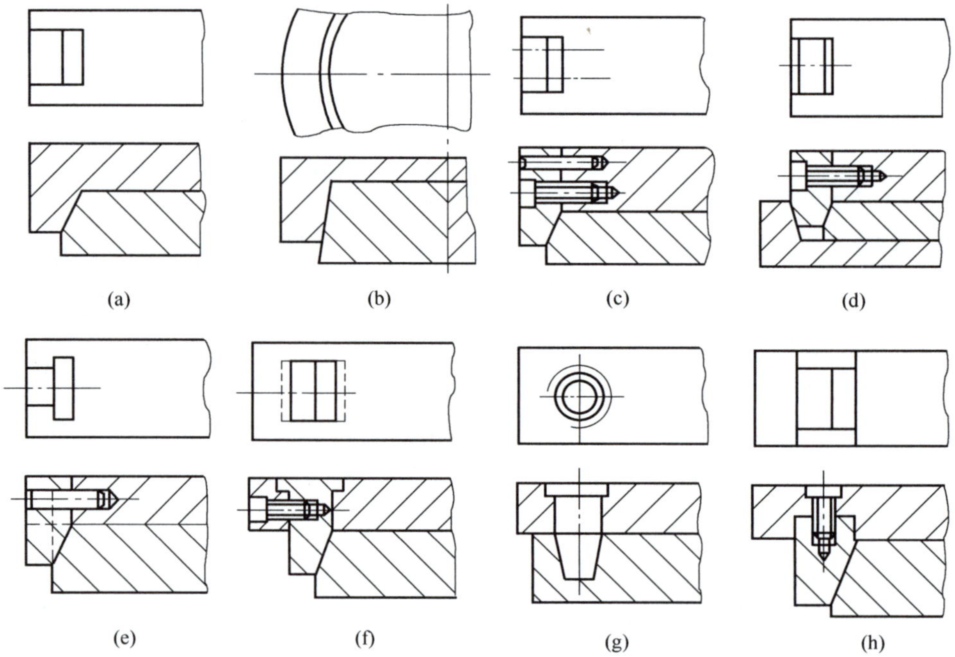

图 5-7 楔紧块的结构形式

（2）斜导柱侧向分型抽芯机构的结构形式 根据斜导柱和滑块在动、定模的哪一侧，可将斜导柱侧向分型抽芯机构分为以下四种结构形式。

① 斜导柱在定模、滑块在动模的结构。这是一种最常用的结构形式，图 5-1、图 5-2 均是这种结构形式。当塑件有内侧凹时，也可采用这种形式进行侧向抽芯，如图 5-8 所示。

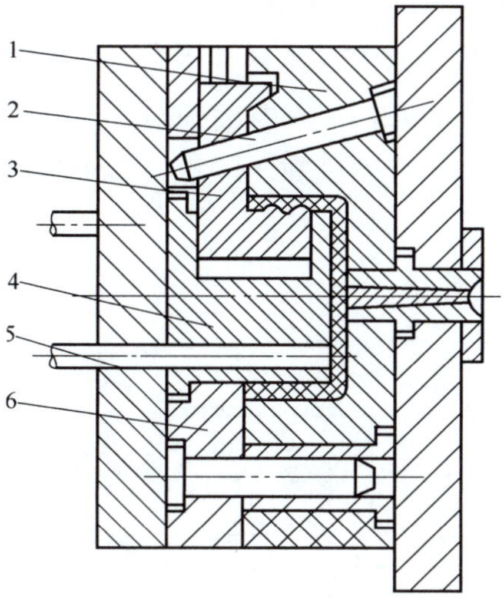

图 5-8　斜导柱内侧抽芯机构

1—定模板　2—斜导柱　3—侧型芯滑块　4—凸模　5—推杆　6—动模板

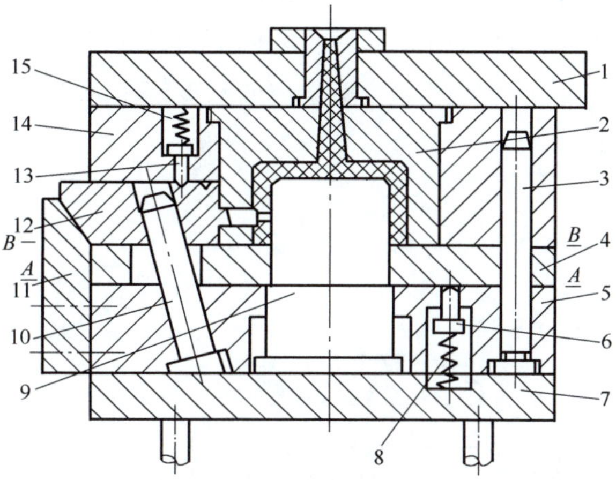

图 5-9　斜导柱在动模、滑块在定模的结构

1—定模座板　2—凹模　3—导柱　4—推件板　5—动模板　6—顶销　7—支承板　8—弹簧　9—型芯　10—斜导柱　11—楔紧块　12—滑块　13—顶销　14—定模板　15—弹簧

② 斜导柱在动模、滑块在定模的结构。图 5-9 是斜导柱在动模、滑块在定模的结构。其主要特点是型芯 9 和动模板 5 之间采用浮动连接的方式来固定，以防止开模时侧芯将塑件卡在定模边而无法脱模。开模时，由于弹簧 8、顶销 6 的作用，以及塑件对型芯 9 的包紧力，首先从 *A-A* 面分型，滑块 12 在斜导柱 10 的作用下在定模板上的导滑槽中滑动，抽出侧芯。继续开模，动模板 5 与型芯 9 的台阶接触，型芯随动模板一起后退，塑件包紧型芯，从凹模中脱出，*B-B* 面分型，最后由推件板 4 将塑件从型芯上脱下。合模时，滑块由斜导柱驱动复位，型芯在推件板的压力作用下复位。

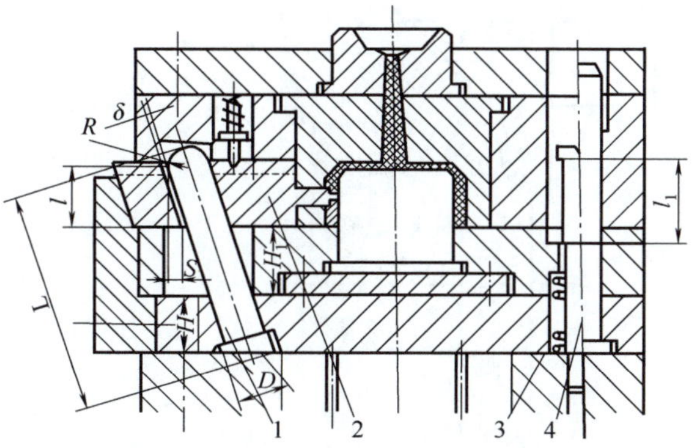

图 5-10　斜导柱在动模、滑块在定模的结构

1—斜导柱　2—滑块　3—弹簧　4—限位螺钉

为防止开模时侧芯将塑件卡在定模边而无法脱模，也可在动模边增设一分型面，如图 5-10 所示。开模时，在弹簧 3 的作用下，动模边的分型面先分，斜导柱 1 驱动滑块 2 进行抽拔，当分开 l1 距离时，限位螺钉 4 拉住动模板，然后动定模分型，塑件从凹模中脱出留于动模型芯上，最后由脱模机构将塑件顶出。

③ 斜导柱、滑块同在定模的结构。斜导柱和滑块同在定模边时，为了实现斜导柱和滑块之间的相对运动，定模边必须有一分型面，如图 5-11 所示。开模时，利用拉钩顺序分型机

构，使 A-A 分型面先分，滑块 2 在斜导柱的驱动下在定模板上的导滑槽中滑动，向外侧进行抽拔， A-A 分型面分开的距离由限位螺钉 5 限位。继续开模，动定模之间的分型面 B-B 分开，塑件从定模中脱出。这种形式的斜导柱侧向分型抽芯机构，由于定模边的分型面分开的距离不会太大，只要适当增大斜导柱的长度，保证滑块和斜导柱始终不脱开，则可不用滑块定位装置。

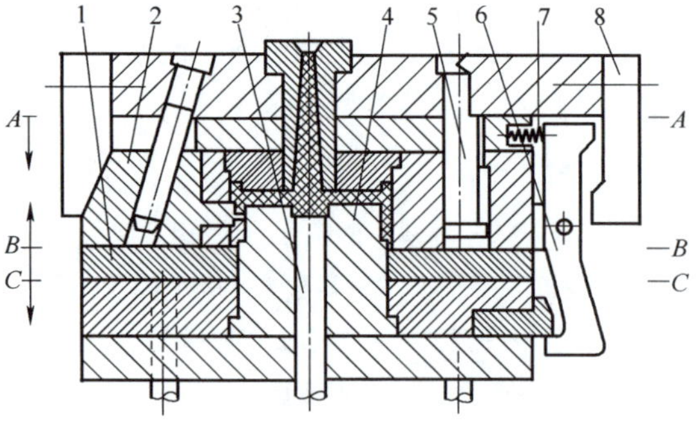

图 5-11　斜导柱和滑块同在定模的结构

1—推件板　2—滑块　3—推杆　4—型芯

5—限位螺钉　6—拉钩　7—弹簧　8—压块

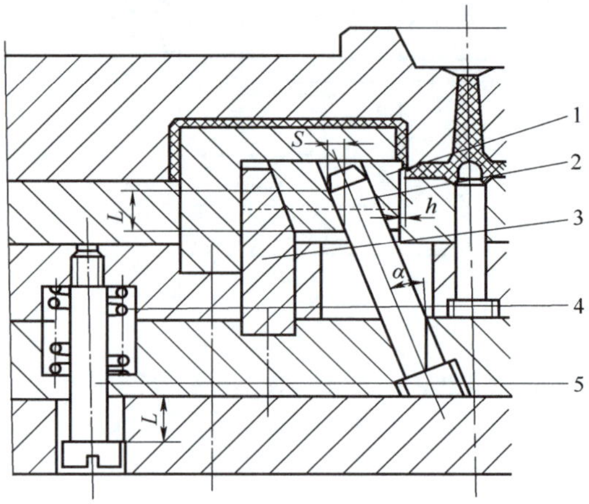

图 5-12　斜导柱和滑块同在动模的结构

1—滑块　2—斜导柱　3—楔紧块

4—弹簧　5—限位螺钉

④ 斜导柱、滑块同在动模的结构。斜导柱和滑块都在动模边时，为实现斜导柱和滑块的相对运动，在动模边应有一分型面。图 5-12 是在动模边增设一分型面，开模时，利用弹簧顺序分型机构使动模边的分型面先分开， 斜导柱 2 驱动滑块 1 进行抽拔，动模边的分型面分开的距离由限位螺钉 5 限位，继续开模，动定模分型面分开，塑件从凹模中脱出，留在动模型芯上，最后推件板将塑件从型芯上推下。

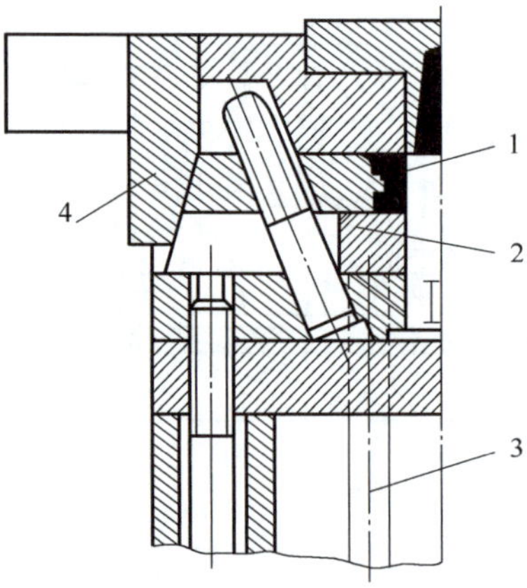

图 5-13　斜导柱和滑块同在动模的结构

1—滑块　2—推件板　3—推杆　4—楔紧块

图 5-13 是将滑块 1 置于推件板 2 上的导滑槽中，开模时，先动定模分型，然后由推杆 3 顶动推件板，使塑件从型芯上脱下，与此同时，滑块在斜导柱的作用下进行抽拔，和塑件脱开。这种结构是利用推件板下方的顶出分型面实现斜导柱和滑块间的相对运动的。

斜导柱、滑块同在动模边时，只要保证斜导柱和滑块始终不脱开，可不设滑块定位装置。

5.3.2.2　斜滑块侧向分型抽芯机构

斜滑块侧向分型抽芯机构按导滑部分的结构可分为滑块导滑和斜杆导滑两大类。

（1）滑块导滑的斜滑块侧向分型抽芯机构 滑块导滑的斜滑块侧向分型抽芯机构用于塑件侧凹较浅、所需抽拔距不大，但滑块和塑件接触面积较大、滑块较大的场合。

图 5-14 是在镶块 1 的斜面上开有燕尾形导滑槽，镶块 1 和其外侧模套也可作成一体，斜滑块 2 可在燕尾槽中滑动。开模时，动定模分型，分开一定距离后，斜滑块 2 在推杆的作用下沿导滑槽方向运动，一边将塑件从动模型芯上脱下，一边向外侧移动，完成抽拔。为防止斜滑块从导滑槽中滑出，用挡销对其进行限位，斜滑块的顶出距离通常应控制在其高度的 2/3 以下。

图 5-15 是直接在模套 2 上开出 T 形导滑槽，斜滑块 3 可在 T 形导滑槽中滑动。顶出时，推杆 4 顶斜滑块 3，推管 5 直接顶塑件，同时进行抽拔和顶出运动。

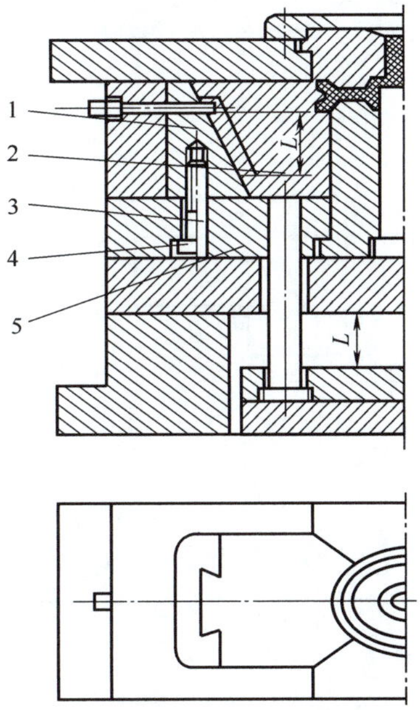

图 5-14 斜滑块侧向分型抽芯机构之一

1—镶块 2—斜滑块 3—销钉 4—螺钉 5—型芯固定板

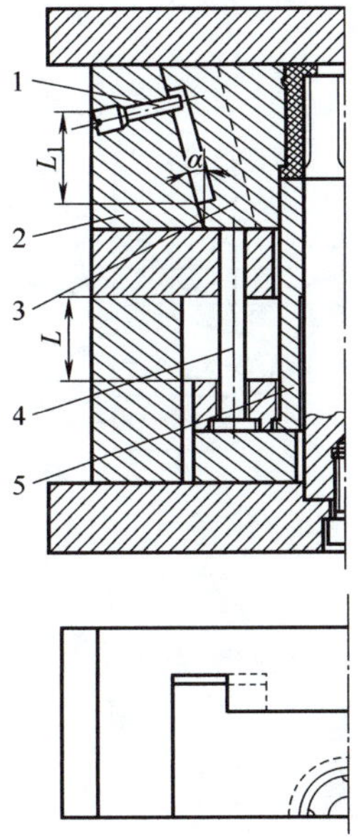

图 5-15 斜滑块侧向分型抽芯机构之二

1—限位销 2—模套 3—斜滑块 4—推杆 5—推管

（2）斜杆导滑的斜滑块侧向分型抽芯机构 由于受斜杆强度的影响，斜杆导滑的斜滑块侧向分型抽芯机构一般用于抽拔力和抽拔距都比较小的场合。

图 5-16 是将侧芯和斜杆 3 固定连接，斜杆插在动模板 4 的斜孔中，为改善斜杆和推板之间的摩擦状况，在斜杆尾部装上滚轮 2。顶出时，由推板 1 通过滚轮 2 使斜杆和侧芯沿动模板的斜孔运动，在与推杆 5 的共同作用下顶出制品的同时，完成侧向抽芯。合模时，由定模板压住斜杆端面使斜杆复位。

图 5-17 是采用摆动式斜杆抽芯。斜杆 4 和推板 1 之间用销钉 2 连接。顶出时，当斜杆移动 l_3 距离时（$l_3>l_4$），斜杆的 A 处与镶块 5 接触迫使斜杆绕销钉摆动而完成抽芯。

图 5-18 是将斜杆 3 插在型芯 4 的斜孔中，斜杆尾部用两圆柱销 1、 2 夹住推板，顶出时，推板通过圆柱销 2 使斜杆进行顶出抽芯。合模时，推板通过圆柱销 1 使斜杆复位。

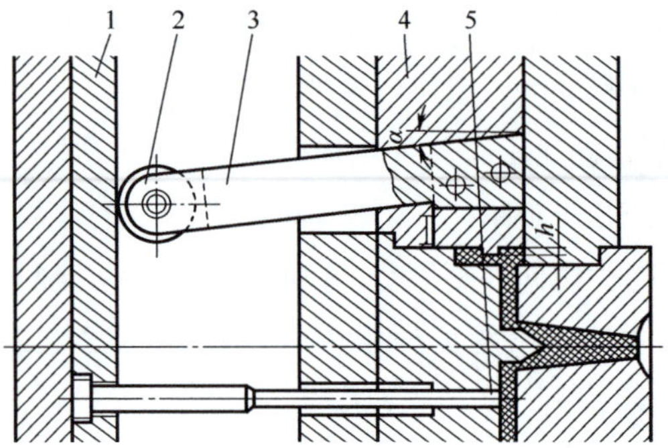

图 5-16　斜杆导滑的斜滑块侧向抽芯机构

1—推板　2—滚轮　3—斜杆

4—动模板　5—推杆

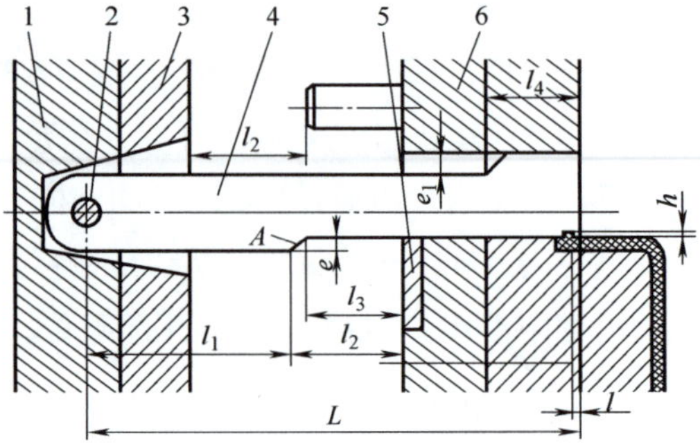

图 5-17　斜杆摆动式侧向抽芯机构

1—推板　2—销钉　3—推杆固定板

4—斜杆　5—镶块　6—动模板

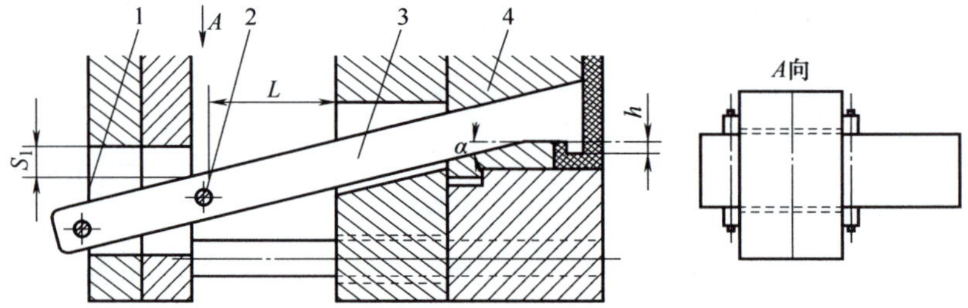

图 5-18　斜杆内侧抽芯机构之一

1、 2—圆柱销　3—斜杆　4—型芯

斜杆和推板之间也可采用图 5-19 所示的连接方式。在推板上固定有带槽的支架 1，斜杆 3 尾部的轴 2 的两端装有滚轮 5、 6，滚轮装于支架的槽中。推板通过支架、滚轮，可带动斜杆进行抽拔和复位。

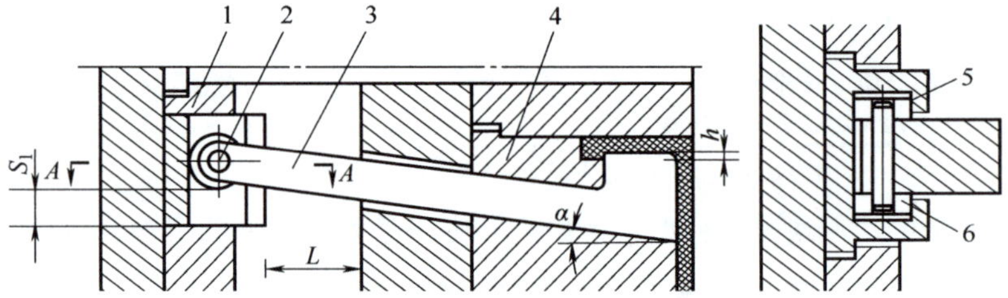

图 5-19　斜杆内侧抽芯机构之二

1—支架　2—轴　3—斜杆　4—型芯　5、 6—滚轮

5. 3. 2. 3　弹簧侧向分型抽芯机构

弹簧侧向分型抽芯机构结构较简单，是利用弹簧的弹力来实现侧向抽拔运动的，在抽拔过程中，弹簧力越来越小，故一般多用于抽拔力和抽拔距都不大的场合。

图 5-20 是弹簧侧向抽芯机构。开模时，动定模分开，侧芯 3 在弹簧力作用下进行抽拔，最终位置由限位螺钉 2 限位，合模时，楔紧块 1 压住侧芯使其复位并锁紧。

图 5-21 是将侧芯设在定模边的结构。开模时，动模板 2 后退，带动滚轮 3 和侧芯 4 脱开，

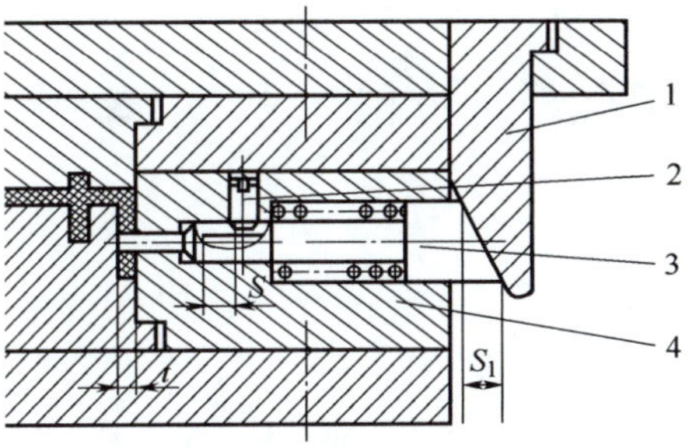

图 5-20　弹簧侧向抽芯机构之一

1—楔紧块　2—限位螺钉　3—侧芯　4—动模板

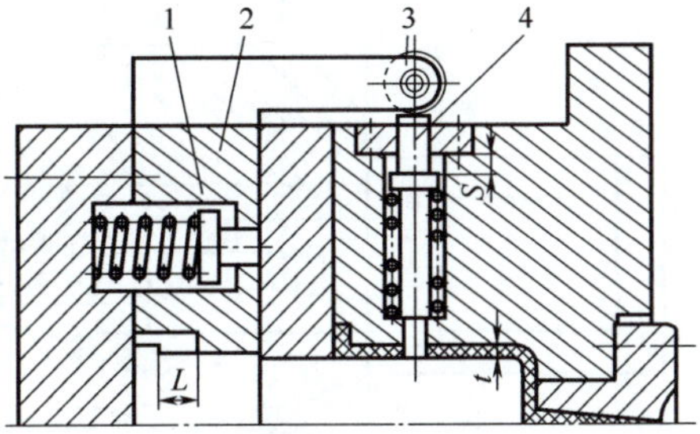

图 5-21　弹簧侧向抽芯机构之二

1—顶销　2—动模板　3—滚轮　4—侧芯

侧芯在弹簧力作用下进行抽拔，最终位置由挡板限位。在此过程中，由于塑件对主型芯的包紧力，使主型芯可相对动模板前移 L 距离。继续开模，动模板带动主型芯后退使塑件从定模中拉出，然后由推件板将塑件脱下。

图 5-22 是内、外侧同时抽芯的结构。开模时，斜楔 2 和滑块 4、 3 依次脱开，滑块 4 在弹簧力作用下沿动模板上的导滑槽向内侧移动进行抽芯，滑块 3 在弹簧力作用下沿滑块 4 上表面上的导滑槽向外侧移动进行抽芯。合模时，由斜楔 2 使两滑块复位并锁紧。

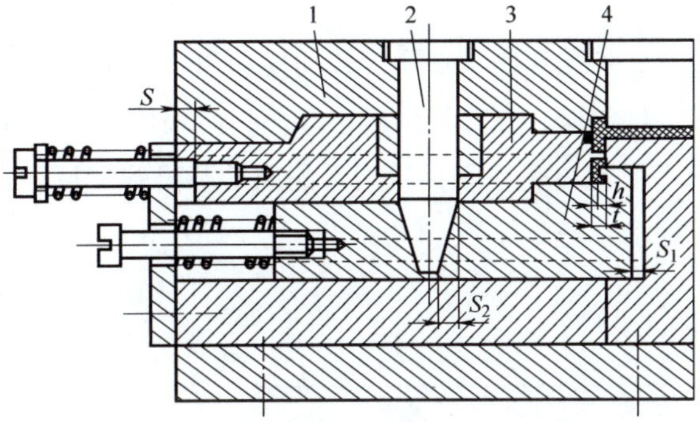

图 5-22　弹簧内、外侧抽芯机构

1—定模板　2—斜楔　3—外滑块　4—内滑块

5. 3. 3　液压侧向分型抽芯机构

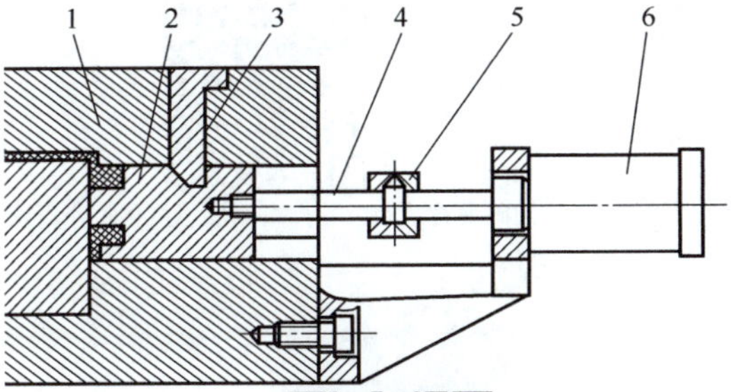

扫码观看液压侧向抽芯机构的工作原理

图 5-23　液压侧向抽芯机构

1—定模板　2—滑块　3—楔紧块
4—拉杆　5—连接器　6—液压缸

液压侧向分型抽芯机构具有抽拔力大、抽拔距大、抽拔时间灵活的特点。

图 5-23 是液压侧向抽芯机构。滑块 2 设在动模边，液压缸的活塞杆通过连接器 5、拉杆 4 和滑块相连，滑块由楔紧块 3 锁紧。开模时，动定模分开，滑块 2 和楔紧块 3 脱开，然后由液压缸通过连接器、拉杆带动滑块进行抽拔。合模时，先使滑块复位，后动定模闭合，由楔紧块对滑块进行锁紧。

图 5-24 是多型芯液压侧向抽芯机构。侧芯 6 和侧芯 7 通过固定板 5 和滑块 4、螺杆 3、液压缸活塞杆连接在一起。开模前，先进

行抽拔，闭模后，再使侧芯复位，由于成型时，侧芯基本不受侧压力作用，所以没有设锁紧装置。

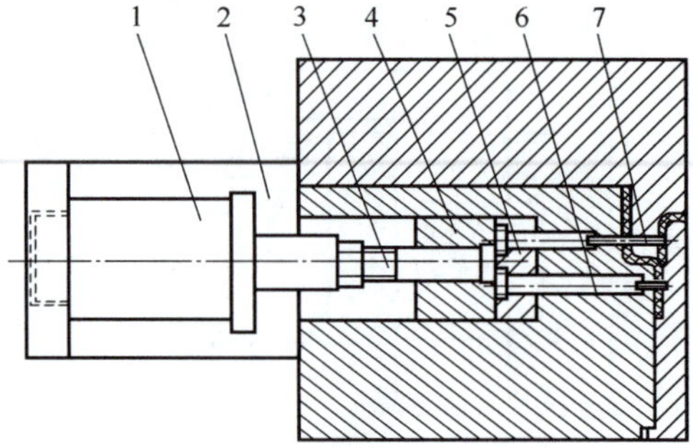

图 5-24　多型芯液压侧向抽芯机构

1—液压缸　2—支架　3—螺杆

4—滑块　5—固定板　6、7—型芯

5.3.4　手动侧向分型抽芯机构

手动侧向分型抽芯机构结构简单、模具制造成本低，但操作麻烦、生产效率低，在试制和小批量生产时，较常采用。手动侧向分型抽芯机构可分为模内手动和模外手动两类形式。

图 5-25 是手动螺杆侧向抽芯机构。开模后，滑块 2 和楔紧块 3 脱开，转动螺杆 4，从而带动滑块 2、侧芯 1 完成抽拔。合模前，转动螺杆，使滑块、侧芯复位后再合模，滑块由楔紧块 3 锁紧。

图 5-26 是手动齿轮齿条侧向抽芯机构。扳动手柄 1 使齿轮轴 2 转动从而带动齿条 3 进行往复运动，完成侧芯 4 的抽出和复位动作。

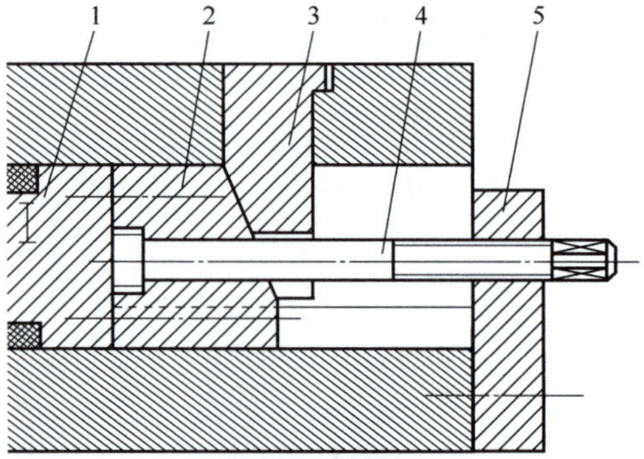

?扫码观看手动侧抽芯机构工作原理

图 5-25　手动螺杆侧向抽芯机构

1—侧芯　2—滑块　3—楔紧块　4—螺杆　5—支架

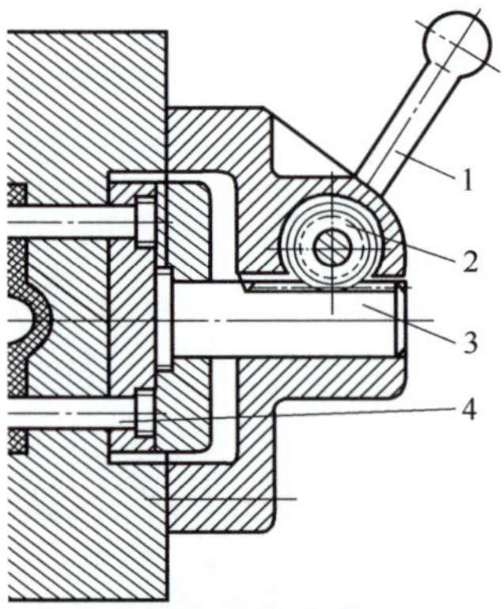

扫码观看手动齿轮齿条侧抽芯机构工作原理

图 5-26　手动齿轮齿条侧向抽芯机构

1—手柄　2—齿轮轴　3—齿条　4—侧芯

图 5-27 是模外手动侧向分型机构。在推杆 1 端部开孔，孔中装有两块活动镶块 2，螺纹型芯 3 装于定模边。开模时，动定模分开，塑件、螺纹型芯留在动模一边，然后由推杆 1 将塑件从动模板中顶出，再由手工将塑件连同活动镶块 2、螺纹型芯 3 一同从推杆上取下，在模外将活动镶块和螺纹型芯从塑件上卸下。合模前，将螺纹型芯、活动镶块分别装入模内。

图 5-28 是侧向取件式脱模机构。将活动镶块 4 和推杆 1 固定在一起。顶出时，由推杆 2 和推杆 1 通过活动镶块 4 一同将塑件从型芯 3 上脱下，然后由手工将塑件沿侧凹方向移动一下即

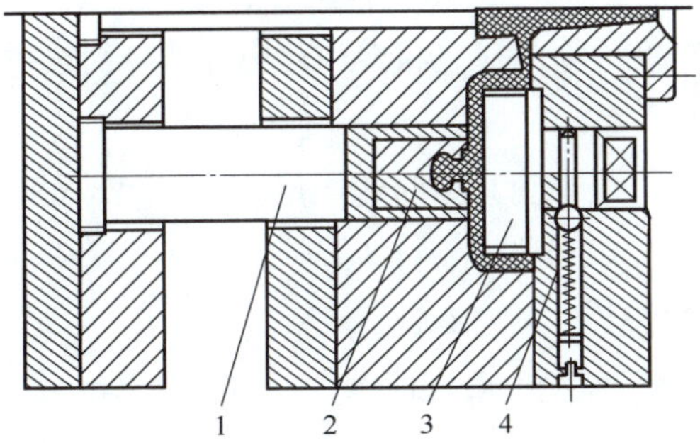

图 5-27　模外手动侧向分型机构

1—推杆　2—活动镶块　3—螺纹型芯　4—滚珠

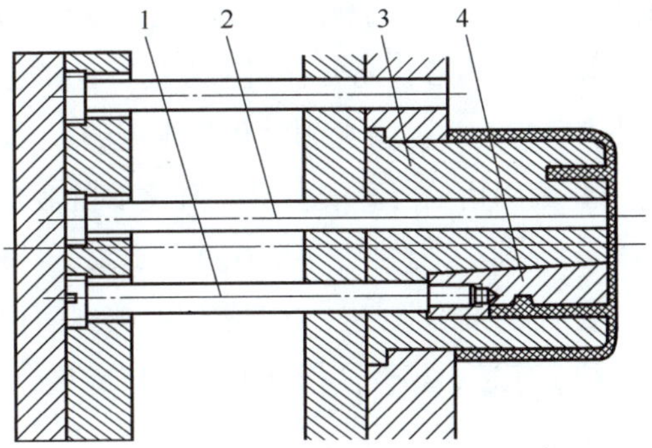

图 5-28　侧向取件式脱模机构

1、2—推杆　3—型芯　4—镶块

可取出。合模时，在复位杆作用下，推杆 1 带动活动镶块 4 自动复位。

5.4　项目分析

5.4.1　三通管件的结构特点分析

塑料三通管件是一种改变流体方向的塑料制品，在生产和生活中应用非常普遍，属于典型的塑料制品。制品图及结构尺寸图见图 5-29 及图 5-30 所示。

图 5-29　塑件图

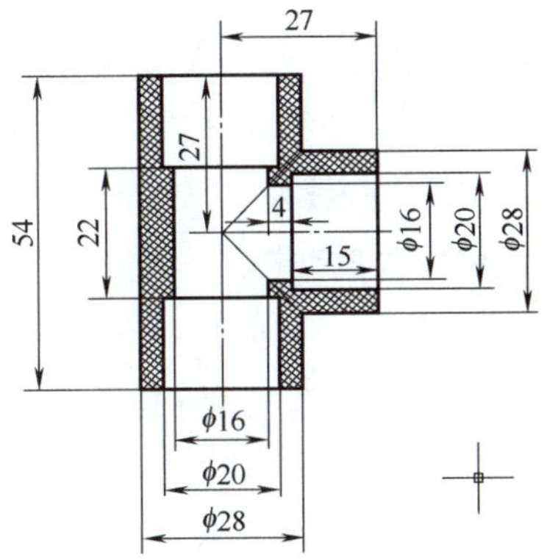

图 5-30　制品结构尺寸图

从塑件图可以看出，该塑件为三通管，且整体形状为凸字形，各尺寸及形状皆如图 5-30 所示。因此在设计模具时必须考虑其至少有一个或两个以上的侧抽芯机构。

在塑料模具设计中塑件形状的成型准则是：

① 各部分都能够顺利而简单地从模具中取出，应尽量避免侧壁凹槽或与塑件脱模方向垂直的孔，这样可以避免采用瓣合分型或侧抽芯等复杂的模具结构使分型面上留下飞边。

② 对于较浅的内外侧凹槽或凸台并带有圆角的塑件，可以利用塑件在脱模温度下具有足

够弹性的特性和凸凹深度尺寸不大的特点，以强行脱模而不必采用组合型芯的方法。

③ 塑件的形状还要有利于提高塑件的强度和刚度，为此薄壳状塑件可设计成球面或拱形曲面，可以有效的增加刚度和减少变形。

④ 紧固用的凸耳或台阶应有足够的强度和刚度，以承受紧固时的作用力，为此，应避免台阶突然变化和尺寸过小而应逐步过渡。

⑤ 塑件的形状还应考虑成型时分型面位置，脱模后不易变形等。

综上所述，塑件的形状必须便于成型，以简化模具结构，降低成本，提高生产率和保证塑件的质量。

分型面的选择很重要，它对塑件的质量，操作难易，模具结构及制造影响很大，它对塑件的质量、操作难易、模具结构及制造影响很大。分型面要求设计在塑件的最大截面积处，而且不宜设在曲面或圆弧面上。同时，在设计上也应该充分考虑该塑件的塑性。

对于该塑件来说，分型面的选择有以下三种方案如图 5-31 所示。

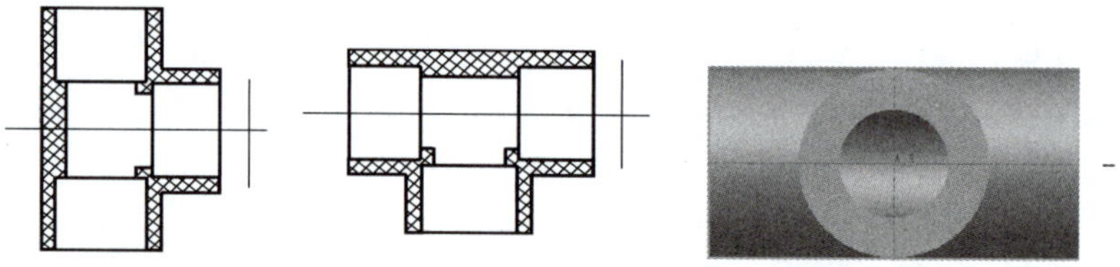

(a) (b) (c)

图 5-31 分型面的三种选择方案

（a）方案一 （b）方案二 （c）方案三

根据塑件的设计要求考虑，该塑件是一外形为凸字形的三通，型腔要求对称分布，为了避免飞边，为了利于简化模具结构，以及当塑件在相互垂直方向都需要设置型芯时，应将较短型芯置于侧抽芯方向，以利于减小抽拔距。第三种方案有 3 个侧抽芯，模具复杂。故选择第一种方案。本塑件在注射时采用一模一件，但因该塑件结构形状，需在动定模分别开有对称的型腔，故模具需要动定两个型腔。

5. 4. 2 材料特点分析

该塑件的原材料为聚氯乙烯（PVC），是世界上产量最大的塑料品种之一，其价格便宜，应用广泛。由于聚氯乙烯的化学稳定性高，所以可用于制作防腐管道、管件、输油管、离心泵和鼓风机等。聚氯乙烯硬板广泛用于化学工业上制作各种贮槽的衬里、建筑物的瓦楞板、门窗结构、墙壁装饰物等建筑用材。由于电气绝缘性能优良，聚氯乙烯在电子电气工业中，用于制造插座、插头、开关和电缆。在日常生活中，聚氯乙烯用与制造凉鞋、雨衣、玩具和人造革等。

聚氯乙烯树脂为白色或浅黄色粉末，是线型结构，非结晶型的高聚物，其可溶性和可熔性较差，加热后塑性也很差，故纯聚氯乙烯不能直接用作塑料，一般都应加入添加剂。在聚氯乙烯树脂中加入少量的增塑剂，可制成硬质聚氯乙烯，而软质聚氯乙烯树脂中则含有较多的增塑剂，其塑性、流动性比硬质聚氯乙烯好。硬聚氯乙烯有较好的抗拉、抗弯、抗压和抗冲击性能，可单独用做结构材料。软聚氯乙烯的柔软性、断裂伸长率、耐寒性会增加，但脆性、硬度、拉伸强度会降低。聚氯乙烯有较好的电气绝缘性能，可以用作低频绝缘材料。

聚氯乙烯成型性能较差，又是热敏性塑料，在成型温度下容易分解放出氯化氢。因此在成型时，必须加入稳定剂和润滑剂并严格控制温度及溶体的滞留时间。应采用带预塑化装置的螺杆式注射成型。模具浇注系统也应粗短，进料口截面宜大，模具应有冷却装置，注塑成型工艺参考参数如下：

干燥处理：通常不需要干燥处理

熔化温度： 185~205℃

模具温度： 20~50℃

注射压力：可大到 1500bar

保压压力：可大到 1000bar

注射速度：为避免材料降解，一般要用较低的注射速度。

5.4.3 模具特点分析

5.4.3.1 凹模的结构特点

凹模也可称为型腔或凹模型腔，它们是用来成型制品外形轮廓的模具零件，其结构与制品的形状、尺寸、使用要求、生产批量以及模具的加工方法等有关。常用的结构形式有整体式、嵌入式、镶拼组合式和瓣合式四种类型。综合考虑多方面因素，本套模具定模部分型腔为嵌入式凹模型腔。具体如图 5-32 所示。

因塑件的形状特殊，动定模的型腔是完全对称分布。所以，动模型腔也为嵌入式凹模型腔。具体如图 5-33 所示：

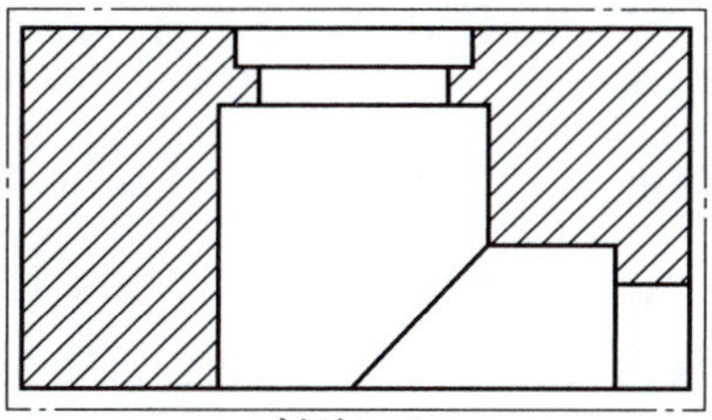

图 5-32 动模型腔

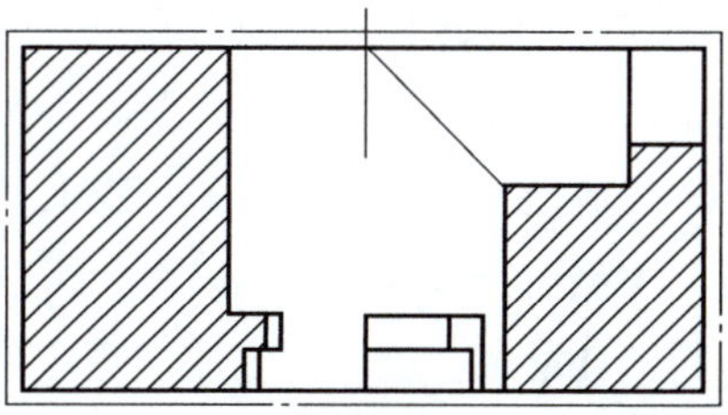

图 5-33 定模型腔

5.4.3.2 型芯的结构特点

凸模和型芯都是用来成型塑制品内形的零件，两者没有严格的区别。一般来讲，可以认为凸模是成型制品整体内形的模具零部件，而型芯则多指成型制品上某些局部特殊内形或局部孔、槽等所用的模具零部件，所以有时也可以把型芯叫做成型杆。凸模和型芯的结构应该根据制品的形状、使用要求、生产批量以及模具的加工方法等因素来确定，凸模和型芯的结构形式也可分为整体式、嵌入式、镶拼组合式及活动式等不同类型。

嵌入式型芯主要用于圆形、方形等形状比较简单的型芯。最早采用的嵌入形式是型芯带有凸肩，型芯嵌入固定板的同时，凸肩部分沉入固定板的沉孔部分，再垫上垫板与固定板连接；另一种嵌入方法是在固定板上加工出盲沉孔，型芯嵌入盲孔后用螺钉直接与固定板连接。

综上所述，考虑多方面因素，本套模具的型芯采用嵌入式型芯。具体结构如图 5-34 所示：

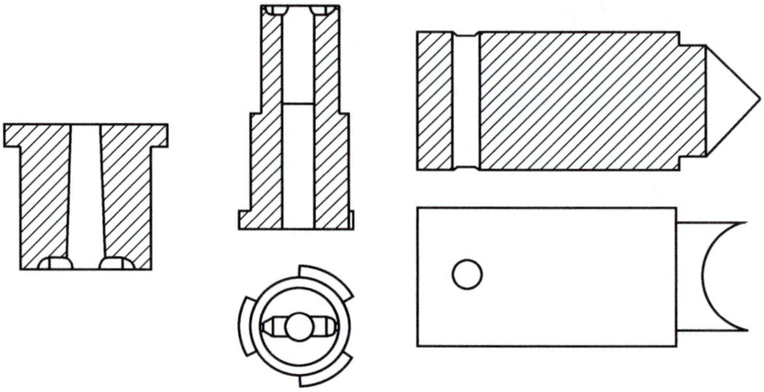

(a) (b) (c)

图 5-34 型芯的结构

（a）定模型芯 （b）动模型芯 （c）侧型芯

5.4.3.3 浇注系统的结构特点

所谓浇注系统是指从主流道的始端到型腔之间的熔体流动的通道，其作用是使塑料熔体平稳而有序地充填到型腔中，以获得组织致密、外形轮廓清晰的塑件。浇注系统由主流道、分流道、浇口等组成。浇注系统设计的优劣，直接影响到塑件的外观、物理性能、尺寸精度和成型周期等。

（1）主流道 按主流道的轴线与分型面的关系，浇注系统有直浇注系统和横浇注系统两种形式。在卧式和立式注射机中，主流道轴线垂直于分型面，属于直浇注系统；在直角式注射机中，主流道轴线平行于分型面，属于横浇注系统。

主流道一般位于模具中心线上，它与注射机喷嘴的轴线重合，以利于浇注系统的对称布置。主流道一般设计得比较粗大，以利于熔体顺利地向分流道流动，但不能太大，否则会造成塑料消耗增多。反之，主流道也不宜过小，否则熔体流动阻力增大，压力损失大，对充模不利。因此，主流道尺寸必须恰当。通常对于黏度大的塑料或尺寸较大的塑件，主流道截面尺寸应设计得大一些；对于黏度小的塑件或尺寸较小的塑件，主流道截面尺寸设计得小一些。

主流道横截面形状通常采用圆形截面。

（2）分流道 分流道是主流道与浇口的料流通道，是塑料熔体由主流道流入模腔的过渡段，负责将熔体的流向进行平稳的转换，在多腔模中还起着将熔体向各个模腔分配的作用。

综合考虑，虽然圆形和矩形流道的效率最高，但由于圆形截面分流道因其以分型面为界分成两半进行加工才利于凝料脱出，加工工艺性不佳，且模具闭合后难以精确保证两半圆对准，故生产实际中不常使用；矩形截面的分流道不易于凝料的推出，生产中也比较少用。型腔布置则采用平衡式分流道。

（3）浇口　浇口亦称进料口，俗称为水口，是连接分流道与型腔的最短通道，它是浇注系统的关键部分。浇口的形状，位置和尺寸对塑件的质量影响很大。

本三通模具浇口示意图如图 5-35 所示。

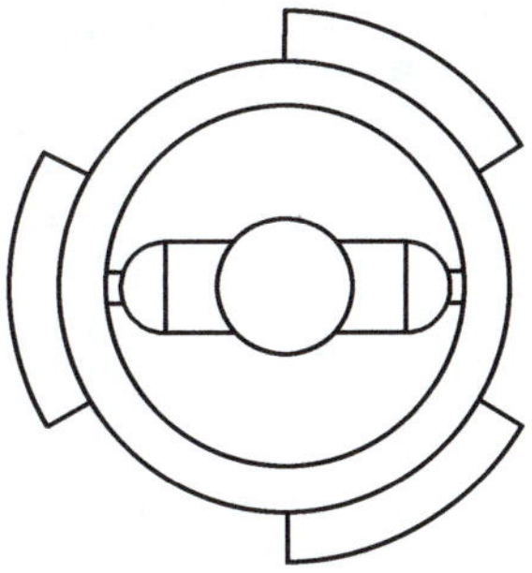

图 5-35　三通模具浇口示意图

（4）排气系统　模具型腔在塑料熔体充填过程中，除了型腔内原有的空气外，还有塑料受热或固化而产生的低分子挥发性气体，尤其是在高速注射成型时，考虑排气是很必要的。本模具利用模具分型面和模具零件间的配合间隙自然地排气，可不分设排气槽。

5.4.3.4　脱模机构特点

在注射成型的每一个循环中，都必须使塑件从模具型腔中或型芯上脱出，模具中这种脱出型件的机构称为脱模机构（或称推出机构）。脱模机构的作用包刮推出，取出两个动作，即首先将塑件和浇注系统凝料等与模具松动分离，称为脱出，然后把其脱出的物体从模具内取出。

脱模机构的设计原则：

① 塑料滞留于动模边。以便借助于开模力驱动脱模装置，完成脱模动作，致使模具结构简单。

② 防止塑件变形或损坏。正确分析塑件对模腔的粘附力的大小及其所在部位，与针对性的选择合适的脱模装置，是推出重心与脱模阻力中心重合。

③ 力求良好的塑件外观。在选择顶出位置时，应尽量设在塑件内部或对塑件外观影响不大的部位。在采用推杆脱模时，尤其要注意这个问题。

④ 结构合理可靠。脱模机构应工作可靠，运动灵活，制造方便，更换容易，且具有足够的强度和刚度。

对于薄壁圆筒形塑件或局部为圆筒形的塑件，可用推管脱模机构。推管推出塑件的运动方式与推杆推出塑件基本相同，只是推管的中间有一个固定型芯。推管的材料可为 T8、 T10 等，淬火 53~57HRC；对于一般要求不高的模具，可用 45 钢作成，经调质处理 235HB。

综合多方因素考虑，本模具脱模机构选用材料为 T8 的推管推出机构，如图 5-36 所示。

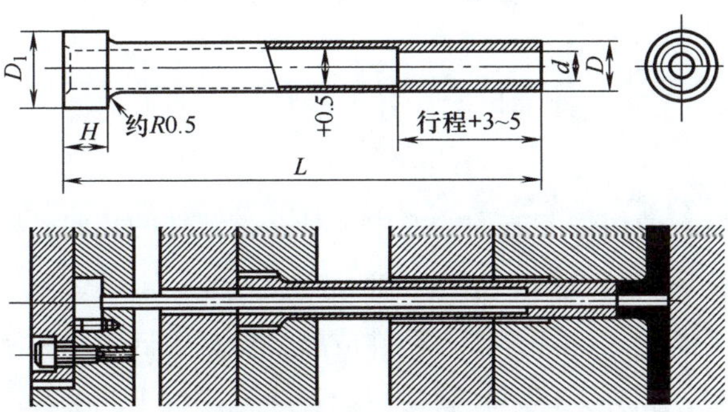

图 5-36　推管结构图

5.4.3.5　侧抽芯机构的特点

本模采用斜导柱抽芯机构，而日斜导柱设在定模，滑块设在动模。斜导柱是分型抽芯机构的关键零件，其作用是：在开模时将侧抽芯拔出来，而在合模过程中将侧型芯与滑块顺利复位到成型位置，其结构示意图如图 5-37 所示。

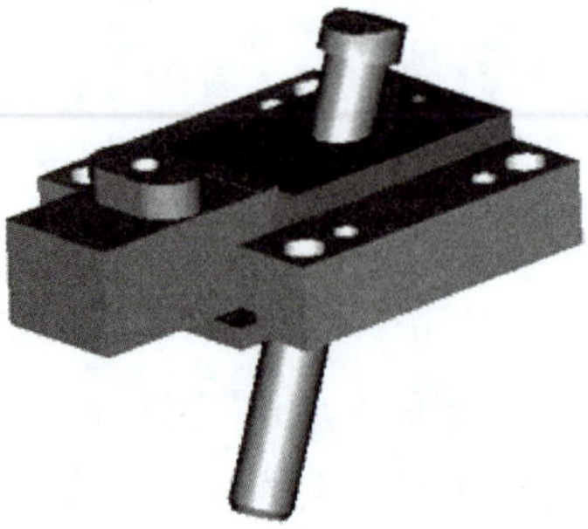

图 5-37 侧抽芯结构示意图

5.5 项目实施——三通管件模具的设计与产品的成型

5.5.1 接受任务书

成型塑料制件的任务书通常由制件设计者提出，其内容如下。

① 经过审签的正规制件图纸，其中注明采用塑料的牌号、透明度等。

② 塑料制件说明书或技术要求。

③ 生产产量。

④ 塑料制件样品或样品图。

通常模具设计任务书由塑料制件工艺员根据成型塑料制件的任务书提出，模具设计人员以成型塑料制件任务书、模具设计任务书为依据来设计模具。

5.5.2 收集、分析、消化原始资料

收集整理有关制件设计、成型工艺、成型设备、机械加工及特殊加工资料，以备设计模具时使用。

（1）阅读并分析塑料制件图　其中包括了解制件的用途，分析塑料制件的工艺性、尺寸精度等技术要求等。

例如塑料制件在外表形状、颜色透明度、使用性能方面的要求是什么，塑件的几何结构、斜度、嵌件等情况是否合理，熔接痕、缩孔等成型缺陷的允许程度，有无涂装、电镀、胶接、钻孔等后加工。选择塑料制件尺寸精度最高的尺寸进行分析，估计成型公差是否低于塑料制件的公差，能否成型出合乎要求的塑料制件来。此外，还要了解塑料的塑化及成型工艺参数。

（2）阅读并分析工艺资料　其中包括分析工艺任务书所提出的成型方法、设备型号、材

料规格、模具结构类型等要求是否恰当，能否落实。

成型材料应当满足塑料制件的强度要求，具有好的流动性、均匀性和各向同性、热稳定性。根据塑料制件的用途，成型材料应满足染色、镀金属的条件、装饰性能、必要的弹性和塑性、透明性或者相反的反射性能、胶接性或者焊接性等要求。

（3）选择成型设备　模具设计中要根据成型设备的技术参数来进行模具的设计，所以必须熟知注射成型设备的性能、规格、特点。对于注射机来说，在规格方面应当了解以下内容：注射容量、锁模压力、注射压力、模具安装尺寸、顶出装置及尺寸、喷嘴孔直径及喷嘴球面半径、浇口套定位圈尺寸、模具最大厚度和最小厚度、模板行程等，具体见相关参数。要初步估计模具外形尺寸，判断模具能否在所选的注射机上安装和使用。

（4）确定具体结构方案　选择理想的模具结构在于确定必需的成型设备、理想的型腔数，在绝对可靠的条件下能使模具本身的工作满足该塑料制件的工艺技术和生产经济的要求。对塑料制件的工艺技术要求是要保证塑料制件的几何形状、表面光洁度和尺寸精度。生产经济要求是要使塑料制件的成本低、生产效率高，模具能连续地工作、使用寿命长、节省劳动力。

5. 5. 3　影响模具结构设计的主要因素

影响模具结构设计的因素很多很复杂。归纳起来主要有以下几个方面：

① 型腔布置。根据塑件的几何结构特点、尺寸精度要求、批量大小、模具制造难易、模具成本等确定型腔数量及其排列方式。对于注射模来说，塑料制件精度为 3 级和 3a 级，重量为 5 克，采用硬化浇注系统，型腔数取 4~6 个；塑料制件为一般精度（4~5 级），成型材料为局部结晶材料，型腔数可取 16~20 个；塑料制件重量为 12~16 克，型腔数取 8~12 个；而质量为 50~100g 的塑料制件，型腔数取 4~8 个。对于无定型的塑料制件建议型腔数为 24~48 个，16 ~32 个和 6~10 个。当再继续增加塑料制件重量时，就很少采用多腔模具。 7~9 级精度的塑料制件，其型腔的最大数量比一般的 4~5 级精度的塑料件增加 50%。

② 确定分型面。分型面的位置要有利于模具加工、排气、脱模及成型操作以及塑料制件的表面质量等。

③ 确定浇注系统（主流道、分流道及浇口的形状、位置、大小）和排气系统（排气的方法，排气槽位置、大小）。

④ 选择顶出方式（顶杆、顶管、推板、组合式顶出），决定侧凹处理方法、抽芯方式。

⑤ 决定冷却、加热方式及加热冷却沟槽的形状、位置、加热元件的安装部位。

⑥ 根据模具材料、强度计算或者经验数据，确定模具零件厚度及外形尺寸、外形结构及所有连接、定位、导向件位置。

⑦ 确定主要成型零件、结构件的结构形式。

⑧ 考虑模具各部分的强度，计算成型零件工作尺寸。

以上这些问题如果解决了，模具的结构形式自然就解决了。这时，就应该着手绘制模具结构草图，为正式绘图作好准备。

5.5.4 绘制模具图

要求按照国家制图标准绘制，但也要结合具体企业标准和国家未规定的企业习惯画法。

在画模具总装图之前，应绘制工序图，并要符合制件图和工艺资料的要求。由下道工序保证的尺寸，应在图上标写注明“工艺尺寸”字样。如果成型后除了修理毛刺之外，再不进行其他机械加工，那么工序图就与制件图完全相同。

在工序图下面最好标出制件编号、名称、材料、材料收缩率、绘图比例等。通常就把工序图画在模具总装图上。

5.5.4.1 绘制模具总装图

模具总装图应包括以下内容：

① 模具成型部分结构。

② 浇注系统、排气系统的结构形式。

③ 分型面及分模取件方式。

④ 外形结构及所有连接件、定位导向件的位置。

⑤ 标注型腔高度尺寸（不强求，根据需要）及模具总体尺寸。

⑥ 辅助工具（取件卸模工具，校正工具等）。

⑦ 按顺序将全部零件序号编出，并且填写明细表。

⑧ 标注技术要求和使用说明。其中技术要求的内容有。

a. 对于模具某些系统的性能要求。例如对顶出系统、滑块抽芯结构的装配要求。

b. 对模具装配工艺的要求。例如模具装配后分型面的贴合面的贴合间隙要求（应不大于0.05mm）、模具上下面的平行度要求，并指出由装配决定的尺寸和对该尺寸的要求。

c. 模具使用，装拆方法。

d. 防氧化处理、模具编号、刻字、标记、油封、保管等要求。

e. 有关试模及检验方面的要求。

5.5.4.2 绘制全部零件图

由模具总装图拆画零件图的顺序应为：先内后外，先复杂后简单，先成型零件，后结构零件。

① 图形要求：一定要按比例画，允许放大或缩小。视图选择合理，投影正确，布置得当。为了使加工过程中易看懂、便于装配，图形尽可能与总装图一致，图形要清晰。

② 标注尺寸要求统一、集中、有序、完整。标注尺寸的顺序为：先标主要零件尺寸和脱模斜度，再标注配合尺寸，然后标注全部尺寸。在非主要零件图上先标注配合尺寸，后标注全部尺寸。

③ 表面粗糙度。把应用最多的一种粗糙度标于图纸右上角，如标注“其余3.2”。其他粗糙度符号在零件各表面分别标出。

④ 其他内容，例如零件名称、模具图号、材料牌号、热处理和硬度要求、表面处理、图形比例、自由尺寸的加工精度、技术说明等都要正确填写。

5.5.5　校对、审图、描图、送晒及制造

5.5.5.1　自我校对

自我校对的内容是：

（1）模具及其零件与塑件图纸的关系方面　模具及模具零件的材质、硬度、尺寸精度、结构等是否符合塑件图纸的要求。

（2）塑料制件方面　塑料料流的流动、缩孔、熔接痕、裂口以及脱模斜度等是否影响塑料制件的使用性能、尺寸精度、表面质量等方面的要求。图案设计有无不足，加工是否简单，成型材料的收缩率选用是否正确。

（3）成型设备方面　注射量、注射压力、锁模力够不够，模具的安装、塑料制件的抽芯、脱模有无问题，注射机的喷嘴与浇口套是否正确地接触。

（4）模具结构方面

① 分型面位置及加工精度是否满足需要，会不会发生溢料，开模后是否能保证塑料制件留在有顶出装置的模具一边。

② 脱模方式是否正确，推杆或推管的大小、位置、数量是否合适，推板会不会被型芯卡住，会不会擦伤成型零件。

③ 模具温度调节方面。加热器的功率、数量；冷却介质流动线路的位置、大小、数量是否合适。

④ 处理塑料制件侧凹的方法，脱侧凹的机构是否恰当。例如斜导柱抽芯机构中的滑块与推杆是否相互干扰。

⑤ 浇注、排气系统的位置、大小是否恰当。

（5）设计图纸方面

① 装配图上各模具零件安置部位是否恰当，表示得是否清楚，有无遗漏。

② 零件图上的零件编号、名称、制作数量，零件内制还是外购的，是标准件还是非标准件，零件配合处的精度、成型塑料制件高精度尺寸处的修正加工及余量，模具零件的材料、热处理、表面处理、表面精加工程度是否标记、叙述清楚。

③ 主要零件、成型零件工作尺寸及配合尺寸。尺寸数字应正确无误，不要使生产者换算。

④ 检查全部零件图及总装图的视图位置、投影是否正确，画法是否符合制图国标，有无遗漏尺寸。

（6）校核加工性能　校核所有零件的几何结构、视图画法、尺寸标注等是否有利于加工。

5.5.5.2　专业校对

原则上按设计者自我校对项目进行；但是要侧重于结构原理、工艺性能及操作安全方面。描图时要先消化图形，按国标要求描绘，填写全部尺寸及技术要求。描后自校并且签字。

5.5.5.3　把描好的底图交设计者校对签字

习惯做法是由模具制造单位有关技术人员审查、会签、检查制造工艺性，然后才可送晒。

5.5.5.4 模具的加工制造

由模具制造单位技术人员编写模具制造工艺卡片，并且为模具的加工制造做好准备。

在模具零件的制造过程中要加强检验，把检验的重点放在尺寸精度上。模具组装完成后，由检验员根据模具检验表进行检验，主要的是检验模具零件的性能是否良好，只有这样才有利于模具制造质量的提高。

5.5.6 试模、修模及成型三通管件

虽然是在选定成型材料、成型设备以后，在预想的工艺条件下进行模具设计，但是人们的认识往往是不完善的，因此必须在模具加工完成以后，进行试模试验，看成型的制件质量如何。发现问题以后，进行排除错误性的修模。

塑件出现不良现象的种类较多，原因也很复杂，有模具方面的原因，也有工艺条件方面的原因，二者往往交织在一起。在修模前，应当根据塑件出现不良现象的实际情况，进行细致的分析研究，找出造成塑件缺陷的原因后提出补救方法。因为成型条件容易改变，所以一般的做法是先变更成型条件，当变更成型条件不能解决问题时，才考虑修理模具。

修理模具更应慎重，没有十分把握不可轻举妄动。其原因是一旦变更了模具条件，就不能再作大的改造和恢复原状。

本内容将在下一项目中详细解释。

修模完成后安装模具、调模、设置工艺参数，成型 PVC 三通管件。

5.5.7 整理资料进行归档

模具经试验后，若暂不使用，则应该完全擦除渣滓、灰尘、油污等，涂上黄油或其他防锈油或防锈剂，送到保管场所保管。

把设计模具开始到模具加工成功、检验合格为止，在此期间所产生的技术资料，例如任务书、制件图、技术说明书、模具总装图、模具零件图、底图、模具设计说明书、检验记录表、试模修模记录等，按规定加以系统整理、装订、编号进行归档。这样做似乎很麻烦，但是对以后修理模具，设计新的模具都是很有用处的。

项目具体实施可参见附录《旋钮模具的设计》。

5.6 项目评价与总结提高

5.6.1 项目评价

注射成型三通管件的评价表参见表 2-7。

5. 6. 2　项目总结

本项目主要是实际观察塑料三通模具及三通制品，从而设计三通管件模具并生产产品。通过设计三通模具，掌握模具设计的步骤及要领。具体如下：

① 能针对指定产品选择原材料。

② 知道成型零部件的结构、作用和设计要领。

③ 能针对所用三通管件产品模具和原料选择适当的注射机。

④ 掌握塑料模具的设计步骤和要领，并设计出结构正确的三通管件模具。

⑤ 能制定合理的注射成型工艺卡。

⑥ 能较为熟练地操作注射机完成三通管产品的生产，能分析产品缺陷、产生原因并进行纠正。

在项目实施完成过程中，培养了学习者的沟通能力及团队精神、良好的职业操守及安全及环保意识。

5. 6. 3　相关资讯——其他类型模具

除了上述塑料成型模具以外，根据实际的生产需要还有一些其他类型的模具，如热流道模具及热固性塑料模具等。

5. 6. 3. 1　热流道注射模

（1）热流道浇注系统 热流道浇注系统亦称无流道浇注系统。

热流道浇注系统与普通浇注系统的区别在于：在整个生产过程中，浇注系统内的塑料始终处于熔融状态，压力损失小，可以对多点浇口、多型腔模具及大型塑件实现低压注射；另外，这种浇注系统没有浇注系统凝料，可实现无废料加工，省去了去除浇口的工序，可节约人力、物力。

采用热流道浇注系统成型塑件时，要求塑件的原材料性能有较强的适应性，其中包括如下几个方面：

① 热稳定性好。塑料的熔融温度范围宽，黏度变化小，对温度变化不敏感，在较低的温度下具有较好的流动性，同时在较高温度下也不易热分解。

② 对压力敏感。不施加注射压力时塑料不流动，但施加较低的注射压力时，塑料就开始流动。

③ 固化温度和热变形温度较高。塑件在比较高的温度下即可固化，缩短成型周期。

④ 比热容小。既能快速冷凝，又能快速熔融。

⑤ 导热性能好。能把树脂所带来的热量快速传递给模具，加速固化。

从原理上讲，只要模具设计与塑件性能相结合，几乎所有的热塑性塑料都可采用热流道注射成型，但目前在热流道注射成型中应用最多的是聚乙烯、聚丙烯、聚苯乙烯、聚丙烯酸酯、

PET、 ABS 等。

热流道可以分为绝热流道和加热流道，介于两者之间的称为半绝热流道。

（2）热流道喷嘴 热流道喷嘴是连接高温热流道板和冷却固化塑件型腔的节流通道。为保持喷嘴内塑料的熔融状态，喷嘴可采用外部或内部加热。同时还要采取有效的绝热措施，防止热量外流。要避实喷嘴内温度过低产生冷料堵塞喷嘴，也要防止塑料过热而流涎、拉丝，甚至热分解。在喷嘴福计时，要考虑温差产生的热膨胀，特别是大型模具，要保证喷嘴口与喷嘴套以及定模型腔上接口处的对准。

① 直接接触式喷嘴。如图 5-38 所示，该喷嘴采用外加热，内部通道粗大。

② 绝热式喷嘴。如图 5-39 所示，该喷嘴采用塑料隔热层与模具型腔板绝热，常用导热性好的铍铜合金制造。

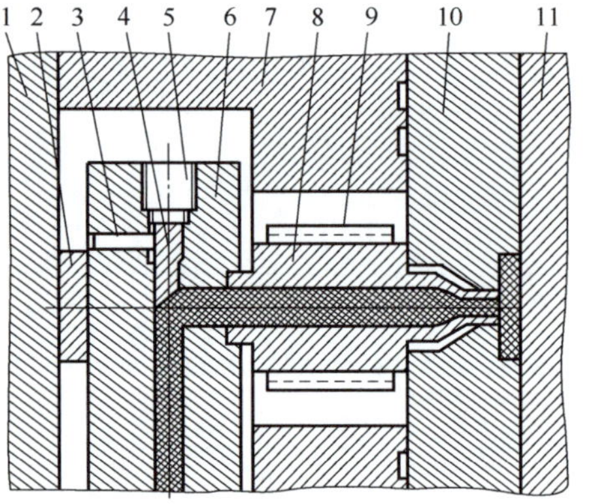

图 5-38 直接接触式喷嘴

1—定模座板 2—垫块 3—止转销 4—堵头 5—螺塞 6—热流道板 7—侧支板 8—直接接触式喷嘴 9—加热圈 10—定模板 11—动模板

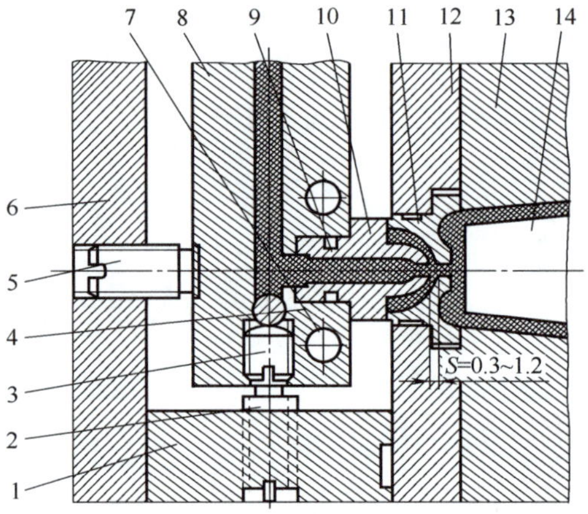

图 5-39 绝热式喷嘴

1—侧支板 2—定距螺钉 3—螺塞 4—密封钢球 5—支承螺钉 6—定模座板 7—加热器孔 8—热流道板 9—弹簧圈 10—喷嘴 11—喷嘴套 12—定模板 13—定模型腔板 14—型芯

③ 内热式喷嘴。内热式喷嘴是在喷嘴的内部设置加热棒，对喷嘴内的塑料进行加热。加热棒安装于分流梭中央，其加热功率可由电压调节。分流梭四周的熔体通道间隙一般为 3~5mm。间隙过小，使流动阻力大，散热快；间隙过大，则熔体径向温差大，并且结构尺寸也大。

④ 阀式热流道喷嘴。用一根可控制启闭的阀芯置于喷嘴中，使浇口成为阀门，在注射保压时打开，在冷却阶段关闭。这种喷嘴可防止熔体拉丝和流涎，特别适用于低黏度塑料。阀式热流道喷嘴按阀启闭的驱动方式分为两类，一类是靠熔体压力驱动，另一类是靠油缸液压力驱动。

⑤ 热管式热流道。热管是一种超级导热元件，它是综合液体蒸发与冷凝原理和毛细管现象设计的。通常直径 2~8mm，长 40~200mm，其导热能力是同样直径铜棒的几百倍至上千

倍。它是铜管制成的密封件，在真空状态下加入传热介质，热端蒸发段的传热介质在较高温度下沸腾、蒸发，经绝热段向冷凝段流动，放出热量后又凝结成液态。管中细金属丝结构的芯套起着毛细管的抽吸作用，将传热介质送回蒸发阶段重新循环，这一过程将继续进行直到热管两端温度平衡为止。

（3）热流道注射模结构　热流道注射模是注射模的发展趋向。热流道注射模与普通注射模相比有许多优点，热流道注射模节省原料，生产效率高，应用较广泛。热流道注射模可以分为绝热流道注射模和加热流道注射模。

① 结构组成。热流道注射模结构包括下列各种零件：

a. 成型零部件；

b. 浇注系统：隔热板、电加热圈、热流道板、浇口套、喷嘴、密封圈；

c. 导向部分：导柱、推件板和定模板上的导向孔；

d. 推出装置：推件板；

e. 结构零部件。

② 绝热流道注射模。绝热流道注射模的流道截面相当粗大。这样，就可以利用塑料比金属导热性差的特性，让靠近流道内壁的塑料冷凝成一个完全或半熔化的固化层，起到绝热作用，而流道中心部位的塑料在连续注射时仍然保持熔融状态，熔融的塑料通过流道的中心部分顺利充填型腔。由于不对流道进行辅助加热，其中的融料容易固化，要求注射成型周期短。

a. 井坑式喷嘴。井坑式喷嘴热流道是一种结构最简单的适用于单型腔的绝热流道。井坑式喷嘴，它在注射机喷嘴与模具入口之间装有一个主流道杯，杯外采用空气隙绝热。在注射过程中，与井壁接触的熔体很快固化而形成一个绝热层，使位于中心部位的熔体保持良好的流动状态，在注射压力的作用下，熔体通过点浇口充填型腔。采用井坑式喷嘴注射成型时，一般注射成型周期不大于20s。

注射机的喷嘴工作时伸进主流道杯中，其长度由杯口的凹球坑半径 r 决定，二者应很好贴合。冷料井直径不能太大，要防止熔体反压使喷嘴后退产生漏料。

b. 多型腔绝热流道。多型腔绝热流道可分为直接浇口式和点浇口式两种类型。其分流道为圆截面，直径常取16~32mm，成型周期越长，直径越大。在分流道板与定模板之间设置气隙，并且减小二者的接触面积，以防止分流道板的热量传给定模板，影响塑件的冷却定型。图5-40（a）、（b）中浇口的始端进料口突起到分流道中，使部分直接浇口处于分流道的绝热皮层的保温之下，以避免浇口冻结。注射机在工作之前需要将模具从定模底板2和分流道板5之间打开，检查分流道中有无塑料凝料并加以清理。在图5-40（b）所示的结构中，直接浇口衬套周围设置了一个加热圈9，这样能更好地防止浇口冻结。有时也可适当加大分流道直径，在其中部插入棒状加热器，需要时通电加热。图5-40（c）所示为点浇口式多型腔绝热流道注射模，其结构与图5-40（a）、图5-40（b）所示的直接浇口式并无太大差异，所不同的是用点浇口代替了直接浇口，省去了直接浇口衬套。

③ 加热流道注射模。加热流道注射模可简称为热流道注射模。加热流道是指设置加热器使浇注系统内塑料保持熔融状态，以保证注射成型正常进行。由于能有效地维持流道温度恒

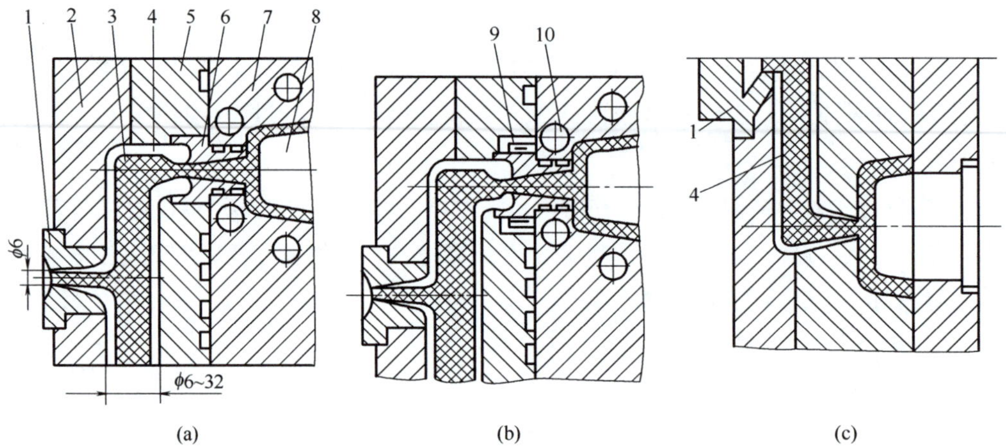

图 5-40 多型腔绝热流道

1—浇口套 2—热流道板 3—分流道 4—固化绝热层 5—分流道板 6—直接浇口衬套 7—定模板 8—型芯 9—加热圈 10—冷却水管

定，使流道中的压力能良好传递，压力损失小，可适当降低注射温度和压力，减少塑料制品内残余应力。加热流道模具对加热温度控制精度要求更高。

a. 单型腔加热流道 单型腔加热流道采用延伸式喷嘴结构，它是将普通注射机喷嘴加长后与模具上浇口部位直接接触的一种喷嘴。喷嘴自身装有加热器，型腔采用点浇口进料。喷嘴与模具间要采取有效的绝热措施，防止将喷嘴的热量传给模具。

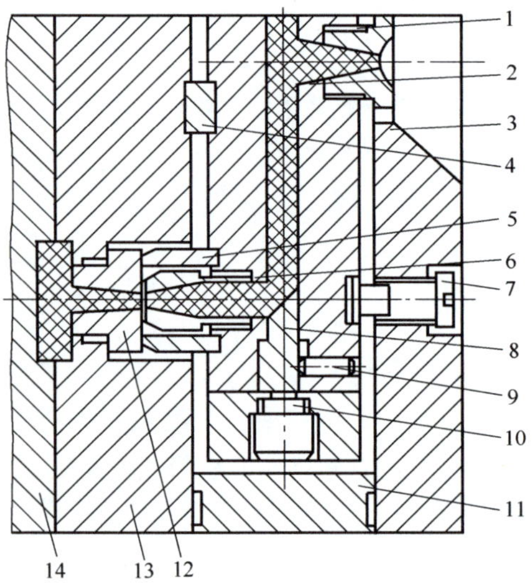

图 5-41 多型腔加热流道

1—浇口套 2—热流道板 3—定模座板 4—垫块 5—滑动压环 6—喷嘴套 7—支承螺钉 8—堵头 9—止转销 10—加热器 11—侧板 12—浇口杯 13—定模板 14—动模板

延伸式喷嘴上带有电加热圈和温度测量、控制装置。一般喷嘴温度要高于料筒温度 5~20℃。应尽量减少喷嘴与模具的接触时间和接触面积，通常注射保压后喷嘴应脱离模具。也可以采用气隙或塑料层减小接触面积。浇口一般应设计为 ϕ0. 8~1. 2mm 的点浇口。

b. 多型腔加热流道 多型腔流道系统由主流道、热流道板和喷嘴三部分组成。

（4）典型热流道注射模结构 图 5-42 为洗衣机盖板热流道注射模的总装图。洗衣机盖板要求外表面光滑美观，无浇口和推杆痕迹，因此塑件在模具中要倒置，其塑件的推出要在定模一侧，如图 5-42 所示。因此，定模一侧尺寸较大。其塑件的推出要在定模一侧，因此，定模一侧尺寸较大。如采用普通的直浇口，浇注系统凝料很多， 而且取出不方便，因此采用热流道。浇口套 8 的外侧带有多组电加热圈对浇口套进行加热，浇口套与模具模板间采用空气间隙绝热。由于浇口套过于细长，中间位置增加卡环 9，用以给浇口套定位。模具注射时，熔料经浇口套 8 进入模腔。注射结束后模具打开，当打开到一定距离后拉板 13 带动推板 12 推出制件，同时通过推件板上用螺钉连接的复位杆 3 拉动推杆固定板 5 运动，使推杆 6 推出制件。

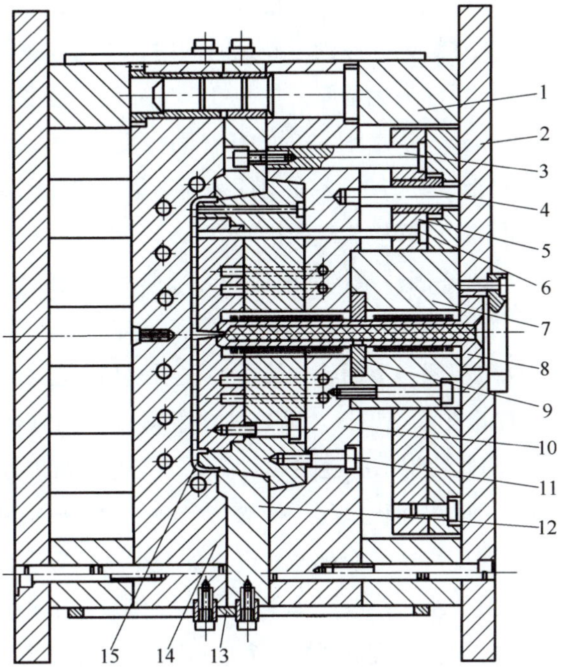

图 5-42　洗衣机盖板热流道注射模

1—支座　2—定模座板　3—复位杆　4—导柱　5—推杆固定板　6—推杆　7—支座　8—浇口套　9—卡环　10—定模板　11—定模镶件　12—推板　13—拉板　14—动模板　15—定模镶件

5.6.3.2　热固性塑料注射成型模具

热固性塑料主要采用压缩和压注的方法成型，但这两种方法工艺操作复杂、成型周期长、生产效率低、劳动强度大、模具易损坏、成型的质量不稳定。用注射方法成型热固性塑料制件可以说是对热固性塑料成型技术的一次重大改革，它具有简化操作工艺、缩短成型周期、提高生产效率（5~20 倍）、降低劳动强度、提高产品质量、模具使用寿命较长（10 万~30 万次）等优点。但这种成型工艺对物料要求较高，目前最常用的是以木粉或纤维素为填料的酚醛塑料，此外还有氨基塑料、不饱和聚酯和环氧树脂等。

（1）热固性塑料注射成型工艺要点

① 注射压力和注射速度。热固性物料在注射机料筒中应处于黏度最低的熔融状态，熔融的塑料高速流经截面很小的喷嘴和模具浇注系统时，温度从 60~90℃瞬间提高到 130℃左右，达到临界固化状态。这也是物料流动性最佳状态的转化点。因热固性塑料中填料占 40% 左右，黏度与摩擦阻力较大，注射压力也相应增大，注射压力的一半左右要消耗在克服浇注系统的摩擦阻力上，所以一般注射压力高达 100~170MPa，注射速度常采用 3~4.5m/s。

② 保压压力和保压时间。保压压力和保压时间直接影响模腔压力以及塑件的补缩和密度的大小。常用的保压压力可比注射压力稍低一些，保压时间也可比热塑性塑料注射时略减少些，通常取 5~20s。

③ 螺杆的背压与转速。注射热固性塑料时，螺杆的背压不能太大，否则物料在螺杆中会受到长距离压缩作用，导致熔体过早硬化和注射发生困难，所以背压一般都比注射热塑性塑料时取得小，约为 3.4~5.2MPa，并且在螺杆转动时其值可以接近于 0。一般螺杆的转速在 30~70r/min。

④ 成型周期。在热固性塑料注射成型周期中，最重要的是注射时间和硬化定形时，此外还有保压时间和开模取件时间等。国产的热固性注射物料的注射时间 2~10s，保压时间需 5~20s，硬化定型时间在 15~100s 内选择，成型周期共需 45~120s。热固性塑料的硬化定型时

间，不仅要考虑塑件的结构形状、复杂程度和壁厚大小，而且还要注意物料质量的好坏，特别是根据塑件最大壁厚确定硬化时间时，更应注意这个问题。一般国产注射物料充型后的硬化时间可根据塑件最大壁厚，按 8~12s/mm 硬化速度进行计算。

⑤ 排气。热固性注射物料在固化反应中，会产生缩合水或低分子气体，型腔必须要有良好的排气结构，否则会在塑件表面上留下气泡和流痕。对壁厚塑件，在注射成型操作时，有时还应采取卸压开模放气的措施。

（2）热固性塑料注射模简介　典型的热固性塑料注射模的结构与热塑性塑料注射模结构类似，包括浇注系统、型腔、型芯、导向机构、推出机构、侧抽芯机构等，其在注射机上的安装方法也相同。下面就与热塑性注射模某些要求不同的地方做简单介绍。

① 浇注系统设计。因热固性塑料成型时在料筒内没有加热至足够的温度（防止提前固化），因此希望主流道的截面积要小一些以增加摩擦力，一般主流道的锥角为 2°~4°。为了提高分流道的表面积以利于传热，一般采用圆形或梯形截面的分流道，分流道在相同截面积的情况下其深度可适当取小些。浇口的类型及位置选择原则和热塑性注射模基本相同，即点浇口的尺寸不宜太小，一般不小于 1.2mm，侧浇口的深度在 0.8~3mm 内选取，以防止熔体温度升高过大，加速化学交联反应进行，使黏度上升，充型发生困难。

② 推出机构。热固性塑料由于熔融温度比固化温度低，在一定的成型条件下物料的流动性好，可以流入细小的缝隙中而成为飞边。因此，制造时应提高模具合模精度，避免采用推件板推出机构，同时尽量少用镶拼零件。

③ 型腔位置排布。由于热固性塑料注射压力大，模具受力不平衡时会在分型面之间产生较多的溢料与飞边。因此，型腔位置排布时，在分型面上的投影面积的中心应尽量与注射机的合模力中心相重合。热固性塑料注射模型腔上下位置对各个型腔或同一型腔的不同部位温度分布影响很大，这是因为自然对流时，热空气由下向上运动影响的结果。实测表明上面部分吸收的热量与下面部分可相差两倍。因此，为了改善这种情况，多型腔布置时应尽量缩短上下型腔之间的距离。

④ 模具材料。热固性塑料注射模的成型零件（型腔与型芯）因受塑料中填料的冲刷作用，需要采用耐磨性较好的材料制造，同时需较低的表面粗糙度，成型部分最好镀铬，以防止腐蚀。

5.6.4 练习与提高

① 什么叫侧向分型抽芯机构？什么叫机动式侧向分型抽芯机构？

② 斜导柱侧向分型抽芯机构一般由哪些部分组成？各部分的作用及对各部分的要求是什么？

③ 热流道模具结构如何？有何特点？

④ 热固性塑料注射成型模具在进行设计时要注意什么问题？

⑤ 在 PVC 等热敏性塑料的注射成型过程中应该注意一些什么问题？

⑥ 优化自己的模具设计方案和注射成型方案。

项目 6　试　　模

模具制成后，在交付生产以前，都应进行试模。试模的目的，不仅是简单地检验一下模具是否能用，而且包括对模具设计合理性的评定以及对成型工艺条件的探索。因此，认真进行试模，作好详细记录并积累经验，必将有益于模具设计和制造成型工艺水平的提高。试模人员必须具备成型设备、原料性能、模具结构和工艺方法等方面的知识。下面以三通管件注射模为例，实施本项目。

6.1　学习目标

本项目的学习目标如表 6-1 所示：

表 6-1　试模的学习目标

编号	类别	目　标
1	知识目标	①三通管制品所使用的原材料性能及特点 ②模具的结构类型和特点 ③工艺参数对制品质量的影响 ④模具结构对制品质量的影响(如浇口位置,流道截面等) ⑤拆装模具的操作规范
2	能力目标	①根据制品原材料及成型特点能够确定合理的工艺参数 ②能够规范地安装模具,掌握安装要领 ③通过试模能够正确地找出制品缺陷的原因 ④能够规范拆卸模具,掌握拆卸要领
3	素质目标	见表 1-1

6.2　工作任务

本项目的工作任务如表 6-2 所示：

表 6-2　试模的工作任务

编号	任务内容	要　求
1	认识所用模具及产品	①了解产品用途、结构特点及使用的材料 ②了解模具结构特点 ③了解所用设备的主要参数

续表

编号	任务内容	要　求
2	安装模具	①确定装配基准 ②正确装配各组件，如导向系统、型芯、浇口套等 ③正确拟定装配顺序，按顺序装配动模和定模
3	试模	①正确制定产品成型工艺卡 ②注射成型产品，分析制品成型质量 ③规范填写试模记录卡
4	拆卸模具	①对已准备好的模具仔细观察分析，了解各零部件的功用及装配关系 ②拟定拆卸顺序和方法，再按顺序将模具分拆成单个零件并进行清洗

6.3 项目资讯——试模

6.3.1 试模的定义

注射成型过程中用模具加工塑料零件时，最初阶段并没有成熟的工艺，在这个时候试加工一批零件，并调整工艺参数到最佳状态，使出模后的零件能达到设计的要求，这个过程叫做试模。可在试模所得最佳成型工艺基础之上制定标准的产品成型工艺卡，成为日常生产工艺文件的一部分。试模过程中，也可以发现模具本身的问题，从而为修模提供依据。

6.3.2 试模前的准备工作与注意事项

① 了解模具的有关资料。最好能取得模具的设计图纸，详细分析，并约得模具技师一起参加试模工作。

② 检查模具。先在工作台上检查其机械配合动作，要注意有否刮伤、缺件及松动等现象，模向滑板动作是否确实，水道及气管接头有无泄漏，模具之开程若有限制的话也应在模上标明。以上动作若能在安装模具前做到的话，就可避免在安装过程中才发现问题，再去拆卸模具所发生的工时浪费。

③ 选择注射机。当确定模具各部件动作得宜后，就要选择适合的试模注射机，在选择时应注意注射量、锁模力、拉杆之间的宽度、最大的开模行程、配件是否齐全、喷嘴与模具进料口之间关系、注射机固定模板定位孔与模具定位圈的关系、注射机顶出机构与模具之间的配合等。

④ 安装模具。一切都确认没有问题后，下一步骤就是安装模具。安装时应注意在锁上所

有夹模板及开模之前吊钩不要取下，以免夹模板松动或断裂以致模具掉落。

⑤ 调模

a. 首先检查模具低压下的开合模状况检查。模具分快、中、慢各 3 次开合，在开合程中检查有无异常声响，有无阻滞现象。模具开合动作应顺畅，无干涉发生。

b. 模具顶出系统的检查。在低压下，顶出动作分快、中、慢各顶出 3 次，检查有无异常现象。平面处的顶针或顶管顶出后，检查是否会发生松脱或卡死现象，检查斜面顶针或顶管装置是否加定位销，以防止松动或转动。检查顶出系统的顶针或顶块在顶出时是否有异常响声以及震颤。

c. 模具复位的检查。模具分快、中、慢速度各复位 3 次，检查模具是否装有顶针复位装置，观看是否能复位。在复位后，斜顶针端面应该不高于模芯 0.1mm 或与模芯平齐。检查复位用的限位装置接触是否良好，检查顶针顶出时是否与滑块的动作发生干涉，滑块是否回到位。

d. 滑块动作的检查。模具按快、中、慢各 3 次开合模，观察滑块动作是否顺畅，其定位是否牢靠。检查液压抽芯装置动作顺序的情况，检查滑块在空运行中有无拉伤、卡死现象。

e. 检查喷嘴与进料口是否对准。如果未对准，在注射生产过程中容易出现漏料、进料口堵塞现象。

⑥ 提高模具温度。依据成品所用原料的性能及模具大小选用适当的模温控制机，将模具温度提高至生产时所需的温度。由于生产过程中，熔料会继续使模具温度提高，所以模温机的温度控制应该设定在低于所需模温的 10~20℃。待模温提高之后须再次检视各部分的动作，因为钢材在热膨胀之后可能会引起卡模现象，因此须注意各部的滑动，以免有拉伤及颤动的产生。

目前，工厂试模时往往忽略模具温度，而在短时试模及将来量产时模具温度最不易掌握，不正确的模温将影响样品的尺寸、光亮度等，并出现缩水、流纹及欠料等现象，若不用模温控制器予以准确地控制，将来量产时就可能出现困难。

⑦ 调模。在慢速合模之后，要调整好锁模压力，并动作几次，查看有无合模压力不均等现象，以免成品产生压力不足导致的毛边及压力过大导致的模具变形。检查后再将合模速度及合模压力调低，且将安全扣杆及顶出行程定好，再调至正常合模压力及速度。如果涉及最大行程的限制开关时，应把开模行程调整到稍短一些，而且在开模最大行程之前结束高速开模动作。这是由于在装模期间，整个开模行程之中，高速动作行程比低速动作行程较长之故。在注射机上，机械式顶出杆也必须调在高速开模动作之后作用，以免顶针板或剥离板受力而变形。

⑧ 准备原料。根据原料不同，对所采用的原料做适度的干燥或预热。试模与将来量产所用原料尽可能一致，切勿完全以次料试模。产品如有颜色需求，可一并安排试色。

⑨ 设定工艺参数。最好先用可靠的模流分析软件针对具体的材料、模具、产品、机器进行模流分析，将分析结果作为试模的初始工艺参数输入注射机的控制系统。在试模过程中，需要与模流分析软件的所得的分析结果之间相互借鉴。

在做第一模射注射需再次确认以下各项：

a. 熔胶行程是否过长或不足；

b. 压力是否太高或太低；

c. 充模速度是否太快或太慢；

d. 加工周期是否太长或太短。

这样可以防止成品短射、断裂、变形、毛边甚至伤及模具。若加工周期太短，顶针将顶穿成品或剥坏挤伤成品。这类情况可能会使你花费两三个小时才能取出成品。若加工周期太长，则型芯的细弱部位可能因塑料缩紧而断掉。当然，我们不可能预料试模过程中可能发生的一切问题，但事先做好充分的考虑和及时的措施必可帮助我们避免严重并昂贵的损失。

6.3.3 试模的主要步骤

（1）确认原料　查看料斗内的塑料是否正确无误，及是否按规定干燥或预热。试模与生产用不同的原料很可能得出不同的结果。

（2）清洗料筒　料筒的清理务求彻底，以防降解塑料或杂料进入模内，因为降解塑料及杂料可能会将模具卡死。测试料筒及模具的温度是否适合于加工的原料。

（3）调整工艺参数　耐心等到机器及模具的条件稳定下来，即使中型机器可能也要等30min以上。可利用这段时间来查看成品可能发生的问题。调整压力及射出量以求生产出外观令人满意的成品。若没有其他规定，建议在调整试模条件时一次只能调整一个条件，以便区分单一条件变动对成品的影响。尤其是还有某些模腔成品尚未完全凝固时，在调整各种控制条件之前应思考一下。因为充模速率稍微变动，可能会引起很大的充模变化。

螺杆前进的时间不可短于浇口塑料凝固的时间，否则成品重量会降低而损及成品性能。且当模具被加热时螺杆前进时间亦需酌情予以延长，以便压实成品。

合理调整工艺参数，在保证产品质量的条件下，尽量缩短成型周期。

把新调出的条件至少运转30min以使其达到稳定状态，然后至少连续生产一打全模样品，在其盛具上标明日期、数量，并按模穴分别放置，以便测试其确实运转的稳定性及导出合理的控制公差。这对于多型腔模具尤有价值。称量每一模产品并记录其重量，产品最大的重量与最小的重量差异小于2%视为合格，否则不可接受。

（4）检测产品尺寸　等样品冷却至室温以后，检测并记录连续样品的重要尺寸。把每模样品量得的尺寸进行比较，应注意：①尺寸是否稳定。②是否有某些尺寸有增加或降低的趋势而显示机器加工条件仍在变化，如不良的温度控制或油压控制。③尺寸的变动是否在公差范围之内。把量出的大于或小于平均值的模腔号记下，以便检查模具尺寸是否正确。如果成品尺寸变动不大且成型条件也正常，则需观察是否每一模腔的成品质量都可被接受。记录且分析数据以作为修改模具及生产条件的需要，且为未来量产时的参考依据。

（5）检测其他质量问题　检查其他质量问题，如塑料充模流动的平衡性：减小注射量到充填程度为90%，生产一定数量的产品，查看各型腔充模流动的平衡性。除特殊要求之外，一般产品型腔充填程度最大与最小之间差值不超过2%则可视为合格。

在试模过程中需要注意：

① 使加工运转时间长些，以稳定熔胶温度及液压油温度。

② 按所有成品尺寸的过大或过小来调整机器条件，若缩水率太大及成品显得射料不足，也可资参考以增加浇口尺寸。

③ 将各模腔尺寸的过大或过小之处予以修正。若模腔与浇口尺寸尚属正确，那么就应改成型变工艺条件，如充模速率、模具温度及各部压力等，并检视某些模穴是否充模较慢。

④ 依各模腔成品的配合情况或型芯移位，予以个别修正，也许可再试调充模速率及模具温度，以便改善其均匀度。

⑤ 检查及修改注射机的故障，如油泵、油阀、温度控制器等等的不良都会引起加工条件变动，即使再完善的模具也不能在维护不良的机器发挥良好工作效率。在分析所有的记录数值之后，保留一套样品以便校对比较已修正之后的样品是否改善。

⑥ 妥善保存所有在试模过程中样品检验的记录，包括加工周期各种压力、熔胶及模具温度、料筒温度、射出动作时间、螺杆加料时间等。简言之，应保存所有将来有助于能藉以顺利建立相同加工条件的数据，以便获得合乎质量标准的产品。

内应力等问题经常影响二次加工，所以应于试模后待成品稳定后即加以二次加工模具。

（6）结果分析　根据试模过程及所得产品质量，确定模具是否符合要求。如果符合要求，根据所得最佳工艺条件制作量产时的工艺卡；如果模具不符合要求，将模具的修改意见等信息反馈给模具制造者，要求其修模后再进行试模，直到合格为止。

6.3.4　试模时常见的产品缺陷

由于原材料、制品和模具的千差万别，因此在试模过程中，制品产生各种缺陷是不足为怪的，也往往多次试模后仍得不到合格制品而要进行修模，修模后再进行试模。在试模时易出现的缺陷种类和原因分析可见表 6-3。

表 6-3　试模时容易产生的缺陷及原因

原因	制件不足	溢边	凹痕	银丝	熔接痕	气泡	裂纹	翘曲变形
料筒温度太高		√	√	√		√		√
料筒温度太低	√				√		√	
注射压力太高		√					√	√
注射压力太低	√		√		√	√		
模具温度太高			√					√
模具温度太低	√		√		√	√	√	
注射速度太慢	√							
注射时间太长				√	√		√	
注射时间太短	√		√		√			
成型周期太长		√		√				

续表

原因	制件不足	溢边	凹痕	银丝	熔接痕	气泡	裂纹	翘曲变形
加料太多		√						
加料太少	√		√					
原料含水分过多		√						
分流道或浇口太小	√		√	√	√			
模穴排气不好	√			√		√		
制件太薄	√							
制件太厚或变化大			√			√		√
注射机能力不足	√		√	√				
注射机锁模力不足		√						

6.4 项目分析

6.4.1 PVC 注塑工艺条件分析

干燥处理：通常不需要干燥处理；

熔化温度： 185~205℃；

模具温度： 20~50℃；

注射压力：最高可达 1500bar；

保压压力：最高可达 1000bar；

注射速度：为避免材料降解，一般要用相当地的注射速度；

流道和浇口：所有常规的浇口都可以使用。如果加工较小的部件，最好使用针尖型浇口或潜入式浇口；对于较厚的部件，最好使用扇形浇口。针尖型浇口或潜入式浇口的最小直径应为 1mm；扇形浇口的厚度不能小于 1mm。

在进行实际注射产品前，要拟定合理的注射成型工艺卡，具体见表 2-3。

6.4.2 模具安装

模具安装包括预检、装模、紧固、校正顶杆顶出距离，调节闭模松紧度和接通冷却水管或模温控制系统等。

（1）预检　在模具装上注射机以前，应根据图纸对其进行全面仔细的检查，以便及时发现问题进行修模，以免装上机后又拆下来。当动模和定模部分分开检查时，要注意方向记号，以免合拢时搞错。

（2）装模　模具吊装时必须注意安全，几人之间要密切配合，在可能情况下尽量整体安装。若有侧向分型机构的模具，若无特殊说明，滑块在水平位置，即滑块向左右移动。

（3）紧固　当模具定位圈装入注射机上固定模板的定位圈后，用极慢的速度闭模，使注射机上的活动模板轻轻压紧。然后上紧压板。根据模具的大小，每边压板为 4~8 块。压板必须压得平稳，不允许歪斜。

（4）调整顶杆顶出距离　模具压稳后，便慢慢开模，直到动模板停止后退，然后调整顶杆位置。注射机上顶杆位置应能保证推动模具上的推杆固定板能推出塑件而又不损坏模具。

（5）闭模松紧度的调整　为了既防止塑件溢边，又保证型腔适当排气，装模时闭模松紧度的调节就很重要。目前，由于大多数注射机上没有锁模力的显示装置，因此闭模松紧度的调节主要是凭目测和经验。对于需要加热的模具，应在模具到达规定温度后再调整闭模松紧度。

（6）检查温控系统　应接通冷却水管、模温控制器、热流道温控装置以及模具上的液压管道等。

6. 4. 3　试模

试模要注意的事项如下：

① 试模前，必须对设备的油路、水路以及电路等进行检查，并按规定保养设备，做好开机前的准备。

② 原料应该合格。根据推荐的工艺参数将料筒和喷嘴加热。由于制件大小、形状和壁厚的不同，由于模具开设的浇注系统不同，又由于各注射机温控系统的误差不同，因此资料上推荐的工艺参数只能作为参考，必须在试模时予以修正。试调时判断料筒和喷嘴温度是否合适的简便方法，是在喷嘴和主流道脱开的情况下，用较低的注射压力和较低的注射速率对空注射，观察料流是否有硬块、气泡、变色等现象，如果没有而是明亮透明，则说明料筒和喷嘴温度是比较合适的，可以开始试模。

③ 在开始试模时，原则上选择低压、低温和中速成型。然后按压力、速率、温度这样的先后顺序变动。最好不要同时变动 2 个或 3 个工艺参数，以便分析和判断情况。注射压力变化的影响，立即就可以从制品上反映出来，所以如果制品充不满，首先是增加注射压力，当多次变更注射压力仍无显著效果时，才考虑调整其他工艺参数。必须注意料筒温度的上升和塑料熔体温度的上升有一个时差，两者温度才达到平衡。因此调好料筒温度后，必须在一定时间后才能反映在制品上。

在试模过程中应详细记录，并将结果填入试模记录表（表 6-4），注明模具是否合格。如需返修则应提出返修意见。在记录卡中应摘录成型工艺条件及操作注意要点，并附上加工出的制品。试模后，将模具清理干净，涂上防锈油，分别入库或返修。

表 6-4 **试模记录表**

<table>
<tr><td colspan="2" rowspan="2">文件编号:WJ/RE04
模号:</td><td colspan="8">记录编号:</td><td colspan="4">试模日期:　　年　　月　　日</td></tr>
<tr><td colspan="6">产品名称:</td><td colspan="3">产品编号:</td><td colspan="3">产品单重:</td></tr>
<tr><td colspan="4">试模材料及材料牌号:</td><td colspan="6">产品颜色/色粉号:</td><td colspan="4">烘干要求:</td></tr>
<tr><td colspan="2">操作方式:</td><td colspan="2">试模次数:</td><td colspan="3">出模量:</td><td colspan="3">使用机台:</td><td colspan="4">试模机型:</td></tr>
<tr><td rowspan="5">试模过程</td><td colspan="13">1. 模具安装:难□　易□　2. 运水连接:是□　否□　3. 水路畅通:是□　否□</td></tr>
<tr><td colspan="13">4. 漏水:有□　无□　5. 模温:正常□　高□　低□　6. 浇口注射:易□　难□</td></tr>
<tr><td colspan="13">7. 浇口去除:易□　难□　8. 排气:易□　难□　9. 抽芯:易□　难□</td></tr>
<tr><td colspan="13">10. 行程开关:正常□　不正常□　11. 镶件放置:易□　难□　12. 顶出:易□　难□</td></tr>
<tr><td colspan="13">13. 复位:易□　难□　14. 顶出限位:好□　差□　15. 自动掉落:易□　难□　不能□</td></tr>
<tr><td rowspan="5">异常问题现场解决方　案</td><td colspan="2">问题描述</td><td colspan="7">解决方法</td><td colspan="4">结　果</td></tr>
<tr><td colspan="2"></td><td colspan="7"></td><td colspan="4"></td></tr>
<tr><td colspan="2"></td><td colspan="7"></td><td colspan="4"></td></tr>
<tr><td colspan="2"></td><td colspan="7"></td><td colspan="4"></td></tr>
<tr><td colspan="2"></td><td colspan="7"></td><td colspan="4"></td></tr>
<tr><td></td><td></td><td>Ⅰ级</td><td>Ⅱ级</td><td>Ⅲ级</td><td>Ⅳ级</td><td>Ⅴ级</td><td colspan="2"></td><td>Ⅰ级</td><td>Ⅱ级</td><td>Ⅲ级</td><td>Ⅳ级</td><td>Ⅴ级</td></tr>
<tr><td rowspan="10">压力参数</td><td></td><td></td><td></td><td></td><td></td><td></td><td colspan="2">射胶行程</td><td></td><td></td><td></td><td></td><td></td></tr>
<tr><td>射胶压力/MPa</td><td></td><td></td><td></td><td></td><td></td><td rowspan="4">速度参数</td><td>射胶速度</td><td></td><td></td><td></td><td></td><td></td></tr>
<tr><td>熔胶压力/MPa</td><td></td><td></td><td></td><td></td><td></td><td>熔胶速度</td><td></td><td></td><td></td><td></td><td></td></tr>
<tr><td>锁模压力/MPa</td><td></td><td></td><td></td><td></td><td></td><td>保压速度</td><td></td><td></td><td></td><td></td><td></td></tr>
<tr><td>保压压力/MPa</td><td></td><td></td><td></td><td></td><td></td><td>锁模速度</td><td></td><td></td><td></td><td></td><td></td></tr>
<tr><td>熔胶背压力/MPa</td><td></td><td></td><td></td><td></td><td></td><td rowspan="8">温度参数℃</td><td>Ⅰ区</td><td></td><td></td><td></td><td></td><td></td></tr>
<tr><td rowspan="2">顶针</td><td>前进</td><td colspan="4"></td><td>Ⅱ区</td><td></td><td></td><td></td><td></td><td></td></tr>
<tr><td>后退</td><td colspan="4"></td><td>Ⅲ区</td><td></td><td></td><td></td><td></td><td></td></tr>
<tr><td rowspan="2">抽芯</td><td>进压</td><td colspan="4"></td><td>Ⅳ区</td><td></td><td></td><td></td><td></td><td></td></tr>
<tr><td>出压</td><td colspan="4"></td><td>Ⅴ区</td><td></td><td></td><td></td><td></td><td></td></tr>
<tr><td>抽　胶</td><td>抽胶行程</td><td></td><td>速度</td><td></td><td>压力</td><td></td><td>射嘴</td><td></td><td></td><td></td><td></td><td></td></tr>
<tr><td colspan="2">顶出次数</td><td colspan="5"></td><td>前模温度</td><td colspan="2"></td><td colspan="2">后模温度</td><td></td></tr>
<tr><td rowspan="5">时间参数</td><td>射胶时间(秒)</td><td colspan="5"></td><td>热嘴温度</td><td colspan="2"></td><td colspan="2">流道板温度</td><td></td></tr>
<tr><td>熔胶时间(秒)</td><td colspan="5"></td><td colspan="2">熔胶行程(mm)</td><td colspan="5"></td></tr>
<tr><td>冷却时间(秒)</td><td colspan="5"></td><td colspan="2">总周期(S)</td><td colspan="5"></td></tr>
<tr><td>保压级数</td><td colspan="2">1#</td><td>2#</td><td colspan="2">3#</td><td rowspan="2">备注</td><td colspan="6">1. 压力参数可在(　　)内变动</td></tr>
<tr><td>保压时间</td><td colspan="2"></td><td></td><td colspan="2"></td><td colspan="6">2. 流量参数可在(　　)内变动</td></tr>
<tr><td rowspan="5">样品</td><td colspan="13">1. 产品完整:是□　否□　2. 颜色:对□　错□　3. 飞边:无□　轻微□　严重□</td></tr>
<tr><td colspan="13">4. 错位:无□　轻微□　严重□　5. 缩水:无□　轻微□　严重□　6. 变形:无□　轻微□　严重□</td></tr>
<tr><td colspan="13">7. 融接痕:无□　轻微□　严重□　8. 烧焦:无□　轻微□　严重□　9. 顶白:无□　轻微□　严重□</td></tr>
<tr><td colspan="13">10. 气泡:无□　轻微□　严重□　11. 刮花:无□　轻微□　严重□　12. 型腔标记:有□　无□</td></tr>
<tr><td colspan="13">13. 日期码:有□　无□</td></tr>
<tr><td>其他事项</td><td colspan="13"></td></tr>
<tr><td rowspan="3">试模人员签名</td><td>技术部</td><td colspan="2">五金生产部</td><td colspan="2">模具生产部</td><td colspan="2">品管部</td><td colspan="2">工艺员</td><td colspan="4">其他在场人员</td></tr>
<tr><td></td><td colspan="2"></td><td colspan="2"></td><td colspan="2"></td><td colspan="2"></td><td colspan="4"></td></tr>
<tr><td></td><td colspan="2"></td><td colspan="2"></td><td colspan="2"></td><td colspan="2"></td><td colspan="4"></td></tr>
<tr><td colspan="14">模具试模流程:
品管部检查填写“待试模申请单”(PG/RE09)→模具主管开具“试模申请单”(MJ/RE03)→注塑试模填写“试模记录表”(WJ/RE04)→品管部检测样品尺寸出具“制品检验报告”(PG/RE09)→品管部将试模记录表和工艺卡及制品检测报告发放至技术部和模具部。</td></tr>
</table>

6.5 项目实施

试模的实施步骤如下：

（1）设定喷嘴与料筒温度（根据材料供应商）注意须使用感应器测量实际熔体温度。

（2）设定模具温度（根据材料供应商）注意须使用感应器测量实际模腔温度，同时测量模腔各点温度是否平衡。要求温差<5℃，最好<2℃，否则须检查模具冷却系统。

（3）作短射填充试验　在无保压和保压时间的前提下，进行短射填充试验（一级速度），找出压力切换点，即产品打满95%的螺杆位置。目的是：

① 把握熔体流动状态，验证浇口是否平衡（注意：模温不均匀，对于尤其是热敏性材料及浇口很小的情况下，微小的模温差异都会造成自然平衡流道的不平衡）。

② 查看熔体最后成型位置排气状况，决定是否需要优化排气系统。

（4）找出优化的注射速度（一级）　即注射压力最低时的注射速度，如图6-1所示。

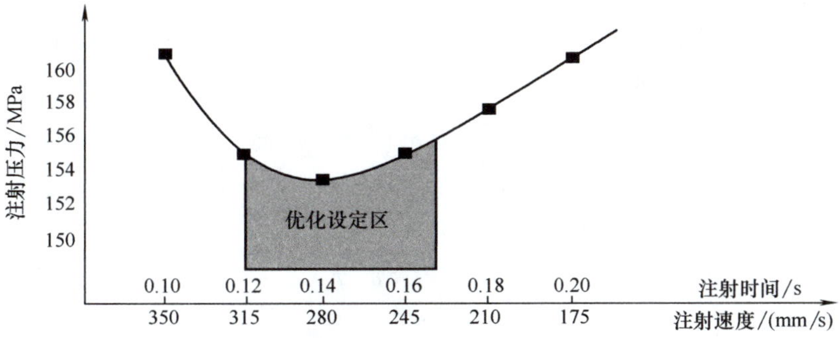

图6-1　注射压力与注射速度/时间的关系

同时获得实际注射压力（注意：设定的注射压力必须时刻大于实际显示的射压）。实际注射压力取决于负载；在其他条件不变的情况下取决于压力切换点和注射速度的设定。

各种材料的一般压力范围见表6-5。

表6-5　各种材料的一般压力范围　单位：MPa

材料	注射压力	保压压力	模腔压力
PS	70～16	30～60	20～40
ABS	80～160	40～90	35～55
PP	70～160	30～60	20～40
PA	70～160	50～70	35～70
POM	80～180	80～100	60～80
PC	100～180	60～100	40～60
PMMA	100～160	60～100	40～80
PC/ABS	80～170	60～80	35～50
PBT	70～160	50～80	40～70

另外，也必须查看流动状态（熔体是否有喷射现象等）、产品表观以及注射压力是否过大决定是否需要改变流道尺寸，浇口尺寸和位置等。一般浇口，流道尺寸在模具制造时总是预先倾向于小的，以便留有修改余地。

（5）找出保压时间（即浇口冷凝时间）每次取2模产品，然后称重（不含料头）。保压时间就是产品重量开始稳定的时间．每次加0.5s（小产品的话可以取小），将称重值填入表6-6。

表6-6 保压时间确定表

保压时间 s	第一模产品重 g	第二模产品重 g	保压时间 s	第一模产品重 g	第二模产品重 g
1.0			4.0		
1.5			4.5		
2.0			5.0		
2.5			5.5		
3.0			6.0		
3.5			6.5		
保压时间=重量稳定时的时间+0.5s					

若保压时间太短：会造使熔体从模腔内倒流，从而造成产品重量、尺寸、料垫的不稳定以及产品凹陷、空洞。反之，如果保压时间太长，则实际上就是冷却时间，反而会造成产品内部应力从而产生变形、裂纹等问题。

（6）找出设定的冷却时间，不断降低冷却时间直至产品不出现缺陷的最短时间。

也可以通过下面的公式估算冷却时间。如果实际找出的冷却时间和估算值相比过长，则需考虑是否需要进行冷却系统的改进。

$$t=-\frac{\alpha s^2}{\pi^2}\ln\left(\frac{8}{\pi^2}\times\frac{T_x-T_m}{T_c-T_m}\right) \tag{6-1}$$

式中 t——冷却时间，s

s——零件壁厚，mm

α——材料热扩散系数，mm^2/s

T_x——顶出温度，℃

T_c——熔融温度，℃

T_m——模具温度，℃

注射得到塑料产品之后，查看产品各部分冷却状况是否一致，以决定哪部分需要强化或弱化冷却。

（7）找出保压压力（一级）

① 首先找出最低保压压力。产品刚出现充模不足、凹陷、内应力和尺寸偏小等问题时的保压压力。

② 然后找出最高保压压力。产品刚出现毛刺、内应力、脱模不良、尺寸偏大等问题时的保压压力。

$$理想的保压压力=(P_{lh}+P_{hh})/2 \tag{6-2}$$

式中　P_{lh}——最低保压压力

P_{hh}——最高保压压力

a. 分析最大和最低保压压力的范围，并通过可能的模具修改来使他们的范围尽量扩大。

b. 在最低和最高保压压力之间每隔 10MPa 或 5MPa（取决于最低与最高保压压力之间的范围）取值；然后在取的保压压力下各生产 2 模；研究保压和尺寸之间的关系，以决定可接受的保压压力 P_h 或修改模具尺寸。

（8）记录并保存以上工艺参数。

（9）修模。

（10）修模后重新试模。再次试模时尽量采用和上一次相同的工艺参数。

（11）模具修改完毕后，在确定的参数基础上生产 2h，取 50 模产品，一模一模地称重并测量某一个或几个关键尺寸，研究重量和尺寸之间的关系，确定可接受的重量控制偏差。

6.6　项目评价与总结提高

6.6.1　项目评价

试模的评价参见表 2-7。

6.6.2　项目总结

综上所述，试模的目的总结起来就以下两个方面：一是找出模具的问题点：模具厂完成的模具，希望是一副成型窗口宽广的模具。二是找出最佳化的成型条件。在试模过程中，试模人员可以找出一组最适合的成型条件；而该组数据可提供注塑厂的操作人员作为设定默认值，根据该组数据调整出量产的最适化制程条件。通过本项目的学习我们要具备以下的能力：

① 根据制品原材料及成型特点确定合理的工艺参数。

② 规范安装模具，掌握安装要领。

③ 通过试模正确找出制品出现的原因。

④ 规范拆卸模具，掌握拆卸要领。

6.6.3　相关资讯——模流分析（以 MOLDFLOW 为例）

6.6.3.1　模流 CAE 简介

各领域的 CAE 应用功能不尽相同，早期主要是用在结构体强度计算与航天工业上，但应用于塑料射出与塑料模具工业的 CAE 称为模流分析，这最早是由原文 MOLDFLOW 直译而来。

MOLDFLOW 是由此领域的先驱 Mr. Colin Austin 在澳洲墨尔本创立，早期（1970~）只有简单的 2D 流动分析功能，并仅能提供数据透过越洋电话对客户服务，但这对当时的技术层次来说仍有相当的帮助；之后开发各阶段分析模块，逐步建立今日完整的分析功能。同一年代，美国 Cornell 大学也成立了 CIMP 研究项目，由华裔教授 Dr. K. K. Wang 所领导，针对塑料射出加工做系统理论研讨，产品名为 C-MOLD。自 1980 年起，随着理论基础日趋完备，数值计算与计算机设备的发展迅速，众多同类型的 CAE 软件渐渐在各国出现，功能也不再局限于流动现象探讨。约 1985 年台湾工业技术研究院也曾有过相似研发， 1990 年起台湾清华大学化工系张荣语老师也完成 CAE-MOLD 软件提供会员使用，目前则是美国 Autodesk 公司持有。 MOLDFLOW 公司创办人 Colin Austin 是个机械工程师， 1970 年前后在英国塑料橡胶研究协会工作。1971 年移民澳洲，担任一家射出机制造厂的研发部门主管；在当时，塑料材料在应用上仍被视作一种相当新颖的物料，具备了一些奇异的特性。但在塑料加工领域工作了几年后，他开始对一般塑料产品的不良物性感到疑虑，一般的塑料制品并没有达到物品的适用标准，相反的，塑料已逐渐成为“便宜”“低质量”的同义字；但他却发现，多数主要不良质量的成因却是因为不当成品设计与不良加工条件所造成的，所以他开始省思，产品设计本身需同时考虑成型阶段，才是成功最重要的关键。他开始花费大量时间在研究塑料流动的文献上，但发现这些理论并不能合理解释他在工厂现场所看到的许多问题；因此他开始换角度去思考这些问题，将射出机台视为一整组加工程序，螺杆正是能量的传递机构，而模具内部的流动形态，才是决定成品质量的最主要因素。

这是一个革命性观念的启示，模具内部的成型形态才真正决定了产品质量，而不仅是机台参数设定或产品外观设计；最佳产品是需要完整考虑、系统化的设计观念才有办法得到！但即使了解了这个观念，问题仍未解决，因为在当时，模具内部成型时的流动形态，仍无法在试模前判断；而要去预测流动形态，必须依据非常复杂的流体力学与热传问题的联立方程式求解，以人力来做几乎是不可能。

随着学术理论发展，计算机计算功能的进步，正式为模流 CAE 开启了一扇门。 Moldflow 公司 1978 年成立， 2000 年与同类公司 C-mold 合并，并在美国 NASDAQ 上市，是注塑成型 CAE 软件的主要供应商之一。主要产品有： MPA（Moldflow Plastics Advisers）， MPI（Moldflow Part Insight）， MPX（Moldflow Mold Xpert）。 MPA 可以使产品设计人员在开发早期预测制品注塑成型的潜在问题； MPI 则可在更高程度上进行模拟仿真，提高产品和模具设计的质量，优化注塑工艺，无论在广度和深度上都涵盖了 MPA 的功能； MPX 提供了一整套针对注塑机参数设置、优化和监控的解决方案，可以实时在线设置和修正注塑机工艺参数。

本书主要针对 MPI5.0 版本，介绍 MPI5.0 主要模块的功能，并以实例说明 MPI 在产品设计、模具设计和注塑工艺优化上的作用，使读者能够对 Moldflow 在注射模 CAE 中的应用有更深的体会。

MPI 的全部模块及其功能简介如下：

（1） MPI/Synergy MPI 的前、后处理模块， MPI/Synergy 支持传统的 Midplane 网格、基于 Moldflow 专利技术 Dual Domain 的 Fusion 网格和 3D 实体网格，是 MPI 全部分析模块的核心

和基础。

（2） MPI/Flow 模拟注塑成型的填充、保压过程，分析熔体流动行为，优化制品设计、模具设计、塑件材料选择和注塑工艺，在质量、成本和生产周期间取得最佳平衡。

（3） MPI/Cool 创建模具冷却回路、嵌件和模坯，分析冷却系统的效率，从而优化模具冷却系统设计，使制品冷却均匀，缩短冷却时间，消除冷却引起的翘曲和降低成本。

（4） MPI/Warp 帮助用户分析注塑时引起制品收缩和翘曲的原因，预期制品变形的位置，在模具正式制造之前优化设计、材料选择和注塑工艺。

（5） MPI/Fiber 模拟含纤维塑料在注塑成型时的纤维定向和制品的机械强度，减少因纤维定向造成的收缩不均，使制品翘曲最小化。

（6） MPI/Optim 注塑工艺优化分析，包括了注塑机响应时间、最大注塑速度、多段注塑压力和速度，使得注塑机喷嘴、流道系统和型腔的熔体前锋速度和温度均匀化。 MPI/Stress：帮助用户进行应力应变分析，优化塑件结构。 MPI/Shrink：根据材料特性和注塑工艺预期制品收缩，并且提供独立于翘曲分析的线性收缩模拟。

（7） MPI/Gas 模拟气体辅助注塑，帮助用户确定浇口位置、进气位置、进气之前的进浇量以及气道位置和大小。

（8） MPI/MuCell 模拟超临界气体（CO_2 或 N_2）的微孔注塑成型，优化设计和注塑工艺。

（9） MPI/Co-Injection 模拟共注塑成型，显示芯层材料和皮层材料的动态交替关系，取得两种材料的最佳结合以及最好的性价比。

（10） MPI/Injection Compression 模拟压缩注塑时的熔体注射和模具合模过程，提供注射前、注射中或注射后合模的模拟。

（11） MPI/Reactive Molding 反应注塑成型模拟，避免短射、困气等成型缺陷。

（12） MPI/Microchip Encapsulation 微芯片封装模拟。

（13） MPI/Underfill Encapsulation 短射封装模拟。

（14） MPI/Fusion 相对于 Midplane 网格， Fusion 网格缩短了 MPI 建模时间，深入模拟填充、保压、冷却和翘曲过程。

（15） MPI/3D 致力于研究传统有限元所不能解决的问题，在分析厚制品时，以真三维模拟熔体的流动行为。

（16） MPI/3D Gas-assist 模拟气体辅助注塑，帮助用户确定浇口位置、进气位置、进气之前的进浇量以及气道位置和大小。

6.6.3.2 Moldflow 分析流程

就 CAE 软件来说， Moldflow 的分析流程与绝大多数 CAE 软件都是相同的，图 6-2 是一个典型的 Moldflow 分析流程。

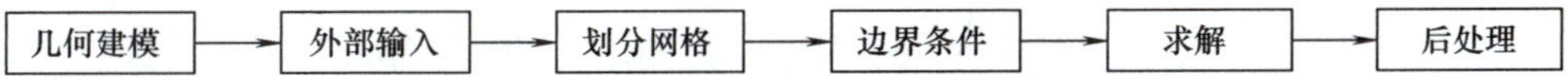

图 6-2 Moldflow 分析流程

各步骤简单解释如下：

（1）几何建模　Moldflow 提供了点、线、面等简单的几何造型功能，可以在 Moldflow 中建立诸如流道、浇口、冷却水道等简单的模型。

（2）外部输入　塑件的模型可由 IGES、STL 等格式导入 Moldflow 中，如果需要直接导入其他 CAD 系统的原始文件，如 Pro/E、UG 等，则需要 MDL（Moldflow Design Link）支持。

（3）划分网格　Moldflow 支持的网格类型有：Midplane、Fusion、3D。划分好网格后，需要检查网格质量，以保证 Moldflow 可以正常分析，并且分析结果准确。

（4）边界条件　主要是指注塑工艺参数设置，如模具温度，熔体温度，注塑速度等。

（5）求解　应用有限元网格和边界条件进行求解。

（6）后处理　将各种求解结果以图、表的形式显示出来，准备分析报告，提供结果输出接口。

6.6.3.3 Moldflow 网格划分和处理

（1）Moldflow 支持的网格　目前，Moldflow 支持四种网格形式，即 Midplane、Fusion、Solid（3D）和 Beam，分别是中性面网格、双面流网格、实体网格和一维单元，如图 6-3 所示。

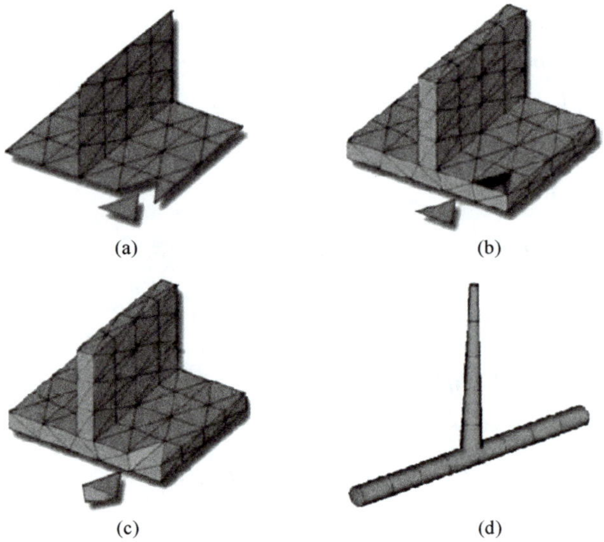

图 6-3　Moldflow 网格

（a）Midplane　（b）Fusion　（c）Solid（3D）　（d）Beam

Midplane（中性面）网格理论基于塑料熔体的黏度较大，而普通塑料制品的厚度一般远小于其他两个方向（称流动方向）的尺寸，熔体的充模流动可视为扩展层流，从而忽略熔体的厚度方向速度分量，假定熔体中的压力不沿厚度方向变化，将熔体三维流动问题分解为流动方向的二维问题和厚度方向的一维分析，从而大大简化了求解过程，Moldflow 在进行注塑流动模拟时，最先使用的就是 Midplane 网格。使用 Midplane 网格的劣势也是显而易见的，其中最大的困难是 Midplane 的构建，对于形状简单的塑件， Midplane 的抽取是比较容易的，而对于形状复杂，特别是当塑件上存在许多诸如加强筋、螺丝位、扣位等特征时， Midplane 的构建通常比较困难，往往需要进行大量的人工修补网格工作或者在输入模型前将上述小特征作消隐处理。

Fusion（双面流）分析技术是基于 Moldflow 的独家专利 Dual Domain 的分析技术。 2000 年推出的 Fusion 分析技术，使得用户不需要抽取中性面就可以进行分析，克服了几何模型的重建问题，大大减轻了用户建模的负担。网格也是三角形单元，而其原理是将模具型腔或制品在厚度方向上分成两部分，有限元网格在型腔或制品的表面产生。在流动过程中，上、下两表面的塑料熔体同时并且协调地流动。

显然， Fusion 技术的表面网格是基于中性面的，所不同的是双面流采用了一系列相关的算法，将沿中面流动的单股熔体演变为沿上、下表面协调流动的双股流。双面流技术的最大优点是模型的准备时间大大缩短，这样就大大减轻了用户建模的负担，将原来需要几小时甚至几天的建模工作缩短为几分钟。因此，基于双面流技术的模拟软件问世时间虽然只有短短数年，但在全世界却拥有了庞大的用户群，得到了广大用户的支持和好评。

Solid（3D）分析技术采用了真三维实体模流分析技术，经过严谨的理论推导与反复的验证，将惯性效应、非恒温流体等因素考虑到有限元分析中，熔体厚度方向的物理量变化不再被忽略，能够更全面地描述填充过程的流动现象，使分析结果更能接近现实状况，适用于所有塑件制品。其立体网格是由四节点的四面体单元组成。并采用全新的 3D 立体显示技术，可快速清楚地显示出模型内、外部的流动场、温度场、应力场和速度场等分析结果。对于上述分析结果也可利用等位线或等位面方式显示，让实体模型内、外部各变量的变化情形显示更清楚，Moldfiow 还提供动画的功能，透过 3D 动画的方式显示塑料熔体在型腔中的流动变化，让用户更直观地看清设计与制造过程中可能遇到的问题。

Solid（3D）技术的网格划分要求很高，控制方程更加复杂，计算量大，时间长，计算效率低，不适合开发周期短并需要通过 CAE 进行反复修改验证的注塑模设计。因此，目前该技术普及率不是很高，不过它最终必将取代中面流技术和双面流技术。

Beam（一维梁单元）是 Moldflow 构建流道、冷却水道等的使用的有限元网格，这是由于流道和冷却水道大都是截面规则或截面均匀变化的区域，使用 Beam 单元已经可以完整描述其形状，简化了整个塑件的网格划分。

用户在使用 Moldflow 过程中，除了流道使用的 Beam 单元外，塑件本身可以使用 Midplane、 Fusion 或 3D 网格，那么，到底使用哪一种网格，必须根据塑件的具体情况和硬件配置等因素来综合考虑。 Moldflow 在发展的过程中，经历了从 Midplane 到 Fusion 和 3D 的历程，并不代表 Midplane 已经不适合于模拟分析；相反，在分析某些类型的塑件时， Midplane 可以在极短的时间内准确、可靠地模拟出实际注塑。使用 3D 技术固然可以更真实地分析注塑过程，但 3D 技术的快速发展受到计算机硬件水平地直接制约。如何解决这个瓶颈问题，是 Moldflow 等注塑模 CAE 软件必须面对的问题。

（2） Moldflow 网格划分　在划分网格之前，必须准备好所要分析的塑件模型，在通用

CAD 系统里将模型转换成 IGES 或 STL 格式（直接读取通用 CAD 系统原始文件必须 MDL 支持）。生成一个 Moldflow 网格的典型步骤如下：

① 打开 MPI，新建一个项目，在 Project View 里单击右键，选择 Import，输入所需分析的模型，如图 6-4 所示。

② 在弹出的对话框里有三种单元类型 Midplane、 Fusion 和 Solid（3D）和单位选项（如果是以 IGES 格式输入，则无单位选项），根据实际情况，选择合适的单元类型和单位，本例中选择 Fusion 网格类型，如图 6-5 所示。

③ 在 Study Task 里双击 Generate Mesh，在生成网格对话框的 Advanced 里有两类控制，分别是 Edge Length 和 Mesh Control。在 Edge Length 里可输入合适的 Global edge length（全局单元长度），其他可以输入或修改的选项有 IGES merge tolerance（IGES 合并公差）、 Chord height（弦高）等。在 Mesh Control 中可以选择一些网格优化的选项，如 Adaptive Meshing（自动网格长度调整，减少规则区域的网格密度以缩短分析时间）等，如图 6-6 所示。

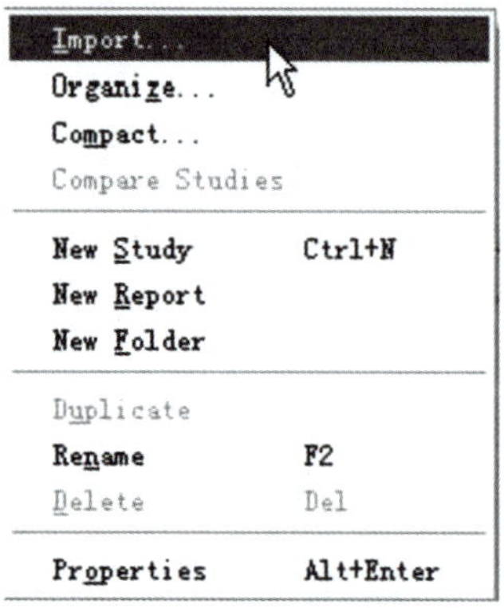

图 6-4 Import 模型

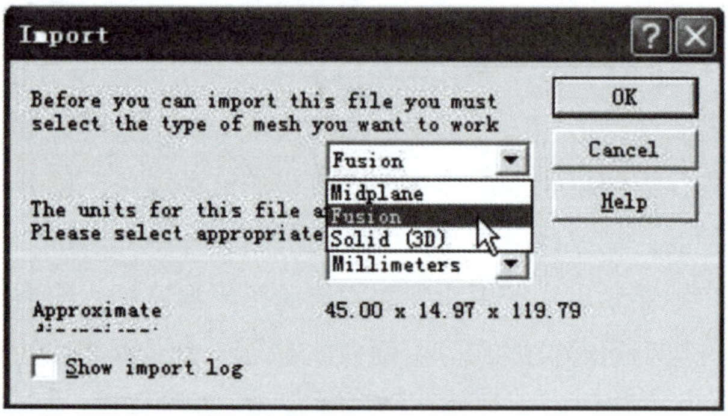

图 6-5 选择单元类型和单位

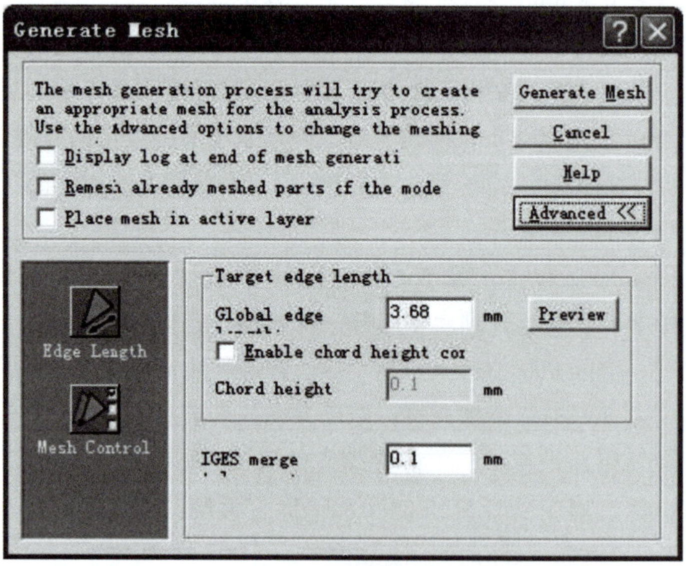

图 6-6 生成网格选项

④ 生成的网格如图 6-7 所示，在主菜单里选择 Mesh→Mesh Statistics，查看网格统计，如图 6-8 所示。

至此，一个由 STL 格式的模型导入的塑件模型划分 Fusion 网格的过程告一段落，在 Mesh Statistics 中，可以观察到划分好的网格的各种信息，根据这些信息，可以判断本次生成的网格的质量好坏，而网格的质量直接影响塑件分析的可执行性和准确度。

Fusion 格式的网格统计各项参数简单解释如下：

a. Entity counts：实体统计。

Surface triangles：三角形单元的数量（Fusion 和 Midplane）。

Nodes：节点数。

Beams：一维单元数量，如没有构建流道等，则该值应为零。

Connectivity regions：连通域的数量， Moldflow 能够分析的连通域的数量必须为 1 个，否则域与域之间无熔体流动，分析报错，此时必须仔细分析网格的连通情况，查找网格断点，使用 Merge 节点等方法修改网格，将多个连通域连为一体。

Mesh volume：网格体积。

Mesh area：网格面积。

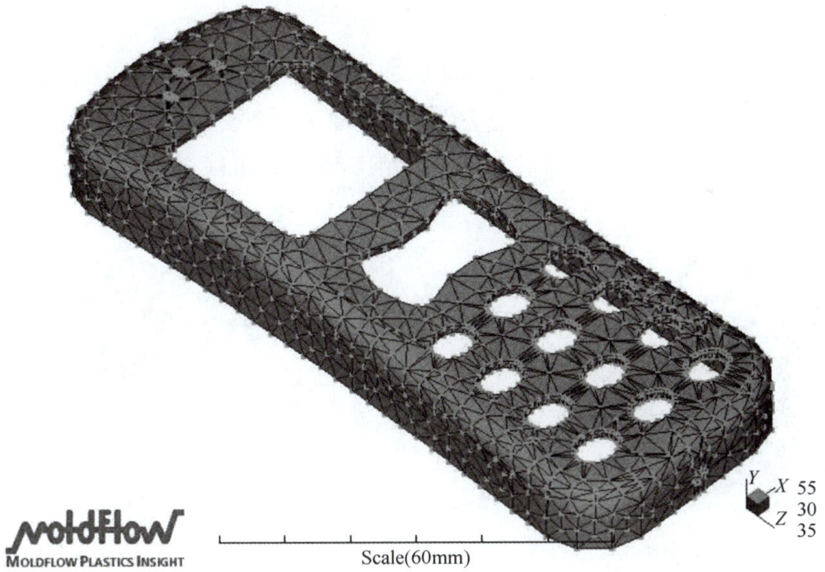

（比例，每格 60mm）

图 6-7　生成的 Fusion 网格

b. Edge details：单元边的详细信息。

Free edges：自由边的数量，自由边是指仅参与构建一个单元而不为其他单元所共享的边，如图 6-9 和图 6-10 的 A 所示。自由边只可存在于 Midplane 网格中，在 Fusion 和 3D 网格中存在的自由边必须修正。

Manifold edges：交叠边，交叠边是指参与构建了两个单元的边，如图 6-10 的 B 所示。交

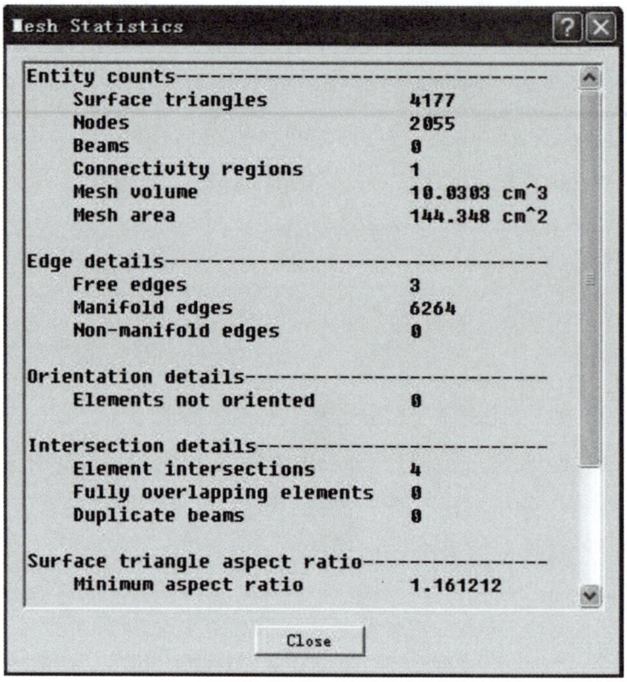

图 6-8 Fusion 网格统计

叠边可存在于 Midplane、 Fusion 和 3D 网格中，在 Fusion 网格中只存在交叠边。

Non-manifold edges：非交叠边。非交叠边是指构建了三个或三个以上单元的边，如图 6-10 的 C 所示。非交叠边只存在于 3D 网格中。表 6-7 所示为 Moldflow 各种网格所适用的单元边。

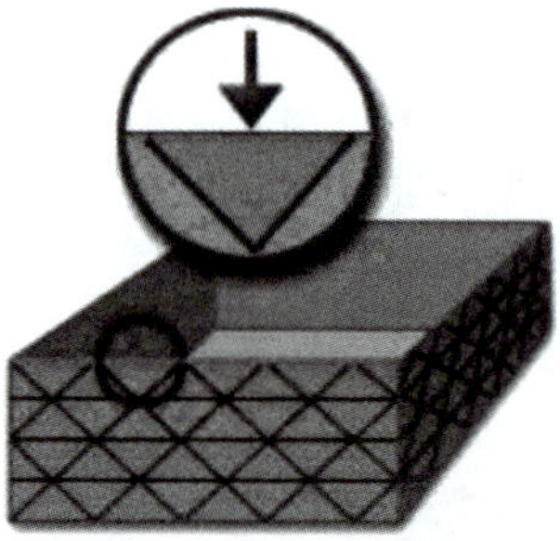

图 6-9 Free edge（自由边）

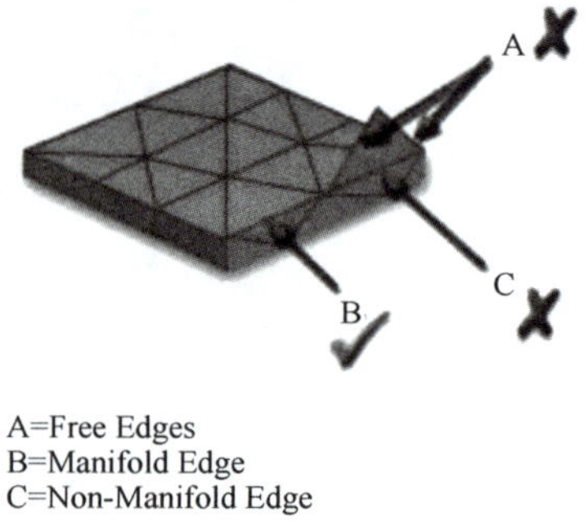

图 6-10 Moldflow 的单元边

表 6-7 Moldflow 网格类型与单元边

网格类型	Free edge（自由边）	Manifold edge（交叠边）	Non-manifold edge（非交叠边）
Midplane	√	√	×
Fusion	×	√	×
Solid(3D)	×	√	√

c. Orientation details：单元定向信息。

Elements not oriented：未定向单元数量。

d. Intersection details：单元交叉信息。

Element intersections：相互交叉的单元数量，如图 6-11（a）所示是正确的，图 6-11（b）则发生了单元与单元的相互交叉穿越，这是不允许的。

Fully overlapping elements：完全重叠的单元数量，如图 6-12（a）中单元没有重叠；图 6-12（b）中两单元部分重叠；图 6-12（c）中单元完全重叠。图 6-12（b）和图 6-12（c）的两种情况是不允许存在的。

Duplicate beams：一维单元的重叠数量。

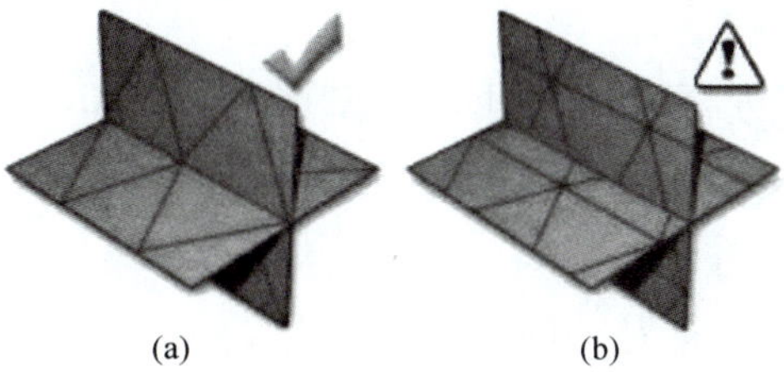

图 6-11　单元交叉

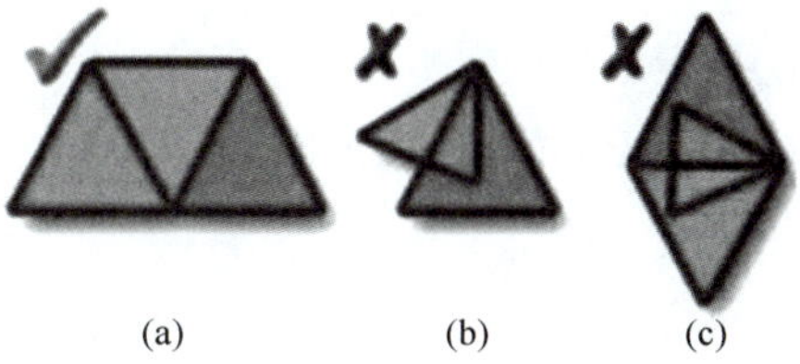

图 6-12　单元重叠

e. Surface triangle aspect ratio：三角形单元的纵横比信息，纵横比是指三角形单元的长和高的最大比值，如图 6-13 所示，a 与 b 的比值即该三角形单元的纵横比。

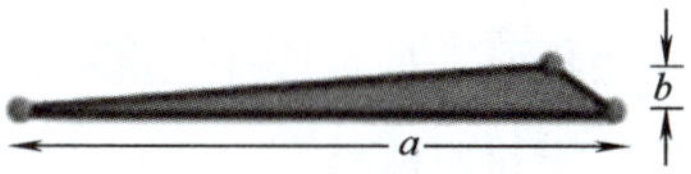

图 6-13　三角形单元的纵横比

Minimum aspect ratio：最小纵横比，网格中纵横比的最小值（不小于 1. 1547）。

Maximum aspect ratio：最大纵横比，网格中纵横比的最大值。对于 Fusion 和 Midplane 网格来说，推荐的最大纵横比是 6。对于 3D 网格来说，推荐的最大纵横比是 50，最小纵横比是 5，平均 15 左右。

Average aspect ratio：平均纵横比，全部纵横比的数量平均值。

f. Match ratio：匹配率，这是 Fusion 网格特有的参数。匹配率的高低直接影响模流分析的精度。推荐 Flow 分析的匹配率要在 85%以上， Wrap 分析的匹配率要更高一些，而 3D 网格要在 Fusion 网格的基础上生成，推荐预生成的 Fusion 网格的匹配率在 90%以上。

Reciprocal ratio：相互匹配率。

以上是 Fusion 网格统计的全部项目， Midplane 和 3D 网格统计与之相比，少了 Match ratio 一项，另外， 3D 网格统计的纵横比是指四面体的纵横比。

（3） Moldflow 网格诊断在 Mesh Statistics 里，查看到的只是全局的统计，并不能直观的观察到网格中的哪些单元存在缺陷， Moldflow 提供了丰富的网格诊断工具来更好地显示网格缺陷，以便于我们修改。

选择下拉菜单中的 Mesh，有许多网格诊断的选项，如图 6-14 所示。

① Aspect Ratio Diagnostic（纵横比诊断）。选择 Aspect Ratio Diagnostic（纵横比诊断）后，出现图 6-15 所示的对话框， Minimum 和 Maximum 处分别输入最小最大纵横比值，凡是纵横比在这两个最值之间的单元将被选中和显示。 Maximum 值可以留空，表示纵横比大于 Minimum

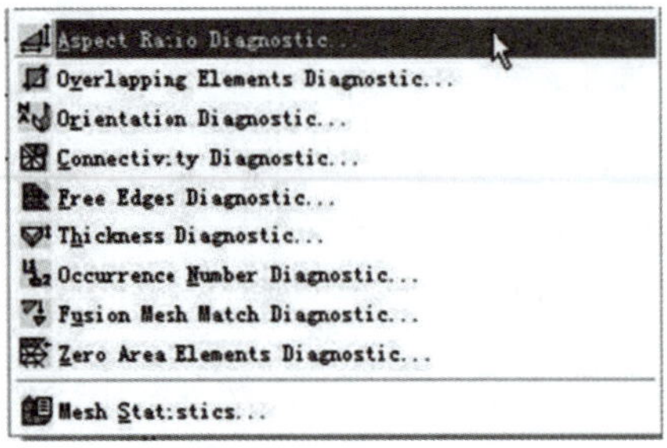

图 6-14 网格诊断

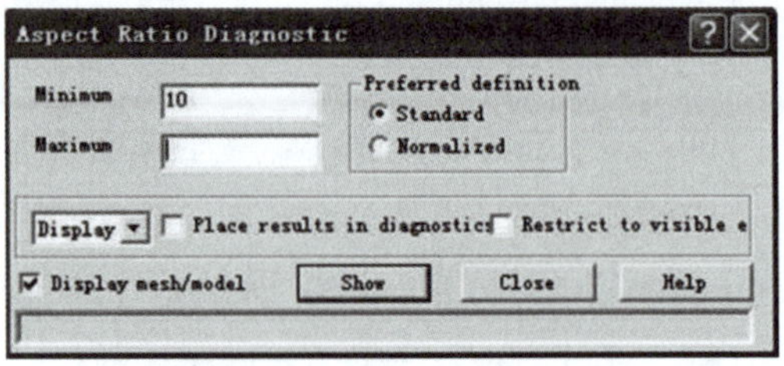

图 6-15 纵横比诊断对话框

值的单元全被选中和显示。当有大量纵横比较大的单元存在时，可以分批处理，先在 Minimum 里输入较大的值，待选中的单元修理完成后，再输入较小的值，逐渐修理，直至全部单元符合要求。

Preferred definition 是选择使用哪一种纵横比格式，推荐使用 Standard 格式。

左侧下拉列表中有 Display 和 Text 两项可选，前者是将选中的单元显示在屏幕上，后者是以文本的形式显示纵横比诊断。

Place results in diagnostics（将结果置入诊断层）复选框确定是否生成一个新的层，以容纳选中的单元，推荐选择该选项，将纵横比较大的单元全部置入新层，然后选择仅显示该层，在该层中进行修改整理。

Restrict to visible entity（仅限可见实体）复选框确定是否仅检查屏幕可见的单元。

Display mesh/model（显示网格/模型）复选框确定是否显示网格和模型，取消该选项后，整个网格和模型将不可见，仅显示出纵横比诊断彩色引线。

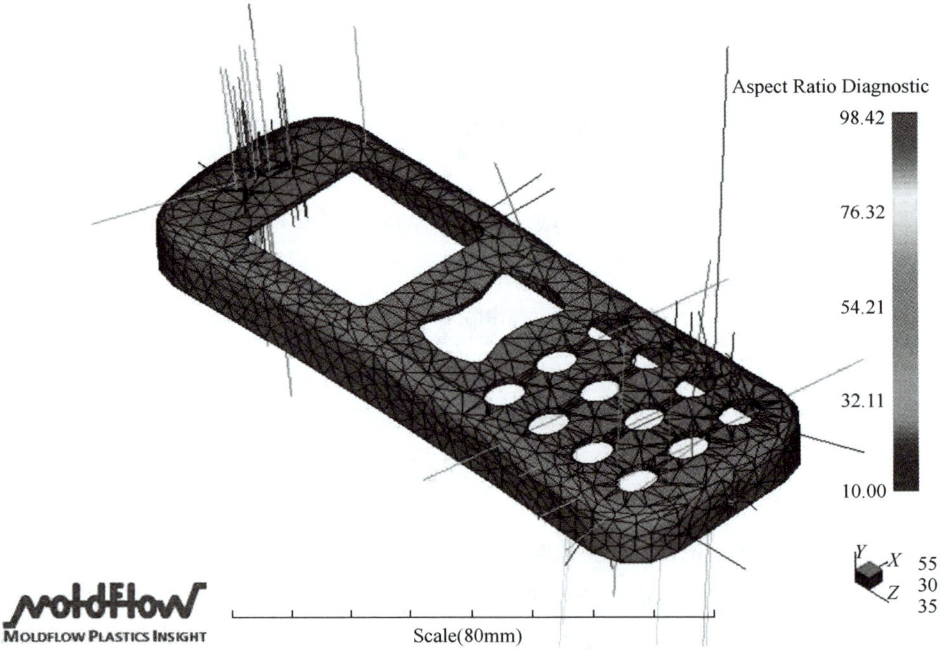

图 6-16 纵横比诊断显示

一个纵横比诊断实例见图 6-16，纵横比大于设定的 Minimum = 10 的单元全部由引出线标示出来，而引出线的颜色则代表了纵横比的大小（与右侧色柱比较）。一般地，单元修复顺序按纵横比值由大至小。为了更清晰地观察到纵横比缺陷单元，建议使用诊断层，并且旋转网格，使被观察单元的引出线尽量垂直于屏幕，以便屏幕显示出单元的最大面积。

② Overlapping Elements Diagnostic（重叠单元诊断）重叠单元诊断对话框如图 6-17 所示，Find overlaps（查找重叠单元）和 Find intersection（查找交叉单元）复选框允许用户只选择查找重叠单元或交叉单元。其余选项解释参见纵横比诊断。

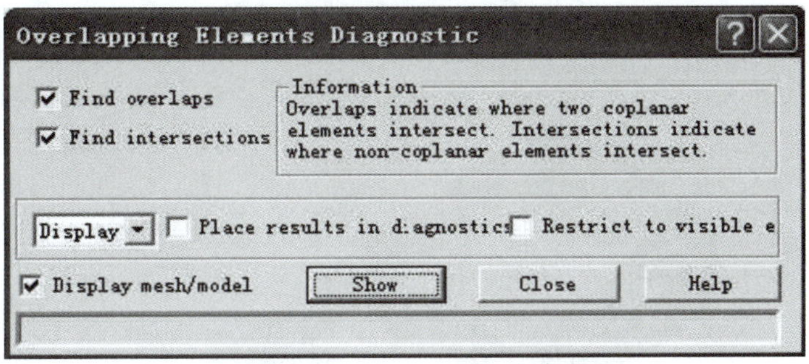

图 6-17　重叠单元诊断对话框

一个重叠诊断实例见图 6-18。比较网格颜色和右边色柱，就可以确定单元是否存在重叠或交叉，红色表示交叉，蓝色表示重叠。

存在重叠或交叉单元时，必须仔细观察，理解各单元在空间中相互位置，然后才能对症下药，进行网格修补。

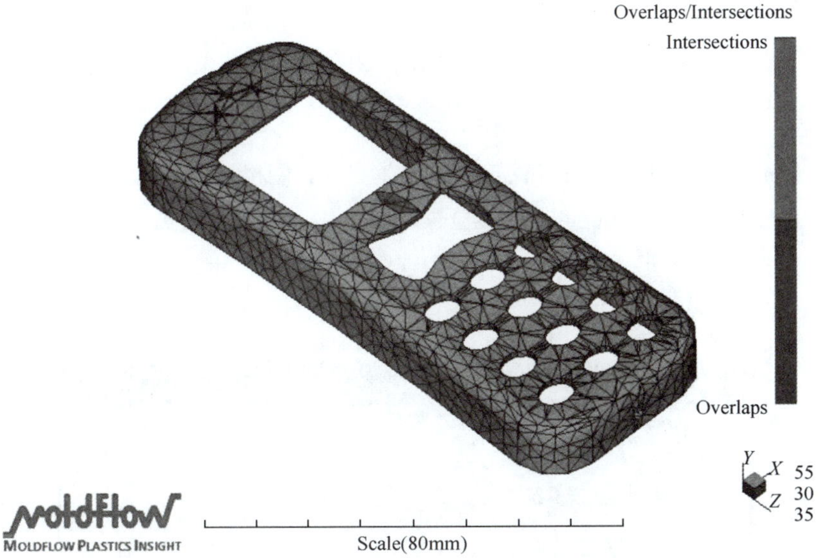

图 6-18　重叠单元诊断显示

③ Mesh Orientation Diagnostic（网格定向诊断）。网格定向诊断对话框如图 6-19 所示，各选项解释参见纵横比诊断。一个网格定向诊断实例见图 6-20。界面上蓝色表示顶面定向，红色

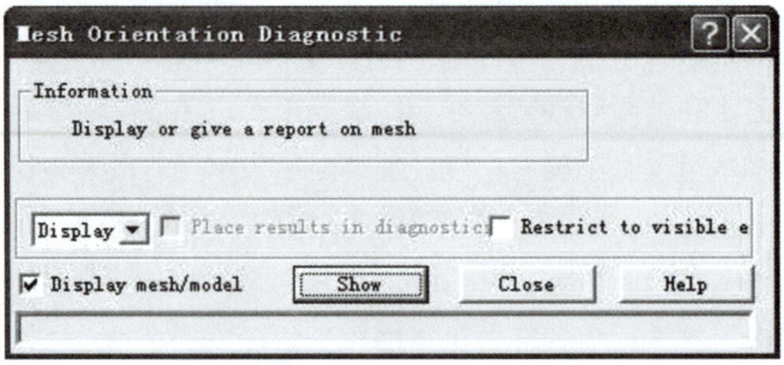

图 6-19　网格定向诊断对话框

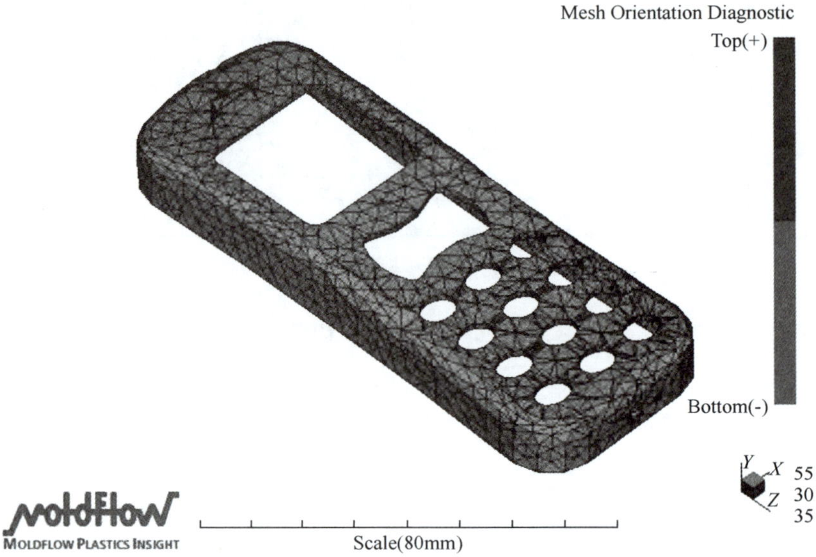

图 6-20　网格定向诊断显示

表示底面定向。

④ Mesh Connectivity Diagnostic（网格连通性诊断）。网格连通性诊断对话框见图 6-21，在 Start connectivity check from entity（连通性检查起始实体）里输入或点击网格单元，那么，网格连通性检查就从输入的单元开始，凡是与之相连的就以红色显示，反之，以蓝色显示。 Ignore beam elements（忽略一维单元）复选框确定在分析连通性时是否考虑一维单元，勾选该选项

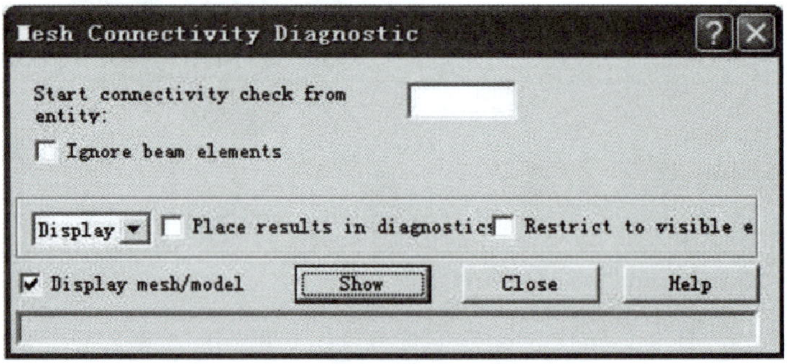

图 6-21　网格连通性诊断对话框

后，流道、冷却水道等一维单元在分析时不予考虑。其余选项解释参见纵横比诊断。

正常情况下，单个塑件的网格连通性检查一般均可通过，出现网格连通缺陷的大多是流道或浇口与塑件的连接处，尤其在一模多腔时，更应仔细检查。

图 6-22 是网格连通性诊断的一个实例，从任何一个单元开始，连通性显示均为红色，表明整个网格通过连通性诊断。

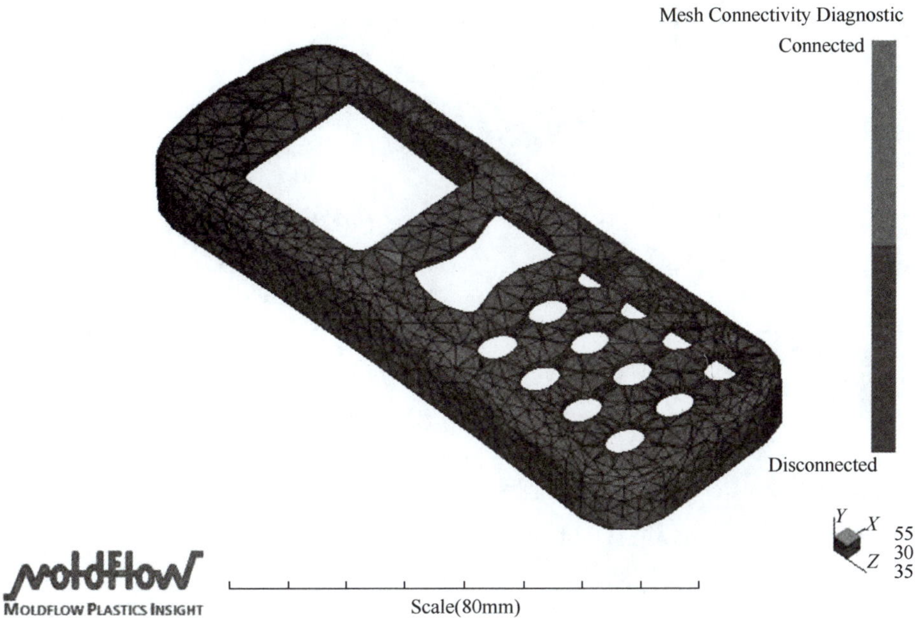

图 6-22 网格连通性诊断显示

⑤ Free Edges Diagnostic（自由边诊断）。自由边诊断对话框见图 6-23， Find non-manifold edges（查找非交叠边）复选框确定在分析自由边时是否考虑非交叠边。如果只是诊断自由边，可以取消该选项。一般地，自由边以红色显示，而非交叠边以蓝色显示。其余选项解释参见纵横比诊断。

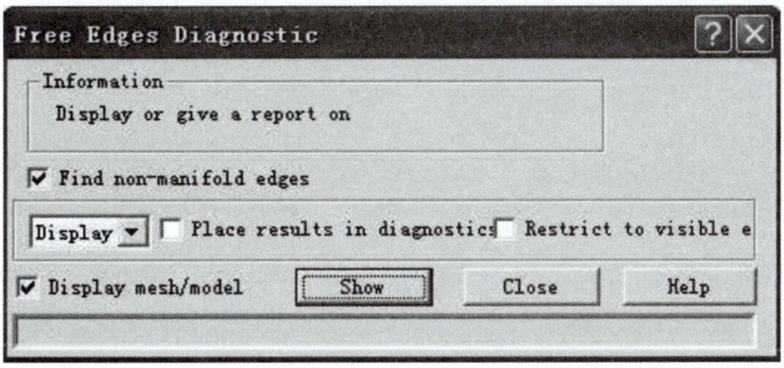

图 6-23 自由边诊断对话框

图 6-24 是一个自由边诊断实例，发现有自由边和非交叠边时，应根据网格类型决定是否修改。 Moldflow 网格类型与单元边参见表 1。推荐将诊断出的自由边或非交叠边置入诊断层，

仔细分析局部网格情况，通过节点移动、单元删除、单元新建等方法进行网格修补。

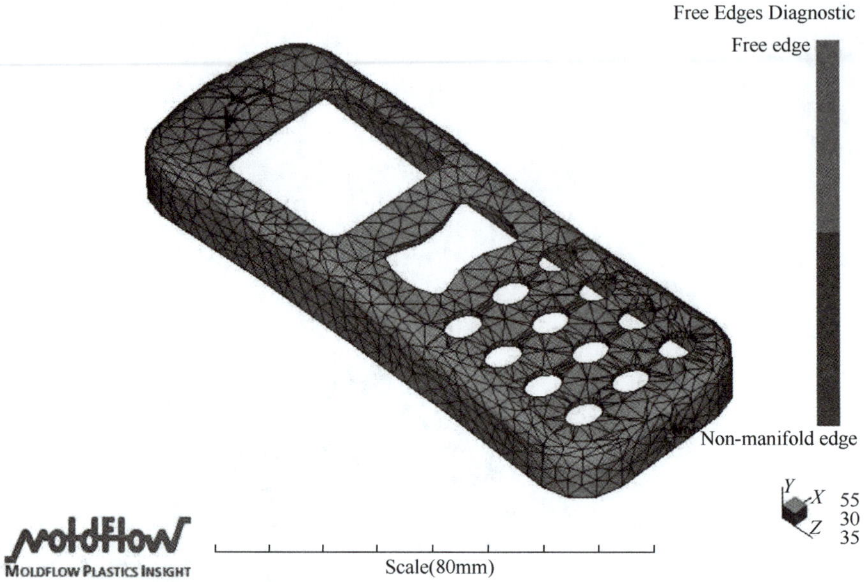

图 6-24　自由边诊断显示

⑥ Mesh Thickness Diagnostic（网格厚度诊断）。网格厚度诊断对话框见图 6-25，右边输入窗口 Min 和 Max 表示显示出厚度在 Min 和 Max 之间的全部网格。灵活调整 Min 和 Max 的值，可以查看到网格中的极薄或极厚的单元。其余选项解释参见纵横比诊断。

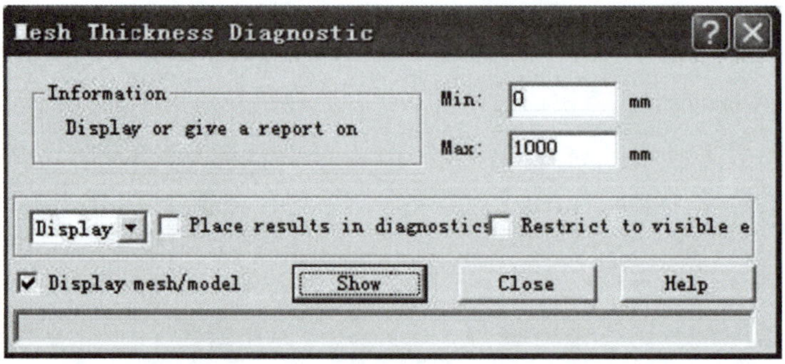

图 6-25　网格厚度诊断对话框

图 6-26 是网格厚度诊断的实例，右边的色柱表明整个网格的厚度在 1.027～1.178mm 之间。

⑦ Occurrence Number Diagnostic（运算次数诊断）。运算次数诊断对话框见图 6-27，各选项解释参见纵横比诊断。运算次数诊断是显示出网格中单元的运算次数，在一模多腔时，基于每腔填充状况一致，可以使用多次运算次数，从而减少计算机运行时间，降低对硬件要求。

图 6-28 是运算次数诊断的一个实例，右边色柱表明，全部网格按一次计算。

⑧ Fusion Mesh Match Diagnostic（Fusion 网格匹配诊断）。 Fusion 网格匹配诊断对话框见图 6-29， Reciprocal mesh match（相互网格匹配）选项确定在计算 Fusion 网格的匹配率时，是

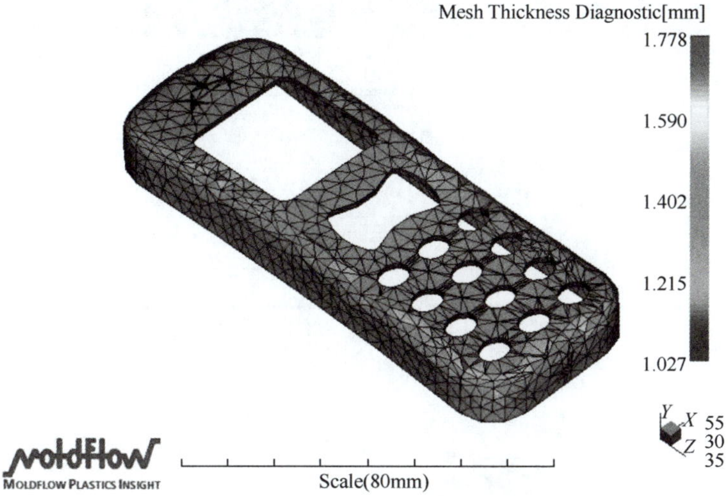

图 6-26　网格厚度诊断显示

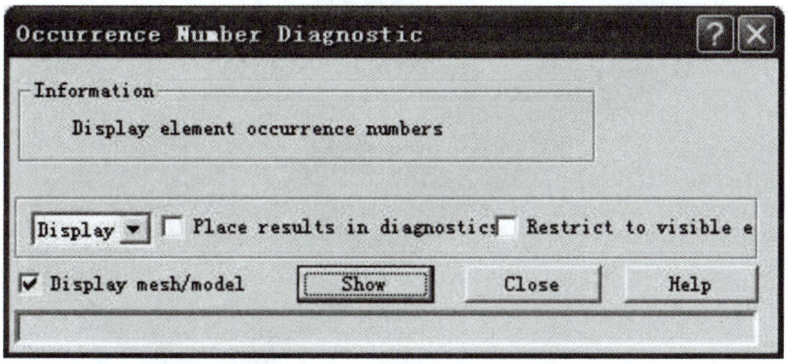

图 6-27　运算次数诊断对话框

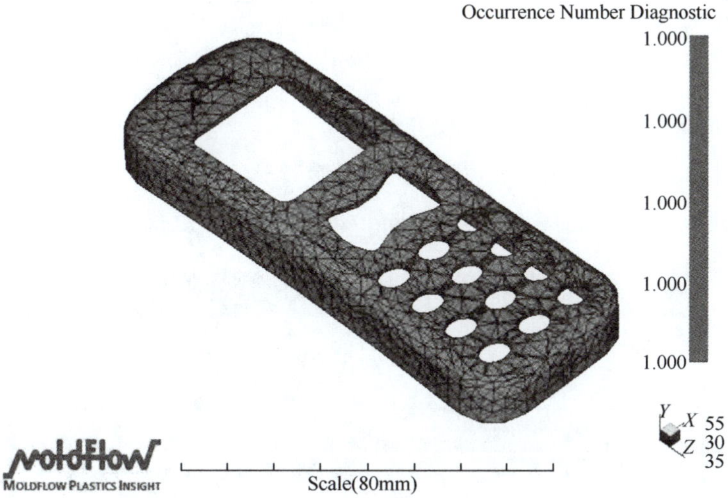

图 6-28　运算次数诊断显示

否考虑相互匹配。其余选项解释参见纵横比诊断。图 6-30 是 Fusion 网格匹配诊断的一个实例，上面表示 Unmatched（未匹配），中间表示 Edge（侧壁），下面表示 Matched（已匹

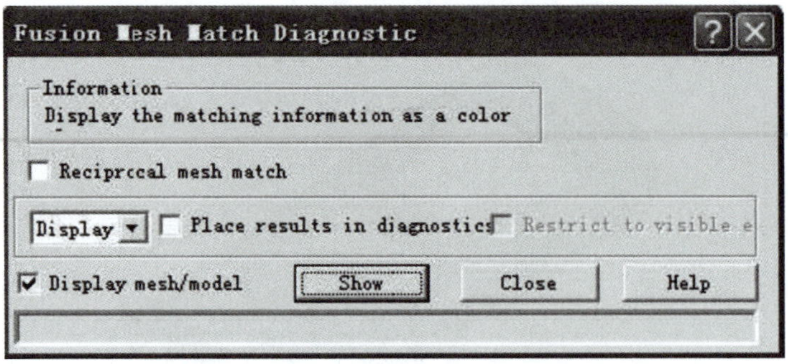

图 6-29　Fusion 网格匹配诊断对话框

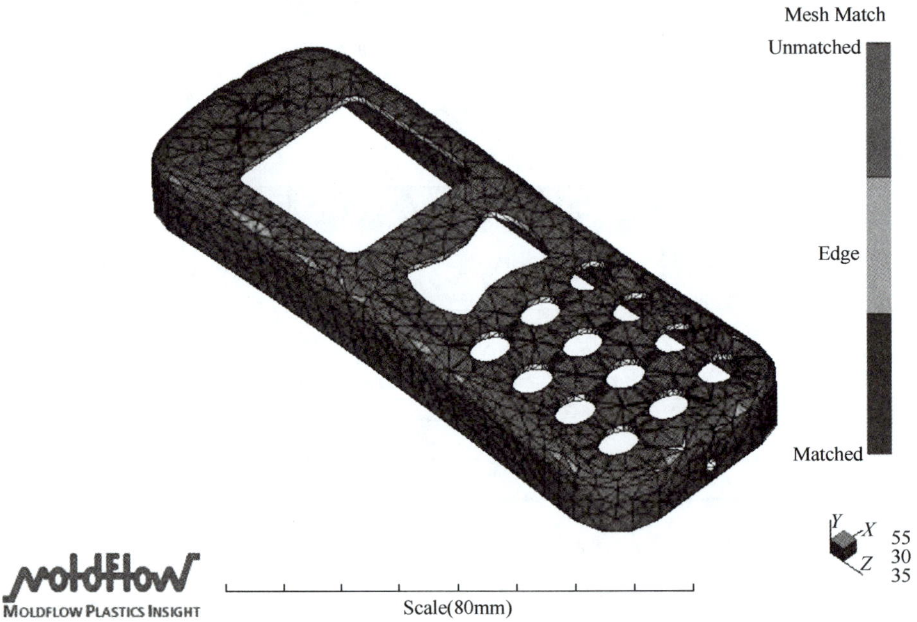

图 6-30　Fusion 网格匹配诊断显示

配）。一般地，匹配率越高，分析结果越可靠。

⑨ Zero Area Elements Diagnostic（零面积单元诊断）。

零面积单元诊断对话框见图 6-31。在 Find edge lengths（查找单元边长度小于）窗口里输

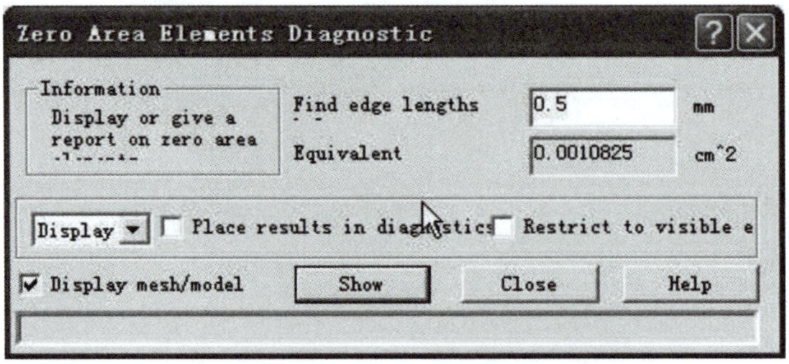

图 6-31　零面积单元诊断对话框

入一极限值， Equivalent（当量）窗口里显示相应的当量面积（灰色，不可改）， 凡是单元边长度小于该极限值的单元以蓝色显示。其余选项解释参见纵横比诊断。

图 6-32 是零面积单元诊断的一个实例。界面上蓝色单元表示其单元边长度小于设定地值，应仔细观察，确定是否要修改。一般地，极小的单元边或极小的面积应该避免。

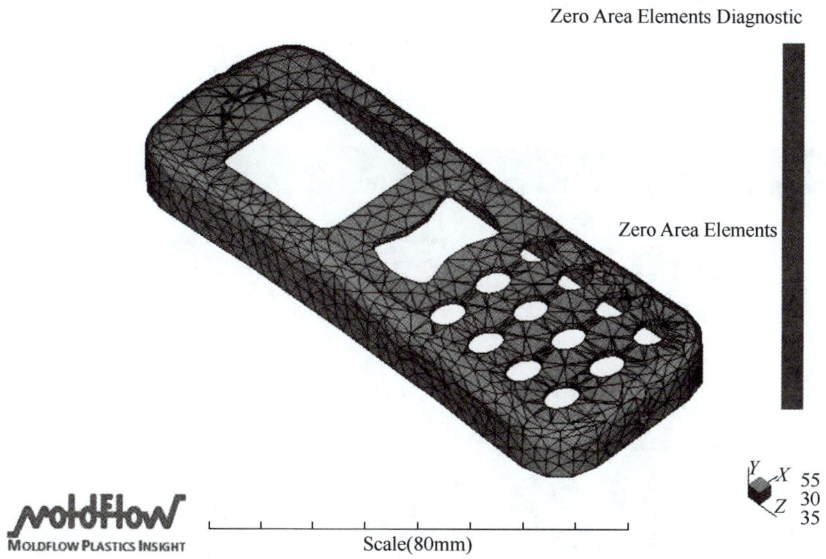

图 6-32　零面积单元诊断显示

（4） Moldflow 网格修复向导 Moldflow 提供了多种网格处理方法，在主菜单里选择 Mesh→Mesh Repair Wizard（网格修复向导），出现如图 6-33 所示的网格修复向导第一页对话框。这是 Moldflow 提供给用户自动修复网格的工具，在手动修改网格之前，推荐先使用该网格处理工具，尽量减少手动修改的工作量。网格修复向导一共有 8 页，分别是：

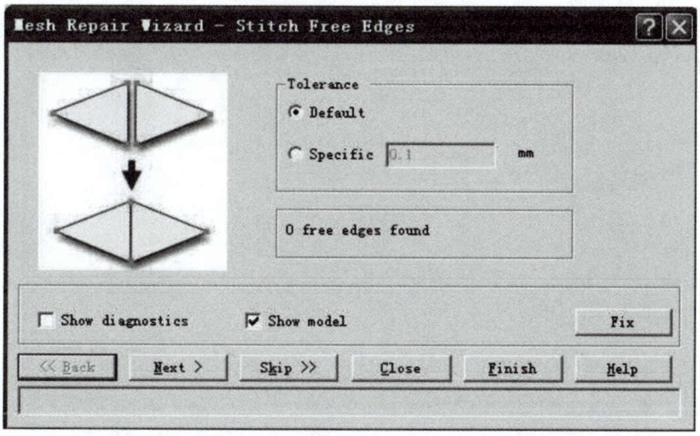

图 6-33　网格修复向导——缝合自由边

① Stitch Free Edges（缝合自由边）。图 6-33 为缝合自由边的网格修复向导，在 Tolerance（公差）里输入缝合公差，系统自动查找符合要求的自由边进行缝合， Default（缺省）值为

0. 1mm，也可以在 Specific（指定）里自行设定缝合公差。 Show diagnostics（显示诊断）和 Show model（模型）复选框确定是否显示相应项目。 Back、 Next 和 Skip 按钮用于在网格修复向导中翻页， Back 用于返回上一页， Next 用于完成本页修复后，再进入下一页， Skip 则不进行本页修复，直接进入下一页。 Fix 用于完成本页修复，但暂不进入下一页。 Finish 则用于直接完成全部 7 页的修复，然后进入第 8 页，即修复摘要页。

② Fill Hole（补孔）。图 6-34 为补孔的网格修复向导。系统自动查找网格破孔进行修复。

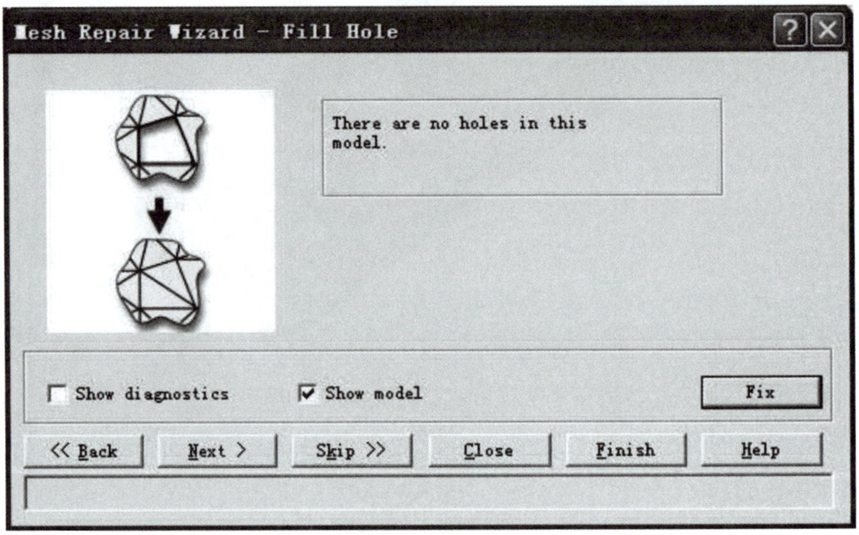

图 6-34　网格修复向导——补孔

③ Overhang（悬臂）。图 6-35 网格修复向导—悬臂图 6-35 为悬臂的网格修复向导。系统自动查找悬臂单元进行修复。

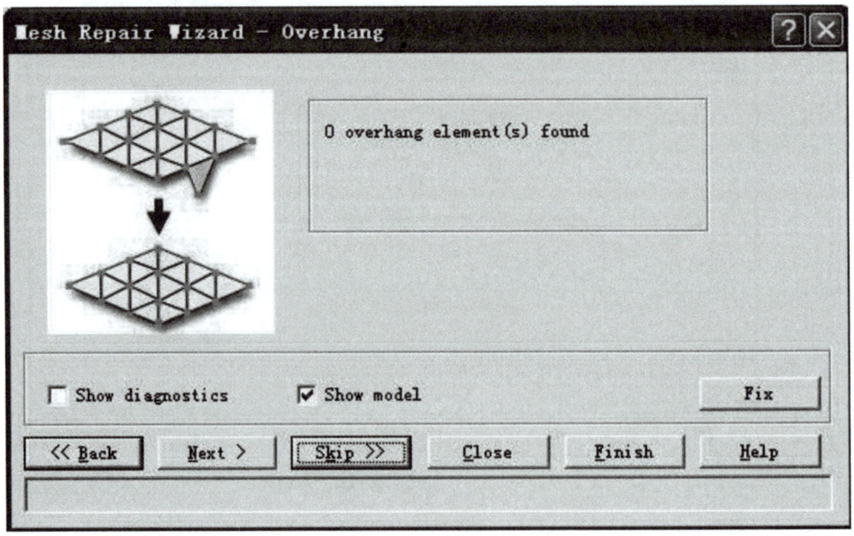

图 6-35　网格修复向导——悬臂

④ Degenerate Elements（异常单元）。图 6-36 是异常单元的网格修复向导，在 Tolerance（公差）里输入修复公差，系统自动查找三角形单元的高小于修复公差的异常单元进行修复，Default（缺省）值为 0.001mm，也可以在 Specific（指定）里自行设定修复公差。

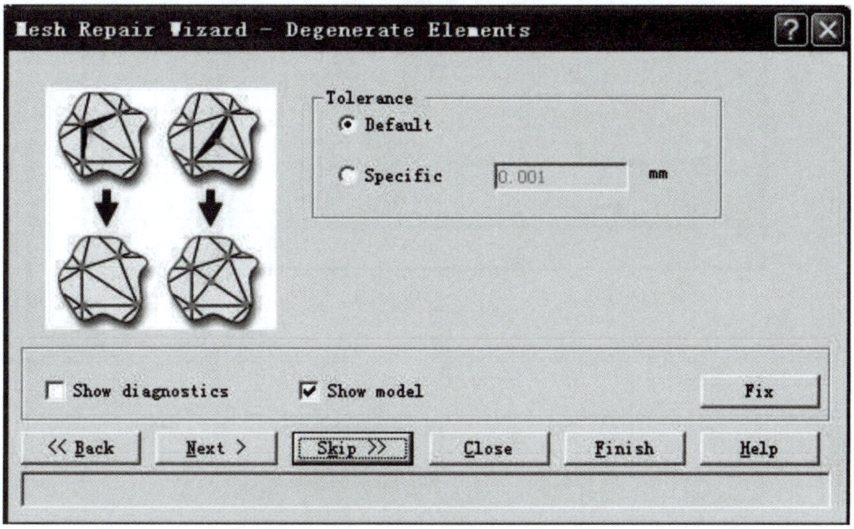

图 6-36 网格修复向导——异常单元

⑤ Flip Normal（法向翻转）。图 6-37 为法向翻转的网格修复向导，系统自动查找未正确定向的单元修复。

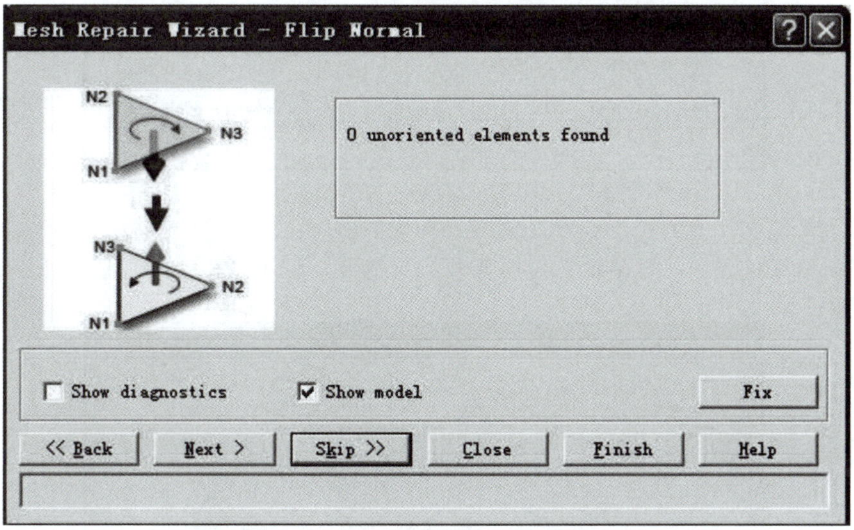

图 6-37 网格修复向导——法向翻转

⑥ Fix Overlap（重叠修复）。图 6-38 为重叠修复的网格修复向导， Algorithm（算法）里可以选择 Basic（基本）或 Advanced（高级），前者修复重叠单元速度较快，后者修复重叠单元数量较多。

⑦ Aspect Ratio（纵横比）。图 6-39 为纵横比的网格修复向导，在 Target（目标）里输入最

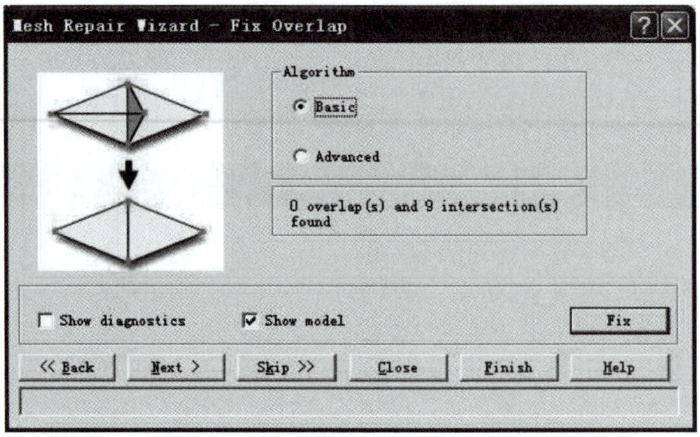

图 6-38　网格修复向导——重叠修复

大纵横比，系统按照设定的纵横比自动进行修复，为更有效进行网格修复，推荐使用 Fix 按钮修复两次，如果依然存在纵横比缺陷，必须在手动模式中进行网格修复。

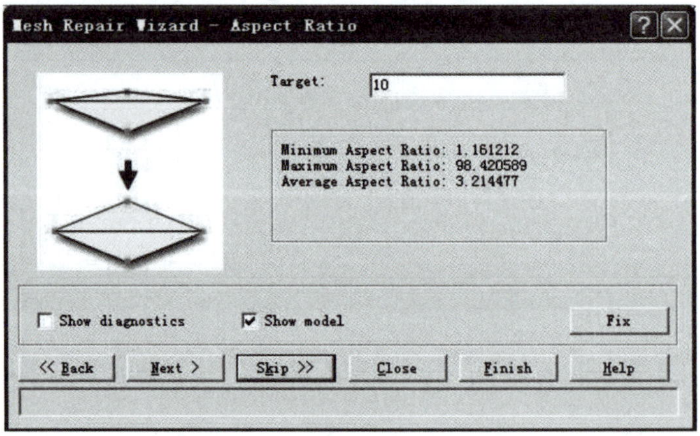

图 6-39　网格修复向导——纵横比

⑧ Summary（摘要）。图 6-40 为网格修复向导摘要，记录了整个修复过程所完成的工作。

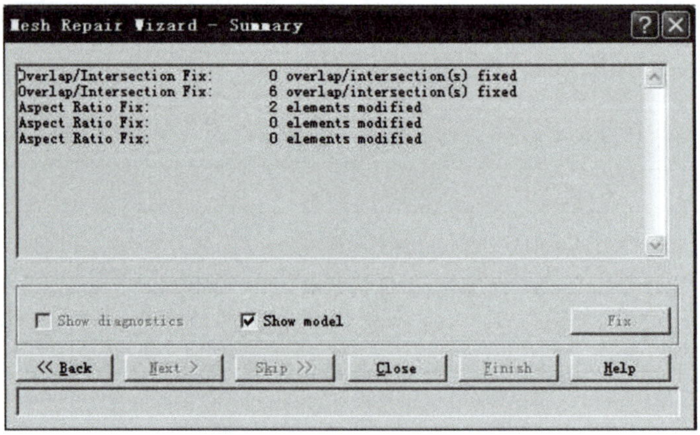

图 6-40　网格修复向导——摘要

（5）Moldflow 网格工具　Moldflow 除了提供自动网格修复向导外，还提供了人工修复工具。在主菜单中点击 Mesh→Mesh Tools，出现如图 6-41 所示的网格工具的第一项，即自动修复对话框。在这个网格工具组中，系统提供了 20 种手动网格修复工具，包括对节点、单元等对象的修改、删除和新建等。如果在左边的项目栏里工具数量不足，应该点击 More，出现如图 6-42 所示的对话框，在相应工具前的方框内勾选即可。

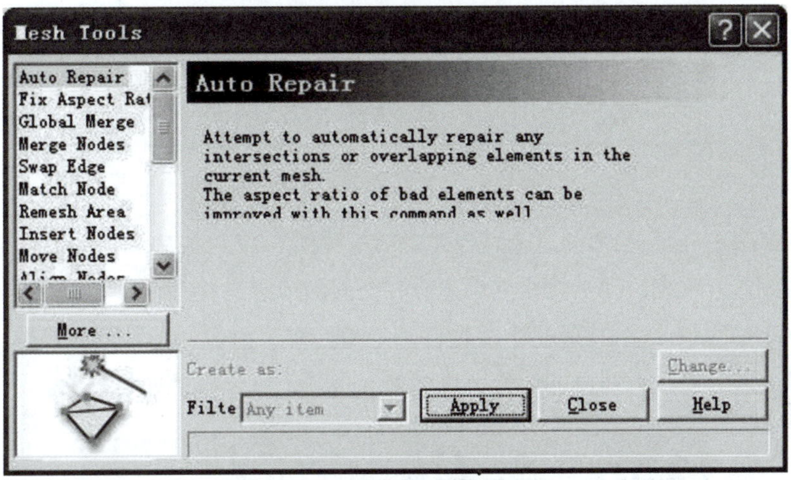

图 6-41　自动修复对话框

图 6-42　网格工具选择栏

在进行一个塑件的 CAE 分析时，网格的质量是影响分析精确性的重要因素，因此，网格划分和网格修复就成为工作的重点。在系统按照一定的设定参数划分好网格后，随之而来的网格修复通常会占用较长的时间。用户应该仔细检查网格质量，分析网格缺陷，依靠多种方法完成网格的修复工作。20 种网格工具的使用方法如下：

① Auto Repair（自动修复）。自动修复对话框见图 6-41，使用 Auto Repair 工具，系统将自动修复重叠、交叉和纵横比等缺陷，然后文本显示修复结果。使用该工具并不一定能全部修复网格缺陷，但仍然推荐在使用其他手动修复工具前，先使用 Auto Repair，以尽量较少其他修复工作量。

② Fix Aspect Ratio（修复纵横比）。修复纵横比对话框见图 6-43，Current Maximum Aspect Ratio（当前最大纵横比）显示在第一行，第二行是 Target Maximum Aspect Ratio（最大纵横比目标），输入一个期望最大纵横比值，系统会按照该纵横比值自动修复。修复完成后，文本显示修复结果。推荐使用 Apply 按钮两次，以尽量修复更多的纵横比缺陷。

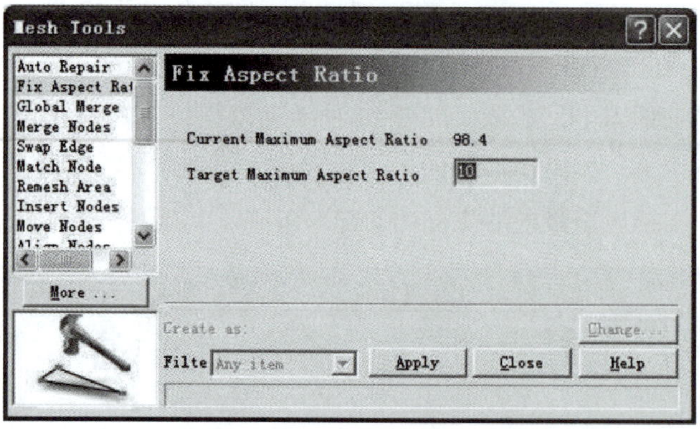

图 6-43　修复纵横比对话框

③ Global Merge（全局合并）。全局合并对话框见图 6-44，在 Merge tolerance（合并公差）里输入设定的数值，系统自动查找距离小于合并公差的节点，将其合并，合并公差的缺省值是 0.1mm。 Preserve Fusion（网格保护）复选框确定是否将节点合并的范围限制在同一三角形单元内，推荐勾选该选项，否则可能造成节点跨单元合并，带来其他网格缺陷。

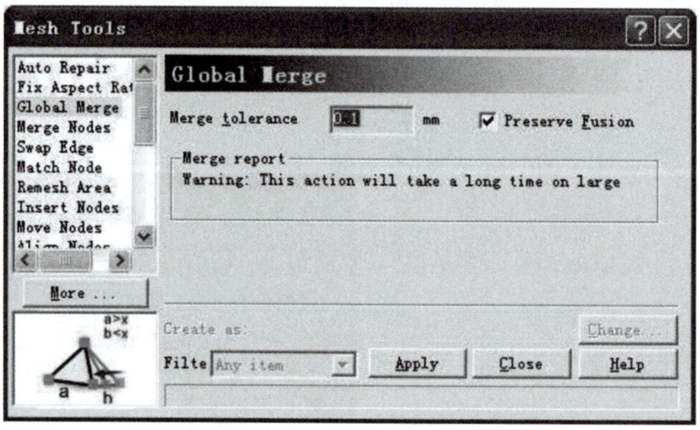

图 6-44　全局合并对话框

④ Merge Nodes（合并节点）。合并节点对话框见图 6-45，在 Node to merge（合并节点目标）里输入或点选节点作为合并的最终目标，在 Nodes to merge from（合并节点来源）里输入

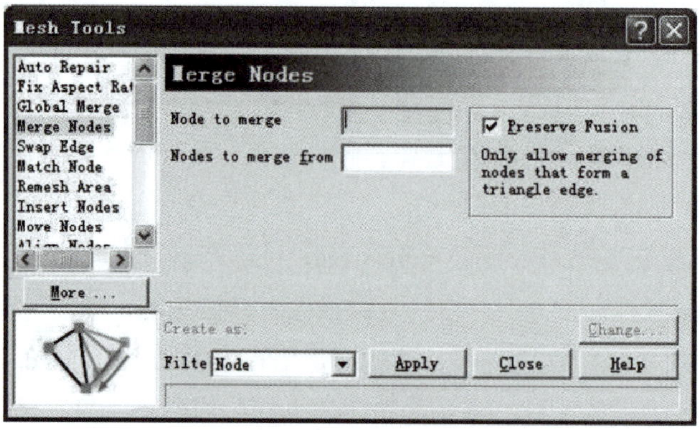

图 6-45　合并节点对话框

或节点，输入或点选的节点可以是多个，这些节点以 Node to merge 为目标合并。 Preserve Fusion（网格保护）复选框确定是否将节点合并的范围限制在同一三角形网格内。

合并节点工具大量应用在纵横比修复工作中，图 6-46 是使用合并节点工具的示意图，图 6-46（a）中存在两个纵横比较大的单元，可以将节点Ⅱ向节点Ⅰ合并，得到图 6-46（b）所示的结果，删除了纵横比较大的单元，优化了网格质量，可见，在处理纵横比缺陷时，合并节点是很有效的工具之一。

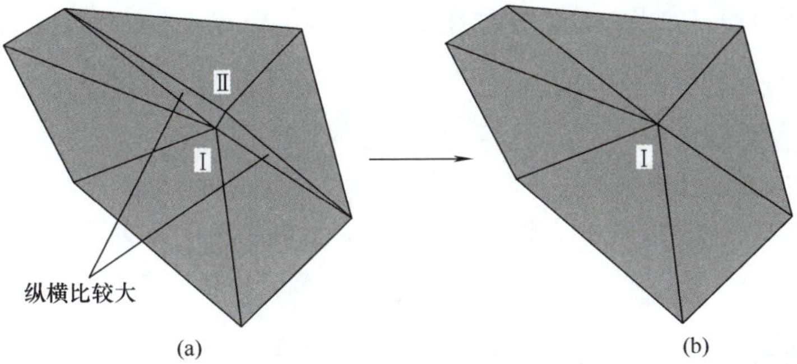

图 6-46　合并节点示意图

（a）合并前　（b）合并后

⑤ Swap Edge（交换单元边）。交换单元边对话框见图 6-47，在 Select first（选择第一单元）和 Select second（选择第二单元）里输入或点击一对有共用边的单元，点击 Apply 后，这两个单元的共用边即交换。一般地，使用该选项可以修复两个相邻的纵横比较大的一对单元，图 6-48 是交换单元边的示意图。图 6-48（a）中的两个单元纵横比较大，应用交换单元边后，转换成图 6-48（b）所示的结果，降低了纵横比，优化了网格质量。

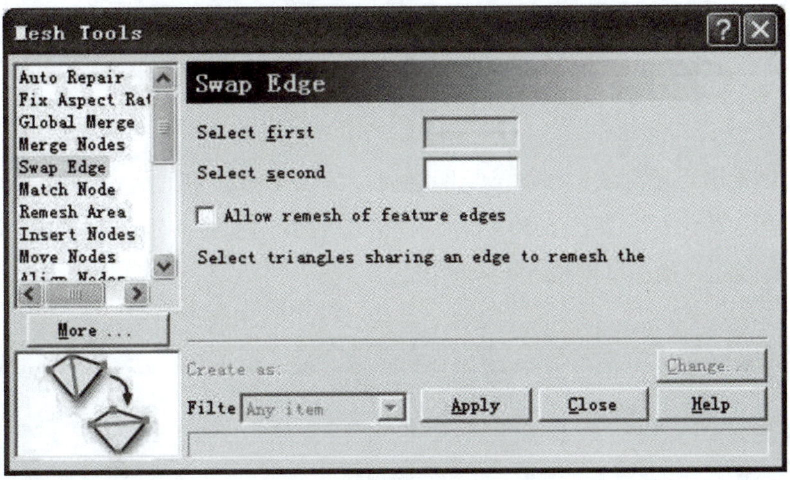

图 6-47　交换单元边对话框

值得注意的是，交换单元边的两个单元不仅要求相邻，而且法线方向最好一致，否则必须勾选 Allow remesh of feature edges（允许特征边重组），此时，网格会发生一定程度的变形（凹陷或突出），因此，勾选该选项时，必须要仔细考察网格，防止失真。

图 6-48 交换单元边示意图

（a）交换前 （b）交换后

⑥ Match Node（匹配节点）。匹配节点对话框见图 6-49，一般地，手工修复网格通常是在网格壁厚的某一面进行，如果进行了节点的移动、插入和新建等操作，那么，网格壁厚对应的另一面也应该进行相应的调整，否则，网格的匹配率就会下降。使用该网格工具，要先在 Select nodes to project into（选择投影节点）里输入或点选需要投向另一面的节点，在 Select triangles for nodes to（选择三角形单元）里输入或点选另一面被投影的三角形单元，这样，在另一面所选单元就生成了一个新的节点，根据具体情况，可以将这个新的节点进行编辑，使网格匹配。 Put new nodes into layer（新节点置入层）复选框确定将新节点置入哪一个层里。

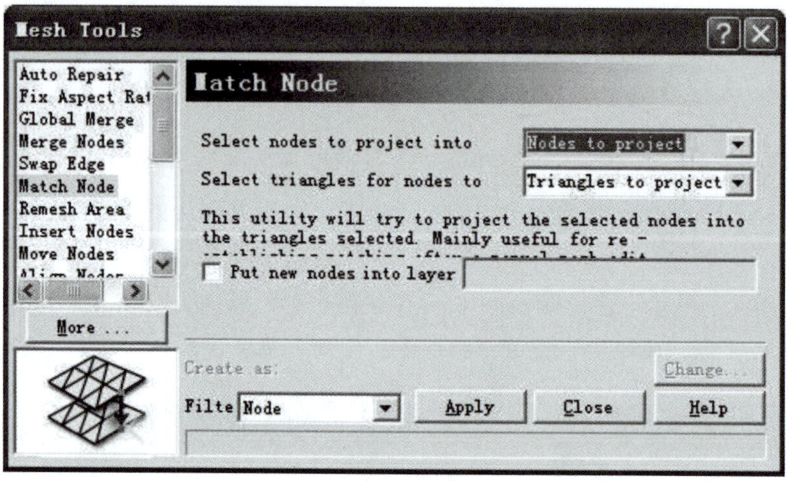

图 6-49 匹配节点对话框

图 6-50 是匹配节点示意图，手动修复网格后，节点 I 和节点 Ⅱ 错位，如图 6-50（a），应用节点匹配，新建节点 I ′，如图 6-50（b），然后节点 Ⅱ 向节点 I ′合并，如图 6-50（c），这样就完成了节点匹配，提高了网格的匹配率。

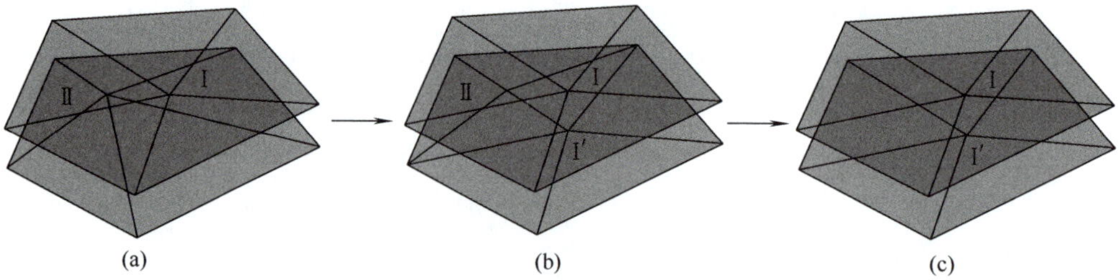

图 6-50 匹配节点示意图

（a）匹配前 （b）投影节点 （c）合并节点

⑦ Remesh Area（重新划分区域）。重新划分区域对话框见图 6-51，在 Entities to remesh（重新划分实体）里输入、点选或窗选网格，然后在 Target edge length（目标单元边长度）里输入期望的单元边长度，系统即按照设定的长度重新划分所选区域。使用该工具一般是为了在局部区域加密网格。

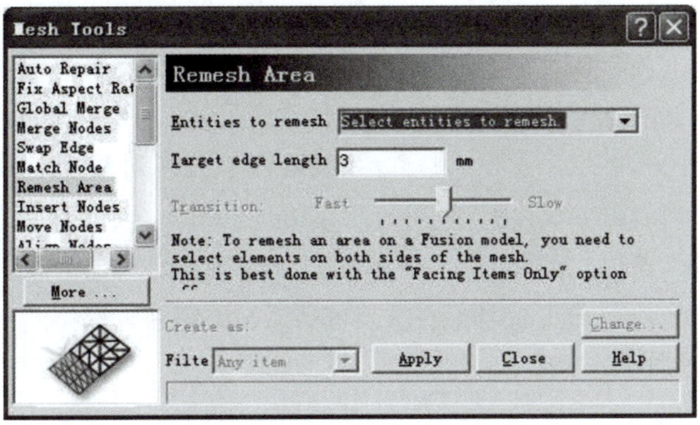

图 6-51 重新划分区域对话框

图 6-52 是使用该工具的一个示意图，图 6-52（a）是为原始网格，图 6-52（b）是局部加密后。一般地，当塑件某些区域较复杂，特征较小时，用户可以在该区域进行局部网格加密，以提高 CAE 分析的准确度。必须注意的是，加密网格的工作要同时在塑件的两面进行，为此，在选择加密区域时，要保证塑件的两面一齐被选上（取消 Select Facing Items Only）。

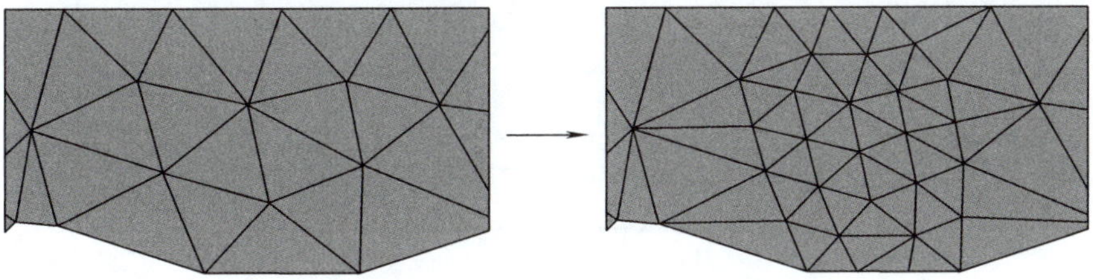

(a) (b)

图 6-52 重新划分网格示意图

（a）原始网格 （b）局部加密后

⑧ Insert Nodes（插入节点）。插入节点对话框见图 6-53，在 Select first Node（选择第一点）和 Select second Node（选择第二点）里分别输入或点选某一单元边的两个节点，系统自动在两个节点中间插入一个新节点，并将共享该单元边的两个相邻单元分别分割为两个单元。图 6-54 是该网格工具的示意图，图 6-54（a）是插入节点前的

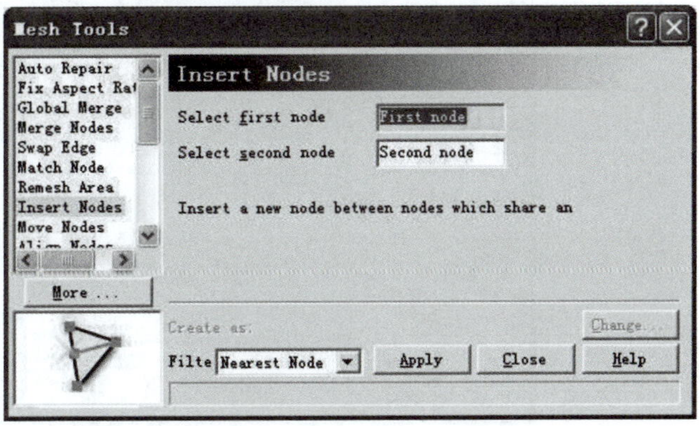

图 6-53 插入节点对话框

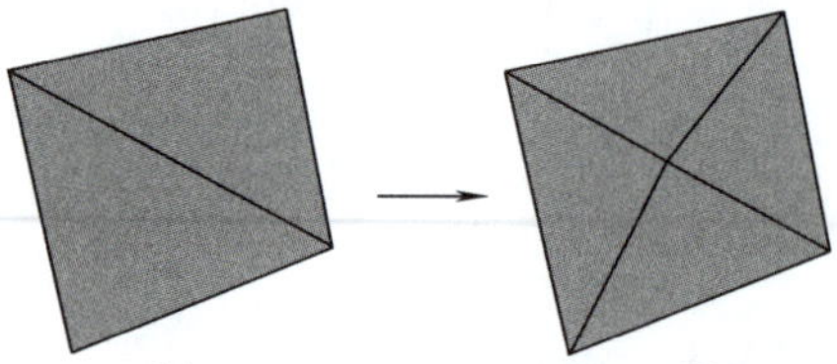

(a)　　　　(b)

图 6-54　插入节点示意图

（a）插入节点前　（b）插入节点后

两个单元，图 6-54（b）是插入节点后，两个单元变为四个单元。必须注意的是，插入节点后，应该在网格的另一面作同样的操作，以避免网格匹配率的下降。

⑨ Move Nodes（移动节点）。图 6-55 是移动节点对话框，在 Nodes to move（移动节点）里输入或点选所需移动的节点，在 Location（定位）里输入坐标，系统即将节点移动至指定的坐标。坐标的输入有 Absolute（绝对）和 Relative（相对）两种。除了输入坐标外，也可以用鼠标实时拖动节点，方法是点选所需移动的节点，按住鼠标左键不放，拖动节点到预定位置后，放开鼠标，使用 Apply 按钮，即可实现节点移动。同样地，节点移动后，必须注意保持网格另一面节点与已移动节点相匹配，防止匹配率下降。

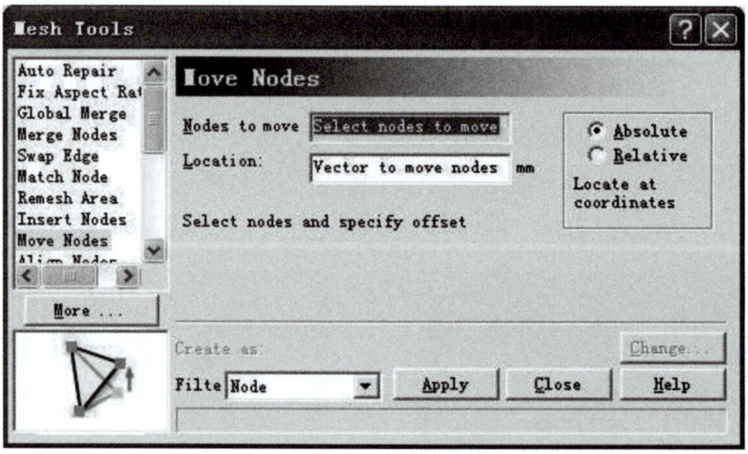

图 6-55　移动节点对话框

⑩ Align Nodes（节点对齐）。节点对齐对话框见图 6-56，在 Alignment node 1/2（对齐节点

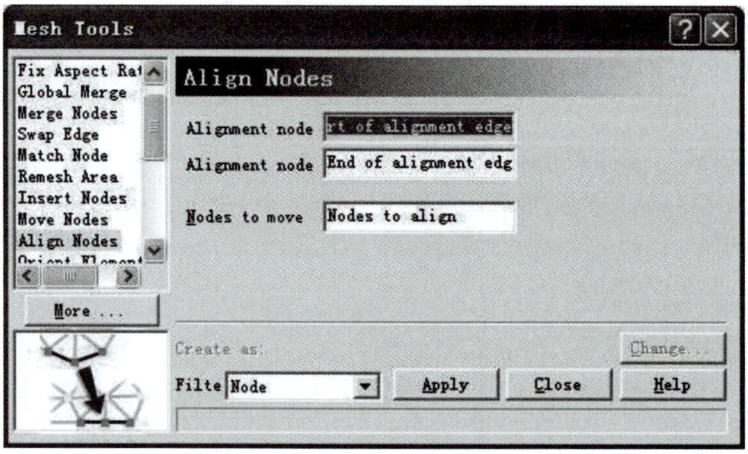

图 6-56　节点对齐对话框

1/2）里分别输入或点选一个对齐节点， 然后在 Nodes to move（移动节点）里输入或点选所需的移动节点（可多选）。系统按照前面选取的两个对齐节点构成的直线，将全部移动节点对齐到该直线上。

图 6-57 是节点对齐示意图，图 6-57（a）是节点对齐前的网格状态，选择节点Ⅰ和Ⅳ作为对齐节点，选择节点Ⅱ和Ⅲ作为移动节点，应用 Apply 按钮后，节点对齐，如图 6-57（b）所示，四个节点在一条直线上。对应地，另一面的节点也应作相应调整，防止网格匹配率下降。

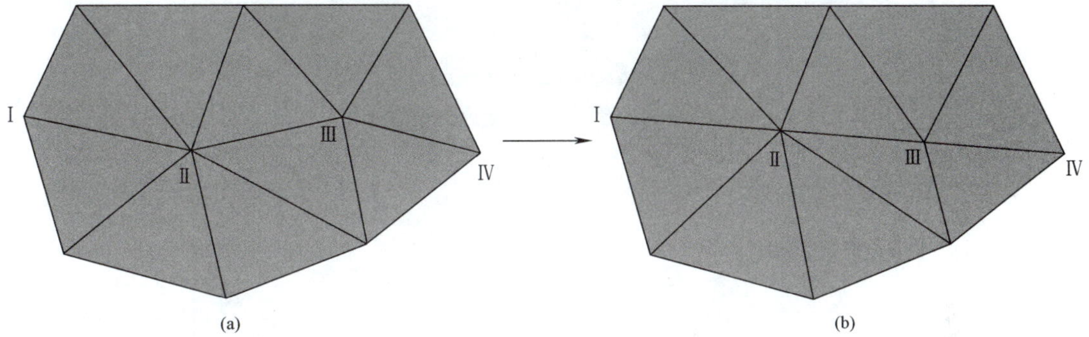

图 6-57 节点对齐示意图
（a）节点对齐前 （b）节点对齐后

⑪ Orient Elements（单元定向）。单元定向对话框见图 6-58，在 Elements to edit（需编辑单元）里输入、点选、多选或窗选需要编辑的单元，除了可以在 Elements to edit 里输入单元外，Moldflow 还提供了两种搜索方法选择需编辑的单元，即在 Reference（参照）里输入或点选单元，应用 Search 按钮，大批单元即被选取，选取的原则有两个，其一是 All elements connected to reference element（全部与参照单元相连接的单元）被选中，其二是 Connected elements with same orient（全部具有相同定向的与参照单元相连接的单元）被选中。前者可以快速选中网格中的全部单元，后者可以快速选中具有相同定向的单元，以便于快速反向定向。

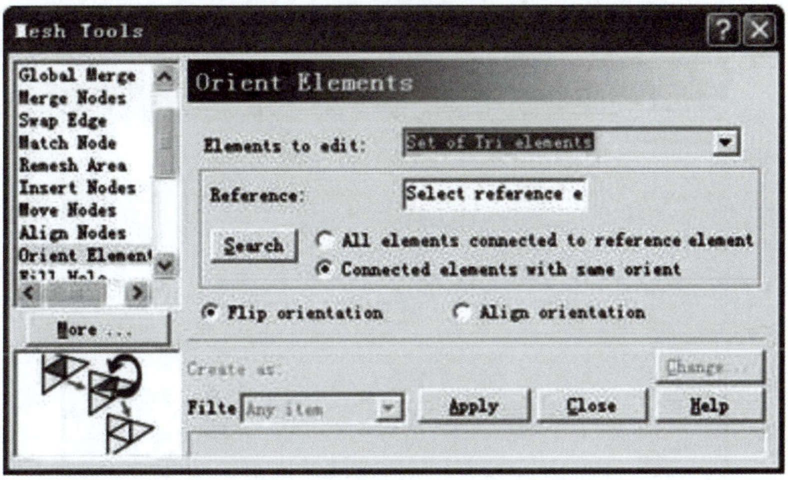

图 6-58 单元定向对话框

对话框中的另两个选项是 Flip orientation（反向定向）和 Align orientation（对齐定向），两者二选一，用以确定被选中的单元作反向定向或者按照 Reference 里输入的单元对齐定向。

⑫ Fill Hole（补孔）。如果 Fusion 网格上存在破孔，网格检查或系统分析时就会报错，必须进行补孔工作，网格工具里的补孔对话框见图 6-59，在 Select nodes（选择节点）里输入或点选节点，注意选择的节点必须依顺时针或逆时针封闭破孔边界。然后，点击 Apply 按钮，系统即在破孔处生成网格单元。图 6-60 是补孔示意图。

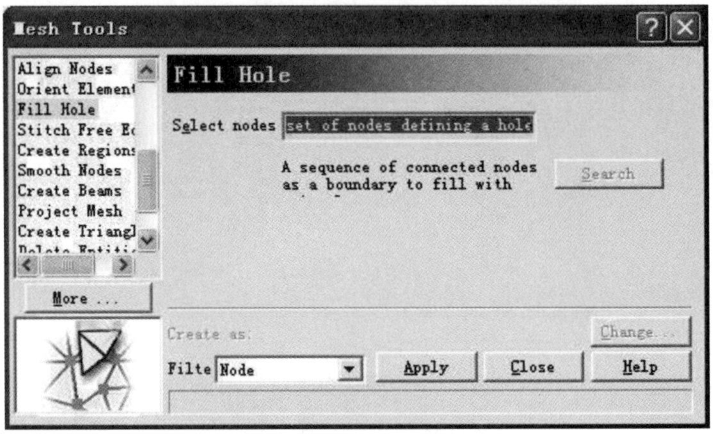

图 6-59 补孔对话框

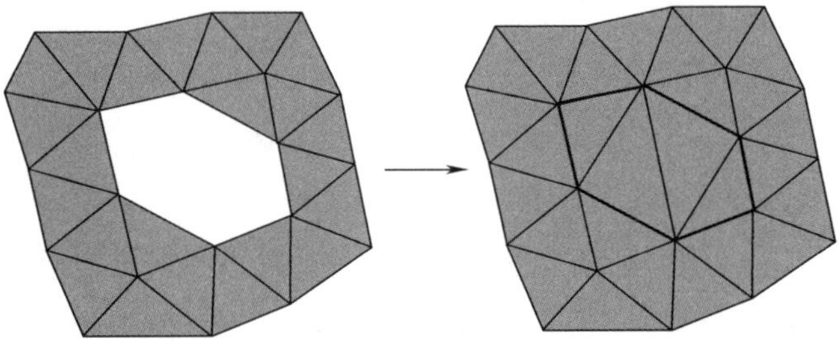

图 6-60 补孔示意图

⑬ Stitch Free Edges（缝合自由边）。缝合自由边对话框见图 6-61，在 Select nodes（选择节点）里输入或点选需要缝合的自由边的节点，在 Stitch Tolerance（缝合公差）里设置公差，如果输入的节点的距离小于设置的缝合公差，节点就会合并，从而消

图 6-61 缝合自由边对话框

除自由边。图 6-62 是缝合自由边示意图，如图 6-62（a）所示， 两个单元之间存在间隙，依次点选节点Ⅰ、Ⅱ、Ⅲ、Ⅳ，并且在 Stitch Tolerance 里设置好公差，那么，系统将自动缝合自由边，结果见图 6-62（b）所示。

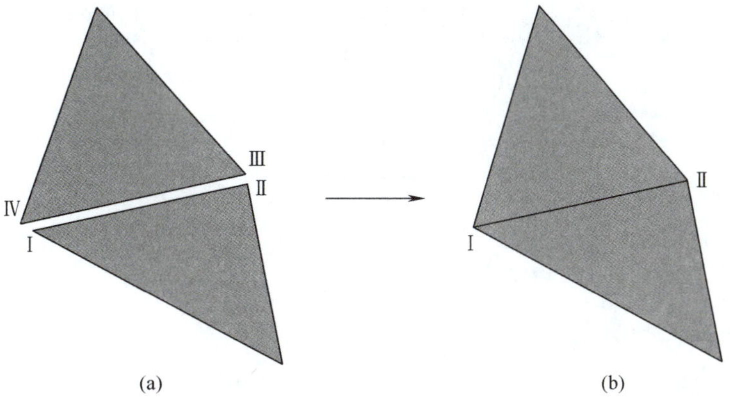

图 6-62 缝合自由边示意图

（a）缝合前 （b）缝合后

⑭ Create Regions（创建区域）。创建区域对话框见图 6-63，在 Tolerance（公差）里选择 Planar（线性）或 Angular（角度）并输入公差值，公差值越大，创建的 Regions 就越少，反之则越多。 Create from（创建于）确定是从 STL 模型或者是 Mesh 网格中创建 Regions，如果是从 STL 模型中创建，还可以在 Create as（创建为）中指定其属性，属性可以在 Change（更改）中预先编辑。

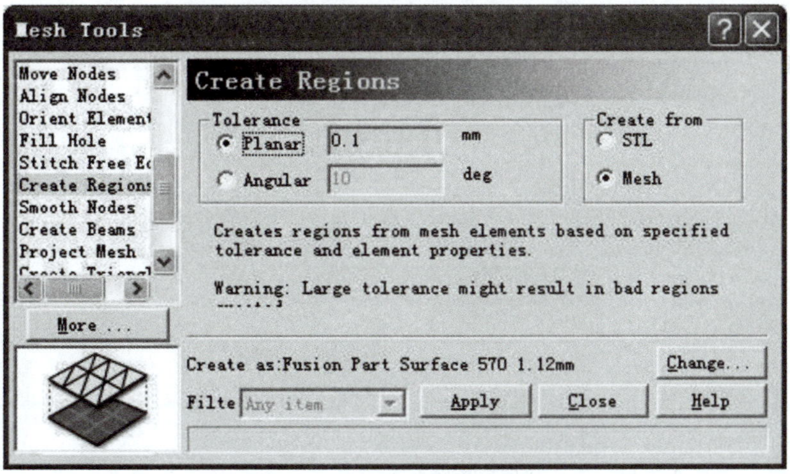

图 6-63 创建区域对话框

⑮ Smooth Nodes（光顺节点）。光顺节点对话框见图 6-64。在 Select（选择）里输入、点选或窗选节点，应用 Apply 按钮即可使节点移动，与节点相关的单元更加平均、光顺。 Preserve feature edges（保护特征边）复选框确定是否将节点的移动限制在特征边上，选择该选项后，节点只能在特征边上移动。一般地，在进行一些手动修复网格后，为了提高网格质量，推

荐在网格纵横比较差的地方使用该工具。图 6-65 是光顺节点示意图，在图 6-65（a）中，节点Ⅰ周围的网格单元相差较大，使用光顺节点工具，点选节点Ⅰ，应用 Apply 按钮，如图 6-65（b）所示，网格质量得到改善。

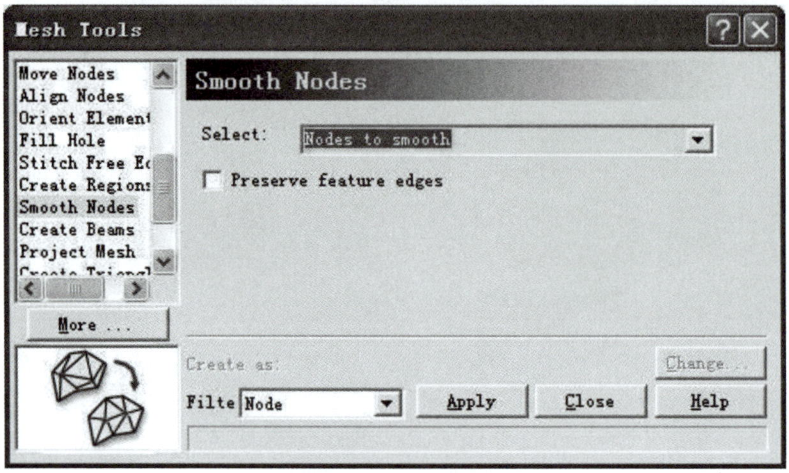

图 6-64　光顺节点对话框

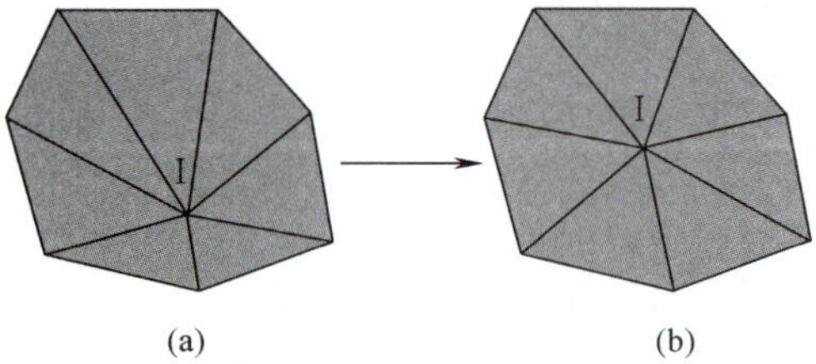

图 6-65　光顺节点示意图

（a）光顺前　（b）光顺后

⑯ Create Beams（创建一维单元）。创建一维单元对话框见图 6-66，在 Coordinate 1（坐标 1）和 Coordinate 2（坐标 2）里分别输入或点选一维单元的起点和终点，然后在 Number of（数量）里输入单元数，并且在 Change（更改）里选择单元属性，应用 Apply 按钮即可创建一维单元。使用本工具可以新建流道、冷却水道等一维单元。

⑰ Project Mesh（投影网格）。投影网格对

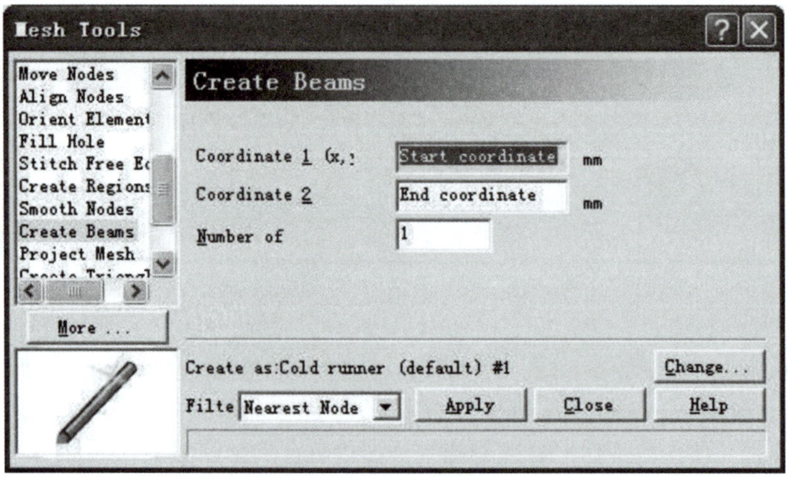

图 6-66　创建一维单元对话框

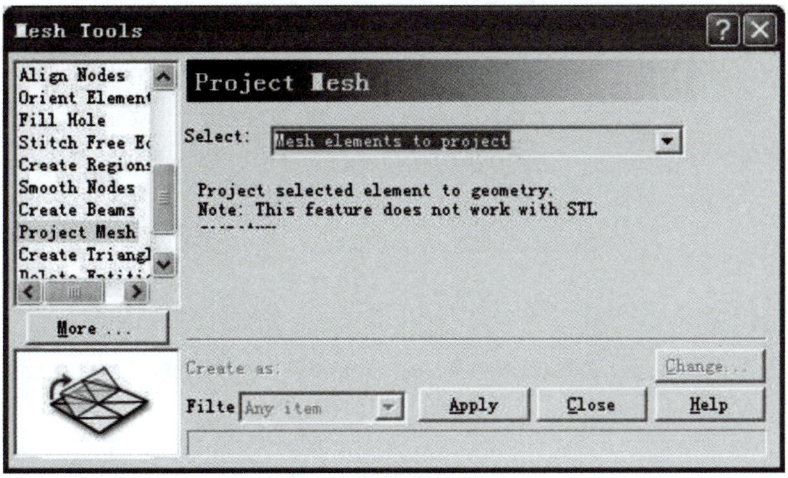

图 6-67 投影网格对话框

话框见图 6-67，当网格出现畸形，网格单元与原始模型不相符时，可以使用该工具。 在 Select（选择）里输入、点选或窗选单元，应用 Apply 按钮，所选单元即投影回原始模型。需要注意的是，本工具不适合于 STL 原始模型。

⑱ Create Triangles（创建三角形单元）。创建三角形单元对话框见图 6-68。该工具可以手动创建三角形单元，在修复网格工作中用处很大，特别是当网格出现一些交叉、重叠或复杂情况时，可以适当删除部分单元，然后再使用本工具重建三角形单元。在三个 Node（节点）处输入节点坐标或直接点选节点，三角形单元即可构建。 Inherit properties from neighbors（从相邻单元继承属性）复选框确定是否将相邻单元的属性赋予新建的三角形单元。推荐使用该选项，否则必须手动赋予新单元属性。

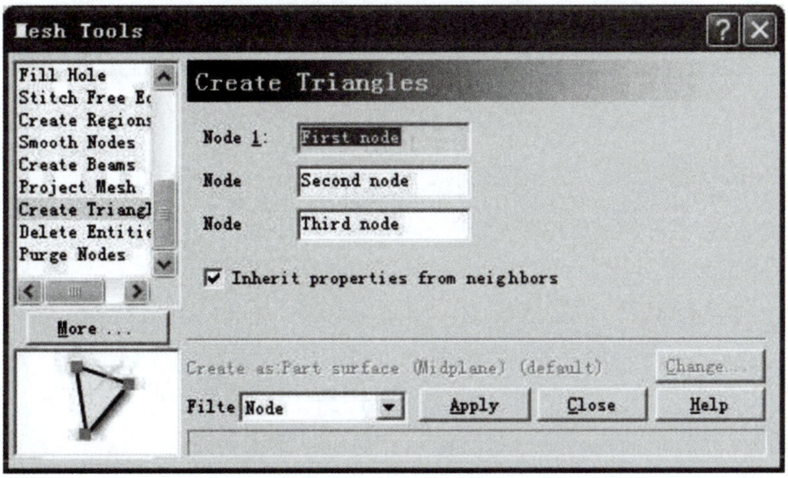

图 6-68 创建三角形单元对话框

图 6-69 是创建三角形单元示意图。图 6-69（a） 中存在一个三角形缺口，分别点选节点Ⅰ、Ⅱ和Ⅲ，生成如图 6-69（b）所示的新三角形单元，并且单元属性与周围相邻的单元

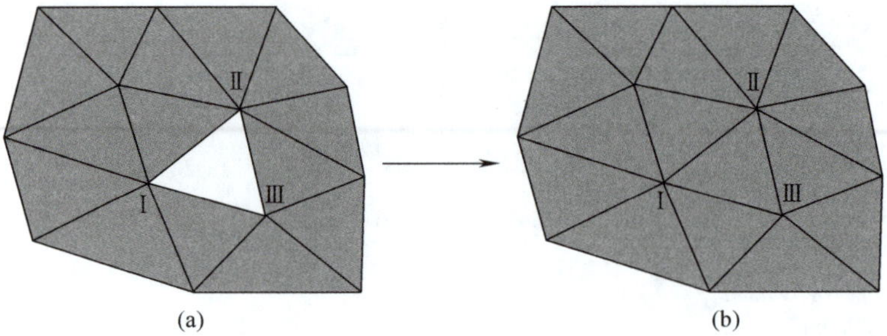

图 6-69　创建三角形单元示意图

（a）创建三角形单元前　（b）创建三角形单元后

一致。

⑲ Delete Entities（删除实体）。删除实体对话框见图 6-70。在 Entities to delete（欲删除实体）里输入、点选或窗选单元、节点、曲线、面等实体，应用 Apply 按钮，被选实体即被删除。该命令并不能删除参与构建单元的有用节点。

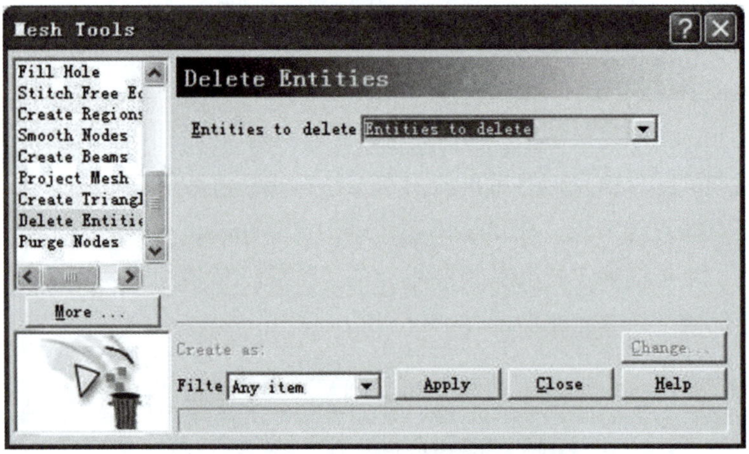

图 6-70　删除实体对话框

⑳ Purge Nodes（清除节点）。清除节点对话框见图 6-71。在手动修复网格后，往往存在一些已经不参与构建单元的节点。使用清除节点工具，应用 Apply 按钮后，这些无用的节点即全部被清除。

6. 6. 3. 4　Moldflow 浇口位置分析

（1） Moldflow 浇口位置分析的作用 浇口是熔体进入型腔的入口，浇口设计对于塑件的品质影响很大。浇口位置的选择，应该确保熔体均匀、快速地填充， Moldflow 的最佳浇口分析正是基于熔体流动前锋的均匀充模来计算的。如果模型中没有指定浇口，系统将自动给出最佳浇口位置；如果模型中已经存在一个浇口，系统将给出另外一个最佳浇口的位置。

使用 Moldflow 作为注射模 CAE 分析的工具，第一步工作就是确定浇口的位置，这是其他分析的基础。因为，无论作填充、保压还是冷却分析，一旦浇口位置更改，这些分析必须重新进行。为避免时间的浪费，一般地，应该首先进行最佳浇口位置分析，基本确定浇口位置，然

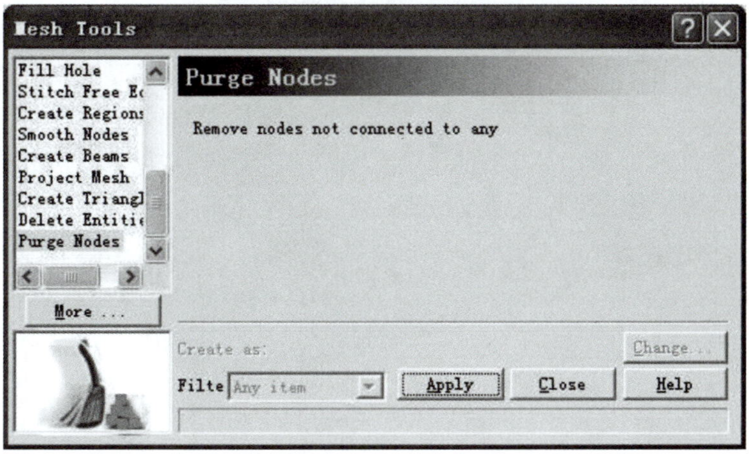

图 6-71　清除节点对话框

后再作其他分析。

（2） Moldflow 浇口位置分析步骤

① 导入塑件模型。本例使用 IGES 格式输入，选择 Fusion 网格。如图 6-72 所示，这是一个后盖塑件，在作其他 CAE 分析之前，先使用 Moldflow 得到一个推荐的浇口位置。

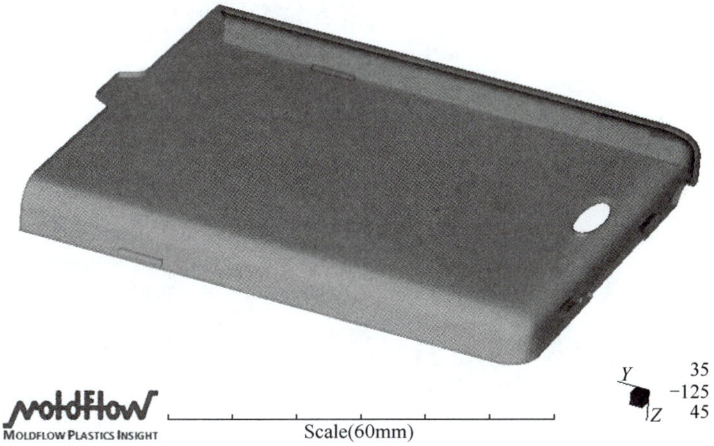

图 6-72　导入模型

② 划分网格。选择单元长度为 3mm，网格分析结果显示纵横比大于 6 的单元有 45 个，并且这些缺陷单元大多数集中在小倒角和加强筋处，用户可以在导入 Moldflow 前使用原始 CAD 系统或者 CAD Doctor 等工具将这些小特征删除或隐藏起来。本例中使用网格工具进行纵横比修复，之后得到如图 6-73 所示的网格。

③ 修改分析项目。双击 Study Tasks 里的 Fill，将其修改为 Gate Location，如图 6-74 所示。一般地，导入模型到 Moldflow 时，默认的分析项目是 Fill。

④ 选择对应的塑件材料。 Moldflow 材料库拥有世界上许多大公司的塑料材料数据，这些材料均经过 Moldflow 实验室检测其性能，如果在材料库中没有找到实际使用的材料，可以查找相近材料替代，或者自建材料库，但自建材料库的难度较大，普通用户很难提供 Moldflow 材料

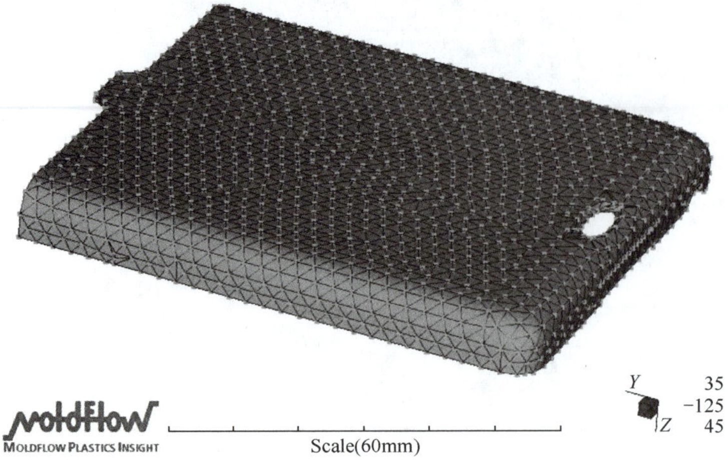

图 6-73　划分网格

库所需的全部材料性能参数。

⑤ 指定第一浇口位置。如果确定只使用一个浇口，本步骤可以跳过。

⑥ 指定注塑工艺参数。由于这是浇口分析，可以使用默认设置。

⑦ 双击“Analyze now!”（立即分析），分析开始进行。一定的运算时间后（取决于网格的数量和复杂程度），计算机屏幕显示分析完成，如图 6-75 所示，该信息框表明分析项目完成，所有的 Moldflow 分析项目在分析结束后都会显示这个信息框。此时，用户就可以查看分析结果了。

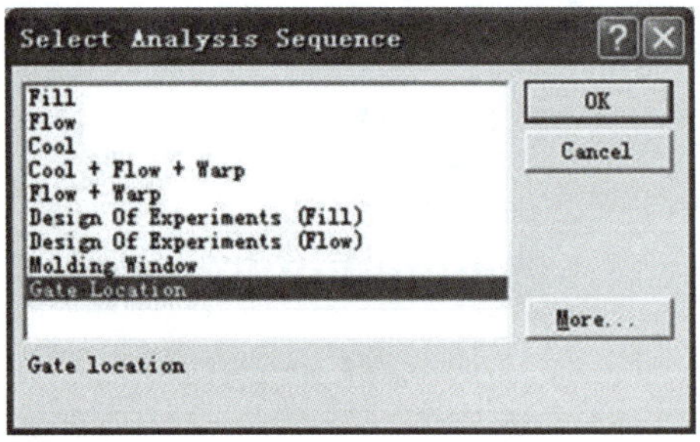

图 6-74　修改分析项目

图 6-75　分析完成信息框

（3） Moldflow 浇口位置分析结果解释 Moldflow 的浇口位置分析结果非常简单。点击 Results 里的 Best gate location（最佳浇口位置），即可看到如图 6-76 所示的分析结果。右边的色柱从上面的 Best 到下面的 Worst，表明最佳浇口位置为蓝色区域，推荐在蓝色区域进浇，尽量避免在红色区域进浇。事实上，对于这种具有中心对称的塑件， Moldflow 分析出的最佳浇口位置一般也就在对称中心上。 Moldflow 更适合在形状复杂，壁厚变化较多的塑件分析中迅速找到最合适的浇口位置。

除了以色柱显示最佳浇口位置外， Moldflow 还将最佳浇口位置的节点编号也显示了出来。点击 Results 里的 Results Summary，屏幕显示如图 6-77 所示的最接近的节点编号为 1172 号。

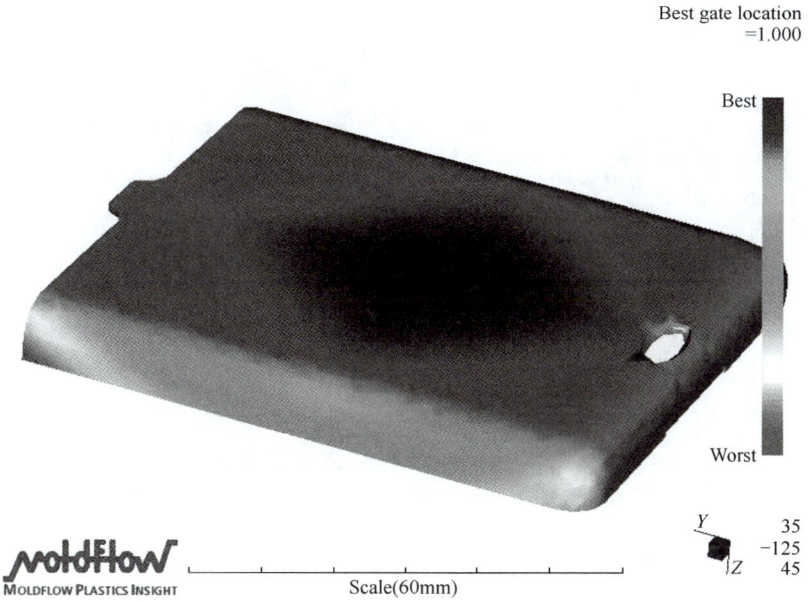

图 6-76　最佳浇口位置分析结果

```
Recommended gate location(s) are:
   Near node                                          =        1172
```

图 6-77　最佳浇口位置的节点编号

必须说明的是：在实际生产中，塑件浇口位置的确定并不能只依赖于 Moldflow 的分析结果，浇口位置的确定还牵涉多方面的内容，例如：

① 在塑件有表观要求的地方不能设置进浇口，即使这是最佳浇口位置。

② 浇口位置的确定必须考虑模具结构是否允许。

③ 浇口位置的确定必须考虑熔接痕对塑件的影响。

④ 浇口位置的确定还必须考虑排气对塑件的影响。

因此，选择浇口位置是塑件模具设计中的一项重要而复杂的工作，用户必须凭借丰富的经验，再结合 Moldflow 的分析结果，综合判断，才能选择一个真正的最佳浇口位置，切不可仅仅依靠分析软件就确定最佳浇口位置。

6.6.3.5　Moldflow 填充分析

（1） Moldflow 填充分析的作用　在注塑成型的工作循环中，熔体填充是指熔体从浇口或主流道处开始，一直填充到型腔末端为止的一个过程，是注塑周期中非常重要的一个阶段。最终注塑制品的许多性能其实在填充阶段就已经确定，譬如塑件高分子的取向、最终困气位置和熔接痕位置等。因此，研究熔体的填充行为对于制品的最终性能具有重要意义。除此之外，为了给制品设计、模具设计和注塑工艺设置提供一个强有力的支持，工程技术人员还必须掌握填充过程中的熔体速度、压力和温度的分布。所有这些数据的获取，在注射模具 CAE 软件出现之前，只能靠人为的经验评估，不可避免地出现很多偏差。

Moldflow 的 Fill（填充）分析为上述制品设计、模具设计和注塑工艺设置提供了全面的解决方案。用户在 Fill 分析中得到的结果非常丰富，除了前面提到的几项重要数据外，还包括了熔体剪切速率、填充时间和锁模力等其他数据。用户在获得这些预期的重要数据后，即可进行各项优化工作，实现塑料制品生产的高效化和并行化。具体的分析结果及其在相应优化工作中的应用将在此进行详细的解释。

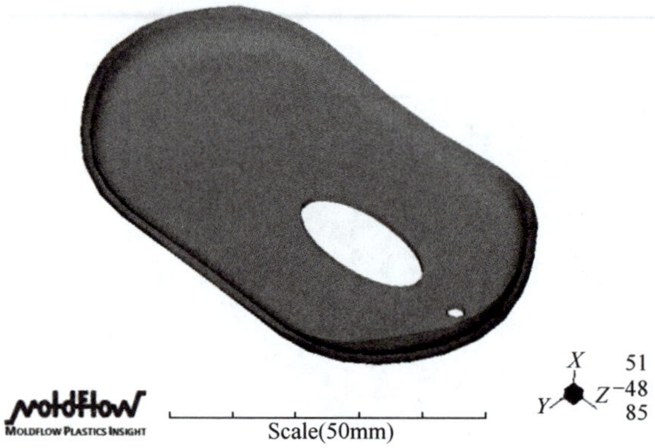

图 6-78　导入模型

（2） Moldflow 填充分析步骤

① 导入模型。本例中导入一个 STL 格式的顶盖模型，如图 6-78 所示。导入格式为 STL 时，除了需要在导入对话框中指定网格类型外，还必须指定单位。本例的网格类型为 Fusion，单位为 mm。

② 划分网格。如图 6-79 所示，选择网格长度为 2.7，由于模型比较简单，网格统计中仅有一些纵横比缺陷，修复工作量并不大。

③ 选择分析项目。默认的分析项目为 Fill，无须修改。

④ 选择材料。

⑤ 确定浇口位置。经过最佳浇口位置分析后，用户根据分析结果和生产经验，基本可以确定浇口位置。

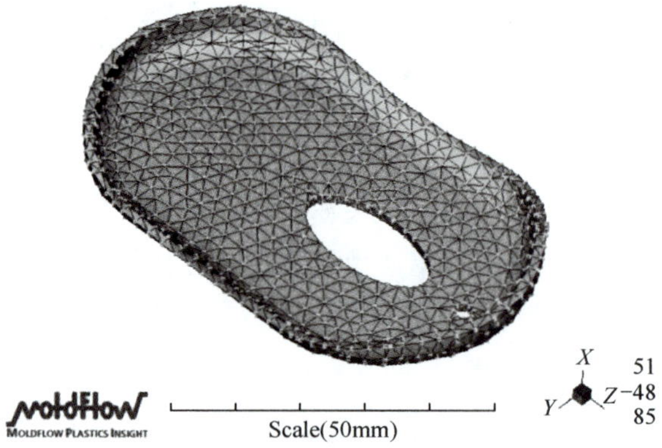

图 6-79　划分网格

在网格中点击进浇处的节点，将象征浇口的三角锥置于节点之上即可完成浇口设置工作。由于节点坐标值很有可能不是整数，而在实际模具设计时，又往往需要将浇口设置在坐标值为整数的地方，以便用户进行模具整体布局，因此，最好进行节点编辑。方法如下：

a. 使用创建节点工具，以输入坐标方式生成一个浇口节点。

b. 在网格的另一面（针对 Fusion 网格）投影该节点。

c. 将与浇口节点距离最近的节点 Merge 到浇口节点上来，另一面亦然。这样，浇口就可以准确的设置在坐标值为整数的浇口节点上了。

⑥ 设置注塑工艺参数。图 6-80 是注塑工艺参数设置，各项参数简单解释如下：

a. Mold surface temperature（模面温度）：设置模具温度。假定熔体填充过程中，模具温度不变。

b. Melt temperature（熔体温度）：设置进口处熔体温度。一般应根据材料的加工工艺性能

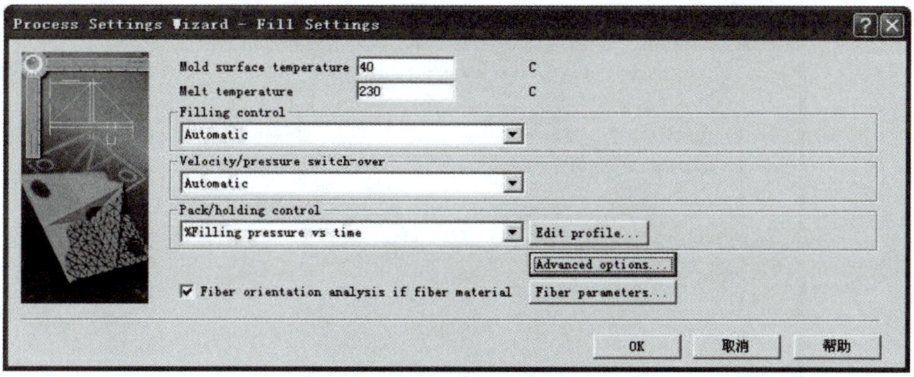

图 6-80　设置注塑工艺参数

设置。

c. Filling control（填充控制）：设置熔体的填充控制方式，有四个可选项：

Automatic（自动）：自动填充模式，系统会自动计算一个合适的填充速度，并以该速度完成全部填充过程，直到进行速度/压力转换。

Injection time（注射时间）：系统在设定的注射时间内完成全部填充过程，直到进行速度/压力转换。

Flow rate（流动速率）：设置熔体流动速率，系统按该流动速率完成填充过程，直到进行速度/压力转换。

Ram speed profile（螺杆速度曲线）：设置螺杆速度曲线，也就是螺杆直线前进的速度变化曲线，可以在此设置多段填充速度。该速度的控制可以是时间、位置等。

d. Velocity/pressure switch-over（速度/压力转换）：即 *V/P* 转换控制，是指注塑机由速度控制转换到压力控制的转换方式。在实际注塑机中，*V/P* 转换控制方式有位置、时间、压力等。在 Moldflow 中，有如下几种控制方式，用户可根据实际情况进行选择：

Automatic（自动）：系统自动计算 *V/P* 转换点，一般是在填充量到达 95%~99%进行转换。

By %volume filled（按填充百分比）：熔体填充量达到设定值后，发生 *V/P* 转换。

By injection pressure（按注塑压力）：当注塑压力到达设定值后，发生 *V/P* 转换。

By hydraulic pressure（按液压压力）：当机器液压压力到达设定值后，发生 *V/P* 转换。

By clamp force（按锁模力）：当锁模力到达设定值后，发生 *V/P* 转换。

By pressure control point（按压力控制点）：需要设定两个值，其一是节点编号，其二是注塑压力，当设定节点的注塑压力值到达后，发生 *V/P* 转换。

By injection time（按注塑时间）：当注塑时间到达设定值后，发生 *V/P* 转换。

By whichever comes first（按先到者转换）：使用该选项，需编辑如图 6-81 所示的对话框。在可供选择的七种方式中，勾选其中两种或更多，并且在相应的输入框写入合适的数值。系统根据首先到达的其中一种控制方式进行转换，这和实际使用的注塑机的控制方式非常相似。

e. Pack/holding control（保压控制）：在 Moldflow 中，Pack 是指从 *V/P* 转换开始，到填

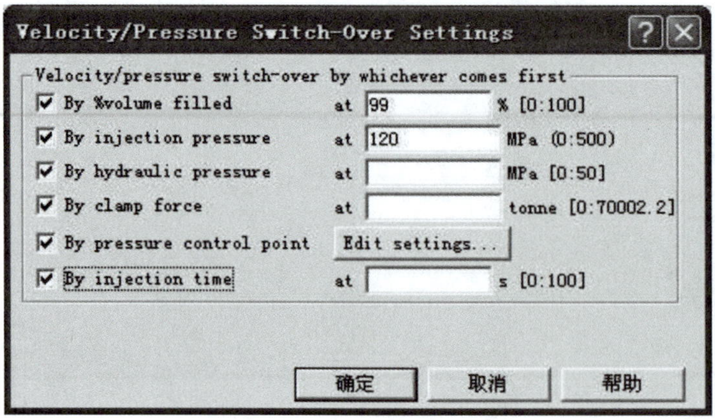

图 6-81 V/P 转换设置对话框

充完成的阶段，而 Holding 是指从填充完成开始，到保压结束的阶段。两个阶段虽然定义不同，但实际上都是指同一个控制阶段。在这个选项里，用户可以选择四种保压控制的方式，分别介绍如下：

%Filling pressure vs time（填充压力百分比与时间）：使用该选项，用户可以设置保压压力（按最大填充压力的百分比设置，是相对值）随时间变化的曲线。

Packing pressure vs time（保压压力与时间）：使用该选项，用户可以设置实际保压压力（绝对值）随时间变化的曲线。

Hydraulic vs time（液压压力与时间）：设置液压压力随时间变化的曲线。

%Maximum machine pressure vs time（最大机器压力百分比与时间）：设置机器压力（按最大机器压力百分比设置，是相对值）随时间变化的曲线。 Fiber orientation analysis if fiber material（纤维定向分析）：对于含纤维材料，使用该选项选择并设置纤维定向分析。

f. Advanced options（高级选项）：里面包括更详细的控制参数设置。如 Molding material（注塑材料）、 Process controller（工艺控制）、 Injection molding machine（注塑机）、 Mold material（模具材料）和 Solve parameters（求解参数）等。

⑦ 开始分析。双击“Analyze now”，填充分析开始进行。

至此，就可以等待分析结果了，根据分析模型的复杂程度和计算机硬件配置的高低，运算时间各有不同。 Fill 分析结果有很多项，下面将简单介绍。

（3） Moldflow 填充分析结果解释

① Machine setup（机器设置）。该项目以简单的表格形式概述了有关的分析结果，包括：计算机配置、注塑机规格、温度设定、注塑设定、熔体体积和 *V/P* 转换压力。

② Fill time（填充时间）。如图 6-82 所示，该结果显示了熔体填充随时间的变化而变化情况。从图 6-82 中可以看出，全部填充时间为 0.5342s，之后为 Holding（保压）时间。

如图 6-83 所示，点击动画按钮，系统以动画形式逼真的将熔体充模过程显示出来。

③ Pressure at *V/P* switchover（*V/P* 转换时刻压力）。 *V/P* 转换时刻压力属于单组数据，如图 6-84 所示，通常， *V/P* 转换时刻压力在整个注塑周期中是最高的（11.60MPa），此时的压

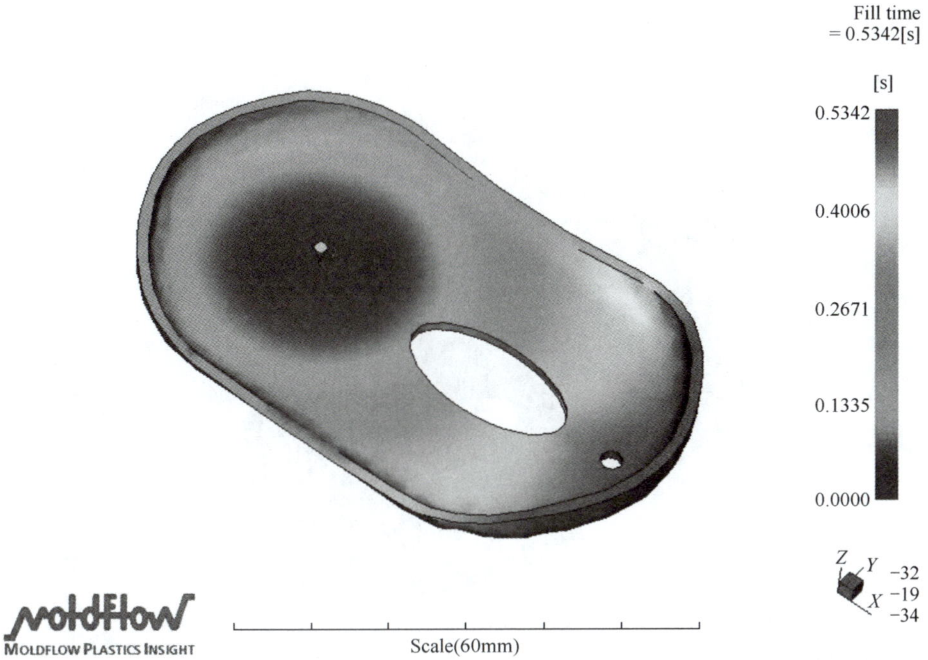

图 6-82　填充时间

力大小和分布可以在图中读出，同时，未填充区域在界面上以灰色显示。

图 6-83　动画按钮

④ Temperature at flow front（流动前锋温度）。如图 6-85 所示，流动前锋温度是指熔体充填前锋中间层的温度，是熔体到达某节点时的瞬时温度。可以将流动前锋温度图与熔接痕图对比使用，用于判断制品熔接痕质量，在熔接痕形成的

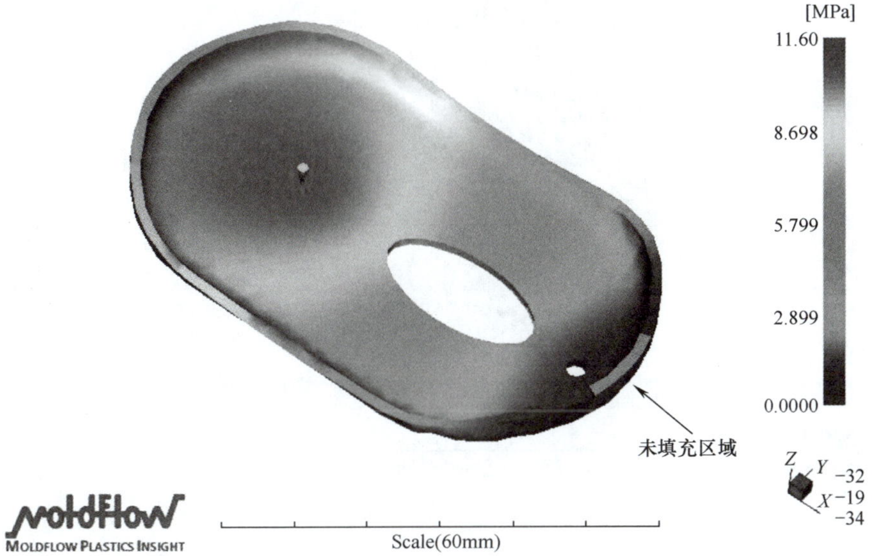

图 6-84　*V*/*P* 转换时刻压力

地方，如果流动前锋温度高，则表示熔接痕的质量好。从图中可以看出，熔体前锋温度在230~229.3℃，温度降低非常小，是可以接受的。

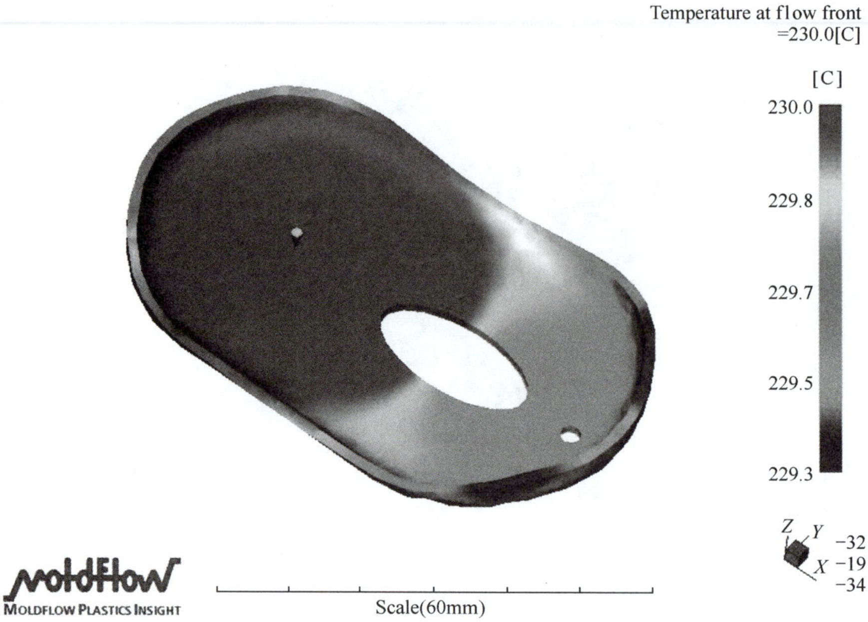

图 6-85　流动前锋温度

⑤ Bulk temperature（体积温度）。体积温度是中间结果数据，在静止状态时，是简单平均温度，在流动状态时，是考虑剪切速率的加权平均温度。

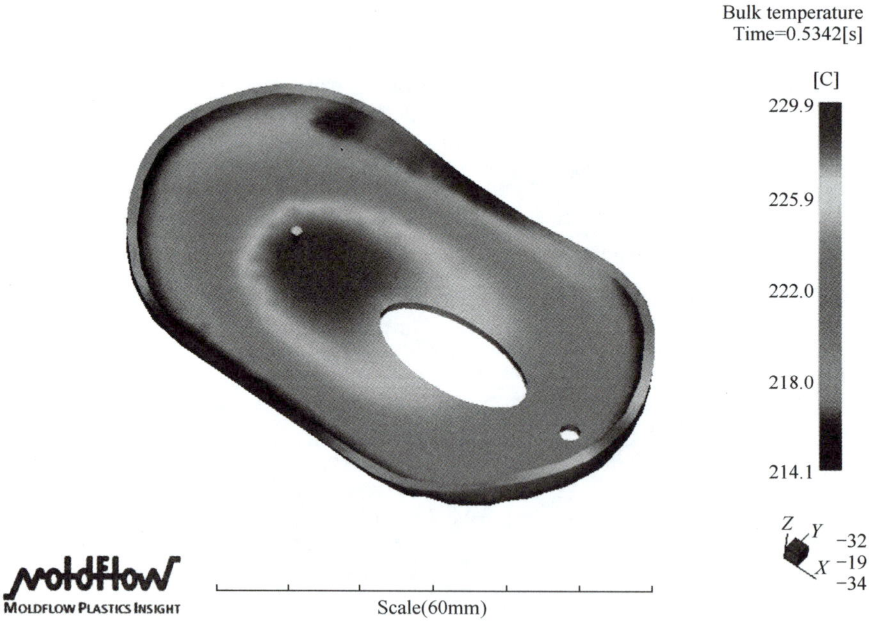

图 6-86　体积温度

⑥ Shear rate，bulk（体积剪切速率）。体积剪切速率是指整个截面的剪切速率，这是一

个中间结果数据，用户可以动态查看随时间变化的体积剪切速率。如果该剪切速率过大时，熔体可能发生降解等缺陷。查看该结果，保证体积剪切速率在材料的允许极限内。如图 6-87 所示，最大剪切速率为 7845.3（s^{-1}），在材料许可剪切速率 40000（s^{-1}）的范围内。当然，由于没有构建实际流道和浇口，这个结果并不代表熔体在浇口处一定不发生剪切降解。

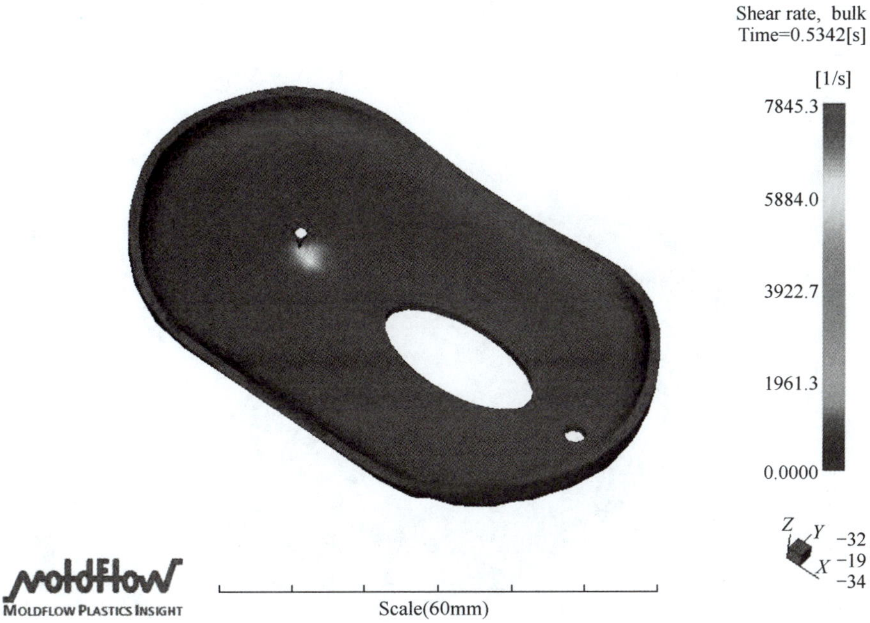

图 6-87　体积剪切速率

⑦ Pressure at injection location，　XY Plot（注射位置压力，坐标图）。如图 6-88 所示，这是一个以时间为横坐标，以注射压力为纵坐标的平面图。从图中可以看出注射压力随时间变化的情况。熔体进入型腔后，压力持续增高，在到达最高点 11.60MPa 后，进行 *V/P* 转换，完成最后的填充。查看这张图，目的是要检查注射压力是否出现突变，如果存在突变，说明充模突遇阻力（可能是壁厚的突变等造成），应该相应调整充模速度，避免充模的不平衡。

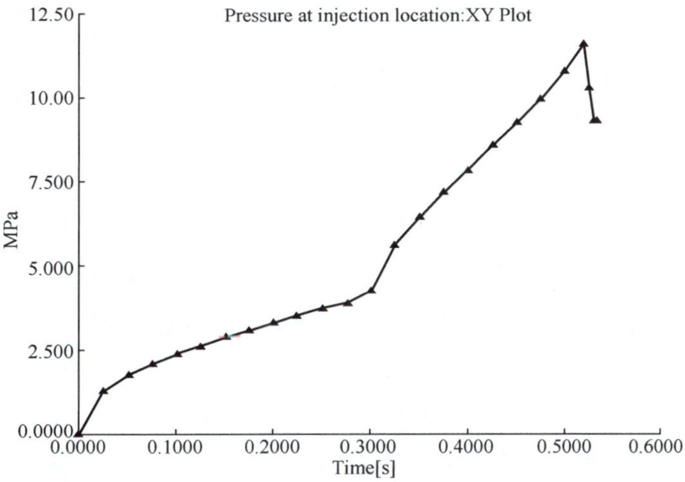

图 6-88　注射位置压力

⑧ Time to freeze（凝固时间）。这是一个单组数据，代表的是熔体从填充完成开始，到凝固至顶出温度的时间。这个时间可以提供给用户作为参考冷却时间。从图 6-89 可以看出，制件边缘的凝固时间要短于制件中间的凝固时间，全部凝固的时间在 4.765s 内。必须指出的是，这里计算的凝固时间，并没有考虑冷却系统的作用，精确的凝固时间可以在冷却分析中得到。在这个结果中，用户还应该观察浇口附近的凝固时间，这个时间对于后面的保压设置帮助很大，在本例中，浇口附近的凝固时间在 4s 左右。

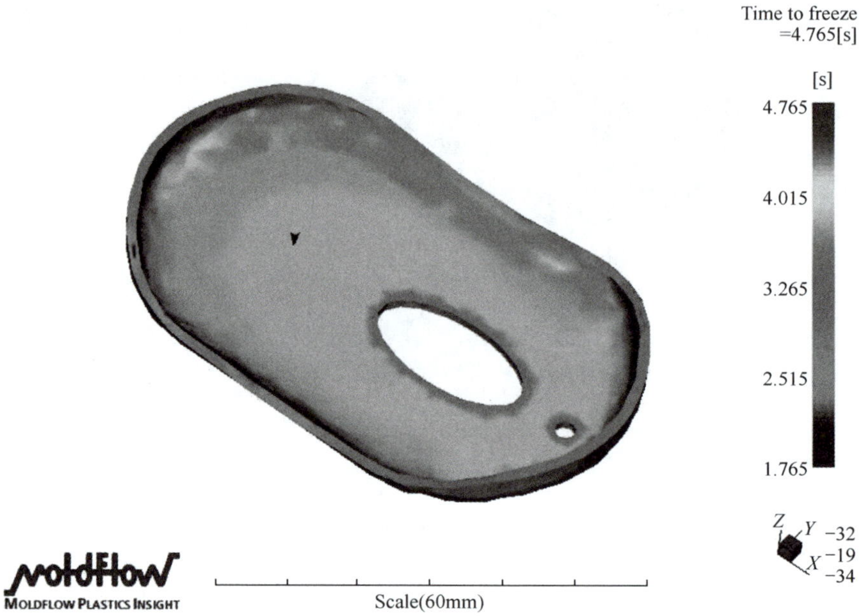

图 6-89 凝固时间

⑨ Frozen layer fraction（冷凝层因子）。冷凝层因子是指实时冷凝层厚度占整个厚度的百分比。显然，冷凝层因子最大值是 1，表示制品截面已完全冻结。如图 6-90 所示，该制件的冷凝层因子最大为 0.1725，发生时间在 0.5342s，表明在填充结束时，该制件尚未有区域固化。观察冷凝层因子随时间变化的情况，可以预判最早凝固的区域，这对于用户确定冷却时间和保压时间是很有好处的。

⑩ % Shot weight： XY Plot（注射量百分比：坐标图）。如图 6-91 所示，该结果表达的是实时注射量占全部注射量的百分比随时间变化的情况。全部注射量的计算是根据材料室温时的密度乘以网格体积得到的。从这个结果中，用户可以判定结束保压是否会影响到注射量。

⑪ Air traps（气穴，或者气泡）。 Moldflow 的这个结果清晰地标明了气穴形成的位置，如图 6-92 箭头所示。通常，困气的位置是在两股料流汇合形成包风的地方或者型腔的边角处。困气所带来的反作用力会影响熔体顺利填充，另外，空气被快速压缩时，温度会急剧上升，可能烧焦塑件，因此，在模具设计和注塑生产中，要尽量避免形成困气，或者在困气的位置设置必要的排气装置。显然，通过 Moldflow 预测气穴位置对用户来说是非常重要的。

⑫ Average velocity（平均速度）。平均速度是指熔体各处实时的流动速率和方向，是个中

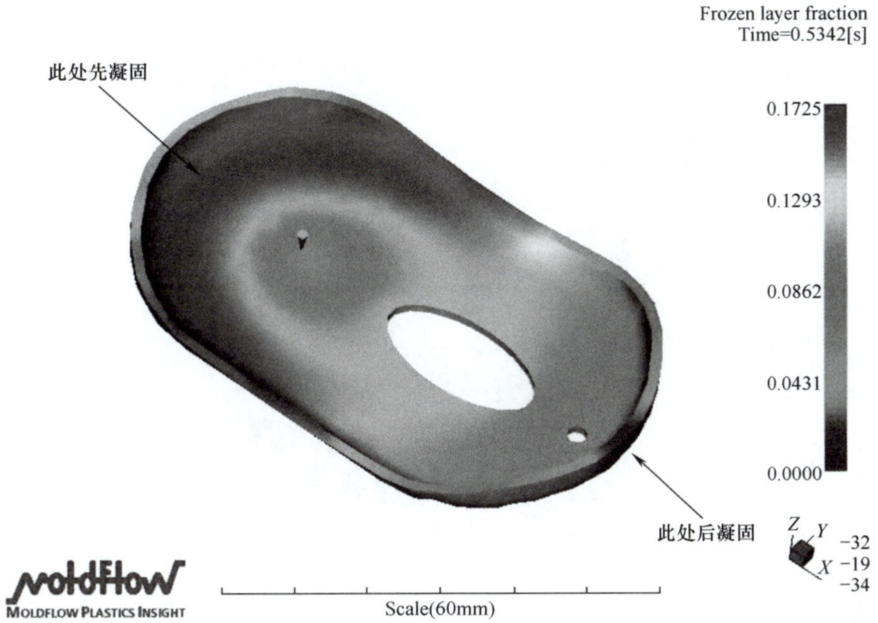

图 6-90　冷凝层因子

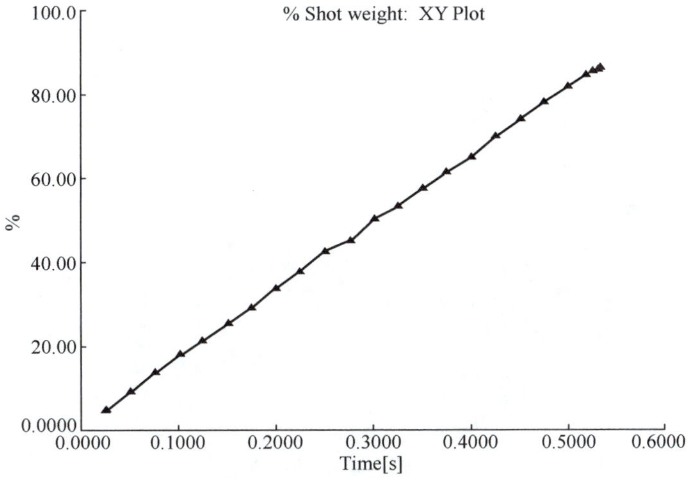

图 6-91　注射量百分比

间数据结果，用户可以点击动画播放按钮，观察各个时刻熔体的平均速度。通过平均速度结果，用户可以调整模具设计或注塑工艺设置，避免填充不平衡。

⑬ Clamp force： XY Plot（锁模力：坐标图）。如图 6-94 所示，该图是表示锁模力随时间变化的情况，计算的依据是塑件及流道在分模面上的投影面积乘以注塑压力。一般地，锁模力应该小于注塑机最大锁模力的 80%。在使用 Moldflow 计算锁模力时，必须注意将塑件的开合模方向与系统的 Z 向相符。图中锁模力不到 2. 5t，是非常小的一个数值，这是由于制品很小，并且是按单型腔计算的。很多大型塑料制品成型时需要极高的锁模力，必须进行锁模力校核，否则制品容易出现飞边甚至造成生产事故。

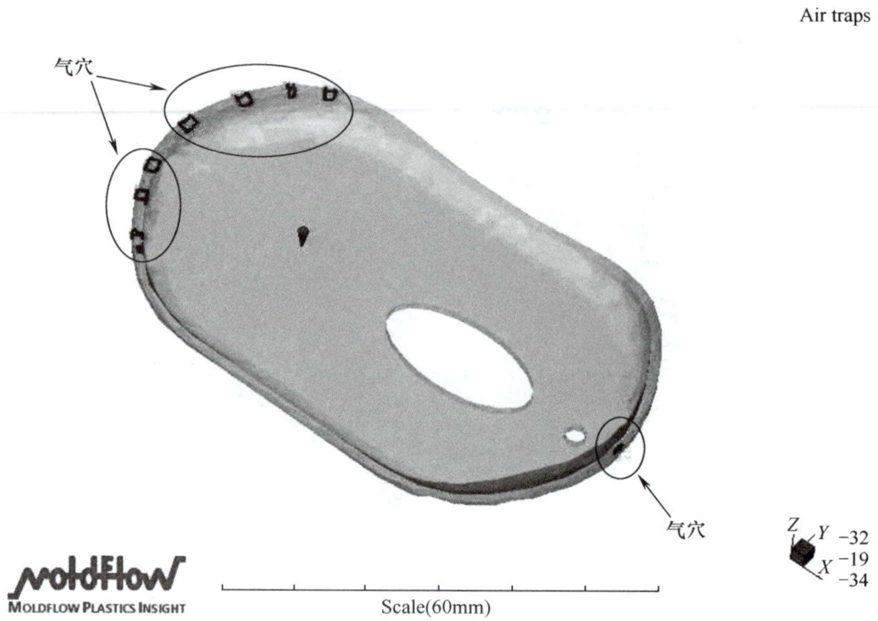

图 6-92　气穴

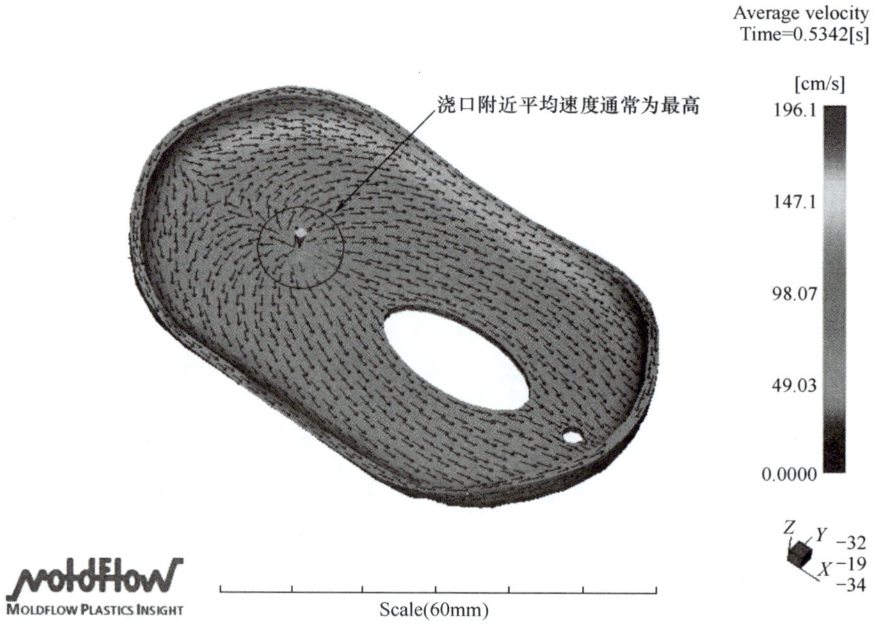

图 6-93　平均速度

⑭ Grow from（材料来源）。这个数据只对于多浇口分析有效，可由此观察流经某一区域的材料是来源于哪一个浇口，来自同一浇口的材料流经的区域颜色相同。

⑮ Orientation at core（芯层定向）。塑料高分子在芯层的取向，如图 6-95 所示。

⑯ Orientation at skin（表层定向）。塑料高分子在皮层的取向，如图 6-96 所示。

⑰ Pressure（压力）。这是一个时间数据，代表了从填充开始到填充结束的压力变化的全

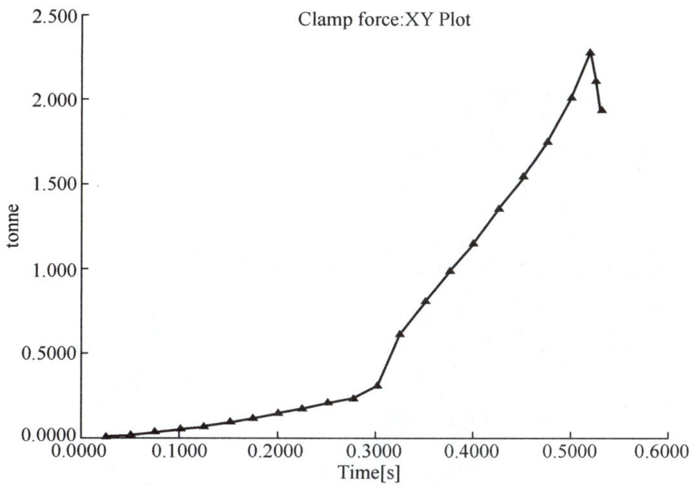

图 6-94　锁模力：坐标图

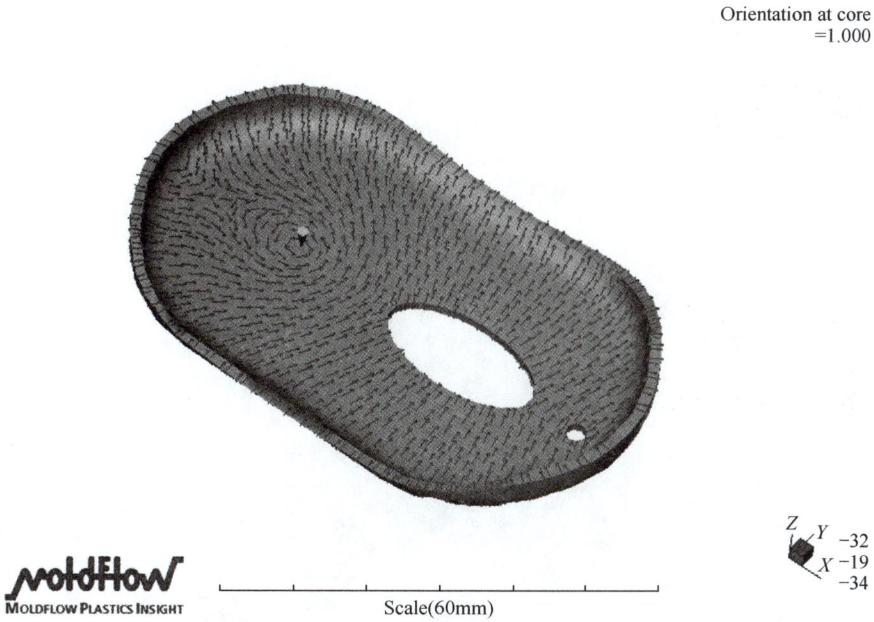

图 6-95　芯层定向

过程。实际上，这个压力结果包含了 Pressure at *V/P* switchover（*V/P* 转换时刻压力）的结果，也包含了 Pressure at end of fill（填充结束压力）的结果。如图 6-97 所示的是填充结束（0.5342s）时刻的压力，色柱最大压力 11.60MPa 并不出现在图中。

⑱ Pressure at end of fill（填充结束压力）。该结果为单组数据，表示在填充结束时的注塑压力，相当于上述第 17 项结果 Pressure（压力）在 0.5342s 时的数据。

⑲ Recommended ram speed：　XY Plot（推荐螺杆速度：坐标图）。如图 6-98 所示，基于熔体前锋速度一致，系统给出随 stroke（行程）变化的螺杆速度（以%为单位表示）。用户在设置注塑参数时，可以参考该曲线设置螺杆速度，使得在整个充模过程中，熔体前锋匀速、稳定

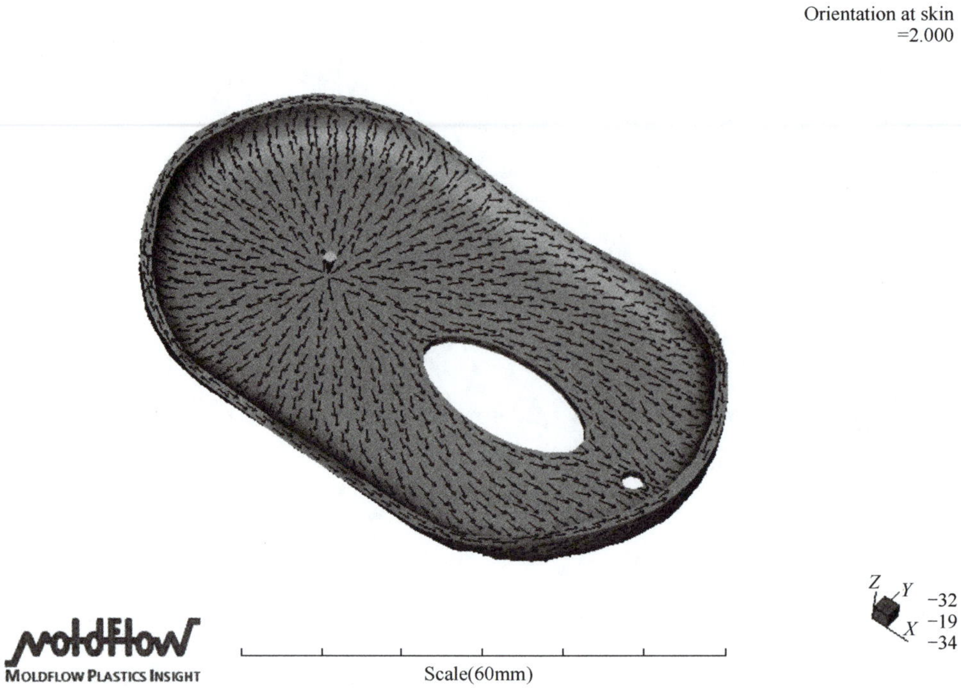

图 6-96 表层定向

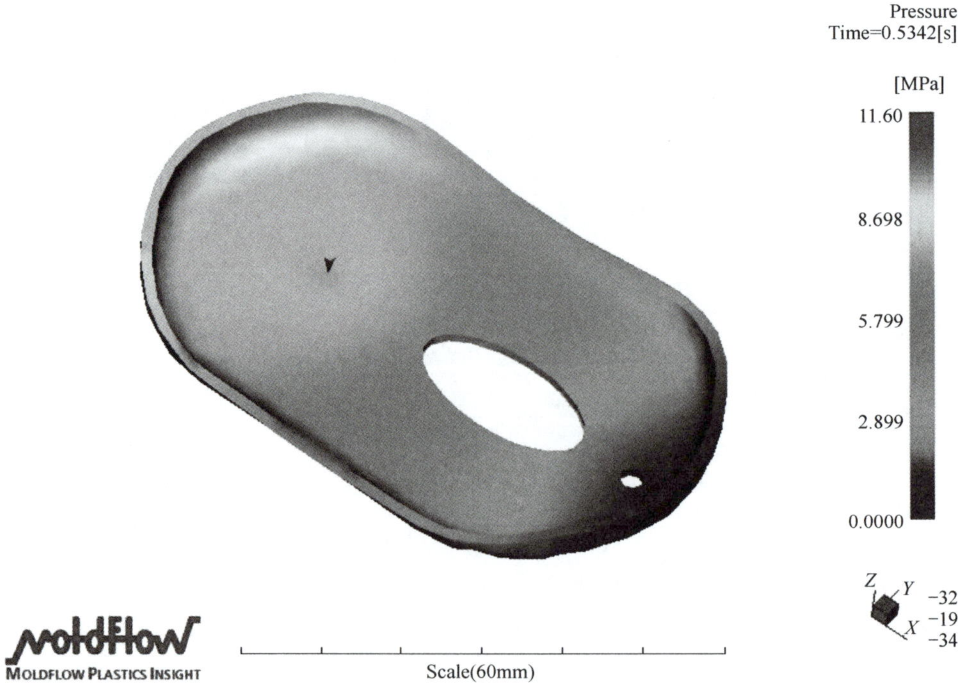

图 6-97 压力

前进，避免压力尖峰，减少翘曲发生的可能性。当然，实际使用中的注塑机很难达到无级调速，而且调速的段数也是有限的，用户应该结合实际情况和生产经验，参考该曲线，设置合适的螺杆速度。

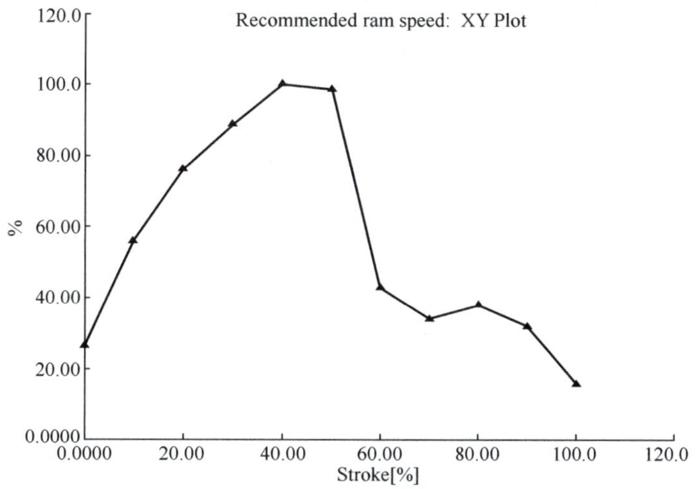

图 6-98　推荐螺杆速度

⑳ Shear stress at wall（型腔壁剪切应力）。充模过程中，熔体在接触到冷型腔壁时，迅速冷却，形成凝固层，该凝固层与中间流动的熔体形成一个界面，这个界面的剪切应力最高，称为型腔壁剪切应力。型腔壁剪切应力属于中间数据结果，用户可以观察到型腔壁剪切应力随时间变化的情况。填充过程中，型腔壁剪切应力应小于材料的许用剪切应力。从图 6-99 中可以看到，本例中的最大剪切应力为 0. 1992MPa，低于材料许用剪切应力 0. 3MPa，是安全的。如果发生超过许用剪切应力的情况，用户可以调整显示比例，将最大剪切应力显示出来，然后调整该处制品设计或降低填充速度。

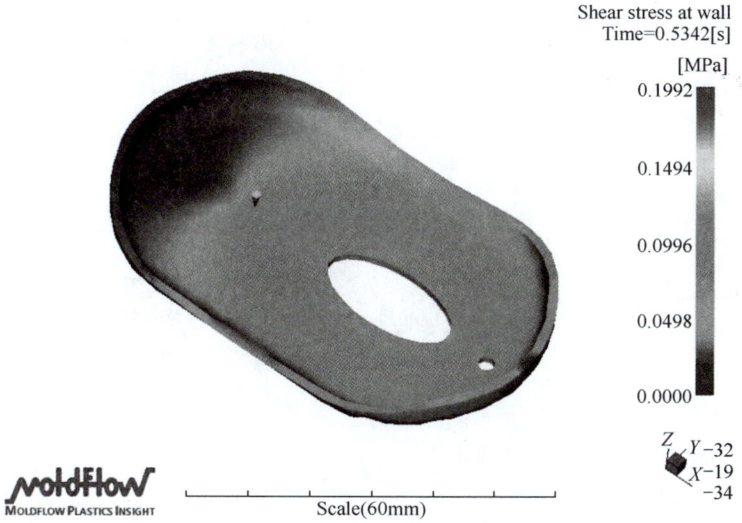

图 6-99　型腔壁剪切应力

㉑ Weld lines（熔接痕）。熔接痕是塑料制品常见的缺陷，通常出现在两股料流汇合的地方，比如熔体通过一个型芯，被迫分为两股，然后再汇合，这时由于两股料流的速度不同，并且料温太低，就可能造成熔接痕。如图 6-100 所示，熔接痕出现的地方就位于制品孔的旁边。

出现熔接痕并不能判定制品不合格，应该结合熔接痕处的熔体前锋温度及压力，分析熔接痕的相对质量。

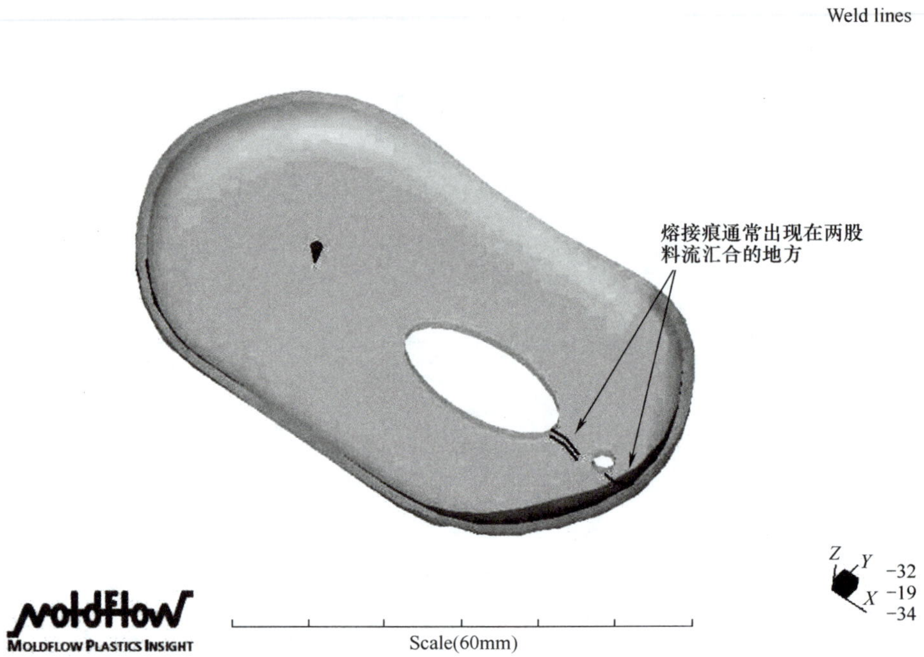

图 6-100　熔接痕

6. 6. 3. 6　Moldflow 流动分析

（1） Moldflow 流动分析的作用 Moldflow 的流动（Flow）分析实际上是在填充（Fill）分析的基础上，加上 Packing（保压）分析得出的。 在 Moldflow 的 Project View 里，带圆圈的 F（图 6-101）实际上是 Fill，而带圆圈的 F+P 其实就是 Fill+Packing，即为 Flow。

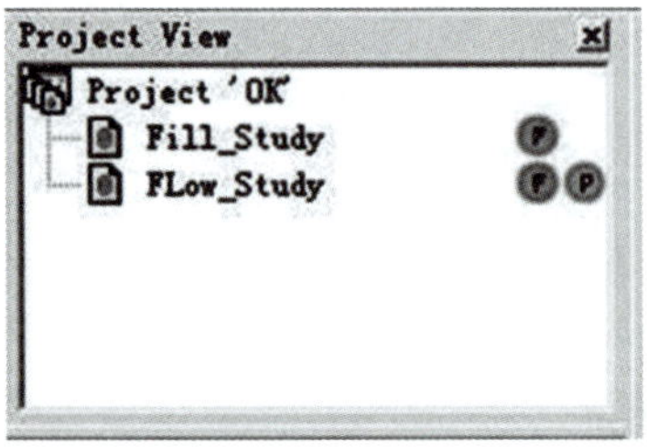

图 6-101　Fill 分析和 Flow 分析

在填充分析的最终，熔体以一定的压力填满了型腔，如果此时撤走注塑压力，熔体就会从浇口处倒灌出型腔，型腔内压力大幅下降。塑件在这样的条件下冷却，根据塑料 PVT 曲线，最终塑件体积远不及型腔，并且密度偏低，甚至塑件中有缩孔现象。因此，填充结束后，必须保持一定的注塑压力，使塑件在冷却收缩过程中，不断从外部获得补料，从而降低制品收缩，提高制品密度和表面质量，这样的过程即为保压。

注塑成型中的保压工艺是保证制品质量很重要的一项工艺控制，由上所述，没有保压或保压压力过低，制品收缩严重，密度偏低，反之，如果保压压力过大，制品收缩虽然可以减少，但有可能造成脱模力过大，脱模困难，并且制品内应力过大，造成翘曲或开裂现象。

Moldflow 可以模拟保压过程，给出保压后制品的收缩、内应力及可能产生缩痕的位置等重要结果。用户使用这些结果，即可优化保压工艺曲线，获得最佳的制品质量。

（2） Moldflow 流动分析步骤 Moldflow 的流动分析过程与填充是一样的，只是在工艺参数设置中，必须设定保压工艺。保压工艺的设置有四种方式，在前面填充分析步骤中已粗略提到，现在以最常用的第一种方式进行设置。

仍然使用填充分析中使用的后盖塑件为例子，在前面的填充分析中，用户已经可以得到塑件在浇口附近的 Time to frozen（凝固时间）为 4s 左右， 也就是说， 4s 后浇口温度降到顶出温度（这个温度一般低于玻璃化温度）以下，保压基本无效，用户可以以该时间为参考，设置保压时间。注意保压时间并不一定就为 4s，在保压作用下，凝固时间可能变长，这里不妨设为 5s。保压压力通常为 *V/P* 转换时注塑压力的 80%。为了降低内应力，保压压力还应该逐渐下降，综合以上分析，用户可以按图 6-102 设置一个参考保压工艺。图 6-103 是相应的保压曲线。当然，实际注塑机是很难做到图 6-103 所示的无级保压的，但很多注塑机均设有多段保压设置，基本接近于 Moldflow 无级保压曲线。

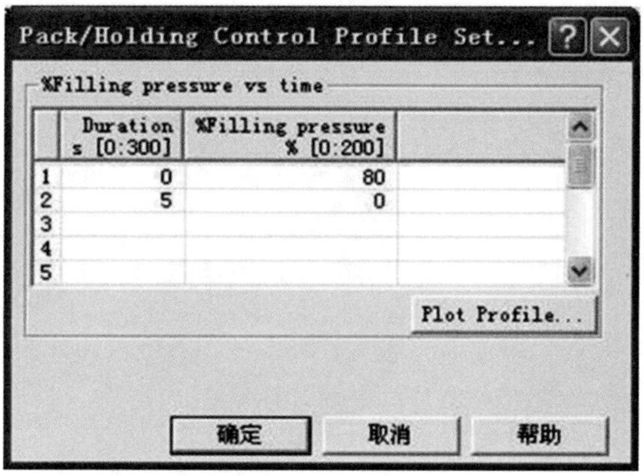

图 6-102 保压工艺设置

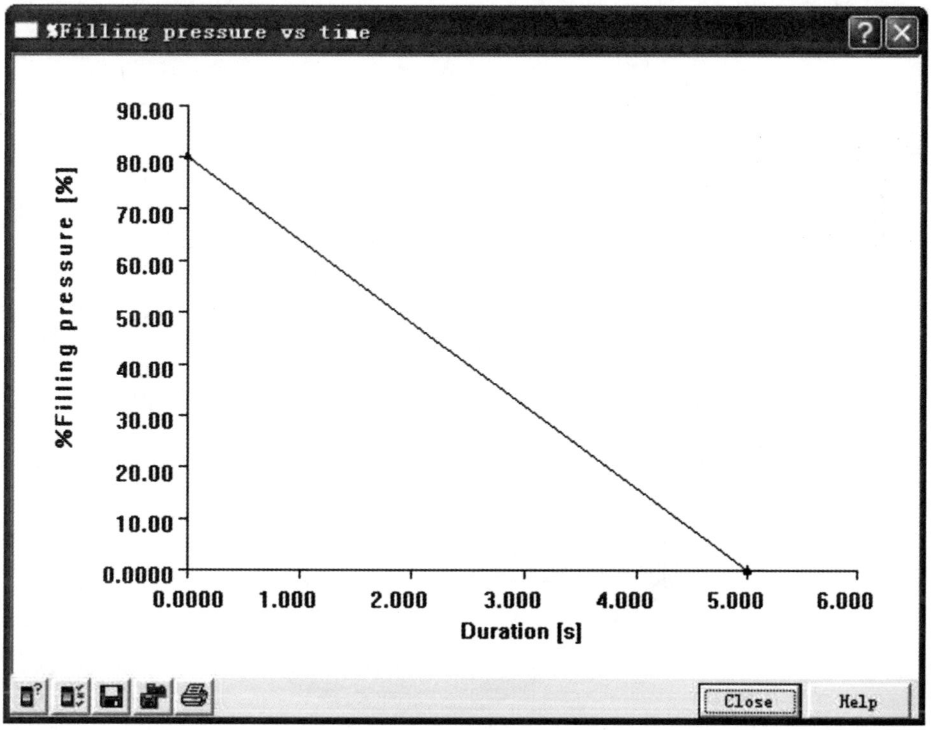

图 6-103 保压曲线——充填压力百分数（%Filling pressure）对时间（Duration）

（3） Moldflow 流动分析结果解释 Flow 分析大部分的结果与 Fill 是一样的，这里主要列出 Flow 分析特有的结果。

① Time to freeze（凝固时间）：前面提到，施加了保压后凝固时间会不同。观察图 6-104，可以发现浇口附近凝固时间大约在 4.922s 左右，说明设置的 5s 保压时间是初步合适的，注塑周期没有在保压时间上浪费。

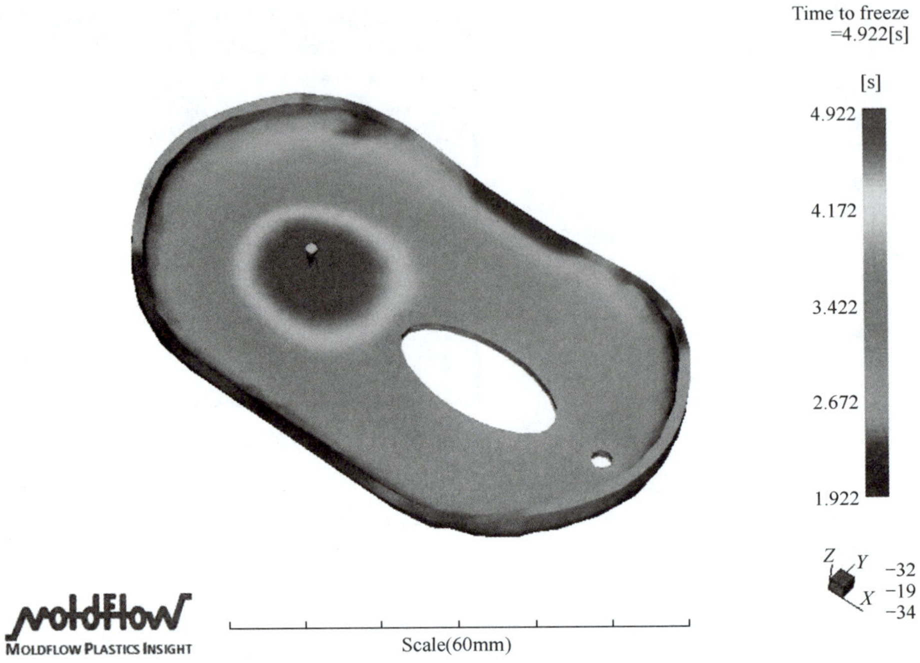

图 6-104　凝固时间

② In-cavity residual stress in first principal direction（第一方向残余应力）。制品在顶出时，

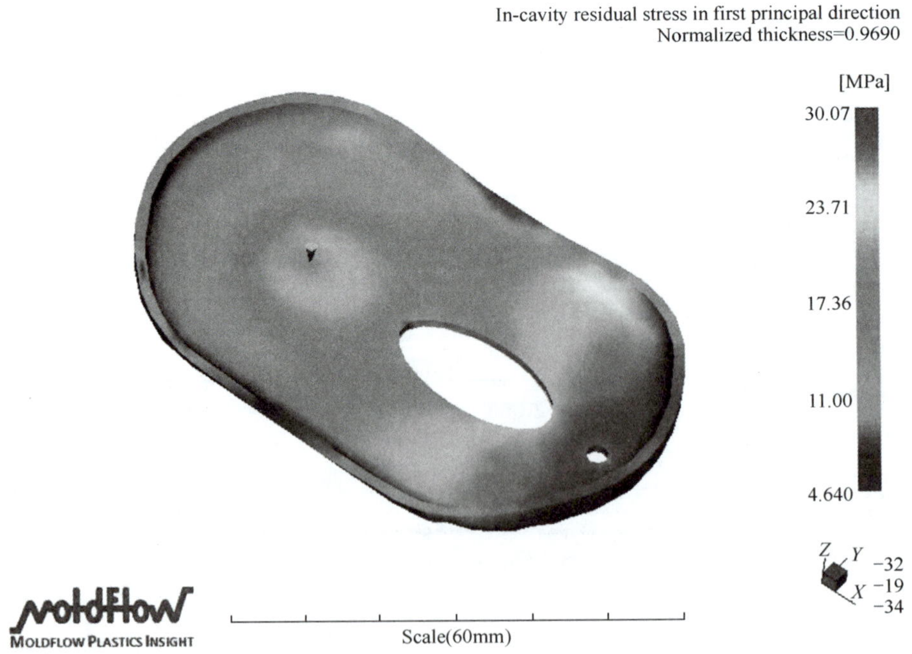

图 6-105　第一方向残余应力

取向方向上的残余应力。残余应力的存在，可能导致制品翘曲或开裂，使用 Moldflow 分析、对比注塑方案时，应该尽量减少残余应力值。如图 6-105 所示，本例中的第一方向残余应力值最大为 30.07MPa。

③ In-cavity residual stress in second principal direction（第二方向残余应力）。制品顶出时，垂直取向方向上的残余应力。

④ Sink index（缩痕指数）。缩痕指数表示制品可能出现缩痕的地方，通常由缩痕所在面的另一面的特征引起的。在壁厚较厚的地方和对面有筋肋等特征时，容易出现缩痕。缩痕指数的大小表示了可能出现缩痕的可能性的大小。保压压力的大小对缩痕指数的大小有着直接影响。图 6-106 是本例的缩痕指数结果，在远离浇口的地方，由于保压不足，出现缩痕的概率较大。

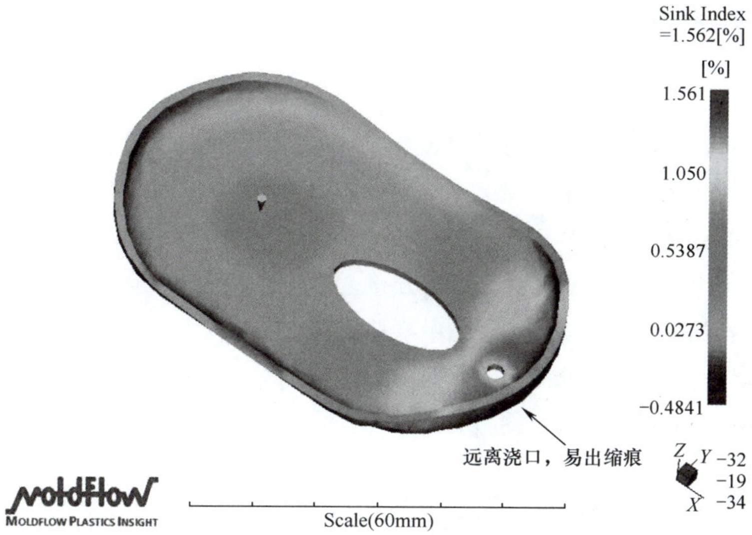

图 6-106　缩痕指数

⑤ Volumetric shrinkage（体积收缩率）。表示了每个单元相对于自身原始体积的收缩率。体积收缩率是中间数据结果，图 6-107 中最大收缩率 17.14%是在填充结束那一刻预测的制品最大体积收缩率，而在保压结束的那一刻体积收缩率最大值大约为 9%，这才是用户关心的数据。很明显，浇口附近的体积收缩率为 5%，是体积收缩率最小的。

对于各向同性的材料来说，三个方向上的线性收缩率大约等于 1/3 体积收缩率。如果体积收缩率出现负值，表明有过保压产生，制品将出模膨胀。

6.6.3.7　Moldflow 冷却分析

（1） Moldflow 冷却分析的作用　在注塑成型中，模具的温度直接影响到制品的质量和生产效率。通过温度调节，保持适当的模具温度，可减小制品的变形、增强制品力学性能、改善制品的表观质量、提高制品尺寸精度。影响注塑模冷却的因素很多，如制品的形状，冷却介质的种类、温度、流速，冷却管道的几何参数及空间布置，模具材料，熔体温度，工件要求的顶出温度和模具温度、制品和模具间的热循环交互作用等。这些参数之间互相联系、互相影响，

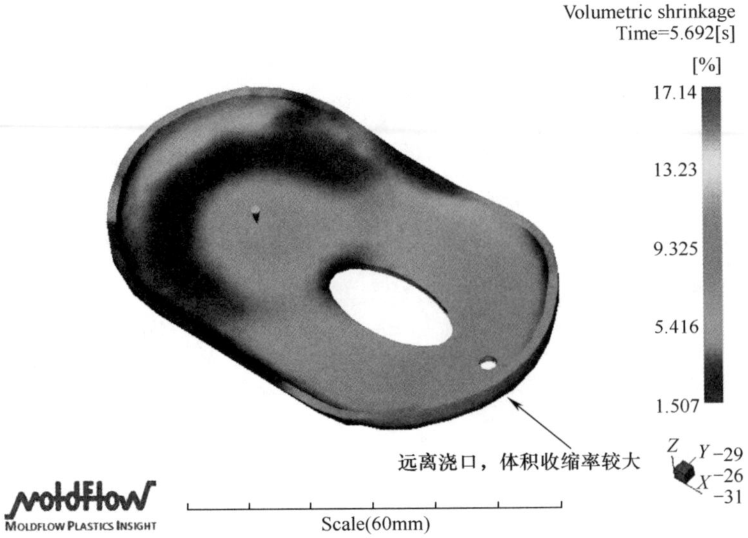

图 6-107　体积收缩率

唯有这些参数的合理组合才能获得理想的效果。但靠传统的经验和简化公式是很难确定的，只有通过 CAE 分析才能得到理想的结果。

MPI/Cool 采用边界元法（Boundary Element Method）对模具的温度场进行三维模拟，对于制品在其厚度方向上采用解析解来计算温度分布，并通过制品的热流量将二者完全耦合进行迭代求解。同时将模具的温度场与冷却管道中冷却介质的能量方程联立起来求解，因此可以可靠地计算制品/模具及模具/冷却介质间的界面温度。在计算过程中，考虑了型芯和型腔在制品厚度方向的不对称性对制品温度分布的影响。

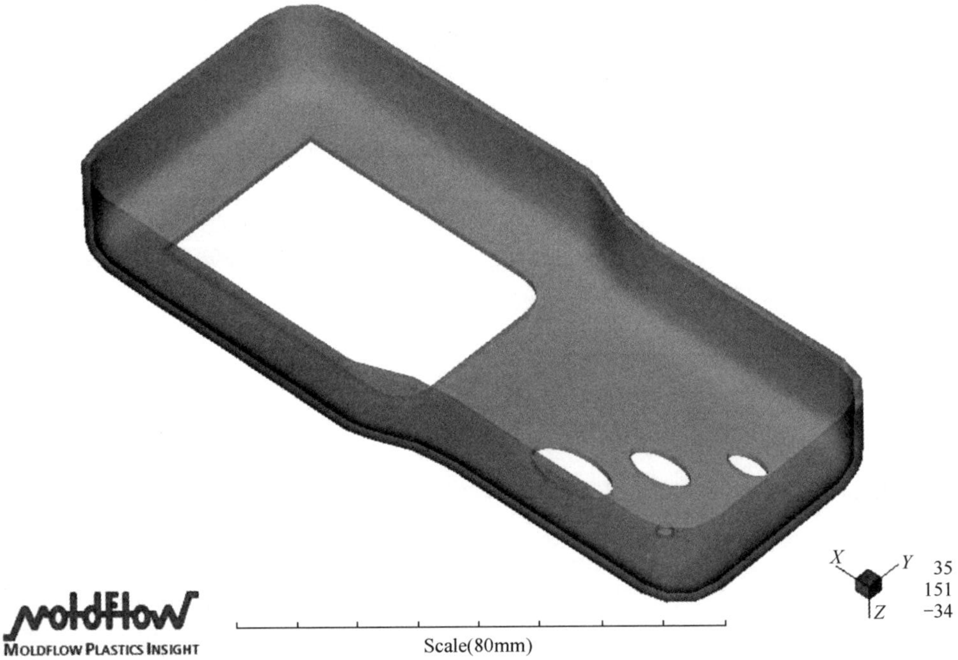

图 6-108　导入塑件

MPI/Cool 通过分析模具冷却系统对模具和制品温度场的影响，优化冷却系统的布局，以达到使塑件快速、均衡冷却的目的，从而缩短注塑成型的冷却时间，提高生产效率，减少废品，增加经济效益。

（2） Moldflow 冷却分析步骤 与其他分析一样的，用户也应该按照 Moldflow 流程进行 Cool（冷却）分析。不过，在 Cool 分析中，用户要构建冷却系统，真实模拟实际工况。典型的 Cool 分析流程如下：

① 导入模型。本例使用一个面板塑件，如图 6-108 所示，以 STL 格式导入。

② 划分网格。选择合适的单元长度，进行网格划分。由于模型相对比较简单，网格质量较好，只有一些单元纵横比缺陷，修复后即完成网格划分工作。如图 6-109 所示。

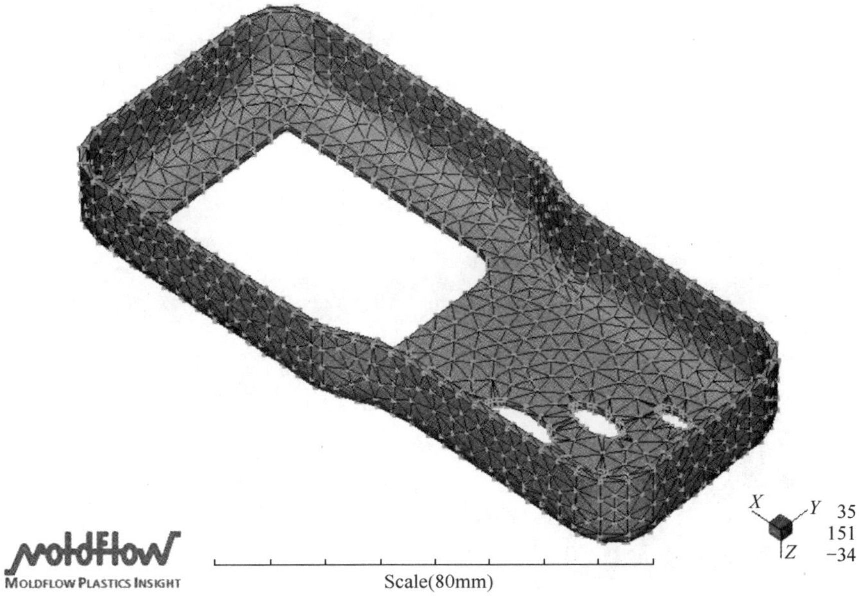

图 6-109 划分网格

③ 选择分析项目。选择 Cool 分析，如图 6-110 所示，在图中可供选择的九种分析项目或分析顺序是较为常用的。

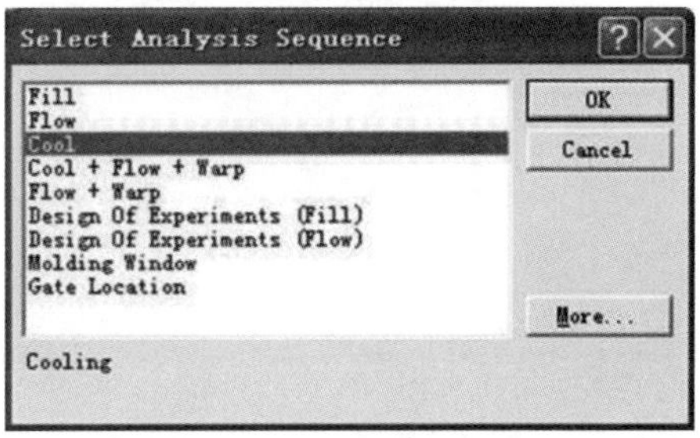

图 6-110 选择 Cool 分析

④ 选择材料。用户可以选择实际使用的材料或相近的材料进行替代。

⑤ 选择浇口位置。本例中选择图 6-111 所示的浇口位置。

⑥ Creat cooling circuits（创建冷却回路）。双击该步骤，即出现图 6-112 所示的冷却回路向导对话框。用户可以按照该对话框一步步的进行冷却回路的创建。

除了使用冷却回路向导，还可以使用另一种方法创建冷却回路。这种方法相对来说稍微复杂些，但特别适用于复杂冷却系统的构建，用户使用这种方法构建冷却回路自由度很大。该方

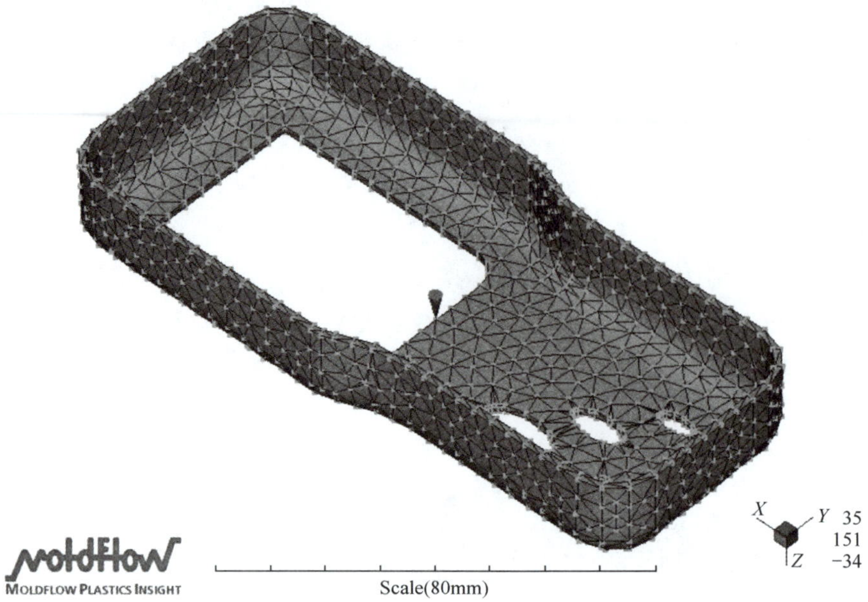

图 6-111 选择浇口位置

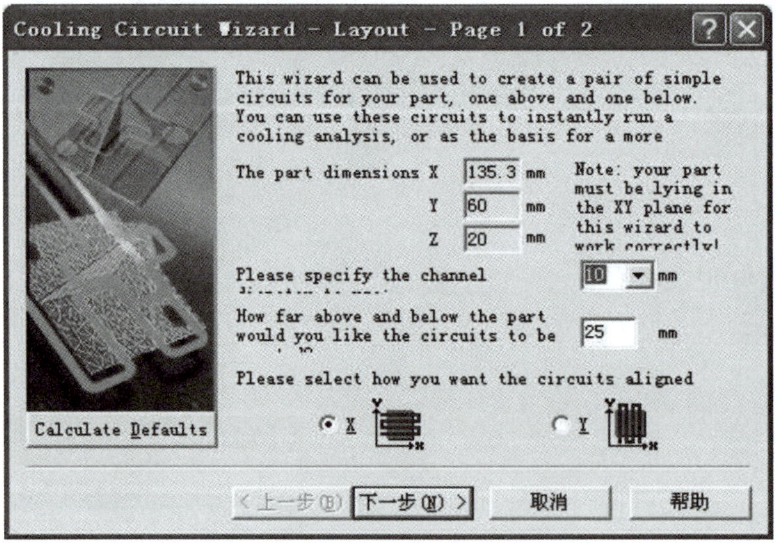

图 6-112 冷却回路向导

法步骤如下：

a. 在三维 CAD 系统中构建冷却回路曲线。如图 6-113 所示，在 Pro/E 中建立冷却回路曲线。显然，在 Pro/E 中创建曲线比在 Moldflow 创建曲线功能要强大得多，用户借此可以构建出复杂的冷却系统，比如圆形或异形回路。另外，最好在原始塑件图中构建冷却回路曲线，这样就可以非常清晰的观察到塑件和冷却系统的位置关系。

b. 将曲线以 IGES 格式导出。如图 6-114 所示，注意选择 Datum Curves and Points 选项，避免将塑件模型也导出。另外，必须保证导出的曲线与导出的塑件使用相同的坐标系。

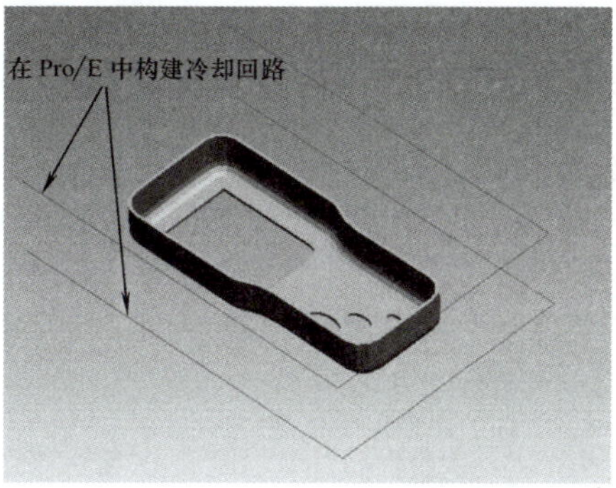

图 6-113　在其他三维 CAD 系统中创建冷却回路

图 6-114　导出冷却回路曲线

c. 输入冷却回路曲线。如图 6-115 所示，在 Moldflow 中点击主菜单 File→Add，将冷却回路曲线叠加到现有模型上来。

叠加后见图 6-116，此时的冷却回路和图 6-113 中的冷却回路是一致的。通过这种方法，很容易可以实现复杂的冷却回路构建。

d. 给曲线赋予属性。曲线赋予冷却回路属性，然后生成一维单元网格。注意一维单元的长径比为 1~2。最后需要设置冷却剂入口，如图 6-117 所示。

这样，就实现了外部冷却回路的构建、调入和划分网格。值得注意的是，在划分这类网格时，必须保证曲线和曲线的交点一定要作为节点，否则就会出现连通域检测错误。

⑦ 设置注塑工艺参数。双击 Process Settings，进入冷却工艺设置对话框，如图 6-118 所示。各选项简要介绍如下：

Mold surface temperature（模具表面温度）：这里设定的是模具的目标温度。该温度应该与实际相符，否则可能冷却分析收敛不成功或者冷却周期很长，生产效率低下，本例中设为 50℃。

Melt temperature（熔体温度）：设定熔体的起始温度。

Mold-open time（开模时间）：模具从冷却结束到下一次填充开始的时间间隔，包括了顶出时间和开合模时间。

图 6-115　输入冷却回路曲线

Injection+packing+cooling time（填充+保压+冷却时间）：这个时间加上③的开模时间就是整个注塑周期，可以直接输入（Specified）或由系统自动计算（Automatic）。系统自动计算的依据是塑件的冷却状态达到了顶出标准，顶出标准的设置如图 6-119 所示。 Ejection temperature（顶出温度）是指塑件在何种温度下可以承受顶出力而被顶出，一般地，顶出温度应该小于塑料的玻璃化转变温度（Transition temperature）。 Frozen percentage at ejection（顶出时凝固百分比）是指塑件中凝固部分体积占全部体积的百分比为多少时可以顶出，一般为 80% 即

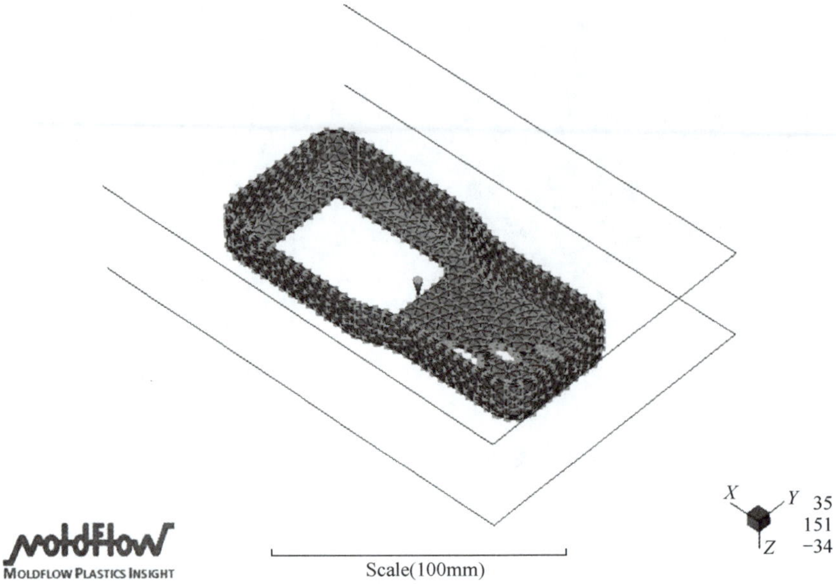

图 6-116 叠加冷却水路曲线

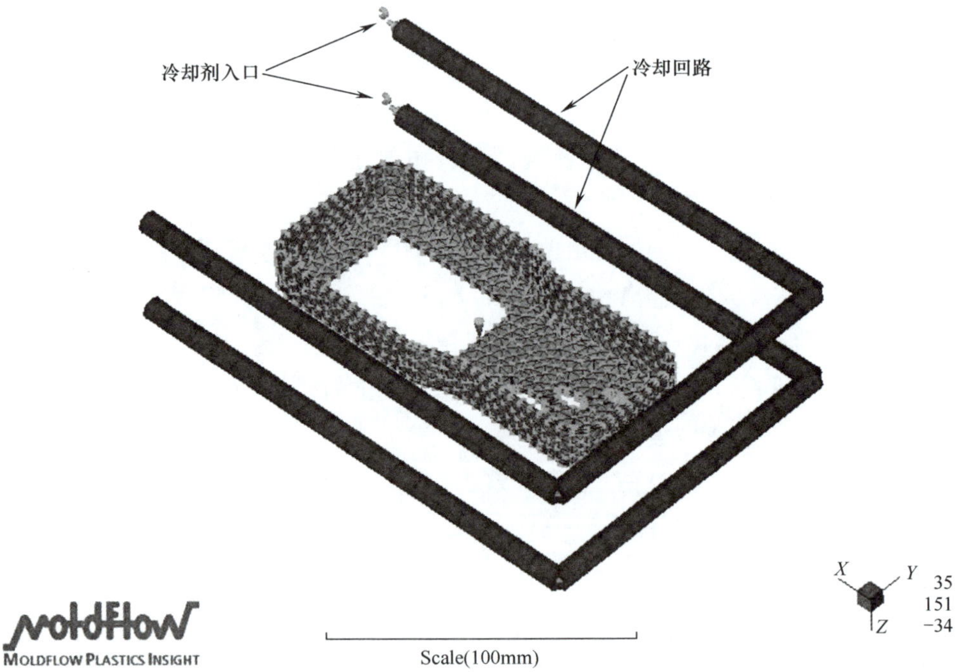

图 6-117 划分冷却回路网格

可，特别地，如果塑件壁厚比较大时可以降低该百分比。

Cool solver parameters（冷却求解参数）：点击该选项后，弹出如图 6-120 所示的对话框，里面有一些冷却求解的重要参数设置。 Mold temperature convergence tolerance（模具温度收敛公差）是指模具温度迭代运算时收敛成功的公差，缺省值为 0. 1，如果收敛不成功，可以适当调高。 Maximum number of mold temperature iteration（模具温度迭代次数）是指模具温度迭代运

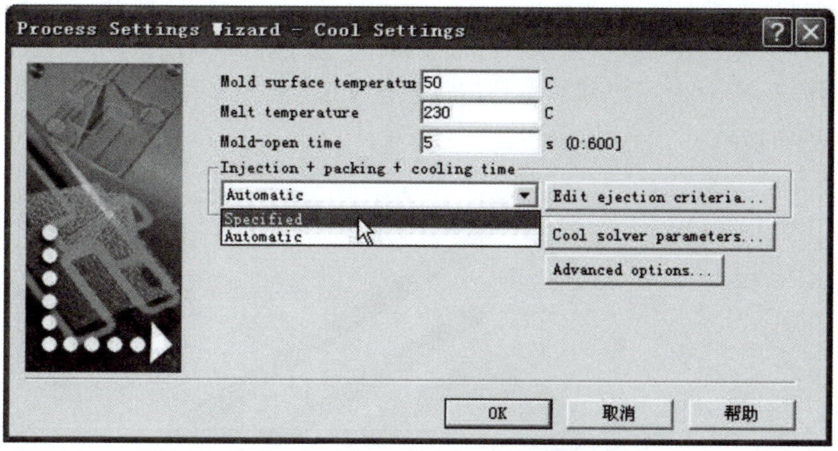

图 6-118 冷却工艺设置对话框

算的最高次数，缺省值为 50，如果在规定的迭代次数里收敛不成功即显示错误警告信息，此时可适当调高迭代次数。Method for calculating geometric influence（几何影响计算模式）是指每个单元在冷却计算时所需考虑的周边单元的层数。Ideal（理想）选项考虑全部单元的影响。Automatic（自动）选项大约考虑 10 层。Parameter（参数）选项指定考虑的层数。指定的层数越多，对硬件和运算时间的要求就越高，推荐使用 Automatic 选项。冷却求解参数中还有两个选项，分别是 Include runners in automatic cooling time calculations（自动计算冷却时间时包括流道）和 Use aggregated mesh solver（使用集合网格求解）。前者由用户确定是否在自动计算冷却时间将流道也考虑进去，后者是一种简洁求解方法，将近似单元进行集合求解，缩短了求解时间。

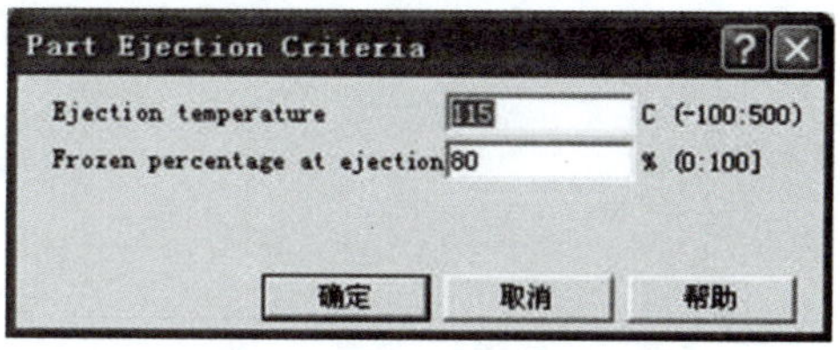

图 6-119 顶出标准设置对话框

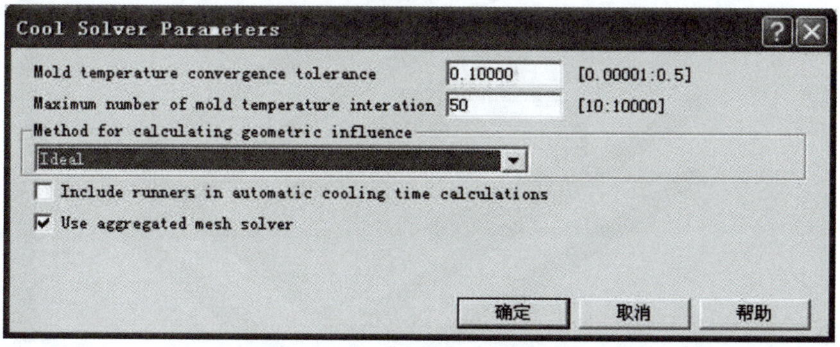

图 6-120 冷却分析参数对话框

Advanced options（高级选项）：里面有三个高级选项，分别是 Molding material（注塑材料）、Process controller（工艺设置）和 Mold material（模具材料）。

⑧ 双击“Analyze now!”，冷却分析开始进行。

（3） Moldflow 冷却分析结果解释

① Circuit coolant temperature（回路冷却剂温度）。该结果显示了冷却剂在流经冷却回路后温度升高的情况，一般地，冷却剂温升不要超过 2℃。如图 6-121 所示，冷却剂的温升为 0.3℃，显然是合适的。

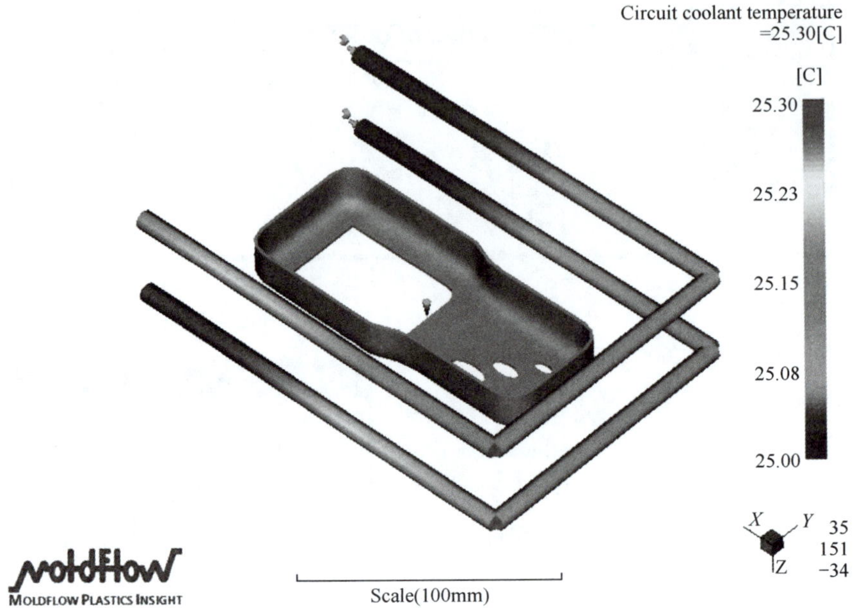

图 6-121 回路冷却剂温度

② Circuit flow rate（回路流动速率）。如图 6-122 所示，该结果描述的是冷却剂在回路中的流动速率，由于本例中没有并联回路，故每处的流动速率是一致的。在并联回路中，这个结

图 6-122 回路流动速率

果非常有用，可以用来观察每一条回路的流速。

③ Circuit Reynolds number（回路雷诺数）。冷却剂的流动状态有层流和湍流之分，在湍流时传热效率高，衡量层流和湍流的判据是就雷诺数。当冷却剂的雷诺数在 10000 以上时，可以认为是完全的湍流状态，因此 Moldflow 推荐冷却回路雷诺数应在 10000 以上，如图 6-123 所示的冷却剂属性设定。回路流动速率实际上就是根据雷诺数等于 10000 计算出来的。值得注意的是， Moldflow 流动速率计算只保证冷却剂入口处的雷诺数符合设定的值，因此在有并联的冷却回路中，要注意检测回路处处雷诺数大于 10000，否则必须在冷却剂属性设定中提高入口雷诺数。图 6-124 是本例雷诺数结果，由于是串联回路，雷诺数处处等于 10000。

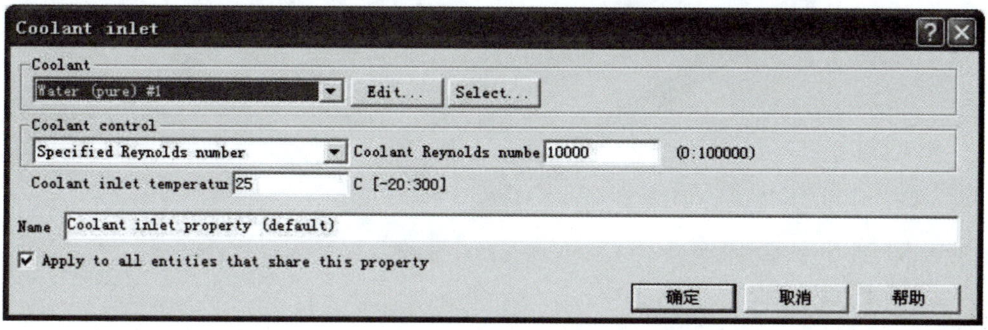

图 6-123　冷却剂属性

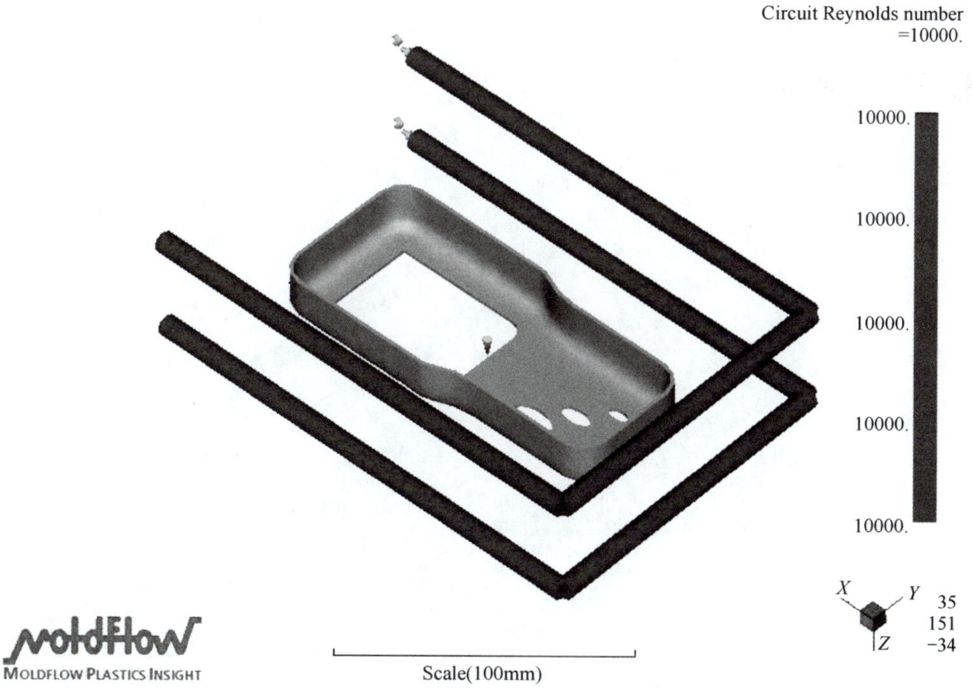

图 6-124　回路雷诺数

④ Circuit metal temperature（回路金属表面温度）。这个结果显示了冷却回路中模具管道表面的温度。该温度与冷却剂入口温度之差不应该超过 5℃。如果局部模具管道表面温度太高，

表明该处需要加强冷却。本例中回路金属表面温度最大值为 26. 77℃，符合要求。

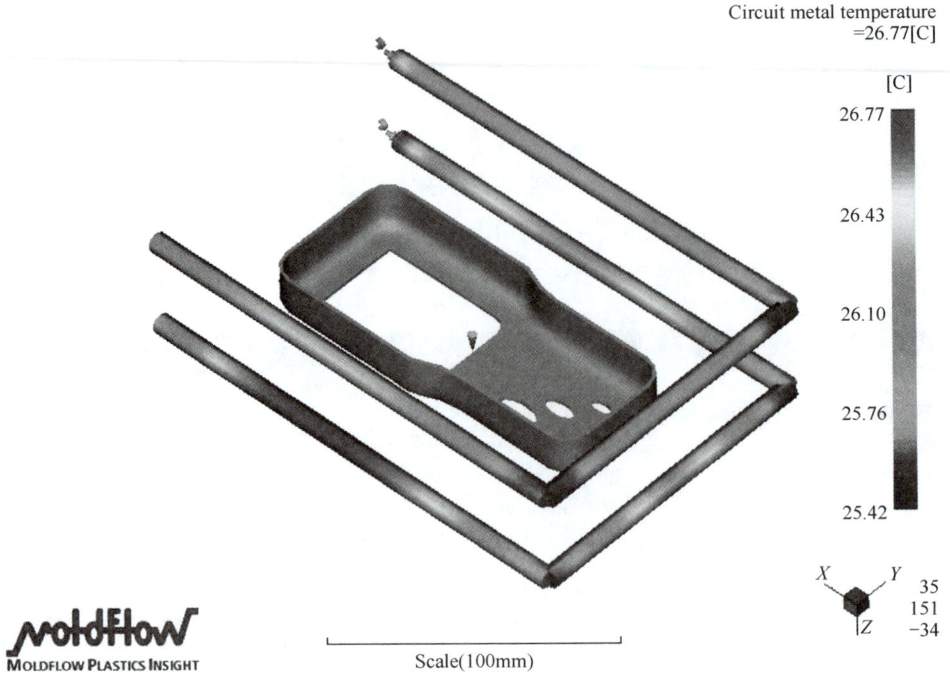

图 6-125　回路金属表面温度

⑤ Temperature（top），part［温度（顶面），塑件］。对于 Fusion 网格来说，这个顶面温度就是模具型腔面在一个注塑周期的平均温度，也就是塑件在冷却结束时的表面温度。实际

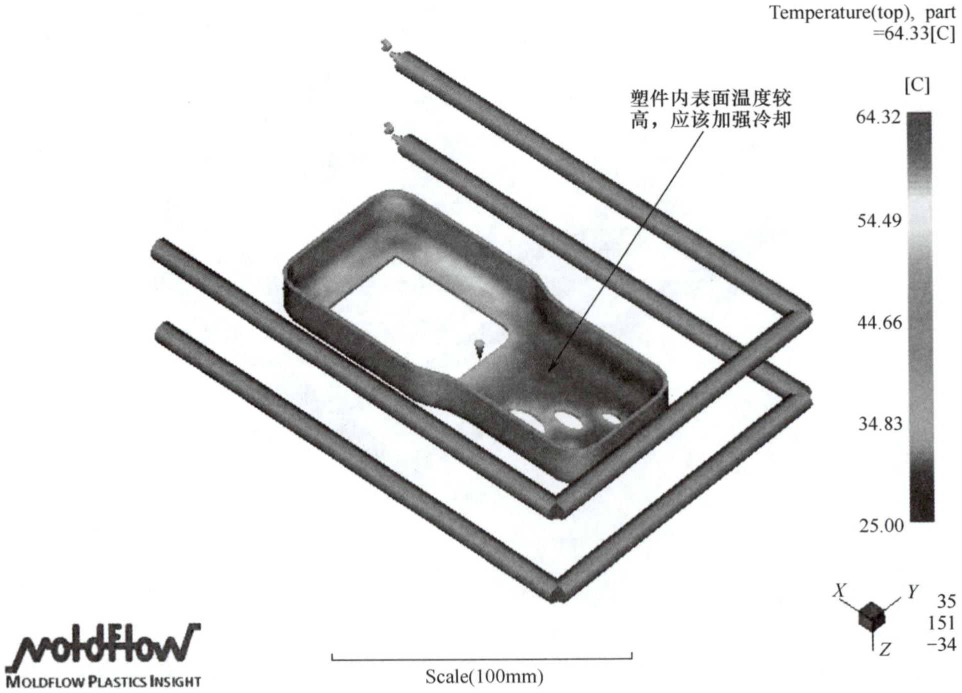

图 6-126　制件温度（顶面）

上，在一个注塑周期中，模具型腔面的温度变动范围并不大，在CAE冷却分析中是作为恒温来假设的。通过这个结果，用户可以观察塑件内、外表面的温度差。如图6-126所示，塑件内表面温度在60℃以上，而外表面只有40℃以上，也就是说，塑件冷却并不均衡。应该在塑件的内表面加强冷却。

⑥ Maximum temperature， part（最高温度，塑件）。塑件在冷却结束时，不仅各处温度不同，而且在厚度方向上也是不同的。一般地，塑件截面中温度最高的位置应该在截面的中部，这个结果就是描述塑件截面的最高温度的。如图6-127所示，塑件在大多数地方的最大截面温度在70℃左右，少数高温点接近90℃，应该分析这些高温点，必要时可以修改塑件设计或模具设计，使塑件冷却均衡。

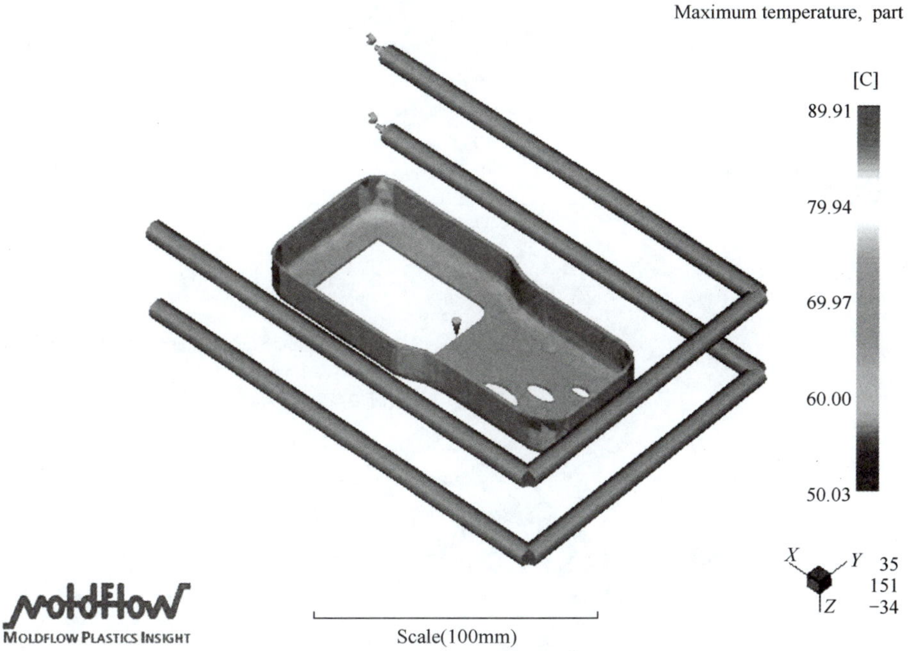

图6-127　塑件最高温度

⑦ Average temperature， part（平均温度，塑件）。这个结果显示了塑件在冷却结束时，厚度方向上的温度平均值。如图6-128所示，大部分区域的平均温度60℃左右，存在少数高温点和低温点，应该仔细分析，确定是否需要修改塑件设计或模具设计。

⑧ Maximum temperature position， part（最高温度位置，塑件）：在前面的第6个结果中，截面的最高温度已经得出，现在用户关心的是这个最高温度是处于截面中的哪一个位置，本结果即显示了这样一个位置。如图6-129所示，色柱由0到1，代表最高温度位置由另一侧逐渐靠近本侧，显然，用户期望的结果应该是0.5，此时塑件的冷却是均衡的。图中箭头所指区域接近1，表明最高温度极度偏向内侧，亦即塑件内表面冷却不足。

⑨ Percentage frozen layer（top）， part［凝固层百分比（顶面），塑件］。该结果显示了冷却结束时，塑件各处凝固层厚度占全部厚度的百分比。一般地，塑件凝固层百分比达到80%，流道凝固层百分比达到50%即可顶出。如图6-130所示，本例中，塑件在冷却结束时，

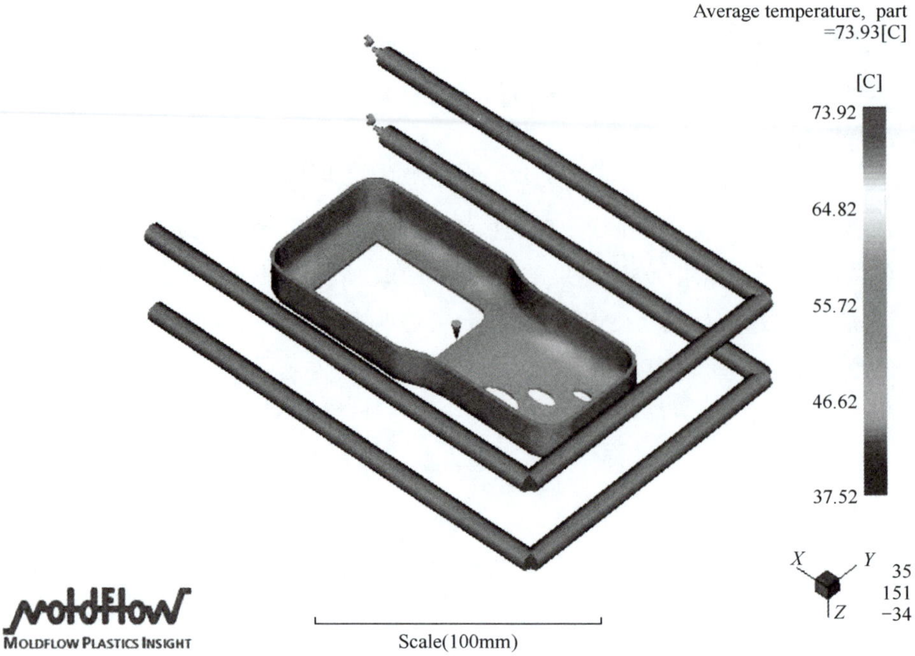

图 6-128　塑件平均温度

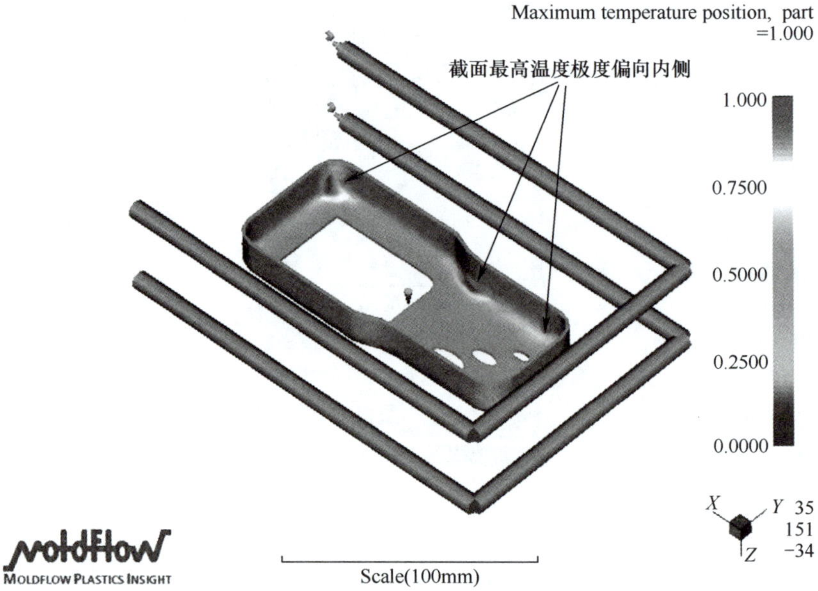

图 6-129　塑件最高温度位置

全部凝固层百分比都达到了 100%，虽然冷却是充分的，但需要的冷却时间也较长，用户可以减少冷却时间，缩短注塑周期，提高经济效益。

⑩ Temperature profile， part： *XY* Plot（温度曲线，塑件：坐标图）：该结果显示了塑件各处沿厚度（Normalized thickness）方向的温度（℃）分布状况。如图 6-131 所示，用户可以点击查看任意单元在厚度方向上的温度分布，图中单元 T2940 处于塑件内角，最高温度接近内表

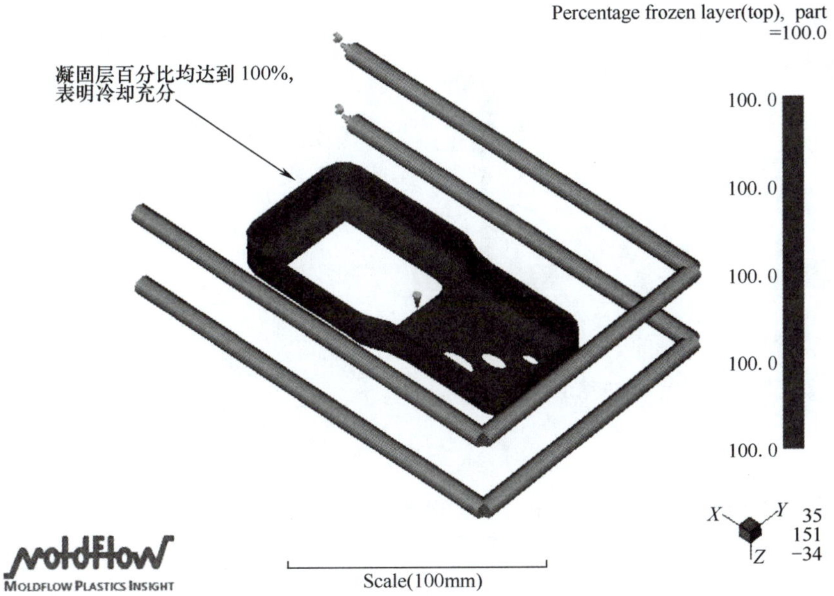

图 6-130　塑件凝固层百分比（顶面）

面，而单元 T1201 处于平面上，最高温度接近截面中间。与前面第 8 结果相比，本结果更为详细。

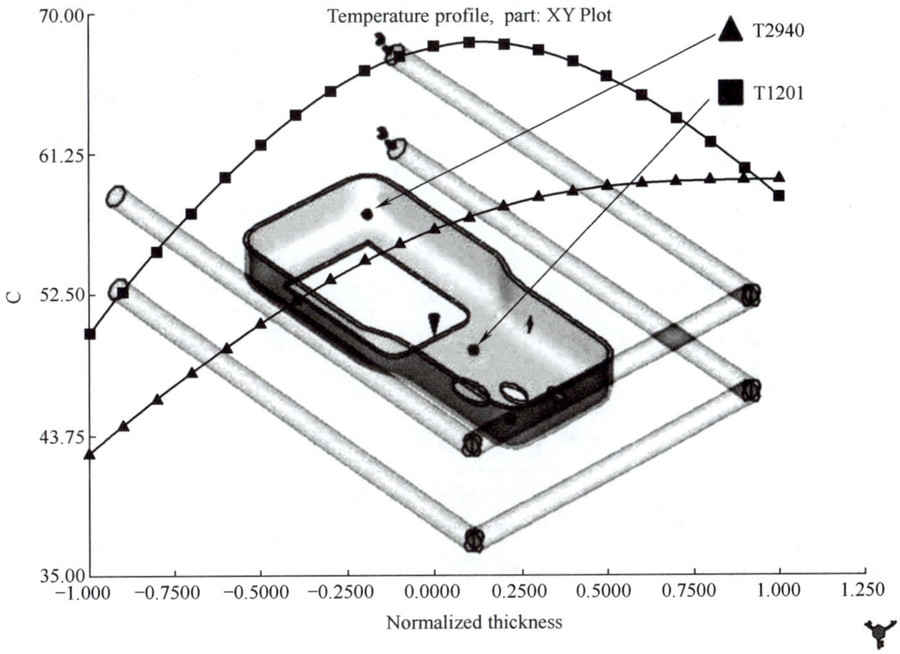

图 6-131　塑件温度曲线：坐标图

6. 6. 3. 8　Moldflow 翘曲分析

（1） Moldflow 翘曲分析的作用　塑料在成型过程中，由于收缩不均匀而在材料分子之间产生内应力，在这种内应力的作用下，产品就产生了变形翘曲。 Moldflow 将翘曲分为两类：

图 6-132 翘曲的种类
（a）稳定翘曲 （b）非稳定翘曲

稳定翘曲和非稳定翘曲。图 6-132（a）所示为稳定翘曲，应变和应力之间是线性关系，通常变形量很小。图 6-132（b）所示为非稳定翘曲，应变和应力之间是非线性关系，通常变形量很大。

Moldflow 将翘曲的原因细化为以下三点：

① 收缩不均匀（Differential shrinkage）。是指塑件区域性的收缩不均匀，主要是由于塑件本身的厚度和形状的变化造成的。

② 冷却不均匀（Differential cooling）。是指塑件内外表面由于冷却速度的不同而造成收缩不均匀，形成翘曲。

③ 分子取向因素（Orientation effects）。是指塑料高分子在成型过程中形成取向，而塑件在取向方向上的收缩和垂直取向方向上的收缩是不一致的，因而形成翘曲。

应用 Moldflow 翘曲分析，用户可以模拟塑件注塑成型后的翘曲情况，并且可以将上述三种原因对总翘曲的影响单独分离开来，然后再有针对性地尝试修改保压曲线、冷却系统和浇口设置等，从而减少塑件翘曲，使之符合用户要求。

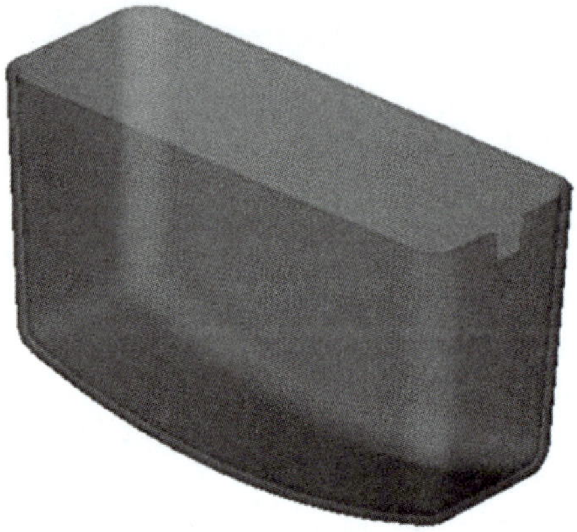
图 6-133 导入模型

（2） Moldflow 翘曲分析步骤

① 导入模型。如图 6-133 所示，导入一个 IGES 格式的外壳模型。

② 划分网格。 MPI/Warp 支持 Midplane、 Fusion 和 3D 网格，不过这三种网格可以进行的翘曲分析类型是不一样的。表 6-8 显示了每种网格支持的分析类型。

表 6-8 三种网格支持的翘曲分析类型

网格种类	Buckling（扭曲）	Small deflection（小变形）	Large deflection（大变形）	Automatic（自动）
Midplane	√	√	√	√
Fusion	×	√	×	×
Solid(3D)	×	√	×	×

各种分析类型简要解释如下：

a. Buckling（扭曲）：检测塑件的翘曲是属于稳定翘曲还是非稳定翘曲。进行 Buckling 分析后， Moldflow 会在屏幕输出一些特征值 λ（缺省为两个），选择特征值中正的、较小的作为判据，当 $\lambda >1$ 时，为稳定翘曲，应该转入 Small deflection（小变形）分析，当 $\lambda <1$ 时，为非

稳定翘曲，应该转入 Large deflection（大变形）分析。一般地，注塑制品的翘曲类型大多数属于稳定翘曲，适用 Small deflection 分析。

b. Small deflection（小变形）：按照线性应力应变关系分析塑件的最终翘曲情况。

c. Large deflection（大变形）：按照非线性应力应变关系分析塑件的最终翘曲情况。

d. Automatic（自动）：系统自动判断塑件的翘曲是属于稳定翘曲还是非稳定翘曲。并且自动转入相应的 Small deflection 或 Large deflection 分析。

由此可见，在进行塑件翘曲分析时， Midplane 网格比 Fusion 和 3D 网格的应用更为广泛。本例即以 Midplane 网格进行翘曲分析。划分好的 Midplane 网格如图 6-134 所示。

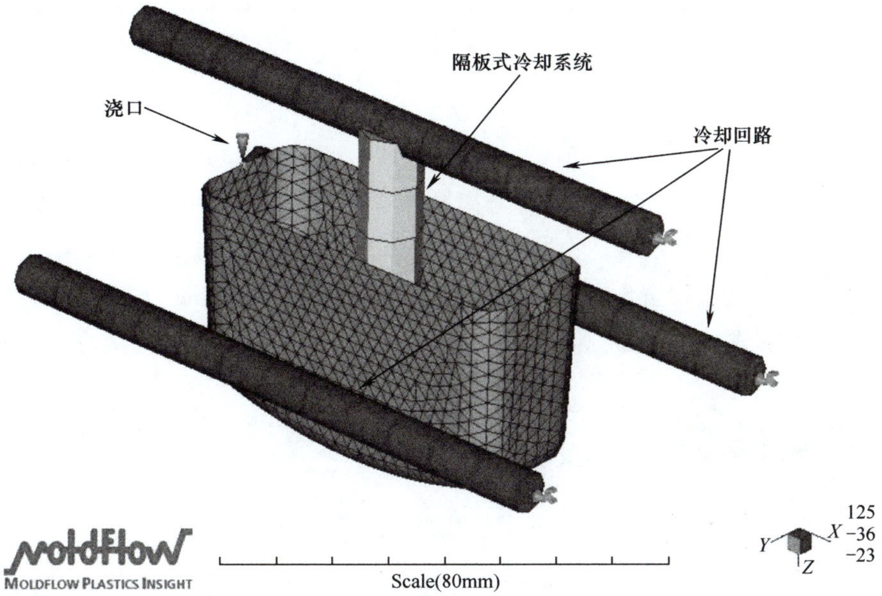

图 6-134　翘曲分析前设置浇口

③ 选择分析类型及顺序。在 Moldflow 翘曲分析中，有两种分析顺序，一种是 CFW（Cool+Flow+Warp）和 FCFW（Flow+Cool+Flow+Warp）。两种分析的假设分别是：

a. CFW：冷却分析时，假设充模时间极短，全部单元的初始温度为熔体进口温度（Melt temperature）。

b. FCFW：第一次流动分析时，假设型腔处处初始模温一致（Mold surface temperature）。Moldflow 推荐使用 CFW 顺序，其预测结果更为精确。

④ 选择材料

⑤ 设置浇口。如图 6-134 所示，浇口位于边缘。

⑥ 设置冷却回路。定模设置两条冷却回路，动模设置一个隔板式冷却系统（Baffle），如图 6-134 所示。冷却剂属性按缺省。

⑦ 工艺参数设置。在进行翘曲分析之前，最好先进行一定的 Flow 和 Cool 优化分析，然后将优化结果作为初始工艺输入到 CFW 分析中的工艺设置第 1 页和第 2 页，这样就只需重点设置第 3 页即可，如图 6-135 所示。

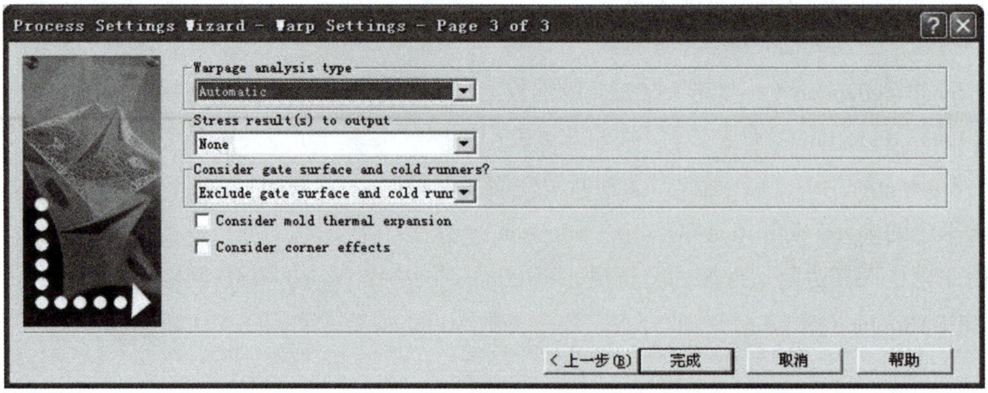

图 6-135　工艺参数设置向导第 3 页　翘曲设置

该页中的各选项简单解释如下：

Warpage analysis type（翘曲分析类型）：共 4 项，见前面说明。如果选择 Small deflection 分析，还会弹出 Isolate cause of warpage（分离翘曲原因）复选框，见图 6-136，如果勾选该选项，分析结果就会给出冷却不均、收缩不均和分子取向分别对翘曲影响。如果选择 Large deflection 分析，用户还可以设置大变形求解参数。本例先选择 Buckling 分析，然后再根据 λ 值选用 Small deflection 或 Large deflection 分析。

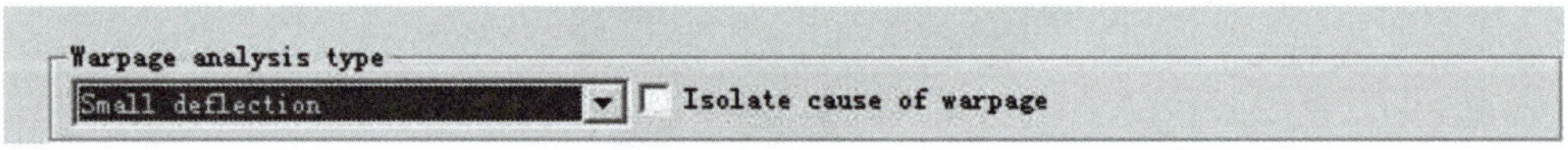

图 6-136　分离翘曲原因复选框

Stress result（s） to output（输出应力结果）：确定是否输出或输出哪些应力结果，用户所选择的应力结果将出现在结果栏中。一共有 5 个选项，分别是 None（无输出）、 Principal residual stress（主残余应力）、 Maximum shear stress（最大剪切应力）、 Mises-Hencky stress（Mises-Hencky 应力）和 All stress results（全部应力结果）。

Consider gate surface and cold runners（是否考虑浇口和流道）：确定在翘曲和应力分析中是否考虑浇口和流道，有 3 个选项可供选择，分别是 Exclude gate surface and cold runners（不考虑浇口和流道）、 Consider gate surface only（只考虑浇口）和 Consider gate surface and cold runners（考虑浇口和流道）。用户应该根据实际情况选择合适的选项：

a. 如果在顶出后，浇口与流道均脱离塑件，应该选择不考虑浇口和流道。

b. 如果在顶出后，流道脱离塑件，而浇口未脱离，应该选择只考虑浇口。

c. 如果在顶出后，浇口和流道均不脱离塑件，应该选择考虑浇口和流道。

Consider mold thermal expansion（考虑模具热膨胀）：确定在翘曲和应力分析中是否考虑模具热膨胀。注塑过程中，模具因为温度的上升而产生热膨胀，导致型腔扩大。如果不考虑模具热膨胀，计算出来的收缩值要比实际值大。如果选择了该选项，必须注意模具材料属性中的 Mold coefficient of thermal expansion（模具热膨胀系数）已经定义。